北京市高等教育精品教材立项项目

 北京大学生命科学基础实验系列教材

微生物学实验教程

（第 2 版）

主 编

钱存柔 黄仪秀

编著者（以姓氏笔画为序）

李玲君 罗大珍 林稚兰 洪 龙

钱存柔 袁洪生 梁崇徊 黄仪秀

U0300811

北京大学出版社

PEKING UNIVERSITY PRESS

图书在版编目(CIP)数据

微生物学实验教程/钱存柔等主编. —2 版. —北京：北京大学出版社,2008.1
ISBN 978-7-301-12788-9

Ⅰ.微… Ⅱ.钱… Ⅲ.微生物学—实验—高等学校—教材 Ⅳ.Q93-33

中国版本图书馆 CIP 数据核字（2007）第 149943 号

书 名	微生物学实验教程（第 2 版）
著作责任者	钱存柔 黄仪秀 主编
责 任 编 辑	赵学范
标 准 书 号	ISBN 978-7-301-12788-9/Q·0114
出 版 发 行	北京大学出版社
地 址	北京市海淀区成府路 205 号 100871
网 址	http://www.pup.cn 电子信箱：zpup@pup.pku.edu.cn
电 话	邮购部 62752015 发行部 62750672 编辑部 62752021 出版部 62754962
印 刷 者	北京大学印刷厂
经 销 者	新华书店

787 毫米×1092 毫米 16 开本 21.5 印张 550 千字
1999 年 7 月第 1 版
2008 年 1 月第 2 版 2019 年 7 月第 4 次印刷

印 数：10001～11500 册
定 价：43.00 元

《北京大学生命科学基础实验系列教材》
编 委 会

内 容 简 介

　　本书是"北京大学生命科学基础实验系列教材"之一,在第 1 版基础上进行了内容的调整、补充和修订,加深了内容的广度和深度,努力体现教材的基础性、实用性、先进性和灵活性。全书共 16 章,75 个实验,123 幅插图,26 幅彩图。为了培养学生在微生物学的基本操作和技能,提高并深化课堂讲授理论的认识和学习,书中图文并茂地介绍了显微镜使用技术,各类微生物的形态结构观察,各类微生物(包括病毒)的分离、纯化和培养,培养基的配制与灭菌消毒技术,微生物生理生化反应,微生物生长,遗传育种,菌种保藏,免疫反应等内容。为提高教学效果,除模式插图外,形态部分还附有显微镜下的摄影图,并特别增加了彩图;为适应学科的发展,新编写"分子微生物学基础实验"10 个试验组成一章,并将近年来应用较广的"酶联免疫吸附分析法"、"食品中大肠菌群的快速检测"、"扫描电子显微镜的使用"和"牛乳卫生质量的检测"等新编写的实验列入有关章节,充实了微生物应用内容。各章中介绍的实验较多,各校可根据具体情况灵活选用。

　　本书除适用于综合性大学生命学科的基础课教材外,尚可供有关医、药、农、林、环境、食品和发酵等专业的基础课教材,并可作研究生、教学人员和科技人员的学习和参考之用。

金黄色葡萄球菌菌落

大肠杆菌菌落

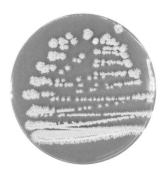

灰色链霉菌菌落

酵母菌落

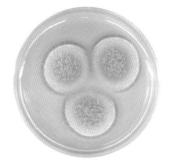

黄曲霉菌落

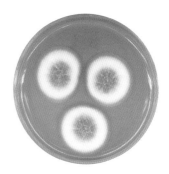

产黄青霉菌落

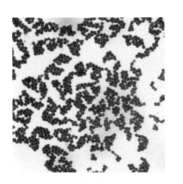

金黄色葡萄球菌
（光学显微镜 G⁺ 菌）

大肠杆菌
（光学显微镜 G⁻ 菌）

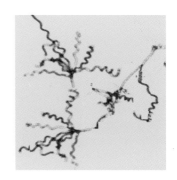

链霉菌孢子丝
（光学显微镜）

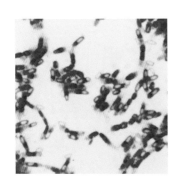

巨大芽孢杆菌
（光学显微镜示芽孢）

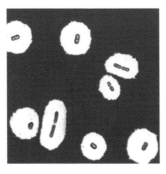

胶质芽孢杆菌
（光学显微镜示大荚膜）

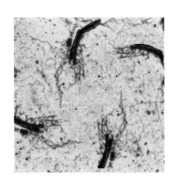

枯草芽孢杆菌
（光学显微镜示鞭毛）

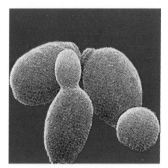

酿酒酵母（示芽殖）
（扫描电镜）

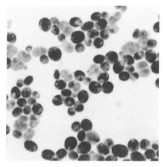

酿酒酵母（示子囊、子囊孢子）
（光学显微镜）

根霉（示假根、孢子囊）
（光学显微镜）

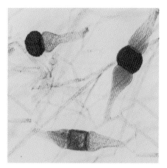

黑根霉（示接合孢子）
（光学显微镜）

曲霉（示分生孢子）
（扫描电镜）

青霉（示分生孢子）
（光学显微镜）

淀粉水解试验
左:枯草芽孢杆菌
右:试验菌

油脂水解试验
左:金黄色葡萄球菌
右:试验菌

伊红美蓝（EMB）试验
左:大肠杆菌菌苔金属光泽
右:产气肠杆菌菌苔红棕色

青霉菌（抗菌谱试验）

吲哚试验
左:阳性（红色）
右:阴性（无色）

甲基红（MR）试验
左:阳性（红色）
右:阴性（橘黄色）

伏－普（VP）试验
左:阳性（橘红色）
右:阴性（黄色）

柠檬酸盐试验
左:阳性（pH 6～7.6,绿色）
右:阴性（pH ＞7.6,蓝色）

目 录

第 2 版前言

微生物学实验教程自 1999 年出版以来已经多次印刷,对本门学科的教学起了一定作用。随着学科的迅速发展,微生物学技术已不仅与学习微生物学有关,许多新兴学科,如分子生物学、生物技术学、分子遗传学、生物信息学、生物工程学等等,以及在医学、药学、环境、卫生、农、林、发酵等领域均需要微生物学技术的训练。为了满足当前学科发展的需要,我们在本书原有内容的基础上进行了适当的调整、修改和补充,主要仍为满足综合性大学所设微生物学实验课程教学的需要,并适当放宽内容的广度和深度,也可作为其他院校有关医、药、农、林、食品、发酵等专业基础课的教材,并为研究生、科研人员和教学人员提供学习和参考。还需要说明的是,本书现已纳入《北京大学生命科学基础实验系列教材》之内。

本书共分 16 章,75 个实验,插图 123 幅,彩图 26 幅,附录 10 个。现将修订内容和特点作简单介绍:

1. 基础性

培养学生微生物学实验的基本操作和技能训练仍是本书的主要内容。除原有章节外,新编第 1 章"实验室环境中的微生物检测",并在第 7 章增添了各种消毒灭菌方法(7-2,7-3,7-4)和第 8 章的"微生物的接种技术"(8-1)。它们是由原书附录三和附录四改写成的实验,目的是使学生重视实验时的无菌操作技术和基本训练。此外,有些实验不仅为训练技能,通过实验结果还可加深课堂教学理论部分的理解。为提高教学效果,加强了实验内的插图内容,除具有微生物的模式图外,还有在光学显微镜和电镜下的照片;对有些操作步骤较多的实验,还增加了操作示意图。特别是对重要微生物的菌落形态、个体形态、染色反应、生理生化反应等,制作 26 幅彩图附于本书内容的前面,希望有助于同学实验时自行核对结果的正确性。

2. 实用性

微生物学实验技术的应用非常广泛。考虑到学生毕业后应能适应较广工作需要,第 11 章介绍了各种育种方法,第 14 章有关微生物发酵和第 15 章有关微生物检测的内容均与此有关。而微生物检测是现在环境和食品卫生的重要指标,在第 15 章内我们新编写了这方面的 3 个实验,即 15-3、15-4、15-5,而 15-6 是将艾姆斯试验从遗传部分移入此处的。

3. 先进性

为了适应学科发展现状,除新编写第 16 章"分子微生物学基础实验"共 10 个实验外,并在有关章节内增加了若干个新的实验内容和方法,如:第 2 章实验 2-5"扫描电子显微镜的使用"、第 13 章实验 13-5"酶联免疫吸附分析法"和第 15 章实验 15-3"食品中大肠菌群的快速检测"。

4. 灵活性

本书在每章内安排的实验较多,有些实验不属基础课实验所必做的内容。由于学科发展迅速,生物学科不同专业的学生(包括研究生),他们还希望能学到更广些、更深些的内容,这也就是上面所提到的本书修订再版的动机。本书附录十中还提供了一份关于"基础微生物学实验"提纲,以便读者根据不同需要灵活选用。

　　本书第 2 版仍由钱存柔和黄仪秀主编,她们除承担了部分章节的编写外,还负责统一调整整个书稿。此外,有林稚兰、罗大珍、李玲君、梁崇铤、洪龙和袁洪生参加。具体的编写分工列在下面。

　　林稚兰:第 5 章,第 7 章,第 8 章实验 2~5,第 11 章实验 3,第 14 章实验 1,附录四、附录五。

　　黄仪秀:第 6 章,第 9 章,第 12 章,第 16 章实验 1~2、实验 4~6,附录三、附录六。

　　罗大珍:第 10 章实验 7,第 11 章实验 1~2、实验 6~8,第 13 章实验 1~4,第 14 章实验 2,第 15 章实验 2。

　　李玲君:第 3 章,第 4 章,第 2 章实验 4~5,第 8 章实验 1,第 11 章实验 4~5,第 15 章实验 1,附录二。

　　梁崇铤:第 2 章实验 1~3,第 10 章实验 1~6、实验 8,第 15 章实验 5。

　　钱存柔:第 15 章实验 3~4、实验 6,附录七、附录八、附录九、附录十。

　　洪龙:第 13 章实验 5,第 16 章实验 3、实验 7~10。

　　袁洪生:第 1 章实验 1,实验室守则,附录一。

　　尽管参加本书编写的都是在微生物学教学和科研工作中有多年经验的教师,我们也学习了国内外有关的资料,但疏漏和错误还是难免的。希望包括同行和同学们在内的所有读者能及时指出书中的错误,提出你们宝贵的建议。在此,还要感谢本院实验室提供的彩图标本照片,臧淑萍同志在编写本书中所提供的实验材料,北京大学出版社赵学范编审为本书出版付出的辛勤劳动,在此一并表示谢意。

编　者
2007 年 3 月

第 1 版前言

微生物学是生命科学的重要组成部分,一向处于生命科学研究的前沿,许多生命活动规律都是在研究微生物的过程中得到阐明的,它既是研究生命基础理论的学科,同时也是一门应用极为广泛的学科。在为人类寻找有效的医药用品、丰富人们食品种类、清除环境污染、开发地下矿藏以及研究新的能源等各个领域,均发挥了巨大作用。回顾近三百余年微生物学发展的历史,都和研究微生物的实验方法的不断完善与突破是分不开的。没有列文虎克制造的显微镜,就不可能了解肉眼视力范围以外的微小世界;巴斯德在研究家畜、家禽传染病时所建立的免疫技术至今仍然有效;柯赫设计的固体培养基、细菌染色方法和无菌技术仍然是当前微生物学实验中的基础……。可见,微生物学实验的发展与微生物学学科本身的进步是不可分割的;同时,微生物学实验方法还极大推动了如病毒学、分子生物学、生物工程学等新兴学科的发展。

本书取材主要考虑对大学或师范院校中的生命科学学院或生物学系本科生基础课的要求,总结了我校长期开设微生物学实验课和科学研究中的部分工作经验,在我校编写的《微生物学实验指导》(高等教育出版社,1964)、《微生物学基础知识与实验指导》(科学出版社,1979)和《微生物学实验》(北京大学出版社,1985)的基础上,参考了国内兄弟院校编写的有关教材以及国外的有关资料,适当增加了部分新技术,充实了新内容,如显微镜技术部分增加了电子显微镜的使用;病毒部分增加了植物病毒的接种、培养与测定,溶源性菌株的检查和鉴定;微生物分离纯化部分增加了有特殊生理性能的化能自养菌、光合细菌和降解含酚污水的菌的分离纯化;微生物遗传方面增加了营养缺陷型突变株筛选,细菌的转化、转导、接合,细菌和酵母菌原生质体融合和艾姆氏试验等内容;微生物发酵部分增加了细胞固定化和小型发酵罐的使用等。概括起来,这些实验内容可分为四方面:

一、微生物学实验的基本操作和技能训练:如无菌操作技术、显微镜技术、各类微生物的分离与纯化,各类微生物标本片的制作,细菌染色,微生物测微和计数以及培养基制备等技术。这些内容分别编成不同的实验,其中一些最基本的内容在不同实验中可得到多次重复与强化,以求学生对这些基本训练能达到操作正确、运用熟练的要求。

二、为加深学生对理论部分的理解而设计的实验:如各类微生物形态观察,微生物生理生化测定,环境因素对微生物生长的影响,微生物生长曲线的测定,微生物遗传变异及免疫学技术等。

三、微生物菌种的分离、纯化、培养、选育和保藏技术:学生学习后既可从一般环境分离出不同类型微生物,也可从特殊环境分离出具特殊生理性能的微生物,还可通过诱变、转化或转导、原生质体融合及基因工程等手段进行菌种的遗传改造,并从中筛选出性状优良的突变株和重组体。

四、考虑微生物学本身广泛的应用性及学生毕业后可能从事与微生物学有关的教学,或与工业、农业、医药卫生、环境保护等有关工作的需要,适当增加了与当前生产实践或与生物工程发展有关的新技术,如多黏菌素发酵、食品及饮用水的卫生检查、固定化细胞发酵和小型发酵罐的使用等内容。

以上内容共编成 56 个实验,大部分实验包括了约 3～4 学时所能完成的内容。教师备课时可根据每个实验所列出的需用菌种、仪器、试剂的种类和数量,根据具体情况,或单个实验进行,或组织成综合性实验,或作为示范组织教学。书后并有附录及参考书目。我们热切希望老师和同学们在使用本书时对所发现的错误或存在的问题提出批评和改进意见,以便及时得到修正和补充。

本书由钱存柔担任主编,黄仪秀任副主编,参加编写的还有林稚兰、罗大珍、李玲君、梁崇铉等,电子显微镜实验由本院电镜室马淑芳、傅宏兰参加编写。各章的具体分工是第一章:梁崇铉、马淑芳、傅宏兰,第二章、第三章和第六章:李玲君,第四章:林稚兰,第五章和第十章:黄仪秀、林稚兰,第七章:黄仪秀,第八章:梁崇铉、罗大珍、林稚兰,第九章:罗大珍、林稚兰、黄仪秀、李玲君、梁崇铉,第十一章:罗大珍,第十二章:林稚兰、罗大珍、梁崇铉,第十三章:李玲君、罗大珍、林稚兰,附录各部分分别由林稚兰、李玲君、钱存柔等分别撰写。参加过前文所提及各书编写的还有陈德元、董碧虹、张素芳、罗妙芳,此外我们还要感谢臧淑苹、李荣娟等同志在实验试做及编写过程中所提供的热情帮助。

编　者

1999 年 5 月

微生物学实验室守则

为保证实验顺利进行和实验操作者的安全,培养学生独立分析问题和解决问题的能力,达到训练学生掌握基本操作技能、验证理论知识的目的,本着实事求是、严肃认真的科学态度,所有参加实验的老师、学生,都应严格遵守以下实验室守则。

1. 为保证实验室台面的整洁和实验顺利进行,非本实验必需的物品和书包请放在指定位置。

2. 请勿在实验室内进食、饮水,也不要将零食、水杯带入室内。

3. 初次进入实验室,首先要了解水、电、天然气总开关的位置和关闭方法,并学会灭火器、洗眼器等急救设施的使用方法。

4. 实验操作时应穿实验服。上课时如有新鲜伤口或疾病,请及时告知指导教师,以采取必要的防护措施。

5. 每次实验前要充分预习实验指导,明确本次实验的目的要求、原理和方法,做到心中有数。

6. 实验进行时,应尽量避免在实验室内走动,减少尘土飞扬。同时,请勿高声谈话,保持室内安静。

7. 实验时要细心谨慎,严格按操作规程进行,并在规定时间内认真进行结果观察,以实事求是的科学态度做好实验记录,并及时将实验报告交老师批阅。

8. 实验中要进行培养的样品应严格按照规范写好标签(标签内容包括日期、组别、实验名称及处理方法等),并将其放在教师指定的地点集中进行培养。

9. 进行高压蒸汽灭菌时,严格遵守操作规程。非全自动灭菌锅在灭菌的全过程中应有人值守,负责灭菌人员不得擅自离开。

10. 凡实验用过的菌种以及带有活菌的各种器皿,应先经高压灭菌后才能洗涤。载玻片上的活菌标本应先浸泡于3‰来苏尔溶液或5‰石炭酸溶液中0.5 h,之后再进行洗刷。如系芽孢杆菌或有孢子的霉菌,则应当延长浸泡时间。

11. 实验过程中,如不慎将菌液洒到桌面或地面,应以5‰石炭酸溶液或3‰来苏尔溶液覆盖0.5 h之后才能擦去。如有人不慎将菌液吸入口中或污染皮肤破伤处及发生烫伤等意外情况时,应立即报告指导教师,以便及时处理,切勿隐瞒。

12. 爱护国家财产。使用显微镜及其他贵重仪器时要按要求操作,使用完毕后仪器应恢复原位,显微镜镜头应及时擦拭干净。注意节约药品、水、电。

13. 实验完毕,应将仪器收拾整齐,放回原处,擦净桌面、地面。离开实验室前,要注意关闭灯、火、门、窗等,并用肥皂洗手。

第1章　实验室环境中的微生物检测

微生物实验室的环境与其他实验室要求有何不同？为什么在我们开始学习微生物学实验之前要强调对微生物实验室环境的认识？其实，在我们学习微生物学知识之前，我们就一直在和各种各样的微生物打交道，虽然它们一直在我们周围影响着我们的生活，但我们却对其视而不见。如果不是雷文虎克在 300 多年前借显微镜的帮助发现了它们，恐怕我们还不知道有这么一个庞大的群体存在。由于微生物的形体微小，而且各类不同的微生物混杂在一起，虽然早期人们凭着长期生活实践中的经验，曾利用它们进行酿酒、制醋、发面、沤肥等有益活动；同时，人们也蒙受过各种疾病的磨难和有害微生物给农业生产带来的巨大损失。学习微生物学的目的，就是要了解不同微生物的特性，以便我们能利用或控制它们的活动。这就要求我们要从混杂的微生物群体中找出我们将要认识的目的菌，或称微生物的"纯种"，而不容许其他的微生物在里面鱼目混珠。若不能采取适当的手段，就会影响我们将要研究对象的纯洁。因此，在正式学习本课程之前，为了使同学们知道这个表面上很干净漂亮的实验室里，实际上，无论是空气、桌面、凳、椅、门、窗，以及我们每人的身体表面，都是有大量不同的微生物存在。所以在我们进行实验时，就必须要用"无菌操作"的技术来进行每个步骤的操作。我们制定的实验室守则，也是在此基础上提出的，希望我们能共同遵守。

实验 1-1　实验室环境及人体表面的微生物检测

【目的要求】

(1) 了解实验室环境中微生物的存在和分布状况；

(2) 了解微生物学实验中无菌操作的重要性。

【基本原理】

人们常常不了解环境中存在的大量微生物。它们不但广泛分布于室内外的空气、水和土壤中，还分布在我们生活环境中所有的物品上，比如在我们的日常用品和衣服，我们身体的皮肤、黏膜（例如鼻腔、口腔等）等处，实验室内的家具和各种实验用具，我们带入实验室的用品上都有不同数量的微生物，另外，在空气中也悬浮着大量微生物个体和孢子。可以说，微生物是无缝不钻、无孔不入的。

培养基中含有微生物生长所需要的营养成分。将灭菌后的培养基倒入无菌的培养皿内，冷凝后制成平板。当不同来源的样品接种于合适的培养基表面后，在适当的温度和湿度培养下，每一活的菌体即能通过多次细胞分裂而进行大量繁殖，培养 1~2 天（日，d）后，形成一个肉眼可见的细胞群，我们通常称之为菌落。因此，可以通过平板培养的方法来检查环境中微生物的数量。

每一种微生物通过培养所形成的菌落都有它自己的特点，例如菌落的大小，表面干燥或湿润、隆起或扁平、粗糙或光滑，边缘整齐或不整齐，菌落透明、半透明或不透明，颜色种类以及质地疏松或紧密等。因此，可以通过平板培养的方法来检查所培养微生物的各种类型。

本实验以细菌培养为代表，将实验室及体表等处取得的样品接种在细菌易于生长的肉膏蛋白胨培养基平板上；培养后，根据平板上长出菌落的数目和形状，证明在实验室和人体表面确有微生物的存在。同样，也说明在进行微生物实验时，无菌操作的重要性。

【实验材料】

(一) 样品

（1）空气样品　实验室内的空气，紫外线消毒后超净工作台内的空气。

（2）表面样品　清洗消毒前后的各种表面样品，一般选择实验室内门把手、桌面，人的体表（手指，颜面，口腔，鼻腔）等部位。

(二) 培养基

已灭菌的肉膏蛋白胨固体平板培养基。

(三) 仪器和其他物品

培养箱，混合器，移液器，接种环，试管架，酒精灯或煤气灯，记号笔；无菌水，灭菌棉签（玻棒），灭菌小离心管，酒精，棉花，废物缸等。

【实验内容】

每组同学做平板 4 个，空气样品 2 个，表面样品 2 个。样品最好选择清洗消毒前后的相同位置取样，以便比较。

(一) 写标签

用记号笔在培养皿底部写上样品名称、姓名、座号、日期等，字尽量小些，写在皿底的一边，或写在标签纸上，贴在皿底一侧，以免影响结果观察。

(二) 样品采集

1. 空气样品

将倒有培养基的无菌培养皿放在环境中适当位置（每组同学可选择做不同环境也可选择做同一环境的不同时间），将平皿盖打开后计时，一般为 10 min、30 min、60 min，时间到后盖上皿盖，进行培养。本实验选择两种空气样品：实验室内的空气与紫外线消毒后超净工作台内的空气，开皿时间 10 min。

2. 表面样品

（1）取棉签　左手拿已灭菌装有棉签的平皿，用左手食指和拇指夹住平皿两端，其他三指托住皿底。在火焰旁，拇指向上、食指向下打开皿盖的一半，用右手的拇指和食指从皿内取出棉签一根，关闭皿盖，将平皿放到桌上。

（2）制备无菌湿棉签　在火焰旁左手取装有 1 mL 灭菌蒸馏水的小离心管，拇指向上推，打开管盖，右手在火焰旁将棉签插入无菌水中浸泡片刻，提出水面，在管壁上挤压出多余的水分，小心将棉签取出。盖好小离心管管盖，放到试管架上。

制备带样棉签　用右手取出的湿棉签在选定取样的部位擦拭（约 2 cm 范围），取样。本实验选用实验者用肥皂洗手前后的指缝作为取样部位。

　　（3）制备样品水溶液　　再次在火焰旁打开装有灭菌蒸馏水的小离心管管盖,将取有样品的棉签插入无菌水内,震荡击打管壁,使样品均匀分散在无菌水内,取出棉签,盖上管盖,将小离心管放到试管架上备用。

（三）样品接种

　　1. 棉签涂抹接种

　　在火焰旁,左手取装有样品水溶液的小离心管,拇指向上推打开管盖,右手在火焰旁将棉签插入水中,浸泡片刻,提出水面,在管壁上挤压出多余的水分,小心将棉签取出后盖上管盖。再用左手拇指和食指将写好标签的相应平皿在火焰旁打开一条缝,用右手将带样棉签伸入皿内,在平板表面轻轻涂抹接种。注意,不要弄破培养基。盖好皿盖,进行培养。带菌棉签不要乱扔,放在指定容器内统一处理。

　　2. 接种环划线接种

　　对于从口腔、鼻腔等部位取得的样品,由于含菌量比较多,可以选择用接种环划线接种的方法（本实验不做）。先用右手拇指和食指拿接种环,在火焰中央先将环烧热,然后再将接种环提起垂直放在火焰内,将接种环的上部分烧红。左手取装有样品水溶液的小离心管,在火焰旁打开管盖,右手将接种环插入小离心管中取样。取出接种环,盖上管盖,将小离心管放在试管架上。左手取写好标签的相应平皿,如上法在火焰旁用拇指及食指打开皿盖一条缝,用右手将接种环上的样品在平皿内培养基表面从上至下做波浪式划线。注意,使接种环与平板表面成 45°角,否则容易将培养基划破。划线接种完毕,盖上皿盖,进行培养。将接种环在火焰内灼烧灭菌后,放回架上。

（四）培养

　　将所有的平板培养基平皿翻转,使皿底朝上,置于 37℃ 培养箱,培养 2 天后观察结果。

（五）结果观察

　　对培养 1～2 天后的所有平板进行连续观察,注意不同类别微生物菌落出现的顺序及菌落的大小、形状、颜色、干湿等特征和变化。

　　菌落计数　　挑选菌落生长比较分散的平板进行计数,如果菌落数比较多,可分区数,只数其中 1/4～1/8 面积的菌落数。在划线的平板上,如果菌落很多且重叠,则可数平板 1/4 面积内的菌落数。

【实验报告内容】

　　（1）对本组每种样品所有平板上菌落的平均数进行粗略计数,每个平板挑选 3～5 个典型菌落进行形态特征总结。

　　（2）记录观察到的实验结果并填入表 1-1-1,简单分析,找出不同环境中微生物种类和数量存在差异的原因。

　　（3）比较实验室内空气与经紫外线灭菌后超净工作台内空气中微生物数量的差别。

表 1-1-1　环境及人体表面微生物检测结果

样品	菌落总数/皿	典型菌落	菌落特征					
			大小	凸凹度	颜色	湿润或干燥	透明度	边缘
		1						
		2						
		3						
		1						
		2						
		3						
		1						
		2						
		3						
		1						
		2						
		3						

【思考题】

（1）为什么本实验培养的结果大多是细菌而少见其他种类的微生物？所得结果能代表样品中所含全部微生物吗？

（2）回忆采集样品和接种样品时每一步操作的意义,简单总结无菌操作在微生物实验中的重要性。

第2章　显微镜使用技术

微生物的个体微小,肉眼难以看见,必须借助显微镜(microscope)才能观察到它们的个体形态和内部结构。因此,显微镜就成为微生物学研究工作者不可缺少的基本工具,从事有关微生物学教学、科研和生产的人员,都应该了解显微镜的种类、结构、功能,并正确地掌握不同显微镜的使用方法。

显微镜可分为光学显微镜和非光学显微镜两大类:光学显微镜有普通光学显微镜、相差显微镜、微分干涉差显微镜、暗视野显微镜、紫外光显微镜、偏光显微镜和荧光显微镜等不同类型;非光学显微镜是指电子显微镜,常用的有透射电子显微镜和扫描电子显微镜。现将两类显微镜的主要特性和观察对象列表如下(表2-1):

表 2-1　几种显微镜主要性能的比较

显微镜	可见光/电子束	放大倍数	分辨率	观察对象
普通光学显微镜	可见光	1000～1500 倍	0.16 μm	微生物的染色标本
暗视野显微镜	可见光	1000～1500 倍	0.16 μm	活菌的运动和鞭毛
相差显微镜	可见光	1000～1500 倍	0.16 μm	微生物活体标本
透射电镜	电子束	100 万倍	0.2 nm	菌体结构二维图像
扫描电镜	电子束	20～50 万倍	1.5～5.0 nm	菌体表面三维图像

本章介绍普通光学显微镜、暗视野显微镜、相差显微镜、透射电子显微镜和扫描电子显微镜的结构、原理和使用步骤,但重点应在学习并熟练掌握普通光学显微镜的正确使用方法。

实验 2-1　普通光学显微镜的使用

【目的要求】

(1) 了解普通光学显微镜的结构、基本原理、维护和保养的方法;

(2) 掌握普通光学显微镜低倍镜、高倍镜和油镜的正确使用方法。

【基本原理】

(一) 普通光学显微镜的结构

普通光学显微镜(bright field microscope,图2-1-1)是由机械系统和光学系统两大部分组成的。

1. 机械系统

机械系统包括镜座、镜臂、镜台、物镜转换器、镜筒及调节器等。

(1) 镜座(base)　镜座是显微镜的基座,使显微镜能平稳地放置在桌子上。

(2) 镜台(stage)　镜台又称载物台,其上有标本夹,是放置标本的地方。转动标本移动器手轮,可使标本前后或左右移动,其游标尺,可指明标本所处位置。

(3) 镜臂(arm)　镜臂用以支持镜筒,也是移动显微镜时手握的部位。

(4) 镜筒(tube)　镜筒的作用是连接目镜和物镜。镜筒上端插入目镜。

(5) 物镜转换器(revolving nosepiece)　物镜转换器安装在镜筒的下端,其上装有不同放大倍数的物镜,可以通过转动物镜转换器,随意选用合适的物镜。

(6) 调节器(adjustment)　调节器安装在镜臂基部,是调节物镜与被检标本距离的装置。通过转动粗调节螺旋和细调节螺旋,可清晰地观察到标本。

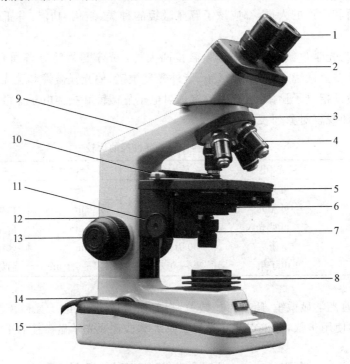

图 2-1-1　显微镜的结构

1. 目镜　2. 镜筒　3. 物镜转换器　4. 物镜　5. 镜台(载物台)　6. 聚光器
7. 标本移动器手轮　8. 集光镜　9. 镜臂　10. 标本夹　11. 聚光器移动手轮
12. 粗调节器　13. 细调节器　14. 电源线　15. 镜座

2. 光学系统

光学系统主要包括目镜、物镜、聚光镜和反光镜等。较好的显微镜还带有光源(图 2-1-2)。

(1) 目镜(eye piece 或 ocular lens)　目镜一般由两块透镜组成:上面的一块称接目透镜,下面的一块称场镜,在两块透镜中间或场镜的下方有一视场光阑。在进行显微测量时,目镜测微尺要放在视场光阑上。不同的目镜上刻有 5×、10×、15× 或 20× 等字符,以表示该目镜的放大倍数。可根据需要选择适当的目镜使用。

(2) 物镜(objective)　物镜是显微镜中很重要的光学部件,由多块透镜组成。根据物镜的放大倍数和使用方法的不同,分为低倍物镜、高倍物镜和油镜三类:低倍物镜有 4×,10×,20×;高倍物镜有 40× 和 45× 等;油镜有 90×,95× 和 100× 等。在物镜侧面刻有一些符号(各生产厂家的符号及其含义不尽相同),现举例说明其含义如下:

10×0.30——表示放大 10 倍,NA＝0.30(NA 表示数值口径,numerical aperture,又称开口率)。

40/0.65——表示放大 40 倍,NA＝0.65,为消色差物镜。

100/1.25 oil——表示放大 100 倍,NA＝1.25,消色差油镜。

Plan 16/0.35 160/_——表示放大 16 倍,NA＝0.35,平场消色差物镜,镜筒长度 160 mm。斜线下方为一短横划,无数字,表示对盖玻片厚度要求不严格;如果是 160/0.17,则表示镜筒长度 160 mm,盖玻片的厚度应为 0.17 mm 或小于 0.17 mm。

(3) 聚光器(condenser)　聚光器又称聚光镜,它安装在镜台下,是由多块透镜构成,其作用是把平行的光线聚焦于标本上,增强照明度。聚光器的焦点必须在正中,使用聚光器上的调节器可以进行调中。通过转动手轮调节聚光器的上下移动,以适应使用不同厚度的载玻片,使能保证焦点落在被检标本上。但因聚光器的焦距短,载玻片也不能太厚,一般以 0.9～1.3 mm 之间为宜。聚光器上附有虹彩光阑(俗称光圈),通过调整光阑孔径的大小,可以调节进入物镜光线的强弱。

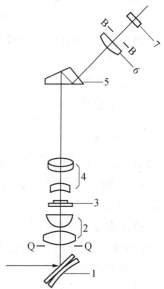

图 2-1-2　显微镜的光学系统
1. 反光镜　2. 聚光器　3. 标本　4. 物镜
5. 半五角棱镜　6. 场镜　7. 接目透镜
Q. 聚光器孔径光阑　B. 目镜视场光阑

(4) 反光镜(reflective lens)　反光镜是普通光学显微镜的取光设备,使光线射向聚光器,它一面是凹面镜,另一面是平面镜。有聚光器的显微镜,无论使用低倍或高倍物镜均应用平面镜,只在光量不足时才使用凹面镜。没有聚光镜的显微镜,低倍物镜时用平面镜,高倍物镜及油镜均用凹面镜。

(5) 内光源(light source)　内光源是较好的光学显微镜自身带有的照明装置,安装在镜座内部,由强光灯泡发出的光线通过安装在镜座上的集光镜射入聚光器。集光镜上有一视场光阑,可改变照明视场的大小。集光镜上可放置不同颜色的滤光片,以改变进入聚光器光线的波长。

(二) 普通光学显微镜的光学原理

由单透镜构成的放大镜和由几块透镜组成的实体显微镜(解剖镜)称单式显微镜。目前微生物学教学及科研所用的普通光学显微镜是由目镜和物镜两组透镜系统放大成像,常称复式显微镜。

1. 光学显微镜的成像原理

由外界入射的光线经反光镜反射向上,或由内光源发射的光线经集光镜向上,再经聚光器会聚在被检标本上,使标本得到足够的照明。由标本反射或折射出的光线经物镜进入使光轴与水平面倾斜 45°角的棱镜,在目镜的焦平面上,即在目镜的视场光阑处,成放大的侧光实像。该实像再经目镜的接目透镜放大成虚像,所以人们看到的是虚像(图 2-1-3)。

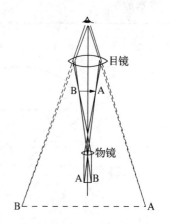

图 2-1-3　光学显微镜的成像原理

7

2. 显微镜的放大倍数

被检物体经显微镜的物镜和目镜放大后的总放大倍数是物镜放大倍数和目镜放大倍数的乘积。如用放大 40 倍的物镜和放大 10 倍的目镜,其总放大倍数是 400 倍。

根据计算,显微镜的有效放大倍数为

$$E \times O = 1000 \times \text{NA}$$

式中:E 为目镜放大倍数,O 为物镜放大倍数。

目镜的有效放大倍数为

$$E = \frac{1000 \times \text{NA}}{O}$$

根据上式可知,在与物镜的组合中,目镜有效的放大倍数是有限的。过大的目镜放大倍数并不能提高显微镜的分辨率。如用 $90\times$,NA 为 1.4 的物镜,目镜有效的最大放大倍数是 $15\times$。

3. 分辨率

物镜前发光点发射的光线进入物镜的角度称开口角度。透镜的放大率与开口角度成正比,与焦距成反比。数值口径是光线投射到物镜上的最大开口角度一半的正弦,乘上标本与物镜间介质折射率的积,即

$$\text{NA} = n \times \sin\theta$$

式中:NA 为数值口径,n 是介质折射率,θ 为最大开口角度的半数。

由于介质为空气时,$n = 1$,θ 最大值只能到 $90°$(实际上不可能达到 $90°$),$\sin 90° = 1$,所以干燥系下物镜的数值口径都小于 1。使用油镜时,物镜与标本间的介质为香柏油($n = 1.515$)或液体石蜡($n = 1.52$),不仅能增加照明度,更主要的是增大数值口径。目前技术条件下,最大的数值口径为 1.4(表 2-1-1,图 2-1-4)。

表 2-1-1　物镜的放大倍数与数值口径

物镜类型	焦距/mm	放大倍数	开口角度	θ	$\sin\theta$	折射率 n	NA
干燥系	16	$10\times$	$29°$	$14.5°$	0.2504	1	0.25
	4	$40\times$	$81°$	$40.5°$	0.6494	1	0.65
	4	$40\times$	$116°$	$58°$	0.8503	1	0.85
油浸系	2	$90\times$	$110°$	$55°$	0.8223	1.52	1.25
	2	$90\times$	$134°$	$67°$	0.9211	1.52	1.4

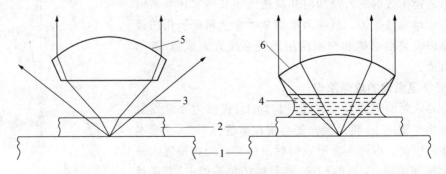

图 2-1-4　接物镜的光线通路

1. 载玻片　2. 盖玻片　3. 空气　4. 镜油　5. 干燥物镜　6. 油浸系物镜

评价一台显微镜的质量优劣,不仅要看其放大倍数,更重要的是看其分辨率(resolution)。分辨率是指显微镜能够辨别发光的两个点或两根细线间最小距离的能力。该最小的距离称为鉴别限度(R)

$$R = \frac{\lambda}{2n\sin\theta} = \frac{\lambda}{2\text{NA}}$$

式中:R 为鉴别限度,λ 为光波波长。

日光的波长 $\lambda = 0.5607\,\mu\text{m} \approx 0.56\,\mu\text{m}$,如果用 NA=1.4 的物镜,则

$$R = \frac{0.56}{2 \times 1.4} = 0.2\,\mu\text{m}$$

使用短波长的可见光蓝光($\lambda = 0.45\,\mu\text{m}$),可提高显微镜的分辨率,即

$$R = \frac{0.45}{2 \times 1.4} = 0.16\,\mu\text{m}$$

4. 工作距离

工作距离是指观察标本最清晰时,物镜透镜的下表面与盖玻片之间或与标本之间(无盖玻片时)的距离。物镜的放大倍数越大,其工作距离越短。油镜的工作距离最短,约为 0.2 mm,所以使用油镜时,要求盖玻片的厚度为 0.17 mm。虽然不同放大倍数的物镜工作距离不同,但生产厂家已进行校正,使不同放大倍数物镜转换时,都能观察到标本,只需进行细调焦便可使物像清晰。

【实验材料】

(一) 菌种

枯草芽孢杆菌(*Bacillus subtilis*)的染色标本。

(二) 仪器和其他物品

普通光学显微镜;液体石蜡或香柏油,二甲苯,擦镜纸等。

【实验内容】

(一) 显微镜使用前的准备工作

1. 显微镜的放置

显微镜应直立放置在桌上,离桌边约 3 cm。若是直筒显微镜,不要将其倾斜。

2. 调节照明

(1)没有内光源的显微镜 显微镜不能采用直射阳光。晴天可用近窗的散射光作为光源,也可用日光灯作为光源,而专为显微镜照明而制造的显微镜灯是较好的光源。首先,使用低倍物镜,旋转粗调器,使物镜和镜台间的距离约为 3 mm;然后,旋转聚光器螺旋,使聚光器与镜台的上表面相距约 1 mm;最后,调节反光镜(在较强的自然光下观察,以平面反光镜为宜),使光线充分地进入聚光器,开闭聚光器上的孔径光阑,调节光线强弱程度,直至照明效果最佳时为止。

(2)具有内光源的显微镜 在接通电源后,取下目镜,直接向镜筒内观察,并调节聚光器上的孔径光阑,使其孔径与视野恰好一样大或略小于视野,其目的是使入射光展开的角度与物镜的数值口径(开口率 NA)相一致,既可充分发挥该物镜的分辨力,又能把超过该物镜可能接

受的多余光挡住,否则会产生干扰,影响清晰度。所以,原则上使用不同的物镜时应相应调节孔径光阑。放回目镜后,通过调节集光镜上的视场光阑或调节照明度控制钮,选择最佳的照明效果。

3. 标本放置

转动粗调节螺旋,下降镜台(或升高镜筒),把有枯草芽孢杆菌染色标本的载玻片(有标本的一面向上)置于镜台上,用标本夹夹牢。转动标本移动器上的螺旋使标本置于物镜下方。

(二) 显微镜观察

1. 低倍镜观察

转动粗调节螺旋,升高镜台(或下降镜筒),使低倍物镜(low power objective)的前端接近载玻片,双眼(若单目显微镜则用左眼)在目镜上观察,并转动粗调节螺旋,使镜台下降(或镜筒上升),可看到物像;然后转动细调节螺旋,使物像清晰。

2. 高倍镜观察

用低倍物镜看到物像后,转动标本移动器上的螺旋,选择合适的视野,并把要观察的部位置于视野的中央;转动物镜转换器把高倍物镜(high power objective)置于镜筒下方。显微镜在设计制造时,都是共焦点的,即低倍物镜对焦后,转换高倍物镜时一般都能对准焦点,能看到物像,只需转动细调节螺旋便可使物像清晰。通过调节集光镜上的视场光阑或照明度控制钮,以获得最佳照明。

3. 油镜的使用

由于细菌个体微小,需要用油镜(oil emersion lens)进行观察。

(1) 滴加镜油　转动粗调节螺旋,使镜台下降(或使镜筒上升),在染色标本处滴加 1～2 滴香柏油(cedar oil)或液体石蜡(liquid paraffin)。

(2) 转换油镜　转动物镜转换器,把油镜置于镜筒下方。

(3) 调焦　转动粗调节螺旋,使镜台上升(或镜筒下降),让镜头的前端浸入镜油中。操作时要从侧面仔细观察,只能让镜头浸入镜油中紧贴着标本而避免让镜头撞击载玻片,导致玻片和镜头损坏。然后在目镜上进行观察,并缓慢地转动粗调节器,使镜台下降(或使镜筒上升),即可看到物像;再转动细调节螺旋,使物像清晰。

转动粗调节器使镜台下降(或使镜筒上升)时,若油镜已离开油滴,必须重新进行上述调焦操作。注意,不得边用双眼(或左眼)在目镜上观察,边转动粗调节器,使镜台上升(或镜筒下降)使镜头前端浸入油滴中。这样易使镜头撞击载玻片,损坏标本和镜头。

(4) 调节孔径光阑和视场光阑　把孔径光阑开到最大,使其与油镜的数值口径相匹配。通过调节视场光阑或照明度控制钮,获得最佳的照明。

(三) 显微镜使用后的处理

转动粗调节螺旋,使镜台下降(或使镜筒上升),取出染色标本载玻片。先用擦镜纸擦去油镜上的香柏油,再用擦镜纸蘸少量二甲苯(不能用酒精)擦去黏在油镜上的镜油,最后用擦镜纸擦净镜油及二甲苯。用液体石蜡作镜油时,只用擦镜纸即可擦净,不必(或仅用极少量)二甲苯。把镜头转成"八"字形,下降至距镜台的最低处,套上镜罩后放入显微镜柜中。

显微镜的维护和保养要点

显微镜是贵重精密的光学仪器,正确的使用、维护与保养,不但观察物体清晰,而且可延长显微镜的使用寿命。

（1）显微镜应放置在通风干燥,灰尘少,不受阳光直接曝晒的地方。不使用时,用有机玻璃或塑料布防尘罩将其罩起来。也可套上布罩后放入显微镜箱内或显微镜柜内,并在箱或柜内放置干燥剂。

（2）显微镜要避免与酸、碱及易挥发具腐蚀性的化学物品放在一起,以免其受损。

（3）从显微镜箱或柜内取出或放入显微镜时,应一手提镜臂,另一手托镜座,让显微镜直立,防止目镜从镜筒中脱落。

（4）显微镜应防止震动和暴力。粗、细调节螺旋、聚光器升降螺旋和标本推进器等机械系统要灵活而不松动。如不灵活,可在滑动部位滴加少许润滑油。

（5）显微镜的目镜、物镜、聚光器和反光镜等光学部件必须保持清洁,防止长霉。镜检时,通过转动目镜、物镜及调整焦距等措施判断灰尘或污脏物所在的部位。如有灰尘,则先用洗耳球吹去灰尘,或用擦镜纸轻轻擦去。若有污脏,用擦镜纸或脱脂棉球蘸无水乙醚 7 份和无水乙醇 3 份的混合液轻轻擦拭,然后用擦镜纸擦干。显微镜的金属油漆部件和塑料部件,可用软布沾中性洗涤剂进行擦拭,不要使用有机溶剂。

（6）用油镜观察后,先用擦镜纸擦去镜头上的油,然后用擦镜纸蘸少许上述混合液或二甲苯擦拭,最后用干净的擦镜纸擦干。混合液或二甲苯用量不要过多,以免溶解胶合透镜的树脂,使透镜脱落。

注意 用擦镜纸擦镜头时,只能向一个方向擦。

【实验报告内容】

按照显微镜观察的操作顺序,用高倍镜和油镜观察枯草芽孢杆菌的染色标本,并绘图。

【思考题】

（1）油镜用毕后,为什么必须将其擦净?用过多的二甲苯或用酒精擦镜油有什么危害?

（2）用单目显微镜观察时为什么要用左眼,并且两眼都应睁开?

（3）使用油镜时,为什么选用香柏油或液体石蜡作为物镜与标本间的介质?

实验 2-2　暗视野显微镜的使用

【目的要求】

（1）了解暗视野显微镜的构造和原理,掌握其使用方法;

（2）学习在暗视野显微镜下观察细菌的运动。

【基本原理】

暗视野(或称暗场)显微镜(dark field microscope)中使用一种特殊的暗视野聚光器(暗视野聚光镜)。在此聚光器中央有一光挡,使光线只能从周缘进入并会聚在被检物体的表面,光线被微小的质点散射进入物镜,这些微小质点,就像黑夜天空中的一颗颗闪亮的小星。我们在黑暗的背景中看到的只是物体受光的侧面,是它边缘发亮的轮廓。暗视野显微术适于观察在明视野中,由于反差过小而不易观察的折射率很强的物体,以及一些小于光学显微镜分辨极限的微小颗粒。在微生物学研究工作中,常用暗视野显微术(dark field microscopy)来观察活菌的运动或鞭毛等。

暗视野聚光器(dark field condenser)有两种主要类型:一是折射型,只要在普通聚光器放置滤光片的地方,放上一个中心有光挡的小铁环(图 2-2-1)就成为一个暗视野聚光器,甚至在一圆形玻璃片中央贴上一块圆形的黑纸,也可获得暗视野的效果。另一类暗视野聚光器是反射型(图 2-2-2),为各厂家所特制,有不同型式。

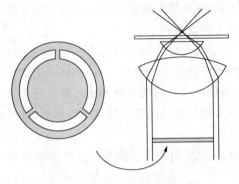
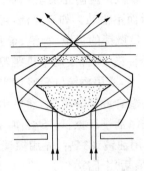

图 2-2-1　折射型暗视野聚光器　　　　图 2-2-2　反射型暗视野聚光器的光路

要使暗视野显微术获得良好的效果,应注意以下问题:

(1) 不能有光线直射进入物镜,当用油镜时,因油镜的开口角度大,为避免直射光线进入,应选用有开口光圈的油镜。

(2) 要用强烈的光源,一般是使用强光源显微镜灯。

(3) 要求倾斜光线的焦点正好落在被检物上,这要对暗视野聚光器进行中心调节和调焦。要求使用的载玻片不可太厚,通常为 1.0～1.2 mm,盖玻片厚度不要超过 0.17 mm。

(4) 载玻片和盖玻片都应非常清洁,无油污,无划痕,以免反射光线;使用高倍物镜时,聚光器和载玻片间要加镜油。

【实验材料】

(一) 菌种

枯草芽孢杆菌或大肠杆菌($Escherichia\ coli$)经多次转接传代的 16～18 h 培养物。

(二) 仪器和其他物品

普通光学显微镜;暗视野聚光器,显微镜灯,盖玻片,载玻片,镜油,擦镜纸,二甲苯等。

【实验内容】

暗视野显微镜的使用方法和步骤。

1. 安装暗视野聚光器

转动螺旋,使普通光学显微镜的聚光器下降,把聚光器取下,换上暗视野聚光器。转动螺旋,使暗视野聚光器上升。

2. 调节光源

有内光源的显微镜,其光源要强,把集光镜上的光阑开到最大,聚光器上的光阑调至 1.4。

显微镜本身不带光源的,可用显微镜灯,调整好光源和反光镜,使强光束正好落在反光镜中央并反射入聚光器。

3. 制片

取厚度为 1.0～1.2 mm 的洁净载玻片一块,加 1 滴枯草芽孢杆菌或大肠杆菌新鲜培养的菌液,盖上厚度不超过 0.17 mm 的洁净盖玻片。注意,不要有气泡。

4. 置片

加香柏油于暗视野聚光器的顶部,下降聚光器,然后把制片放置在载物台上,并把观察的标本移至物镜下。转动旋钮升高聚光器,使镜油与载玻片背面相接触,这样,可避免产生气泡。

5. 调焦和调中

使用低倍物镜,转动聚光器升降螺旋,调节聚光器的高低,可出现一个光环,最后出现一个光点,光点愈小愈好。然后用聚光器的调中螺旋进行调节,使光点位于视野的中央(图 2-2-3)。

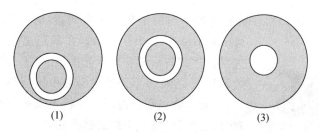

(1)　　　　　　　　(2)　　　　　　　　(3)

图 2-2-3　暗视野聚光器的中心调节及调焦

(1) 聚光器光轴与显微镜光轴不一致时的情况
(2) 光轴一致,但聚光器焦点与被检物不一致时的情况
(3) 聚光器焦点与被检物一致时的情况

6. 用油镜进行观察

油镜的使用及注意事项见实验 2-1。适当地进行聚光器的调焦和调中,使暗视野照明处于最佳状态。转动粗、细调节螺旋,使菌体更清晰。

【实验报告内容】

描述枯草芽孢杆菌或大肠杆菌鞭毛着生的位置和运动情况。

【思考题】

(1) 使用暗视野显微镜,应注意哪些事项?

(2) 你如何区分菌体是在进行布朗氏运动,或随水流动,或是菌体在进行自主运动?

实验 2-3　相差显微镜的使用

【目的要求】

(1) 了解相差显微镜的构造和原理;

(2) 掌握相差显微镜的使用方法。

【基本原理】

用普通光学显微镜观察无色透明的活细胞时，光线通过活细胞，光的波长（颜色）和振幅（亮度）都没有发生明显的变化，整个视野的亮度是均匀的。虽然细胞内各种结构的厚度和折射率不同，光线通过时直射光和衍射光会产生相位差，但是人的肉眼不能观察到相位差，因此我们难以分辨活细胞内的细微结构。而相差显微镜能克服这方面的缺点。相差显微镜利用环状光阑和相板，使通过反差很小的活细胞的光形成直射光和衍射光，直射光波相对地提前或延后 π/2（即 1/4 波长），并发生干涉，使通过活细胞的光波由相位差变为振幅（亮度）差。这样，活细胞内的不同结构就表现出明暗差异，使人们不用通过染色便能较清晰地观察到普通光学显微镜下难以看清楚的活细胞的细微结构。

相差显微镜（phase contrast microscope） 或称相衬显微镜，其形状和成像原理与普通显微镜相似。不同的是相差显微镜有专用的相差聚光器（内有环状光阑）和相差物镜（内装相板）及合轴调节望远镜。

相差聚光器（图 2-3-1）和普通聚光器不同的是装有一个转盘，内有大小不同的环状光阑

图 2-3-1　相差聚光器
1. 合轴调整旋钮　2. 聚光器透镜
3. 转盘

（phase ring，annular ring）。在其边上刻有 0、10、20、40、100 等字样，"0"表示没有环状光阑，相当于普通聚光器，其他数字表示环状光阑的不同大小，要和相应的 10×、20×、40×、100× 相差物镜配合使用。环状光阑是一透明的亮环，光线通过环状光阑形成一个圆筒状的光柱。

相差物镜上刻有"ph"（phase 的缩写）或一个红圈，或两者兼有作为标志。相差物镜和普通物镜相似。不同的是在其物镜的内焦平面上装有一个相板（phase plate），相板上有一层金属物质及一个暗环。不同放大倍数的相差物镜，其暗环的大小不同。

合轴调节望远镜是一低倍望远镜，在环状光阑和相板合轴调节时，用以观察光轴是否完全一致。

相差显微镜能观察到无色透明样品的内部结构，适用于对活细胞的生长、运动与细微结构的观察。相差显微镜可分为正反差（标本比背景暗）和负反差（标本比背景明亮）两类。正反差相差显微镜特别适用于活细胞内部细微结构的观察。

【实验材料】

（一）菌种

酿酒酵母（*Saccharomyces cerevisiae*）的斜面或液体培养物。

（二）仪器和其他物品

相差显微镜；载玻片，盖玻片，擦镜纸，镜油等。

【实验内容】

1. 安装相差装置

取下普通光学显微镜的聚光器和物镜，分别装上相差物镜和相差聚光器。

2. 制片

取洁净的载玻片,在玻片中央处加 1 滴蒸馏水,从斜面上取一环酿酒酵母置水滴中并轻轻涂抹,盖上盖玻片,勿产生气泡。若是液体培养物时,则把此菌液摇匀,用滴管加 1 滴菌液于载玻片中央。小心盖上盖玻片,勿使有气泡产生。把制片置于载物台上。

3. 放置滤色镜

在光源前集光镜上放置绿色滤色镜,因相差物镜纠正了黄光和绿光的球面差。使用绿色滤色镜效果较好,同时绿色滤色镜有吸热作用,有利于活体观察。

4. 视场光阑的中心调整

(1) 将相差聚光镜转盘转至"0"位。

(2) 用 10× 物镜进行观察。

(3) 将视场光阑关至最小孔径。

(4) 转动旋钮上下移动聚光镜,使观察到清晰的视场光阑的多边影像。

(5) 转动调中旋钮,使视场光阑影像调中。

(6) 将视场光阑开大并进一步调中,使视场光阑多角形恰好与视场圆内接。

(7) 再稍开大视场光阑,至各边与视场圆外切。

5. 环状光阑与相板合轴调整

(1) 取下一只目镜,换入合轴调整望远镜(图 2-3-2)。

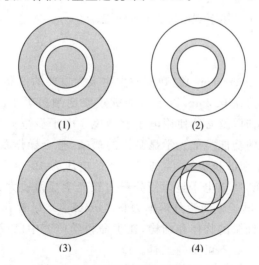

(1)   (2)

(3)   (4)

图 2-3-2 环状光阑和相板的合轴

(1) 相差聚光器中的环状光阑 (2) 相差物镜中的相板

(3) 环状光阑和相板调节合轴 (4) 环状光阑和相板不合轴

(2) 转动物镜转换器,选用 10× 相差物镜,将相差聚光器转盘转至"10"位(与 10× 物镜适配)。

(3) 调整望远镜的焦距至能清晰地观察到聚光器的环状光阑(亮环)和相差物镜的相板(暗环)的像。

(4) 由于相板(暗环)是固定在物镜内,而聚光器的环状光阑(亮环)是可以水平移动的,在进行合轴调整时,调节聚光器上环状光阑的合轴调整旋钮,使亮环完全进入暗环并与暗环同轴。

(5) 取下合轴调整望远镜,装入目镜,即可进行观察。

(6) 若更换别的相差物镜(如 20×,40×)时,应重新进行合轴调整。若用 100× 相差物镜时,标本和物镜间加入镜油,并进行合轴调整。

(7) 用 40× 或 100× 相差物镜对酿酒酵母细胞结构进行观察。

【实验报告】

绘制酿酒酵母细胞在相差显微镜下的结构图。

【思考题】

使用相差显微镜,应注意哪些事项? 它适用于观察何种标本?

实验 2-4　透射电子显微镜的使用

【目的要求】

(1) 了解透射电子显微镜的基本原理;

(2) 学习待测样品的制备方法;

(3) 学习在透射电子显微镜下观察噬菌体的形态。

【基本原理】

电子显微镜(electron microscope)是观察微生物极为重要的仪器。由于受光学显微镜分辨力的限制(受检物直径需在 $0.2\,\mu m$ 以上),如欲观察比细菌更小的微生物(如病毒)或观察微生物细胞的超微结构时,就必须使用电子显微镜。电子显微镜是以电子波代替光学显微镜使用的光波,电磁场的功能类似光学显微镜的透镜,整个操作系统在真空条件下进行。由于用来放大标本的电子束波长极短,当通过电场的电压为 $100\,kV$ 时,波长仅为 $0.04\,nm$,约比可见光波短 10000 倍,所以电子显微镜分辨力较光学显微镜大大提高。光学显微镜分辨率为 200 nm(2000 Å),电子显微镜分辨率为 0.2 nm(2 Å),后者有非常大的放大率。通过电子显微镜,可观察到更细微的物体和结构,在生命科学研究中已成为观察和描述细胞、组织、细菌和病毒等超微结构必不可少的工具。

电子显微镜诞生于 20 世纪 30 年代。1931 年,德国科学家 Knoll 和 Ruska 研制出了世界上第一台透射电子显微镜(transmission electron microscope,TEM)。1939 年,Ruska 等人研制并生产出了一系列商品电镜,其分辨力和放大倍数得到很大提高。到 70 年代,透射电镜的点分辨率已经优于 0.3 nm,而晶格分辨率可达 0.1～0.2 nm。目前,按其性能不同,电镜种类可分透射电镜和扫描电镜两大类。透射电镜是由入射电子束穿过样品直接成像,加速电压一般为 50～100 kV,点分辨率为 0.2～0.3 nm,晶格分辨率为 0.1～0.2 nm,放大倍数可达 100 万倍。因电子透射力较弱,要求样品厚度较薄(50～100 nm)。样品制备技术比较复杂,有超薄切片技术、负染法、投影法和冰冻复型法等。电子显微镜主要用于研究生物大分子结构、生物膜、动植物细胞和微生物细胞和病毒的超微结构。

本实验通过将噬菌体悬液滴在铜网上的聚乙烯甲醛膜上,并用磷钨酸钠(sodium phosphotungstic acid)溶液进行负染色。最后,利用透射电子显微镜观察并拍摄短杆菌 T6-13 噬菌体 530 和多黏芽孢杆菌 19 噬菌体 19-1 的形态。

【实验材料】

(一) 噬菌体

高浓度短杆菌 T6-13 噬菌体 530(*Brevibacterium* T6-13 phage 530)和多黏芽孢杆菌 19 噬菌体 19-1(*Bacillus polymyxa* 19 phage 19-1)裂解液(效价在 10^7 pfu/mL 以上)。

(二) 试剂和溶液

0.3%聚乙烯甲醛(溶于二氯乙烷)溶液、负染色用 2%磷钨酸钠溶液。

(三) 仪器和其他物品

透射电子显微镜(图 2-4-1);铜网若干枚,镊子,微细滴管,洁净新载片,烧杯,结晶皿,滤纸等。

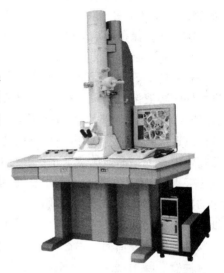

图 2-4-1　透射电子显微镜

【实验内容】

(一) 样品的制备

1. 支持膜的制备

由于整个操作均在真空环境下进行,所以观察的样品必须绝对干燥。同时,由于电子流的穿透力弱,不能透过载片或较厚的样品,因而,样品需要放在支持膜上观察。常用的支持膜有透明塑胶膜[如火棉胶膜(celloidin membrane)或聚乙烯甲醛膜(formvar membrane)],或碳膜、金属膜等。它们是以金属网作支架的载网。

(1) 载网的清洗

常用的载网若是铜质的,称为铜网。其直径 3 mm,并具不同的孔目规格,通常使用 150~200 目铜网(图 2-4-2)。

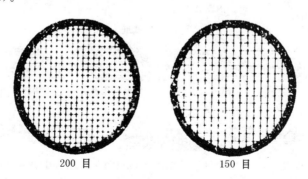

200 目　　　　　　　150 目

图 2-4-2　铜网类型

新的铜网在使用前先用丙酮清洗 2~3 次,再用无水乙醇洗两次,除去铜网上的油污,使支持膜牢固地贴附于铜网上。

用过的旧铜网,经清洗后可重新使用。清洗前,将其置于两载片之间压平;再将平整的铜网放入小锥形瓶中,加入浓硫酸浸没铜网,轻轻摇动,待铜网被清洗干净发出铜的光泽(约清洗3~4 min,硫酸具腐蚀作用,不要浸泡时间过长),倒出硫酸。加入 1 mol/L 氢氧化钠溶液,摇动清洗 3~5 min,弃氢氧化钠溶液。用蒸馏水清洗 4~5 次,再用无水乙醇清洗 2~3 次,使铜网迅速干燥。保存于洁净的培养皿中。

(2) 聚乙烯甲醛膜的制备

先配制 0.3% 聚乙烯甲醛(溶于二氯乙烷)溶液。取一洁净的高 6 cm、直径 3 cm 的称量瓶,将配好的溶液倒入其中。在一洁净的结晶皿(直径 10 cm)中倒满蒸馏水。取一光洁的玻璃片(用约 3 mm 厚的玻璃片,大小与载玻片相似)浸入聚乙烯甲醛溶液中;稍停取出,倾斜片刻,使溶液迅速挥发,玻片上结有一层透明薄膜。用刀片或针沿玻片边缘将膜划破,将玻片斜置,其前端慢慢浸入结晶皿的蒸馏水中。待观察到前沿的膜全部脱离玻片漂于水面时,再将玻片斜置轻轻下压,玻片上的膜逐渐平整地脱离开玻片并漂浮于水面上,缓慢后撤玻片,再将其取出。用洁净的镊子夹取若干个铜网,以适当的间距轻放在膜上。将备好的滤纸片轻放于其上,待滤纸吸湿与铜网完全贴附后,再用镊子夹取滤纸片的一角,翻转上提,将贴在铜网的滤纸片取出,有膜和铜网的一面向上,置于洁净的培养皿中,干燥后备用(制膜操作过程见图2-4-3)。

注意　操作过程中注意避风防尘,动作要轻稳。

(3) 碳膜

碳膜的机械性能及化学稳定性优于聚乙烯甲醛膜,而且能增强样品的稳定性,减少样品的漂移。可在聚乙烯甲醛膜的铜网上再喷上一层(5~10 nm 厚)碳膜。

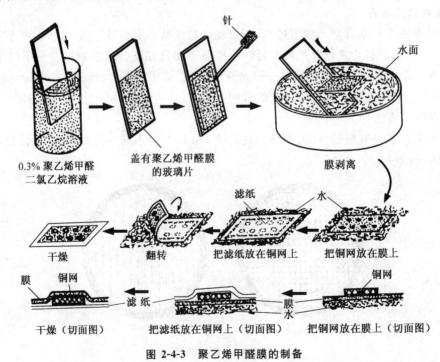

图 2-4-3　聚乙烯甲醛膜的制备

2. 高浓度短杆菌 T6-13 的噬菌体 530 和多黏芽孢杆菌 19 的噬菌体 19-1 裂解液制备

按实验 5-2 的方法,增殖谷氨酸生产菌株短杆菌 T6-13 的噬菌体 530 和多黏菌素产生菌株多黏芽孢杆菌 19 的噬菌体 19-1,至效价达 10^7 pfu/mL 以上。加 3%(V/V)的氯仿,振荡 10 min;静置 10 min 后,取上清液 4000 r/min 离心 10 min;再取少量上清液放入微量离心管内,1000 r/min 离心 30 min,静置待用。

3. 噬菌体电镜标本的制备及负染色技术

将前面已制备好的高效价噬菌体裂解液,用洁净的微量吸管吸取上清液少许,小心滴加在聚乙烯甲醛膜铜网上,形成一个小液珠。静置 2～3 min,使样品吸附在膜上,用滤纸条从液滴边缘吸去部分悬液。

在电镜观察前还需将样品染色,常用的为负染色(negative staining)法。此法利用重金属的盐(如磷钨酸盐)将生物样品包围起来,在电子致密的灰黑色背景中将样品形态衬托出来。当铜网上样品近干燥时,用 2%磷钨酸钠溶液(pH 7.0)滴加在样品上进行染色 1～2 min;再用滤纸条从边缘吸去染液,待其自然干燥后为电镜观察用。

(二) 电镜观察和记录

当电镜调整完毕,即可将制备好的标本装入样品室内的台上进行观察。铜网标本应先在低倍显微镜下(200 倍),挑选分散均匀、浓度适中的标本。进行观察时,选择标本上最佳的区域进行拍照及观察、记录形态(图 2-4-4,2-4-5)。

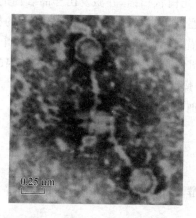

图 2-4-4　短杆菌 T6-13 噬菌体 530

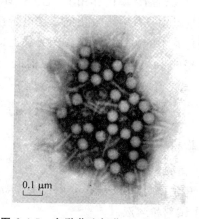

图 2-4-5　多黏芽孢杆菌 19 噬菌体 19-1

【实验报告内容】

(1) 简述制备聚乙烯甲醛膜的主要步骤。

(2) 简述制备噬菌体电镜标本的步骤。

(3) 拍摄你所观察的噬菌体照片,并记录其形态特点。

【思考题】

(1) 比较透射电子显微镜和普通光学显微镜的工作原理,二者之间有何异同?

(2) 电镜观察的样品为何必须绝对干燥?为何要放在支持膜上,而不是放在载片上观察?

实验 2-5　扫描电子显微镜的使用

【目的要求】

(1) 了解扫描电镜的基本原理;

(2) 学习样品的制备方法、观察样品表面的立体形态图像。

【基本原理】

扫描电子显微镜(scanning electron microscope,SEM)在生命科学中用途很广,常用来观察细胞形态和表面超微形态结构的研究。

扫描电镜主要由产生扫描电子束的光电子系统,电子信号的收集、处理、显示与记录系统,电源系统及各种附件组成。主要包括:电子枪、聚光镜、物镜、扫描线圈及样品室等。

透射电镜照明电子束是透过样品后经物镜放大成像。扫描电镜,其照明电子束并不透过样品,电子枪发出的电子束受到加速电压的作用射向镜筒,经聚光镜及物镜的汇集缩小成电子探针。在扫描线圈的作用下,电子探针在样品表面作光栅状扫描,并激发出样品表面的二次电子发射。由样品表面发出的二次电子打到相应的检测器,经放大转换被送至显像管的栅极上;而显像管中的另一电子束在荧光屏上也作光栅状扫描,这种扫描运动与样品表面的电子束扫描严格同步。这样,即获得相应的电子图像。这种图像是放大的样品表面立体形貌的图像。用扫描电子显微镜观察标本时,要求样品必须干燥,标本表面能够导电。

本实验利用扫描电子显微镜观察并拍摄酵母菌细胞立体形态图像。

【实验材料】

(一) 菌种

酿酒酵母(*Saccharomyces cerevisiae*)或白假丝酵母(*Candida albicans*)平板培养菌落。

(二) 试剂和溶液

0.1 mol/L 磷酸缓冲液,1% 戊二醛固定液(用 0.1 mol/L 磷酸缓冲液配制);无水乙醇,乙酸异戊酯,液态二氧化碳。

(三) 仪器和其他物品

扫描电子显微镜,临界点干燥器,真空喷镀仪;盖片等。

【实验内容】

(一) 样品的制备

样品制备时要经过固定、脱水、干燥和表面镀金等步骤处理。

1. 固定

用铂金接种环从平板菌落上取一环酵母菌细胞,放入 1% 戊二醛固定液中,固定 50 min。不时摇动,使酵母菌细胞均匀分布于固定液中。

2. 离心

1500 r/min 离心 10 min,弃上清液,使细胞与固定液分开。

3. 漂洗

用 0.1 mol/L 磷酸缓冲液漂洗两次,离心,弃上清液。

4. 涂片

用洁净的铂金环取酵母菌细胞,在小盖片上涂一薄层(涂 2～3 个样品,以免脱水过程中细胞流失),待固定后进行乙醇脱水。

5. 脱水

用 50%、70%、80%、90%、95% 的梯度乙醇分别依次脱水,每次 10 min;最后用无水乙醇脱水两次,每次 10 min。

注意　用镊子夹取涂片时,需轻取轻放入不同梯度的乙醇中。脱水后涂片面向上,置于洁净的平皿中。

6. 临界点干燥

临界点干燥法原理是:在一个密闭容器中当达到一定的温度和压力后气液相面消失,样品中的液体气化,表面张力等于"0",而使样品完全干燥。为保持细胞表面的精细结构,需将样品放入临界点干燥器中进行处理。

将脱水后的样品转入中间液乙酸异戊酯中,置换乙醇。在临界点干燥器的样品室内,用液态二氧化碳(临界点较低,能消除表面张力对样品结构的影响)置换乙酸异戊酯。在达到临界状态(31℃,72.3 atm①)后,将温度升至 40℃,使液态二氧化碳完全气化;然后打开放气阀门,逐渐排出气体,使样品完全干燥。取出后,置于普通干燥器中。

7. 真空喷镀

样品表面喷镀一层铂金属膜,其目的在于减少电子束对样品损伤;并增加二次电子的产率,以获得良好图像。将干燥后的样品放入真空喷镀仪的玻璃罩中,真空度为 10^{-4} ～ 10^{-6} Torr②。喷镀时,使样品在旋转台上作各方向转动,将加热蒸发的金属喷镀在样品表面。

用导电胶将制备好的样品固定在金属样品台上,置于干燥器中,送电镜室观察。

(二)电镜观察,拍照图像

电镜调整完毕,将样品装入样品室进行观察。选择视野从低倍到高倍,对最佳区域的酵母

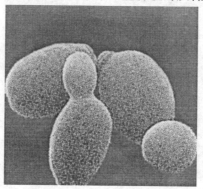

图 2-5-1　酵母菌(示出芽)
(扫描电镜照片)

---

①　1 atm(大气压)=760 mmHg=1.01325×10⁵ Pa≈0.1 MPa;

②　1 Torr(托)=1 mmHg=133.322 Pa。

菌细胞立体形态图像进行观察拍照(图 2-5-1)。

【实验报告内容】

(1) 简述样品制备过程。

(2) 拍摄酵母菌细胞的形态照片,并记录其特征。

【思考题】

比较透射电子显微镜和扫描电子显微镜的功能特性,二者工作原理有何异同?

第3章 原核微生物的形态和结构观察

微生物的个体形态结构及菌落特征的观察，是学习微生物学的重要基本内容。

细菌和放线菌的细胞有壁，核物质分散在细胞内，无膜包围，故均属原核微生物（prokaryotic microorganism）。细菌种类数量多，个体小，结构较为简单，以二等分裂繁殖。细菌常作为研究原核微生物的代表性对象。放线菌是一类呈丝状的菌体、主要以孢子繁殖的原核微生物。

实验 3-1 细菌菌落特征、个体形态观察和染色技术

（简单染色、革兰氏染色和抗酸染色）

【目的要求】

(1) 学习无菌操作；

(2) 观察细菌菌落的特征；

(3) 掌握细菌的简单染色、革兰氏染色和抗酸染色的原理及操作步骤；

(4) 掌握在油镜下观察细菌个体形态的方法。

【基本原理】

形态观察主要包括群体形态（菌落形态）和个体形态两个方面。

细菌经稀释分离或划线分离成单个菌体接种在固体平板培养基上，在适宜的培养条件下，单个菌体经生长繁殖在固体培养基表面生成成堆的细胞群称为菌落（colony）。菌落具有一定特征。若接种在斜面培养基上，由于接种量大，菌体生长连成片状则称为菌苔（lawn）。细菌菌落大多数表面光滑湿润，有光泽，一般菌落较小，质地颜色均匀、多样，与培养基结合不紧密。菌落特征与组成菌落的细胞结构、生长状况、排列方式、好气性和运动性等直接相关。细菌的菌落及个体形态特征是辨认、鉴定菌种的重要依据。

细菌（bacteria）的个体基本形态主要可分为球菌（coccus）、杆菌（bacillus）、螺旋菌（螺菌 spirillum 和弧菌 vibrio）三大类。球菌根据其排列方式不同，又可分为单球（coccus）、双球（diplococcus）、四联（tetrad）、八叠（sarcina）、葡萄状（staphylococcus）或链状（streptococcus）。根据长短或形状差异，杆菌又分短杆（球杆）、棒杆、梭状、分枝状或竹节状等。根据弯曲程度，螺旋菌分为弧菌（ribrio）和螺菌（spirillum）等（图 3-1-1）。近年来还发现有星状和四方形细菌等。

观察细菌形态一般应在其生长活跃阶段，这时菌体呈现出特定的形态，正常而整齐；但观察细菌芽孢时，则应在其生长后期。但若培养条件发生变化或是其老龄培养物，则常出现异常，其形态受培养基成分、浓度，培养温度、培养时间等环境条件的影响而变化。

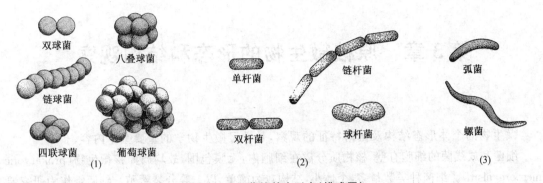

图 3-1-1　细菌的基本形态（模式图）
（1）球菌　（2）杆菌　（3）螺旋菌（弧菌和螺菌）

　　细菌个体微小，且较透明，必须借助染色法使菌体着色，以显示出细菌的一般形态结构及特殊结构，在显微镜下用油镜进行观察。微生物染料是一类带苯环的有机化合物，其分子上具有发色基团和助色基团。前者给化合物以特有的颜色，但不能与细菌结合；后者使化合物具成盐的性质，能和菌体结合。根据细菌个体形态观察的不同要求，可将染色分为 3 种方法，即简单染色（simple staining）、鉴别染色（differential staining）和特殊染色。本次实验学习前两种染色方法，特殊染色法留待在下一实验中进行。

（一）简单染色

　　这是最基本的染色方法，由于细菌在中性环境中一般带负电荷，所以通过采用一种碱性染料，如美蓝、碱性复红、结晶紫、孔雀绿、蕃红等进行染色。这类染料解离后，染料离子带正电荷，故使细菌着色。

（二）革兰氏染色

　　革兰氏染色法（Gram stain）是细菌学中广泛使用的重要鉴别染色法。通过此法染色，可将细菌鉴别为革兰氏阳性菌（Gram positive bacteria，G^+）和革兰氏阴性菌（Gram negative bacteria，G^-）两大类。

　　革兰氏染色过程所用四种不同溶液，其作用如下：

　　（1）碱性染料（basic dye）　草酸铵结晶紫液。

　　（2）媒染剂（mordant）　碘液，其作用是增强染料与菌体的亲和力，加强染料与细胞的结合。

　　（3）脱色剂（decolorizing agent）　乙醇将被染色的细胞脱色。利用不同细菌对染料脱色的难易程度不同而加以区分。

　　（4）复染液（counter stain liquid）　蕃红溶液，目的是使经脱色的细菌重新染上另一种颜色，以便与未脱色菌进行比较。

　　革兰氏染色有着重要的理论与实践意义，其染色原理是利用细菌的细胞壁组成成分和结构的不同，通过染色加以鉴别。革兰氏阳性菌的细胞壁肽聚糖（peptidoglycan）层厚，交联而成的肽聚糖网状结构致密，经乙醇处理发生脱水作用，使其孔径缩小，通透性降低，由结晶紫与碘形成的大分子复合物保留在细胞内而不被脱色，结果使细胞呈现紫色。而革兰氏阴性菌肽聚糖层薄，网状结构交联少，而且类脂含量较高。经乙醇处理后，细胞壁孔径变大,通透性增加,结晶紫与碘的复合物被溶出细胞壁,因而细胞被脱色;再经蕃红复染后,结果细胞呈红色。

(三) 抗酸染色

抗酸染色(acid-fast stain)是鉴别分枝杆菌属(*Mycobacterium*)的染色法。分枝杆菌属细菌的菌体中含有分枝菌酸(mycolic acid),用普通染色法不被着色,需在加热条件下与石炭酸复红牢固结合形成复合物。而且用酸性乙醇处理不能使其脱色,故菌体被染成红色。

这种抗酸染色性也与抗酸菌细胞壁的完整性有关。若由于机械作用或自溶使细胞破裂,则抗酸染色性也随之消失。

【实验材料】

(一) 菌种

大肠杆菌、枯草芽孢杆菌、金黄色葡萄球菌(*Staphylococcus aureus*)、草分枝杆菌(*Mycobacterium phlie*)和普通变形杆菌(*Proteus vulgaris*)(培养 18～24 h 的斜面菌种各一支,前三种菌培养好的菌落平板各一个)。

(二) 试剂和溶液

(1) 简单染色染液　草酸铵结晶紫染液。

(2) 革兰氏染色染液　草酸铵结晶紫染液,革氏碘液,95% 乙醇,蕃红染液。

(3) 抗酸染色染液　石炭酸复红液,酸性乙醇,吕氏美蓝染液。配制法均见附录二。

(三) 仪器和其他物品

显微镜;载片,擦镜纸,滤纸,接种环,液体石蜡,无菌水等。

【实验内容】

(一) 细菌菌落特征观察

识别大肠杆菌、枯草芽孢杆菌和金黄色葡萄球菌菌落特征(conlony characteristics)。

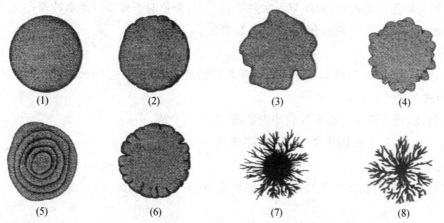

(1)　(2)　(3)　(4)

(5)　(6)　(7)　(8)

图 3-1-2　细菌菌落表面及边缘特征(模式图)

(1) 圆形,边缘整齐　(2) 不规则,边缘波浪状　(3) 不规则,边缘叶状　(4) 较规则,边缘锯齿状　(5) 规则,同心圆状,边缘完整　(6) 规则,边缘扇边状　(7) 不规则,辐射丝状　(8) 不规则,假根状

25

注意菌落的表面形状、高度、大小、颜色,有无水溶性色素,是否湿润或干燥、光泽、透明度、边缘状况等(图 3-1-2,3-1-3)。

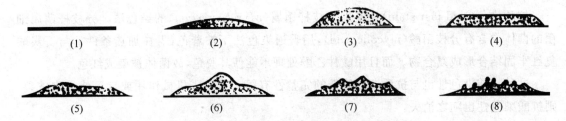

图 3-1-3　细菌菌落的侧面形态特征(模式图)

(1)扁平、扩展　(2)低凸面　(3)高凸面　(4)台状　(5)脐状　(6)突脐状　(7)乳头状　(8)褶皱凸面

(二)简单染色

1. 涂片

每人必做大肠杆菌,并选做枯草芽孢杆菌或金黄色葡萄球菌中的任何一种。

取洁净的载片一张,将其在火焰上微微加热,除去上面的油脂,冷却,在中央部位滴加一小滴无菌水,用接种环在火焰旁从斜面上挑取少量菌体(无菌操作,见实验 8-1 斜面接种)与水混合。烧去环上多余的菌体后,再用接种环将菌体涂成直径约 $1\ cm^2$ 的均匀薄层。

注意　制片是染色的关键,载片要洁净,不得玷污油脂,菌体才能涂布均匀。初次涂片,取菌量不应过大,以免造成菌体重叠。

2. 干燥

涂布后,待其自然干燥。

3. 固定

将已干燥的涂片标本向上,在微火上通过 3～4 次进行固定。固定的作用为:

(1)杀死细菌;

(2)使菌体蛋白质凝固,菌体牢固黏附于载片上,染色时不被染液或水冲掉;

(3)增加菌体对染料的结合力,使涂片易着色。

4. 染色

在涂片处滴加草酸铵结晶紫 1～2 滴,使其布满涂菌部分,染色 1 min。

5. 冲洗

斜置载片,倾去染液。用水轻轻冲去染液,至流水变清。

注意　水流不得直接冲在涂菌处,以免将菌体冲掉。

6. 吸干

用吸水纸轻轻吸去载片上的水分,干燥后镜检(染色过程见图 3-1-4)。

图 3-1-4　细菌染色标本制作及染色过程

(1) 取接种环　(2) 灼烧接种环　(3) 摇匀菌液　(4) 灼烧管口　(5a) 从菌液中取菌[或(5b)从斜面菌种中取菌]
(6) 取菌毕,再灼烧管口,加上塞　(7a) 将菌液直接涂片[或(7b)从斜面菌种中取菌与玻片上水滴混匀涂片]
(8) 烧去接种环上的残菌　(9) 固定　(10) 染色　(11) 水洗　(12) 吸干

7. 镜检

将染色的标本,先用低倍镜找到目的物,将低倍接物镜转开,滴加一小滴液体石蜡于涂片处,用油镜进行观察,注意各种细菌的形状和细菌排列方式。

注意　观察完毕,用擦镜纸将镜头上的液体石蜡擦净(本实验室常用液体石蜡代替香柏油,如用香柏油观察,使用后应先用擦镜纸擦拭,然后再用二甲苯擦去残余香柏油)。

(三) 革兰氏染色

1. 涂片

用无菌操作法从大肠杆菌、枯草芽孢杆菌和金黄色葡萄球菌斜面上取出少量菌体,制成涂

27

片,干燥,固定。

2. 染色

用草酸铵结晶紫染液染色 1 min,用水冲洗。

3. 媒染

滴加革氏碘液冲去残水,并用碘液覆盖 1 min,用水冲去碘液。

4. 乙醇脱色

斜置载片于一烧杯上,滴加 95％乙醇,并轻轻摇动载片,至乙醇液不呈现紫色时停止(约 0.5 min)。立即用水冲净乙醇,并用滤纸轻轻吸干。注意,脱色是革兰氏染色的关键,必须严格掌握乙醇的脱色程度。若脱色过度,则阳性菌被误染为阴性菌;而脱色不够时,阴性菌被误染为阳性菌。

5. 复染

蕃红染液复染 1 min,水洗。

6. 吸干并镜检(图 3-1-5),鉴别不同菌的革兰氏染色反应结果

若研究工作中要确证未知菌的革兰氏染色反应时,则需同时用已知菌进行染色作为对照。

注意 细菌对革兰氏染色反应的结果是鉴定细菌的重要指标,因此必须正确掌握染色方法。如结果不正确,必须重做。

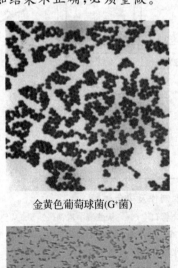

金黄色葡萄球菌(G⁺菌)   枯草芽孢杆菌(G⁺菌)

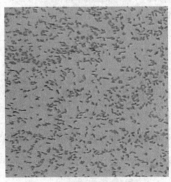 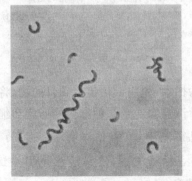

大肠杆菌(G⁻菌)   深红螺菌和弧菌

图 3-1-5 光学显微镜下细菌的基本形态

(四) 抗酸染色

1. 制片

同上法用接种环分别取少量草分枝杆菌和变形杆菌涂片,自然干燥,在火焰上进行加热固定。

2. 染色

滴加石炭酸复红染液 2 滴,覆盖涂片,在微火上加热至有蒸汽出现。不断补充染液,加热 8～10 min,弃染液。

3. 脱色

用 3‰盐酸乙醇液脱色 0.5～1 min,轻轻摇动玻片,至乙醇液呈淡红色或无色。

4. 水洗

滴加蒸馏水,洗去盐酸乙醇。

5. 复染

加美蓝液,复染 1 min。

6. 水洗后自然干燥,镜检

草分枝杆菌呈现红色。非抗酸菌(变形杆菌)作为对照,菌体被染成蓝色。

(五) 示范

1. 观察

观察四联球菌、螺旋菌及弧菌的形态及排列方式。

2. 制片

用悬滴培养法(drop culture method)制片,在暗视野显微镜下观察枯草芽孢杆菌的运动。

(1) 取中央凹形载玻片,用牙签在凹处四周涂少许凡士林。

(2) 将一小滴枯草芽孢杆菌幼龄菌液,滴加于洁净的盖片中央。滴加量要适当,勿使其流开。

(3) 用镊子夹取,翻转盖片,将菌滴对准玻片凹面中心,轻放按平,使盖片与凡士林密切接触。

(4) 在暗视野显微镜下,观察枯草芽孢杆菌的运动及其形态。

【实验报告内容】

(1) 描述大肠杆菌、枯草芽孢杆菌、金黄色葡萄球菌菌落特征(包括形状大小、色泽、透明度、边缘和表面隆起形状)。

(2) 绘图,画出大肠杆菌、枯草芽孢杆菌、金黄色葡萄球菌、四联球菌、螺旋菌(弧菌及螺菌)的细胞形态图。

(3) 记录 3 种菌的革兰氏染色结果,分辨出革兰氏阳性菌或阴性菌。如果染色结果不理想,请分析原因,并重做染色,一定要掌握正确染色方法。

(4) 记录草分枝杆菌及变形杆菌的抗酸染色结果,何者是抗酸菌? 画草分枝杆菌的细胞形态图。

【思考题】

（1）为什么必须用培养 24 h 以内的菌体进行革兰氏染色？

（2）要得到正确的革兰氏染色结果，必须注意哪些操作？哪一步是关键步骤？为什么？

（3）当你对未知菌进行革兰氏染色时，怎样保证操作正确，结果可靠？

实验 3-2　细菌菌落特征、特殊结构观察和染色技术

（芽孢染色、荚膜染色和鞭毛染色）

【目的要求】

（1）学习几种细菌的特殊染色方法，包括芽孢染色（spore staining）、荚膜染色（capsule staining）及鞭毛染色（flagellar staining）；

（2）观察细菌个体形态及菌落特征。

【基本原理】

芽孢（endospore，spore）、荚膜（capsule）、鞭毛（flagellum，复数 flagella）等都是细菌细胞的特殊结构（图 3-2-1），是菌种分类鉴定的重要指标。这些特殊结构的细菌在菌落形态上也有其相关特征。形成芽孢的细菌菌落表面一般为粗糙不透明，常呈现褶皱；在细胞表面产生荚膜的细菌，菌落往往表面光滑，呈透明或半透明黏液状，形状圆而大；具周生鞭毛的细菌，菌落大而扁平，形状不规则，边缘不整齐。一些运动能力强的细菌，菌落常呈树枝状。

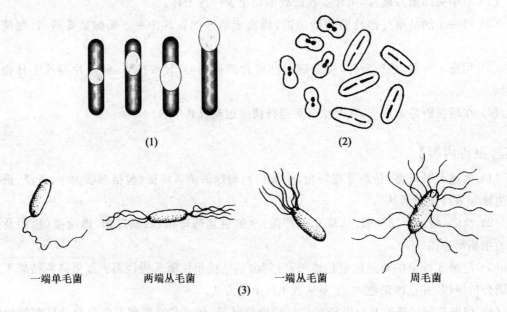

(1)

(2)

一端单毛菌　　　　两端丛毛菌　　　　一端丛毛菌　　　　周毛菌

(3)

图 3-2-1　细菌的特殊结构（模式图）

（1）芽孢　（2）荚膜　（3）鞭毛

(一) 芽孢染色

细菌能否生芽孢,以及芽孢的形状和位置都是细菌重要的特征。细菌的芽孢壁比营养细胞的细胞壁结构复杂而且致密,透性低,着色和脱色都比营养细胞困难。有较强的抗热和抗化学药品的性能,因此,一般采用碱性染料并在微火上加热,或延长染色时间,使菌体和芽孢都同时染上色后,再用蒸馏水冲洗,脱去菌体的颜色,但仍保留芽孢的颜色。并用另一种对比鲜明的染料使菌体着色,如此可以在显微镜下明显区分芽孢和营养体的形态。

注意 芽孢形成在生长发育后期,准备观察芽孢的菌株应当在成熟期,但也不可过久,否则只能见到芽孢,而营养体已消失。

(二) 荚膜染色

荚膜是某些细菌细胞壁外存在的一层胶状黏液性物质,易溶于水,与染料亲和力低,一般采用负染色的方法,使背景与菌体之间形成一透明区,将菌体衬托出来便于观察分辨,故又称衬托法染色。因荚膜薄,且易变形,所以不能用加热法固定。

(三) 鞭毛染色

细菌是否有鞭毛,以及鞭毛的数目和着生的位置都是细菌重要的特征。细菌鞭毛非常纤细,超过了一般光学显微镜的分辨力。因此,观察时需通过特殊的鞭毛染色法。鞭毛的染色法较多,主要的原理是需经媒染剂处理。本实验介绍的两种方法,均以丹宁酸(鞣酸)作媒染剂。媒染剂的作用是促使染料分子吸附于鞭毛上,并形成沉淀,使鞭毛直径加粗,才能在显微镜下观察到鞭毛。

【实验材料】

(一) 菌种

巨大芽孢杆菌(*Bacillus megaterium*)、胶质芽孢杆菌(钾细菌,*Bacillus mucilaginosus*)、枯草芽孢杆菌(培养1~2天的斜面菌种及在肉膏蛋白胨平板上划线培养的菌落)。

(二) 试剂和溶液

1. 芽孢染色

由 7.6% 饱和孔雀绿(malachite green)液和 0.5% 蕃红染液组成。

2. 荚膜染色

用黑墨汁染色法。配制方法见附录二。

3. 鞭毛染色液

(1) 利夫森氏(Leifson)染色液。配制方法见附录二。

(2) 银染法染液 A 液,B 液。配制方法见附录二。

(三) 仪器和其他物品

显微镜;接种环,载片,盖片,擦镜纸,液体石蜡,无菌水,洗涤灵等。

【实验内容】

(一) 芽孢染色(孔雀绿染色法)

1. 制片,固定

取一干净载片,在载片中央加一小滴水,无菌操作从巨大芽孢杆菌斜面上取菌体少许混合均匀,制成涂片。自然干燥。

2. 染色,冲洗

在涂菌处滴加 7.6% 的孔雀绿饱和水溶液,间断加热染色 10 min,之后用水冲洗。

注意 添加染液,勿使涂片干燥。

3. 复染,冲洗

再用 0.5% 蕃红液染色 1 min。用水冲洗。

4. 镜检

干燥后镜检。芽孢被染上绿色,营养体呈现红色。观察芽孢的形状、大小,在菌体中的位置以及是否使菌体胀大等(图 3-2-2)。

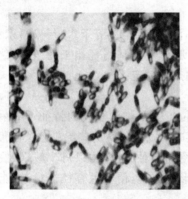
巨大芽孢杆菌(示芽孢)

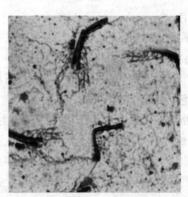
枯草芽孢杆菌(示周身鞭毛)

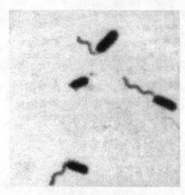
铜绿假单胞菌(示单鞭毛)

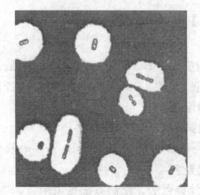
胶质芽孢杆菌(示大荚膜)

图 3-2-2 光学显微镜下细菌的特殊结构

(二)荚膜染色

1. 制片

加 1 滴 6% 葡萄糖水溶液于载片一端,无菌操作,挑取少量胶质芽孢杆菌与其混合,再加一滴墨汁充分混匀。用推片法制片,将菌液铺成薄层,自然干燥。

2. 固定

滴加 1~2 滴无水乙醇覆盖涂片,固定 1 min,自然干燥。

注意 不能用火加热干燥。

3. 染色,冲洗

滴加结晶紫,染色 2 min,用水轻轻冲洗。

4. 镜检

干燥后镜检。有荚膜的菌、菌体呈紫色,背景灰黑色,荚膜不着色呈无色透明圈。无荚膜的菌,由于干燥菌体收缩,菌体四周也可能出现一圈狭窄的不着色环,但这不是荚膜,荚膜不着色的部分宽(图 3-2-2)。

(三) 鞭毛染色

1. 载片的清洗

将载片置于洗涤灵水溶液中,煮沸 10 min,自来水冲洗,再用蒸馏水洗净,用纱布擦干备用。

2. 实验菌种的准备

接种枯草芽孢杆菌在新制备的肉膏蛋白胨斜面培养基上(斜面下部要有少量冷凝水),连续移种 3～4 次,每次培养 12～18 h,最后一次培养 12～16 h。

3. 制片

在载片一端加一滴蒸馏水,用接种环从枯草芽孢杆菌斜面上挑取少许菌苔底部有水部分的菌体(注意,不要挑出培养基)。将接种环悬放在水滴中片刻,将载片稍倾斜,使菌液随水滴缓缓流到另一端,可再返转一次使菌液流经面积扩大,然后放平,自然干燥。

4. 染色

(1) 利夫森氏染色(Leifson's flagella stain)法

用蜡笔将涂菌区圈起,滴加染液,过数分钟后,当染液的 1/2 以上区域表面出现金属光泽膜时,用水轻轻将金属膜及染液冲洗干净,自然干燥。

镜检　镜检时应在涂片上按顺序进行观察。经常是在部分涂片区的菌体染出鞭毛,菌体及鞭毛均为红色(图 3-2-2)。

(2) 银染法

涂片方法同上。滴加硝酸银染色液 A 于涂片上,染色 7 min。滴加蒸馏水冲洗 5 min。用 B 液冲去残水,再滴加 B 液于涂片上,用微火加热至出现水汽。再用蒸馏水洗去染液,自然干燥。

镜检　菌体为深褐色,鞭毛为褐色。观察时要注意鞭毛着生的数目和位置。

注意　鞭毛染色的关键:(1) 玻片必须干净,无油污。(2) 菌种要求连续传代多次,生长活跃阶段。(3) 染色过程要仔细小心,防止鞭毛脱落。

(四) 示范

在示范镜下观察细菌的各种特殊细胞结构。

1. 观察苏云金芽孢杆菌(*Bacillus thuringiensis*)芽孢和伴孢晶体(parasporal crystal)。

2. 观察肺炎链球菌(*Streptococcus pneumoniae*)荚膜。

3. 观察假单胞菌(pseudomonas)鞭毛数目和着生部位。

【实验报告内容】

将所观察到的各种细菌的特殊结构,按比例大小绘图。

(1) 巨大芽孢杆菌的芽孢位置和形状。

（2）胶质芽孢杆菌及肺炎双球菌的荚膜。

（3）枯草芽孢杆菌及假单胞菌的鞭毛着生部位和数目。

（4）苏云金芽孢杆菌的芽孢及伴孢晶体形态。

【思考题】

（1）芽孢染色为什么要加热或延长染色时间？

（2）荚膜染色为什么要用负染色法？

（3）鞭毛染色时为什么需用培养 12～16 h 的菌体？染色成功的操作关键是什么？

实验 3-3　放线菌的形态和结构观察

【目的要求】

（1）学习并掌握放线菌形态结构的观察方法；

（2）观察放线菌的菌落特征、个体形态及其繁殖方式。

【基本原理】

放线菌（actinomycetes）的菌落在培养基上着生牢固，与基质结合紧密，难以用接种针挑取。菌落大小和细菌相似。

放线菌细胞一般呈无隔分枝的丝状体，纤细的菌丝体可分为在培养基内部的基内菌丝（substrate mycelium）和伸出培养基表面的气生菌丝（aerial mycelium）。菌丝直径与细菌相似。气生菌丝上部分化成孢子丝，呈螺旋状、波浪状或分枝状等，其着生的形式也有所不同。菌丝呈各种颜色，有的还能分泌水溶性色素到培养基内。孢子丝长出孢子，孢子的形状多种多样，表面结构各异，孢子也具各种颜色。由于大量孢子的存在，使菌落表面呈现干粉状，从菌落的形态特点容易同其他类微生物区分开来。这些形态特点都是菌种鉴定和分类的重要依据。

【实验材料】

（一）菌种

灰色链霉菌（*Streptomyces griseus*）、淡紫灰链霉菌（*Streptomyces lavendulae*）、地中海诺卡氏菌（*Nocardia meditterranean*）培养好的菌落平板及插片平板。

（二）试剂和溶液

0.1％美蓝染液，液体石蜡。

（三）仪器和其他物品

显微镜；接种环，载片及盖片，擦镜纸，滤纸，无菌水等。

【实验内容】

（一）菌落及菌苔特征的观察

以无菌操作用接种环从斜面分别取少许灰色链霉菌或淡紫灰链霉菌制成菌悬液，在平板培养基上划线接种,25～28 ℃,培养 5～7 天。观察斜面上放线菌菌苔特征及平板上菌落表面形状、大小、颜色、边缘以及有无色素分泌到培养基内等;并用接种环挑取菌落,注意菌丝在培养基上着生的紧密情况。

区别基内菌丝、气生菌丝及孢子丝的着生部位、形状和颜色。

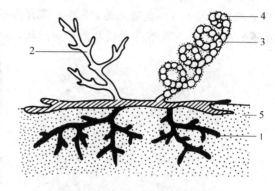

图 3-3-1 链霉菌一般形态结构(模式图)
1. 基内菌丝 2. 气生菌丝 3. 孢子丝 4. 分生孢子 5. 固体基质

(二) 个体形态特征的观察

取生长有灰色链霉菌和淡紫灰链霉菌菌落的平板,选择菌丝和分生孢子(conidium,复数 conidia)生长较薄的部位,直接置于低倍镜或高倍镜下观察(图 3-3-1,图 3-3-2)。或用接种铲取下一小块带有菌落的一薄层培养基,平置于载片上,然后分别在低倍镜和高倍镜下观察。注意放线菌气生丝和基内菌丝的形态、直径的大小及孢子丝的形状。哪种菌的孢子丝呈螺旋状? 有无分支?

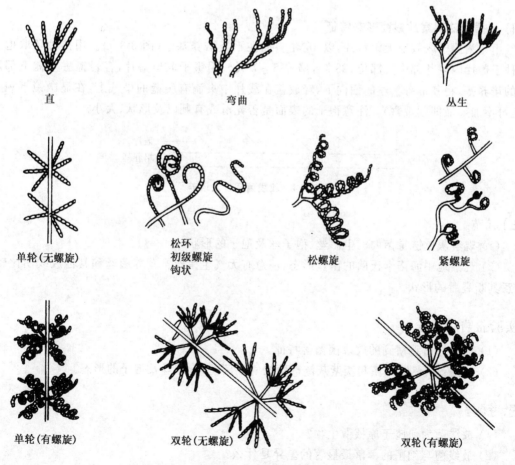

图 3-3-2 链霉菌各种孢子丝的形态(模式图)

(三) 孢子丝及孢子形状的观察

用印片法观察孢子及孢子丝的形状 (图 3-3-3) 取灰色链霉菌和淡紫灰链霉菌划线培养的平板,用镊子取一洁净盖片,轻放在菌落表面按压一下,使部分菌丝及孢子贴附于盖片上。在载片上加一小滴 0.1% 美蓝染液,将盖片带有孢子的面向下,盖在染液上,用吸水纸吸去多余的染液,在高倍镜下观察孢子丝及孢子的形状,有些制片也能观察到无隔的气生菌丝。

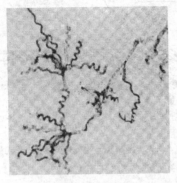 

链霉菌孢子丝　　　　　　　　　　淡紫灰链霉菌孢子丝、分生孢子

图 3-3-3　光学显微镜下放线菌的形态结构

(四) 用插片法观察放线菌形态特征

用无菌镊子取数块无菌盖片,以 45°角斜插在平板培养基上 (图 3-3-4)。用接种环取孢子接种于盖片内侧基部中央部位,28 ℃,培养 5～7 天。用镊子取出盖片,轻轻擦去外侧下部沾有的培养基,将其带有菌丝的面向下,轻轻盖在载片中央滴有美蓝的染液上,在显微镜下观察 (也可不加染液即刻观察)。注意孢子的表面是否光滑或有刺以及形状、大小。

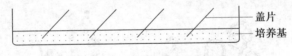

盖片
培养基

图 3-3-4　放线菌插片法培养

(五) 示范

(1) 观察灰色链霉菌的气生菌丝、孢子丝及孢子的形状。

(2) 观察地中海诺卡氏菌的菌丝形态,注意有无气生菌丝? 营养菌丝和其他放线菌比较,注意其断裂后的形状。

【实验报告内容】

(1) 描述你所观察到的放线菌菌落特征。

(2) 绘图:灰色链霉菌和淡紫灰链霉菌的气生菌丝、孢子丝及孢子的形态。

【思考题】

(1) 放线菌为何属于原核微生物?

(2) 放线菌与细菌的菌落最显著的差异是什么?

第4章 真核微生物的形态和结构观察

酵母菌和霉菌都属真核微生物(eucaryotic microorganism)，营腐生或寄生，不能进行光合作用。细胞壁由几丁质或其他种类多糖组成，有无性或有性方式繁殖。酵母菌为单细胞个体，而霉菌则由有隔或无隔的菌丝体组成。两者都属于真菌。霉菌有时也称丝状真菌(filamentous fungi)。

实验 4-1　酵母菌的形态和结构观察及测微技术

【目的要求】

(1) 观察并掌握酵母菌的菌落特征、个体形态、生长及繁殖方式；

(2) 学习并掌握观察酵母菌细胞的方法和子囊孢子、液泡、脂肪粒、肝糖粒的特殊染色方法；

(3) 学习测微技术，测量酵母细胞的直径(宽度)。

【基本原理】

(一) 酵母菌的菌落特征

酵母菌(yeast)细胞比细菌细胞要大数倍到十几倍，不能运动，所以大多数酵母菌在平板培养基上形成的菌落较大而厚，湿润、光滑，颜色较单调，多为乳白色，少有红色，偶见黑色。

(二) 酵母菌的细胞形态及繁殖方式

酵母菌属单细胞的真核微生物，其细胞核与细胞质有明显分化，所以是真核微生物。酵母菌细胞一般呈卵圆形、圆形、圆柱形或柠檬形。每种酵母菌细胞有其一定的形态大小。观察酵母菌个体形态时，应注意其细胞形状。

酵母菌的细胞质中含有一个或几个透明的"小液滴"，即液泡。处于旺盛生长阶段的酵母菌，液泡中没有内含物，老化细胞的液泡中出现了脂肪滴和肝糖粒等颗粒状贮藏物。本实验利用中性红染液将液泡染成红色。利用苏丹黑将脂肪粒氧化成蓝黑色。利用碘液将肝糖粒染成深红褐色。从而在光学显微镜下可观察到酵母菌细胞中存在着上述等特殊结构。

酵母菌的繁殖方式比较复杂。无性繁殖(asexual reproduction)主要是芽殖(budding)。有些酵母菌可进行裂殖(fission)，或形成假菌丝(pseudomycelium)。有性繁殖(sexual reproduction)是通过接合(conjugation)形成子囊(ascus)、内生子囊孢子(ascospore)。观察时，注意芽体在母体细胞上的位置，有无假菌丝以及子囊和子囊孢子的形状、数目等特征。

(三) 利用测微技术测量微生物细胞大小的原理

测微技术(micrometry)是指使用测微尺(micrometer)测量微生物的细胞大小。测微尺分为目镜测微尺(ocular micrometer)和镜台测微尺(stage micrometer, objective micrometer)两部分。目镜测微尺是一个可放入目镜内的特制圆玻片，玻片中央是一个带刻度的尺，等分成

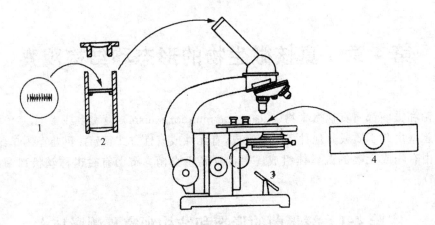

图 4-1-1　目镜测微尺和镜台测微尺及装置法

1. 目镜测微尺　2. 目镜　3. 显微镜　4. 镜台测微尺

50 或 100 个小格(图 4-1-1)。

　　镜台测微尺为一载片,上面贴一圆形盖片,中央带有刻度,长度为 1 mm,等分为 100 个小格,每格长 0.01 mm(10 μm)(图 4-1-2)。目镜测微尺每小格大小是随显微镜的不同放大倍数而改变的,在测定时先用镜台测微尺标定,求出在某一放大倍数时目镜测微尺每小格代表的长度,然后用标定好的目镜测微尺测量菌体大小(图 4-1-3)。

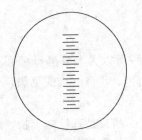

图 4-1-2　目镜测微尺中央部分

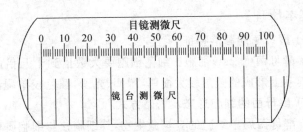

图 4-1-3　用镜台测微尺校正目镜测微尺

【实验材料】

(一) 菌种

　　酿酒酵母,深红酵母(*Rhodotorula rubur*),粉掷孢酵母(*Sporobolomyces roseus*),热带假丝酵母(*Candida tropicalis*)。

　　酿酒酵母豆芽汁斜面及酿酒酵母麦氏培养基(McClary 培养基)斜面各 1 支。酿酒酵母、深红酵母和粉掷孢酵母的菌落平板各 1 个。热带假丝酵母加盖片培养的平板 1 个。

(二) 试剂和溶液

　　0.1% 美蓝染液,7.6% 孔雀绿染液,0.5% 蕃红染液,苏丹黑染液,二甲苯,中性红染液,碘液。配方均见附录二。

(三) 仪器和其他物品

　　目镜测微尺,镜台测微尺,显微镜;接种环,载片,盖片,擦镜纸,无菌水等。

【实验内容】

（一）菌落特征的观察

取少量酿酒酵母、深红酵母划线接种在平板培养基上，28～30 ℃，培养 3 天。观察菌落表面湿润或干燥，有无光泽、隆起形状，边缘的整齐度、大小、颜色等。

（二）个体形态与出芽繁殖

酵母菌细胞较大，观察时可不染色，用水浸片法观察，即在载片中央滴加一小滴无菌水，或滴加 0.1%美蓝液一小滴，则可同时观察酵母细胞的死活。无菌操作用接种环取酿酒酵母少许（并注意酵母菌与培养基结合是否紧密），置于无菌水或美蓝液中，使菌体与其混合均匀。将盖片斜置轻轻盖在液滴上，勿出现气泡。制片先用低倍镜，再换高倍镜观察酵母菌细胞的形状及出芽方式。同时注意观察酵母菌细胞的颜色，活细胞可将美蓝还原脱色，死细胞被染成蓝色（图 4-1-4，4-1-5）。

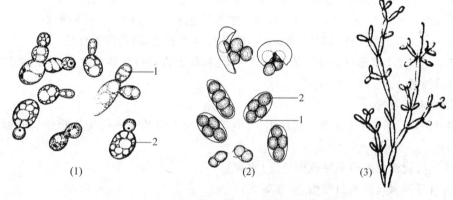

图 4-1-4　酵母菌的细胞形态和繁殖方式（模式图）

（1）酿酒酵母（出芽生殖）：1. 芽体，2. 母细胞

（2）酿酒酵母（接合生殖）：1. 子囊，2. 子囊孢子

（3）假丝酵母（藕节状假菌丝）

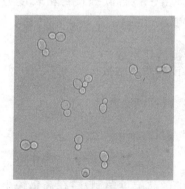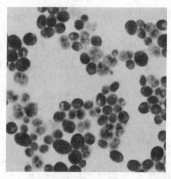

酿酒酵母（示出芽生殖×200）　　酿酒酵母（示子囊、子囊孢子×400）　　热带假丝酵母（示假菌丝×400）

图 4-1-5　光学显微镜下，酵母菌的细胞形态和繁殖方式

(三) 液泡的活体染色观察

在洁净的载片上加一滴中性红染液,用接种环取少许酿酒酵母与染液混匀,染色 4～5 min,加盖片,在显微镜下观察。中性红是液泡(vacuole)的活体染色剂(vital stain),在细胞处于生活状态时,液泡被染成红色,细胞质及核不着色。若细胞死亡,液泡染色消失,细胞质及核呈现弥散性红色。

(四) 子囊孢子的观察

将酿酒酵母接种于麦芽汁或豆芽汁液体培养基中,28～30 ℃,培养 24 h。如此连续传代3～4次,使其生长良好。然后转接到麦氏培养基斜面上,25～28 ℃,培养 4～5 天。用水浸片法制片(wet mount,wet preparation),在高倍镜下直接观察;或取菌体少许在载片上作涂片,再用芽孢染色法染色,在显微镜下观察子囊孢子呈绿色,营养细胞呈红色。注意子囊孢子形状及每个子囊内的子囊孢子数目(图 4-1-4,4-1-5)。

(五) 脂肪粒染色观察

方法 1　在载片上加一小滴无菌水,用接种环取少许酿酒酵母制成涂片。自然干燥后,滴加苏丹黑染色 5 min,水洗,自然干燥;滴加二甲苯脱色至涂片透明,干燥后滴加 0.5% 蕃红染液复染 30 s,水洗,自然干燥后显微镜观察。脂肪粒呈黑蓝色,细胞质为红色。

方法 2　加一小滴苏丹黑液于洁净的载片上,挑取少许酵母菌体与之混匀,加盖片,镜检,脂肪粒染成黑色。

(六) 肝糖粒染色观察

用酿酒酵母涂片,自然干燥后滴加 1～2 滴碘液,加上盖片在显微镜下观察。肝糖粒遇碘呈深红褐色。

(七) 利用测微尺测量酵母菌细胞的直径(宽度)

1. 将目镜测微尺装入目镜内,刻度朝下。

2. 将镜台测微尺置载物台上,用低倍镜观察到镜台测微尺的刻度。

3. 换用高倍镜测量,先用镜台测微尺标定,计算出目镜测微尺每格的长度。移动镜台测微尺和转动目镜测微尺,使二者的刻度平行,并使两尺的第一条线重合;向右寻找另外相重合的直线,记录两重合刻度间目镜测微尺和镜台测微尺的格数。由于镜台测微尺每格长度为10 μm,从镜台测微尺格数,由下列公式算出目镜测微尺每格长度(μm)。

$$目镜测微尺每格长度(\mu m) = \frac{两重合刻度间镜台测微尺格数 \times 10}{两重合刻度间目镜测微尺格数}$$

例如:目镜测微尺的 5 格等于镜台测微尺 2 格(即 20 μm),则目镜测微尺

$$1 格 = \frac{2 \times 10\ \mu m}{5} = 4\ \mu m$$

4. 酵母菌细胞直径(宽度)的测定　取下镜台测微尺,换上酿酒酵母菌制片,在高倍镜下测量 10～20 个酵母菌细胞的直径。取平均值计算出酵母菌细胞的直径。

(八) 示范

1. 观察热带假丝酵母的出芽方式及假菌丝形态。

将热带假丝酵母划线接种在麦芽汁或豆芽汁平板上,并在划线处盖上盖片,置于 28～

30 ℃,培养 2～3 天。滴加一滴无菌水或美蓝染液于载片上,再将盖片从平板上轻轻取下,斜置轻放盖在液滴上。用显微镜观察呈分枝状的假菌丝细胞形状及大小(图 4-1-5)。

2. 观察粉掷孢酵母的个体形态特征及掷孢子在培养皿盖内部形成的影像。

3. 用扫描电子显微镜观察酿酒酵母的细胞及芽体(图 2-5-1),具体操作见实验 2-5。并与光学显微镜下的形态(图 4-1-5)进行比较。

【实验报告内容】

(1) 描述酿酒酵母及深红酵母的菌落形态特征。

(2) 绘图
  ● 酿酒酵母的菌体、出芽方式及细胞中的脂肪粒、液泡形态;
  ● 酿酒酵母的子囊及子囊孢子;
  ● 热带假丝酵母的假菌丝形状。

(3) 酿酒酵母菌细胞的直径测量结果:
  在高倍镜下目镜测微尺 1 格 = ＿＿＿＿＿＿＿＿μm。
  酵母菌细胞的直径(平均值) = 目镜测微尺＿＿＿格 = ＿＿＿＿＿＿μm。

【思考题】

(1) 酵母菌和细菌细胞在大小、形态、结构上有何区别?

(2) 在同一平板培养基上若同时有细菌及酵母菌两种菌落,如何识别?

(3) 假丝酵母生成的菌丝为什么叫假菌丝?与真菌丝有何区别?

(4) 培养掷孢酵母培养皿盖内形成的影像是怎么形成的?

实验 4-2　霉菌的形态和结构观察

【目的要求】

(1) 观察霉菌菌落特征;

(2) 学习并掌握霉菌的制片方法;

(3) 观察霉菌个体形态及各种无性孢子及有性孢子的形态。

【基本原理】

霉菌(mold)是由许多交织在一起的菌丝体(mycelium,复数 mycelia)构成。在潮湿条件下,霉菌可生长繁殖长出丝状、绒毛状或蜘蛛网状的菌丝体。在培养基内部的菌丝为营养菌丝(vegetative mycelium),生长分布在空间的称气生菌丝(aerial mycelium)。气生菌丝在形态及功能上分化成多种特化结构。单个菌丝(hypha,复数 hyphae)在显微镜下观察呈管状,有的霉菌(如青霉、曲霉)其菌丝有横隔(septum 复数,septa),将菌丝分割为多细胞,称为有隔菌丝(septate hypha)。有的霉菌(如毛霉、根霉),其菌丝没有横隔,称为无隔菌丝(nonseptate hypha)。菌丝的直径比一般细菌和放线菌菌丝大几倍到十几倍。菌落形态较大,质地较疏松,其疏松程度不等,颜色各异。菌丝体经制片后可用低倍或高倍镜观察。在观察时,要注意菌丝直径的大小,菌丝体有无隔膜,营养菌丝有无假根,无性繁殖或有性繁殖时形成的孢子种类及着生方式(图4-2-1)。

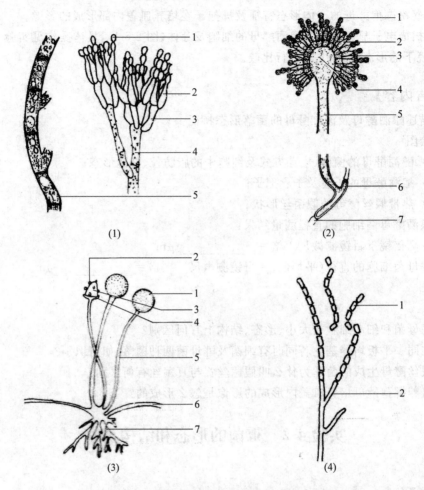

图 4-2-1　几种霉菌的形态和繁殖方式(模式图)

(1) 青霉:1.分生孢子,2.小梗,3.梗基,4.分生孢子梗,5.有隔菌丝

(2) 曲霉:1.分生孢子,2.次生小梗,3.初生小梗,4.顶囊,5.分生孢子梗,6.足细胞,7.有隔菌丝

(3) 根霉:1.孢子囊,2.孢子囊孢子,3.囊轴,4.囊托,5.孢子囊柄,6.匍匐枝,7.假根

(4) 白地霉:1.裂生孢子,2.菌丝

由于霉菌的菌丝体较粗大,而且孢子容易飞散,如将菌丝体置于水中容易变形,故观察时用浸片法将其置于乳酸石炭酸棉蓝溶液中,菌丝和孢子染成蓝色,保持菌丝体原形,使细胞不易干燥,并有杀菌作用。

【实验材料】

(一) 菌种

产黄青霉(*Penicillium chrysogenum*)、黄曲霉(*Aspergillus flavus*)、黑根霉(*Rhizopus stolonifer*)、白地霉(*Geotrichum candidum*)及紫红曲霉(*Monascus purpureus*)、五通桥毛霉(*Mucor wutungqiao*)、藤仓赤霉(*Gibberella fujikuroi*)培养好的平板各 1 个。

（二）试剂和溶液

乳酸石炭酸棉蓝溶液（lactophenol cotton blue solution）。配制方法见附录二。

（三）仪器和其他物品

显微镜；接种环，载片，盖片，擦镜纸等。

【实验内容】

（一）霉菌菌落特征的观察

观察产黄青霉、黄曲霉、黑根霉平板中的菌落，描述其菌落特征。注意菌落形态的大小，菌丝的高矮，生长密度，孢子颜色和菌落表面等状况；并与细菌、放线菌、酵母菌菌落进行比较。

（二）制片观察

于洁净的载片中央，滴加一小滴乳酸石炭酸棉蓝溶液，然后用接种针从菌落边缘挑取少许菌丝体置于其中，使其摊开，轻轻盖上盖片（注意，勿出现气泡），置于低倍镜、高倍镜下观察。

1. 产黄青霉（图 4-2-2）

观察菌丝体的分枝状况，有无横隔。分生孢子梗（conidiophore）及其分枝方式、梗基（metula）、小梗（sterigmata）及分生孢子（conidia）的形状。

利用平板插片法，可观察到较为清晰的分生孢子穗（分生孢子头，conidial head），帚状分枝的层次状况及成串的分生孢子。平板接种后待菌落长出时斜插上灭菌盖片（角度为 30～45°）。注意盖片位置应插在菌落的稍前侧，经培养后盖片内侧可见到长有一薄层菌丝体。用镊子取下轻轻盖在滴有乳酸石炭酸棉蓝溶液的载片上，即可观察。

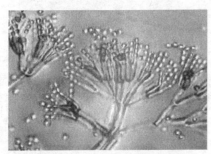

产黄青霉
（示分生孢子、小梗、分生孢子梗）

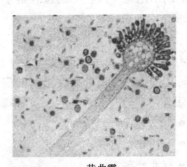

黄曲霉
（示分生孢子、小梗、顶囊、分生孢子梗）

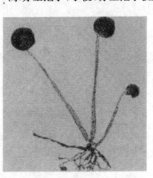

黑根霉
（示孢子囊、孢子囊柄、匍匐枝、假根）

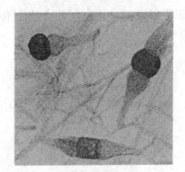

黑根霉接合孢子
（示有性生殖）

图 4-2-2　光学显微镜下几种霉菌形态

2. 黄曲霉(图 4-2-2)

注意观察有隔菌丝,由菌丝基部分化出的足细胞(foot cell)。注意菌丝上端长出的分生孢子梗(conidiophore)或柄(stalk)、顶囊(top vesicle)、初生和次生小梗及分生孢子着生状况及形状。

3. 黑根霉(图 4-2-2)

观察无隔菌丝(注意在老龄菌丝体内常有充满一段菌丝的液泡,不是横隔)、假根(rhizoid)、匍匐枝(stolon)、孢子囊柄(sporangiophore)、孢子囊(sporangium)及孢子囊孢子(sporangiospores)等结构的形态。孢囊破裂后能观察到囊托及囊轴(columella)。

(三) 示范

1. 观察紫红曲霉的子囊果(ascocarp)、子囊和子囊孢子。
2. 观察黑根霉的接合孢子(zygospore)(图 4-2-2)。
3. 观察白地霉的裂生孢子或节孢子(arthrospore)。
4. 观察五通桥毛霉的厚垣孢子(chlamydospore)。
5. 观察藤仓赤霉(稻恶苗病菌)的大型分生孢子(多细胞的镰刀形孢子)。

【实验报告内容】

(1)描述产黄青霉、黄曲霉、黑根霉菌落的颜色及特征。

(2)绘制产黄青霉、黄曲霉、黑根霉的个体形态图。

(3)绘制示范镜中黑根霉的接合孢子、白地霉的裂生孢子、五通桥毛霉的厚垣孢子和赤霉菌的镰刀形分生孢子。

【思考题】

(1)霉菌的无性繁殖和有性繁殖的孢子各有几种? 它们是怎样形成的?

(2)总结在显微镜下看到的产黄青霉、黄曲霉和黑根霉在以下各方面的异同:

- 菌丝有隔或无隔;
- 无性繁殖方式;
- 有性繁殖方式。

(3)细菌、放线菌、酵母菌、霉菌菌落特征如何识别?

(4)观察以上四类菌在制片方法上有何特点?

第5章 病 毒

病毒(viruses)是一类个体极其微小的非细胞型生物,它们没有细胞结构,不能独立进行代谢与繁殖,只能在特异的宿主细胞内复制。病毒几乎能在所有生物中寄生,依赖宿主不同,可分为:昆虫病毒、脊椎动物病毒、植物病毒、微生物病毒(噬菌体)。病毒和噬菌体侵染,常给人类健康和工农业生产带来极大危害,但病毒和噬菌体又常作为基因工程外源基因的载体。因此,病毒的分离与培养技术引起人们的极大关注。

病毒的培养与测定主要依靠特异宿主的实验性感染。如培养噬菌体,需选用特异性细菌或放线菌感染;培养动物病毒,常用鸡胚培养(chick embryo culture)、组织培养(tissue culture)和细胞培养(cell culture);培养植物病毒,采用宿主感染和组织培养;培养昆虫病毒,则通过感染昆虫或组织培养。

本章主要介绍细菌噬菌体的分离、纯化、增殖、效价测定、溶源性细菌的检查和鉴定方法,并简要介绍动物病毒、植物病毒的接种、培养和测定方法。

实验 5-1 噬菌体的分离与纯化

【目的要求】

(1) 学会快速检查发酵液中的噬菌体;
(2) 学习噬菌体的分离、纯化;
(3) 观察噬菌斑的形态。

【基本原理】

噬菌体(phage)是专性寄生微生物细胞的病毒。按其感染细菌的过程,可分成烈性噬菌体(virulent phage)和温和噬菌体(temperate phage)两类。大多数烈性噬菌体侵染细菌后迅速引起敏感细菌裂解,释放出大量子代噬菌体(图 5-1-1),因而可在含有敏感细菌的平板上出现肉眼可见的噬菌斑(plaque)(图 5-1-2)。温和噬菌体侵染细菌后呈原噬菌体(或称前噬菌体prophage)状态,一般不引起细菌裂解,使宿主成为溶源性细菌(lysogenic bacteria),在双层琼脂平板上出现透明噬菌斑中心的菌落(图 5-1-3)。了解噬菌体的特性,防止噬菌体污染,在生产和科研中快速检查、分离纯化噬菌体具有重要作用。

污染噬菌体的异常表现 生产或科研中使用的菌株,若被噬菌体污染,常有异常表现:斜面或克氏瓶的菌苔出现不长菌的透明区;液体发酵过程菌体染色不均匀,细胞形态不整齐或膨大呈将破裂状(图 5-1-1,5-1-2),活细菌数目减少;发酵过程糖消耗减慢,氨基氮和 pH 变化异常;发酵液稀薄,产物产率降低等异常状况。

采用生物测定法进行噬菌体检查约需 12 h 左右,无法迅速采取必要的挽救措施。噬菌体快速检查有两种方法:(1)定时取发酵液在显微镜下检查有无异常菌体;(2)根据微生物细胞被噬菌体裂解后,从细胞逸出高分子内容物(如 DNA 等)的特点,采用发酵液离心后的上清液

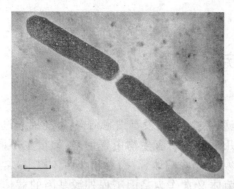
(1)正常多黏芽孢杆菌形态

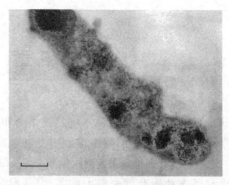
(2)噬菌体浸染后,菌体变形

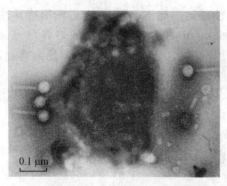
(3)多黏芽孢杆菌已被裂解,噬菌体游离
出来(注意右侧噬菌体的完整形态)

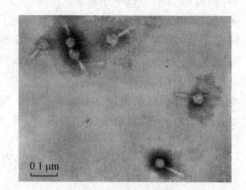
(4)多黏芽孢杆菌噬菌体

图 5-1-1　多黏芽孢杆菌噬菌体的增殖、裂解过程
(电子显微镜)

加热来快速检测噬菌体。正常发酵液离心后菌体沉淀,上清液加热后清亮;异常发酵液离心后的上清液中有自菌体中逸出的高分子内含物,加热后不清亮。该法简单、快速,对发酵液污染噬菌体的判断亦较准确。但对侵染噬菌体较少的一级种子培养液和溶源菌及温和噬菌体的诊断,往往不适用。

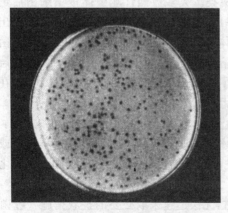
图 5-1-2　烈性噬菌体的噬菌斑
(多黏芽孢杆菌)

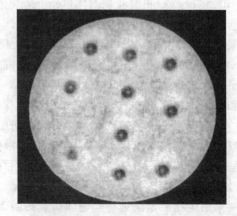
图 5-1-3　溶源性细菌的噬菌斑
(短杆菌 T6-13 突变株,注意透明噬菌斑的中心菌落)

自然界中凡有细菌和放线菌的地方,都会有相应特异性的噬菌体存在。人们可以从适合其宿主生存的工厂周围土壤、污水、空气、异常发酵液中分离出噬菌体,或从含有敏感菌的平板上观察到的噬菌斑上进行分离。一般,一个噬菌体粒子形成一个噬菌斑,再从中挑出一个噬菌斑进行纯化。

【实验材料】

(一) 菌种和噬菌体

多黏芽孢杆菌 19(多黏菌素产生菌),短杆菌 T6-13(谷氨酸产生菌)。

多黏菌素异常发酵液和谷氨酸异常发酵液中分离纯化出的噬菌体,即多黏芽孢杆菌 19 噬菌体 19-1 和短杆菌 T6-13 噬菌体 530。

(二) 培养基

LB 液体或肉膏蛋白胨半固体、固体及液体培养基,1‰蛋白胨水(见附录三)。

(三) 仪器和其他物品

台式离心机,分光光度计,显微镜,恒温箱,摇床,台秤,恒温水浴等;滤膜滤菌器,培养皿,试管,移液管,玻璃涂棒,离心管,抽滤瓶,锥形瓶等。

【实验内容】

(一) 噬菌体污染的快速检查

1. 显微镜直接检查

取微生物正常发酵液和异常发酵液,涂片染色,用显微镜观察菌体形态。

2. 离心分离加热法

取微生物正常发酵液和异常发酵液,4000 r/min 离心 20 min。分别取两组发酵液离心后的上清液(A_1),在分光光度计上测定 A_{650} 透光度值;再分别吸取两组发酵液离心后的上清液各 5 mL 于试管中,置沸水浴中煮沸 2 min(A_2),检测 A_2 溶液 A_{650} 透光度值。比较 A_1 和 A_2 在 A_{650} 透光度值的大小。

(二) 噬菌体的分离

1. 制备菌液

在装有 20 mL LB 或肉膏蛋白胨液体培养基的 250 mL 锥形瓶中,接种细菌(多黏芽孢杆菌 19 或短杆菌 T6-13),30 ℃,振荡培养 12~16 h,使细菌生长至对数期。

2. 制备噬菌体增殖液(注意无菌操作)

取 100 mL 异常发酵液(或取 100 mL 多黏菌素发酵液、味精生产厂阴沟污水样品,或车间附近 1 g 土壤),加入 100 mL 二倍浓缩的 LB 或肉膏蛋白胨液体培养基于锥形瓶中,同时加入 5 mL 上述对数期菌液,30 ℃,振荡培养 24 h。培养液 4000 r/min 离心 10 min,取离心后的上清液 5 mL,作为第一次噬菌体增殖液加入无菌锥形瓶中。同时再接种对数中期的菌液,30 ℃,继续振荡培养 24 h,离心后的上清液为第二次噬菌体增殖液。同法制备第三次噬菌体增殖液。如果自行分离未知样品中的噬菌体,需寻找被该噬菌体裂解的敏感指示菌为寄主方可增殖。

3. 制备裂解液

将上述第三次噬菌体增殖后的培养液,加 3~5 滴氯仿(帮助噬菌体裂解细菌,也可杀死未裂解的细胞),剧烈振荡 30 s,静置 5 min,3000 r/min 离心 10 min,离心后的上清液过滤除菌。

所得滤液加入无菌锥形瓶内,30 ℃,振荡培养过夜。若无细菌生长,表明除菌彻底。置于 4 ℃ 冰箱保存,备用。

4. 分离噬菌体

取上述噬菌体裂解液,用无菌蛋白胨水以十倍稀释法稀释至 10^{-5}、10^{-6}、10^{-7} 稀释度。取三套无菌培养皿,另取保温于 50 ℃水浴中融化的肉膏蛋白胨固体培养基,在无菌培养皿中各倒底层平板,凝固后于底层平板上用无菌移液管分别加噬菌体原液及最后两个稀释度(10^{-6}、10^{-7})的噬菌体稀释液各 0.1 mL,另将 0.2 mL 对数中期敏感菌菌液加到保温在 50 ℃水浴中的 5 mL 半固体上层培养基内,均匀混合后迅速倾注在底层平板上,凝固后在 30 ℃恒温培养 6~12 h。若含敏感菌双层平板上出现透明空斑,证明滤液中有该菌的噬菌体。加噬菌体原液的平板上可观察到透明圈连成一片的噬菌斑。

注意

(1) 检验噬菌体的细菌,必须是敏感细菌纯种;加入培养皿中的对数中期菌液,应在皿中均匀形成菌层(每皿细菌密度约 10^9 个/皿)。

(2) 钙、镁等离子帮助噬菌体尾丝吸附在细菌表面,用自来水配制的肉膏蛋白胨培养基或 LB 培养基和蛋白胨水即可满足噬菌体增殖和检测需要,不必另外添加无机离子。培养基中的琼脂浓度对噬菌斑大小有显著影响,底层琼脂浓度以 1.5%~2.0%,上层琼脂浓度以 0.8%~1.0%为宜。

(3) 噬菌体对温度极其敏感,一般噬菌体 60 ℃ 5 min 绝大部分失活。加入上层培养基的温度要严格保持 50 ℃以下,为防止琼脂凝固,此步操作要快,均匀铺满,不能出气泡。

(4) 为保证获得单个、彼此分离的噬菌斑,培养皿盖上和培养基表面不得有凝结水滴,平置培养,不能倒放。每皿中噬菌体数量不能太多,维持 100~300 个噬菌斑为宜,否则,噬菌斑易连成一片。

(三) 观察噬菌斑的形态及噬菌体的纯化

平板中出现的噬菌斑,其形态、大小常不一致。按照下列特点观察噬菌斑形态:透明空斑、透明空斑外有一模糊圈、有特征性轮环、透明噬菌斑中心呈现菌落等不同特征进行记录;对于噬菌斑大小,按 0.5~1 mm,2~3 mm,4~5 mm 进行记录。

用接种针在单个透明噬菌斑中刺几下,接入含有对数中期敏感菌的培养液中,30 ℃,振荡培养 24 h。之后,依上述(二)3 法和 4 法增殖和制备噬菌体裂解液,再用双层平板法分离。大约反复 3~5 次,便可得到形态、大小特征基本一致的噬菌斑,过滤除菌后获得噬菌体纯株。

【实验报告内容】

(1) 记录正常发酵液、异常发酵液显微镜下观察的菌体形态,并绘图。

(2) 记录煮沸前后正常发酵液、异常发酵液离心上清液的 A_{650} 透光度的变化。

表 5-1-1　煮沸前后正常发酵液与异常发酵液 A_{650} 透光度变化

处理方法	A_{650} 透光度值	
	正常发酵液（对照组）	异常发酵液（试验组）
煮沸前上清液 A_1		
煮沸后上清液 A_2		
A_2/A_1		

（3）记录正常发酵液和异常发酵液在双层平板上的噬菌斑数，计算噬菌体效价（参见实验 5-2）。

表 5-1-2　正常发酵液与异常发酵液平板上噬菌斑数目*

组　　别	噬菌体原液及稀释液				噬菌体效价 pfu/mL
	原液	10^{-5}	10^{-7}	10^{-9}	
正常发酵液					
异常发酵液					

* 噬菌斑数目系指 3 个平板上的平均数。

（4）记录所分离纯化后多黏芽孢杆菌 19 或短杆菌 T6-13 的噬菌体噬菌斑的特征。

【思考题】

（1）比较分离纯化细菌与分离纯化噬菌体的异同，能否只用培养基培养噬菌体？在具体操作方法上，噬菌体分离纯化有什么特点？

（2）可用哪些方法检查发酵液中确有噬菌体存在？比较其优缺点。

（3）比较正常发酵液与异常发酵液 A_{650} 透光度值的差别，说明什么问题？

实验 5-2　噬菌体的增殖、效价测定及保藏

【目的要求】

（1）学习噬菌体浓缩液的制备；

（2）学习噬菌体效价的测定方法；

（3）学习噬菌体简易保藏法。

【基本原理】

噬菌体的效价（titre）是指 1 mL 培养液中含侵染性的噬菌体粒子数。根据噬菌体对其宿主细胞的裂解，在含有敏感菌株的平板上出现肉眼可见的噬菌斑，说明有噬菌体存在。一般，一个噬菌体粒子形成一个噬菌斑，故可根据一定体积的噬菌体培养液所出现的噬菌斑数，从而计算出噬菌体的效价。

理论上一个噬菌体粒子应形成一个噬菌斑，但可能有少数活噬菌体未引起侵染，噬菌斑计数结果往往比实际活噬菌体数偏低。为了准确表达噬菌体悬液的效价，一般不用噬菌体粒子的绝对数量，而是采用噬斑形成单位（plague-forming unit，pfu）表示。

新分离纯化或保藏的噬菌体，若效价不高，一般噬菌体检测最低的效价为 10^9 pfu/mL（构建噬菌体文库的最低效价为 $10^{10} \sim 10^{11}$ pfu/mL），需要进行增殖。如果只需少量噬菌体浓缩

液,可采用平板扩大增殖法;若需大量噬菌体浓缩液,则需采用液体扩大增殖法。

【实验材料】

(一) 菌种和噬菌体

大肠杆菌 B 株和 T_4 噬菌体。

(二) 培养基

LB 或肉膏蛋白胨液体、半固体培养基(每支试管装 5 mL)及固体培养基,1% 蛋白胨水。配制方法见附录三。

(三) 仪器和其他物品

台式离心机,恒温水浴,电炉等;试管,培养皿,移液管,离心管,滤膜滤菌器,滤膜,玻璃刮刀(玻璃涂棒)等。所有物品均应先行灭菌。

【实验内容】

(一) 噬菌体浓缩液的制备

1. 平板增殖法

融化冷却至 50 ℃ 左右的固体培养基倾注培养皿制成底层;吸取依上法制备并纯化好的 T_4 噬菌体滤液(1.0 mL)与大肠杆菌 B 对数期敏感菌(0.5 mL)的菌悬液,加入融化冷却至 45~50 ℃ 5 mL 的上层半固体培养基中,充分混合均匀,倾注上层平板。同法制取 5~10 个噬菌体扩增双层平板和 1 个只加敏感菌,不加噬菌体的对照平板。30 ℃,培养 6~12 h,对照平板不出现噬菌斑,其余平板可见形态、大小基本一致的噬菌斑。噬菌斑过密时,若连成片,可使平板表面呈透明状。在表面透明的皿中,每皿加 10 mL 无菌蛋白胨水,静置 1 h。用无菌玻璃刮刀将噬菌体轻轻刮下,使噬菌体扩散至蛋白胨水中。用无菌移液吸管将培养物移入离心管中,5 000 r/min 离心 20 min,弃去菌体碎片和小琼脂块,上清液用无菌滤膜过滤除菌,滤液即为噬菌体浓缩液。测定效价后置于 4 ℃ 冰箱中,保存备用。一般可获得 10^{10} pfu/mL 的浓缩液。

2. 液体增殖法

将纯化好的 T_4 噬菌体滤液约 5 mL(视噬菌体效价高低而定),接种至 20 mL 大肠杆菌 B 的对数期菌液中,30 ℃,振荡 24~48 h。待菌体裂解后(此时若摇动锥形瓶发现瓶壁不再沾挂菌体,菌液不混浊,光线照射下有丁达尔效应),再接种对数期菌液 5 mL,30 ℃,继续振荡培养。反复增殖噬菌体 3~5 次,最后所得噬菌体裂解液依前法离心,过滤,一般也可获得 10^9~10^{10} pfu/mL 的浓缩液。

(二) 噬菌体效价测定

1. 取经二次斜面活化后的大肠杆菌 B 一环,接入装有 20 mL 肉膏蛋白胨培养液的 250 mL 锥形瓶中,30 ℃ 振荡培养 12~16 h,分别吸取 0.2 mL 菌液于 11 支无菌空试管中。

2. 取 0.5 mL 上述制备的噬菌体浓缩液,加到 4.5 mL/管 1% 蛋白胨水进行十倍系列稀释,依次稀释到 10^{-9} 稀释度。

3. 分别吸取最后三个稀释度的噬菌体稀释液 0.1 mL,加入到已含有 0.2 mL 敏感菌菌液的试管中(每个稀释度平行做三个管;在另外两支 0.2 mL 敏感菌菌液的试管中,各加入 0.1 mL 无菌水做对照)。将 11 支含敏感菌及增殖的噬菌体混合液与 11 支于 45~50 ℃ 保温的

5 mL上层半固体培养基混合,立即搓匀,对号倒入底层平板上,迅速摇匀,使上层培养基均匀地铺满整个底层平板(操作过程见图 5-2-1)。为防止皿盖上的冷凝水珠滴落,可用灭菌的陶瓷皿盖换下玻璃培养皿盖,或在玻璃培养皿盖内夹一层灭菌滤纸。

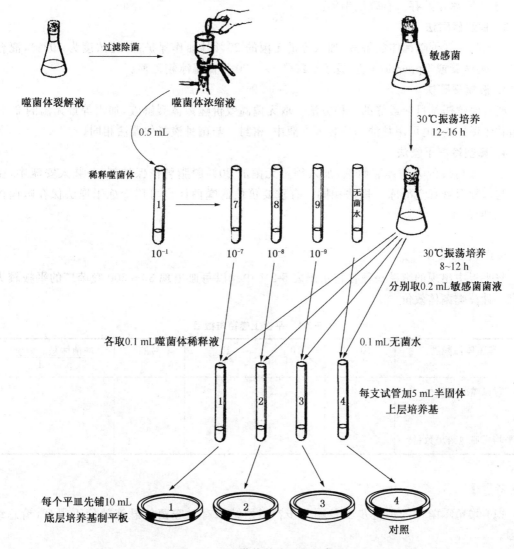

图 5-2-1　噬菌体效价测定示意图

4. 待上述平板凝固后,平置于 30 ℃恒温箱中培养 6～12 h 观察结果。根据平板上的噬菌斑数,计算噬菌体的效价(pfu/mL)。

$$侵染性噬菌体粒子数/mL = \frac{每皿平均噬菌斑数 \times 稀释倍数}{0.1 \text{ mL}} \times 10$$

(三) 噬菌体简易保藏法

噬菌体可于低温条件长期保存。常采用低温保藏法、甘油保藏法、液氮保藏法和真空冷冻干燥法等。

1. 低温保藏法

取无菌滤纸片浸沾无菌高效价噬菌体裂解液,分装于带塞的无菌试管内,置于 4 ℃冰箱贮存。或挑取平板上的噬菌斑,加入 1 mL 100 mmol/L Tris-HCl(pH 7.6)缓冲液,再加2滴氯仿,置于 4 ℃冰箱贮存。有效期半年。

2. 甘油保藏法

取无菌高效价噬菌体裂解液,加入等量无菌的 20%甘油作保护剂(终浓度为 10%),混合均匀,分装试管或 Eppendorf 管,置于−20 ℃～−70 ℃低温冰箱贮存。

3. 液氮保藏法

液氮保藏法是目前最好的一种方法。取无菌高效价噬菌体裂解液,加入等量无菌的 20%脱脂乳作保护剂(也可用甘油),分装入安瓿中,密封。与菌种液氮保藏法相同。

4. 真空冷冻干燥法

取无菌高效价噬菌体裂解液,加入等量无菌的 20%脱脂乳作保护剂,分装入安瓿中,密封。与菌种保藏真空冷冻干燥法相同。有重要价值的噬菌体也可用冷冻干燥法保存噬菌体DNA 文库。

【实验报告内容】

将平板中出现的噬菌斑数目记录于表 5-2-1 中。以每皿出现 30～300 噬菌斑的平板较为适宜。计算噬菌体效价。

表 5-2-1　平板上噬菌斑数目

噬菌体稀释度	10^{-7}	10^{-8}	10^{-9}	对照	噬菌体悬液效价 pfu/mL
每皿噬菌斑数目					
平均每皿噬菌斑数目					

【思考题】

(1) 增殖噬菌体的关键步骤是哪几步?增殖结果有时噬菌体悬液效价不很高,请总结原因。

(2) 测定噬菌体悬液效价需严格控制哪些关键步骤?根据种种迹象得知裂解液中有噬菌体,但总测不出噬菌体悬液效价,请分析原因。

实验 5-3　溶源性细菌的检查和鉴定

【目的要求】

(1) 了解温和噬菌体与溶源性细菌的特性;

(2) 学习溶源性细菌的检查和鉴定方法。

【基本原理】

温和噬菌体 DNA 可与宿主菌染色体上有限的特殊位点(如 λ、φ80 噬菌体)或非常广泛的各种位点(如 Mu-1 噬菌体)之间进行整合(integration),这种细菌染色体上整合有前噬菌体(或称原噬菌体)、并能正常生长繁殖而不被裂解的细菌,称为溶源性细菌。溶源菌可以低频率自发裂解(spontaneous lysis)释放温和噬菌体($10^{-2} \sim 10^{-5}$);物理(如紫外线和高温)和化学方法(如丝裂霉素 C)可诱导大部分溶源菌诱发裂解(inductive lysis)释放温和噬菌体。常利用溶源菌释放出来的噬菌体涂在与待检溶源菌株遗传性相近的敏感菌株上来检测。但寻找这类敏感的指示菌往往有偶然性,在未选到敏感指示菌之前,采用分子杂交技术或检测噬菌体 DNA 的方法也可鉴别细菌溶源性,但需具备一定的实验条件。

溶源性细菌自发裂解释放噬菌体,常给发酵工业带来威胁,人们极为关注。但温和噬菌体也广泛用于转导、转染、基因工程载体和分子生物学等研究领域。本实验介绍用诱导的方法使溶源菌裂解,用敏感菌株双层平板法检测噬菌体释放,从而确证溶源性细菌的存在。

【实验材料】

(一) 菌种

待检菌　大肠杆菌 K12Fgal$^+$(溶源菌,诱导释放 λ 噬菌体,发酵半乳糖)。

敏感菌　大肠杆菌 K12Sgal$^-$(非溶源菌,对 λ 噬菌体敏感,不发酵半乳糖)。

(二) 培养基

LB 培养基(固体,半固体,液体),1‰蛋白胨水。配制方法见附录三。

(三) 试剂和溶液

100 mmol/L Tris-HCl(pH 7.6)缓冲液或生理盐水,丝裂霉素 C(0.3 mg/mL),氯仿,0.2%柠檬酸钠溶液。

(四) 仪器和其他物品

恒温水浴,台式离心机,电炉,紫外光灯,磁力搅拌器,摇床,恒温箱等;滤膜滤菌器,试管,培养皿,移液管,离心管等。所有物品均应先行灭菌。

【实验内容】

本实验采用紫外线、丝裂霉素 C、高温三种方法诱导溶源菌裂解。每组同学可任选其中一种方法,以未经诱导处理的溶源菌悬液为对照。

(一) 溶源菌培养

取经 LB 斜面活化的大肠杆菌 K12Fgal$^+$接种于装有 20 mL LB 培养液的 250 mL 锥形瓶中,37 ℃,振荡培养 16 h。再从中取 2 mL 菌液接种于装有 20 mL LB 培养液的 250 mL 锥形瓶中,同样条件培养 2～4 h。

(二) 除去游离噬菌体

为除去溶源菌表面沾染或吸附的游离噬菌体,诱导前芽孢杆菌的孢子悬液需先经 80 ℃处理 10 min,杀死游离噬菌体;非芽孢杆菌可用噬菌体制备的抗血清或抑制噬菌体吸附的某些金属螯合剂(如 0.2%柠檬酸钠溶液)洗涤对数期溶源菌细胞,除去表面的游离噬菌体。将处理后的溶源菌细胞离心,上清液中若出现噬菌体,为细胞表面的噬菌体。本实验离心收集对数期大肠杆菌 K12Fgal$^+$的细胞,离心后的上清液测定噬菌体效价;再用 0.2%无菌柠檬酸钠溶液洗涤上述大肠杆菌 K12Fgal$^+$细胞,离心后的上清液再进行噬菌体效价测定。处理前后噬菌体的检查结果记录于表 5-3-1 中。

(三) 溶源菌的诱导及增殖培养

1. 紫外线诱导

将经除去游离噬菌体后二次活化培养 2～4 h 至对数中期的菌悬液(约 $10^{7～9}$ 个/mL)，3500 r/min 离心 2 min，用无菌生理盐水洗涤菌体两次，用生理盐水或 100 mmol/L Tris-HCl 缓冲液(pH 7.0)制成终浓度为 10^{11} 个/mL 菌悬液。加 5 mL 菌悬液于培养皿中，经紫外灯30 W、距离 30 cm、照射 15～30 s，立即加入 5 mL 2 倍浓度的 LB 培养液，37 ℃，避光静置培养2 h。

2. 丝裂霉素 C 诱导

取上述二次活化培养 2～3 h 至对数中期的菌悬液 20 mL，加 0.2 mL 丝裂霉素 C(0.3 mg/mL)，使其终浓度为 3 μg/mL，37 ℃，振荡培养 6～12 h。

3. 高温诱导

取上述经二次活化培养 2～3 h 至对数中期的菌悬液，置 43 ℃水浴保温 20 min，保温过程不断摇动锥形瓶，水浴温度切忌超过 45 ℃。热诱导后的菌悬液 37 ℃继续振荡培养 6 h。

(四) 制备裂解液

分别吸取上述培养的各种培养液 5 mL，加至无菌带盖离心管中，每管再加 0.2 mL 氯仿，加盖后剧烈振荡 30 s，静置 5 min，3500 r/min 离心 5 min。小心吸取上清液至无菌试管，放 4 ℃冰箱中，备用。

(五) 溶源菌检查

取上述三种方法诱导后的菌悬液 0.5 mL，用 100 mmol/L Tris-HCl(pH 7.6)缓冲液或生理盐水以十倍稀释法进行系列稀释，按平板菌落计数法进行活菌数测定。结果记录于表 5-3-2 中。再取上述三种方法诱导后的菌悬液加 3～5 滴氯仿，用 100 mmol/L Tris-HCl (pH 7.6)缓冲液或生理盐水以十倍稀释法系列稀释，按实验 5-3-2 法用大肠杆菌 K12Sgal⁻ 为指示菌测定噬菌体效价。

【实验报告内容】

(一) 大肠杆菌 K12Fgal⁺ 菌株游离噬菌体检查

将柠檬酸钠处理前后噬菌体效价的变化记录于表 5-3-1 中，检查溶源菌表面是否有游离噬菌体存在。

表 5-3-1　大肠杆菌 K12Fgal⁺ 菌株经 0.2％柠檬酸钠溶液处理前后噬菌体效价的变化

项　目	处理前	处理后
噬菌体效价/(pfu/mL)		

(二) 大肠杆菌 K12Fgal⁺ 的诱导效应

将结果填于表 5-3-2 中，比较三种诱导法增加的噬菌体倍数。

表 5-3-2　大肠杆菌 K12Fgal⁺ 菌株诱导效应

处理方法	处理条件	活细胞数(个/mL)	噬菌斑数目(pfu/mL)
紫外线			
丝裂霉素 C			
高温			

【思考题】

(1) 待检测细菌未经诱导就出现少量噬菌斑,请说明其原因。如果待检测菌株经一次诱导未出现噬菌斑,能否直接证明该菌为非溶源菌?为什么?溶源菌检测的关键操作是什么?

(2) 经上述方法检验能否最后确证为溶源菌?根据细菌溶源特性,还需做哪些实验确证?

实验 5-4　动物病毒的接种与培养

(牛痘病毒的鸡胚接种与培养)

【目的要求】

(1) 了解动物病毒的专性寄生特性;

(2) 学习动物病毒的鸡胚接种与培养方法;

(3) 观察病毒在鸡胚绒毛尿囊膜增殖过程,掌握接毒和收毒的方法。

【基本原理】

动物病毒(animal viruses)是专性寄生在人体与动物细胞内的一类病毒,必须在活细胞内才能增殖。常用于分离和培养动物病毒的方法有动物接种、鸡胚培养、组织培养和细胞培养等。禽类病毒、流感病毒等均可在鸡胚中增殖,目前鸡胚已被广泛用于分离病毒、制造疫苗和抗原等,其来源丰富,操作简便,一般无病毒隐性感染。除病毒外,也可用鸡胚培养衣原体、立克次氏体。鸡胚接种途径有多种,不同种类的动物病毒在鸡胚上各有不同的敏感部位,如鸡胚的绒毛尿囊膜对痘病毒较敏感,而羊膜腔和尿囊腔对新城鸡瘟病毒较敏感,卵黄囊对流行性乙型脑炎病毒敏感。本实验采用在鸡胚的绒毛尿囊膜接种(inoculation to chorioallantoic membrane)牛痘病毒(Poxvirus bovis)的方法。病毒体积甚小,以纳米(nm)为计量单位,只有少数大病毒,如砖形的痘类病毒、近年来发现的直径约 800 nm 的"巨病毒"(mimivirus,米米病毒,原意为"酷似细菌的病毒"),在 250 nm 以上时才可用普通光学显微镜勉强看到。本实验只观察鸡胚绒毛尿囊膜上牛痘病毒的白色痘疱样病变。

【实验材料】

(一) 病毒和受精鸡卵

无菌牛痘病毒液;白壳受精鸡卵保存于 10 ℃,不超过 10 天。

(二) 试剂和溶液

2.5%碘酒,70%乙醇,10%甲醛溶液。

(三) 仪器和其他物品

孵卵器或恒温培养箱,照蛋器,齿钻;镊子,剪刀,1 mL 注射器,钢针,蛋架,封蜡,无菌培养皿,无菌盖玻片等。

【实验内容】

(一) 鸡胚的选择与孵育

选择产后 5～10 天、保存在 10 ℃环境中的健康鸡受精卵,用清水洗净擦干。

胚蛋孵育最适温度为 37～38 ℃,相对湿度在 45％～60％左右。胚蛋开始横放,孵育 3 天后,每天翻转胚蛋 2～3 次。孵育后第 4 天检卵,可用照蛋器在暗室观察。鸡胚发育正常时,可见清晰的、鲜红色的血管和活的鸡胚。随后每天观察一次,死鸡胚(不运动,血管不清晰)和未受精卵(不见鸡胚痕迹),均需及时取出。生长良好的胚蛋,一直孵育到接种前,接种前 2 天将胚蛋立放(大头向上,注意鸡胚位置,如胚胎偏在一边易死亡)。

鸡胚的日龄根据接种途径和接种材料而定,绒毛尿囊膜接种用 9～13 日龄的鸡胚;卵黄囊接种用 6～8 日龄的鸡胚;绒毛尿囊腔接种用 9～10 日龄鸡胚;血管注射用 12～13 日龄鸡胚;羊膜腔和脑内注射用 10 日龄鸡胚。

(二) 鸡胚接种方法

受精卵孵育 12～13 天长成胚胎后,进行绒毛尿囊膜接种(鸡胚及其膜腔位置见图 5-4-1),接种后温度保持 37 ℃,经过 2～5 天培养,收获检出病毒。

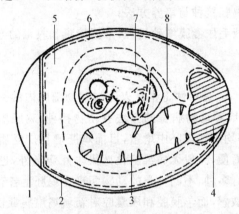

图 5-4-1 鸡胚及其膜腔位置
1. 气室 2. 蛋壳 3. 卵黄囊 4. 卵白 5. 尿囊腔
6. 绒毛尿囊膜 7. 羊膜腔 8. 胚外体腔

绒毛尿囊膜接种有人工气室法和直接接种法。本实验采用人工气室法。

1. 胚定位,标记

在照蛋器上检查孵育 12～13 日龄的鸡胚,于检卵灯下检查鸡胚发育状况,并画出气室、胚胎位置及打孔部位。于绒毛尿囊膜发育最佳部分,在蛋壳外划一等边三角形作为“标记”。将胚蛋横卧于蛋座上,绒毛尿囊膜发育区“标记”朝上,用碘酒、酒精消毒气室与绒毛尿囊膜“标记”处,再用无菌齿钻或牙钻切开蛋壳(约 0.5 mm 深,使其卵壳穿孔而壳膜不破)。

2. 钻孔,做人工气室

气室顶端消毒后,用消毒大头针或钢针钻一个小孔,随即打开三角形的卵壳。在壳膜上滴 1 滴无菌生理盐水,并用针尖轻轻划破壳膜(注意,不要伤及紧贴在下面的绒毛尿囊膜),生理盐水自破口处流至绒毛尿囊膜上。用洗耳球轻轻将气室上部空气吸出,因上面小孔进入空气,而绒毛尿囊膜陷下形成一个人工气室。

3. 接种,培养

用注射器自开孔处注射 0.05 mL 牛痘病毒液(接种时,针头与卵壳成直角。自上面小孔直刺破卵膜进入人工气室约 3～5 mm),正好滴在绒毛尿囊膜上。

接种完毕取无菌盖玻片覆盖于卵窗上,封以石蜡,人工气室朝上,横卧于孵化箱中,37 ℃,恒温箱或孵卵器中培养 48~72 h。

(三) 接种后检查

接种后 24 h 内要检查和弃去死亡的鸡胚(可能接种时鸡胚受损)。24 h 后每天照蛋 2 次。如发现鸡胚死亡,立即放入冰箱,1~2 h 后取出收获材料,并检查鸡胚病变。

(四) 鸡胚材料的收获

(通常接种什么部位,收获什么部位。本实验仅介绍绒毛尿囊膜收获)

1. 用碘酒消毒卵窗周围,取无菌齿钻将卵窗钻开(卵上 1/3 部分)。

2. 用无菌剪刀沿人工气室界限剪去壳膜,露出绒毛尿囊膜。以无菌镊子将膜夹起,用灭菌剪刀剪取绒毛尿囊膜,放入盛有 10% 甲醛溶液的烧杯中。

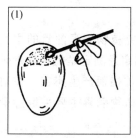 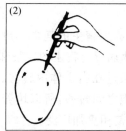 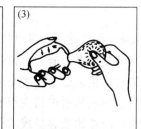 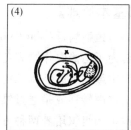

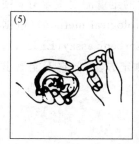 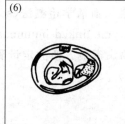 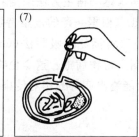 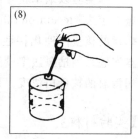

图 5-4-2　接种病毒于绒毛尿囊膜上的过程(示意图)

(1) 用碘酒及酒精消毒蛋壳　(2) 用消毒的齿钻钻孔　(3) 用洗耳球从气室吸出空气

(4) 绒毛尿囊膜下落,形成人工气室　(5) 注射接种材料　(6) 用无菌盖玻片覆盖于卵窗上

(7) 用消毒刀打开卵壳　(8) 将剪下的绒毛尿囊膜置于 10% 甲醛溶液中

3. 在绒毛尿囊膜上检查痘斑形成[牛痘病毒引起充血和灰白色坏死病灶,动物病毒常以产生致细胞病变效应(cytopathic effect,CPE)为病毒感染的指标]。整个过程见图 5-4-2。

【实验报告内容】

观察并记录牛痘病毒在绒毛尿囊膜上所出现的病变形态。

【思考题】

(1) 除能在鸡胚中培养牛痘病毒外,还能用哪些方法对痘类病毒进行培养?试比较几种培养方法的优缺点。

（2）能否用鸡胚培养噬菌体？能否用微生物细胞培养牛痘病毒？

（3）鸡胚接种时，应注意哪些事项？

实验 5-5　植物病毒的接种、培养与定量测定
（烟草花叶病毒的接种、培养和枯斑测定法）

【目的要求】
（1）学习用感染宿主的方式培养植物病毒；

（2）学习植物病毒的枯斑测定法。

【基本原理】
植物病毒（plant viruses）是目前所知仅以植物为宿主的病毒。研究植物病毒的目的主要是为了防治农作物和花卉植物病毒的病害。植物病毒对宿主的侵染和定量测定是植物病毒研究中最基本的技术。植物病毒侵染宿主一般是通过在宿主体内转移、传播而产生病害。在宿主体内转移或是通过维管组织或是通过宿主细胞之间转移，所以培养植物病毒主要采取感染宿主和组织培养两种方法。前者比较容易成功，使用更加广泛。

本实验以烟草花叶病毒感染宿主方法来培养植物病毒。病毒浓度的定量测定主要有：枯斑测定法（lesion method）（根据病毒的侵染特性）、血清学检测法（serological method）（依据病毒的核蛋白理化特性）和酶标免疫吸附法（enzyme-linked immunosorbent assay，ELISA）。本实验采用枯斑法定量测定植物病毒。这是植物病毒最方便的定量测定方法，但它不能测出病毒总的核蛋白浓度，只能测出病毒的相对侵染力。

【实验材料】
（一）病毒和宿主植物
普通株系的烟草花叶病毒（tobacco mosaic virus，简称 TMV）。

烟草跃进 1 号，心叶烟（TMV 的枯斑寄主）。

（二）温室和其他物品
恒温培养室（暖房），匀浆器，金刚砂等。

【实验内容】
（一）病毒单斑纯化法
1. 取感染 TMV 的普通烟叶，剪碎，放在匀浆器中，加少许蒸馏水和金刚砂，研磨 2～3 min，制成含 TMV 的粗汁液。

2. 取 0.2～0.3 mL 粗汁液，点滴在心叶烟叶面上，摩擦接种。为增加寄主植物易感性和避免培养物中出现突变毒株，接种植物放置暗处培养 24 h。培养温度不宜过高，培养过程不要受辐射或化学诱变剂作用，经过 2～3 天后，心叶烟的叶子上出现局部坏死斑。

3. 将叶片上的单个枯斑剪下，剪碎，在匀浆器中加蒸馏水和金刚砂，研磨。

4. 再依上法将单斑提取的粗汁液点滴于繁殖病毒用的普通烟叶面上，摩擦接种。同时取

3 个单斑,依上法剪碎、匀浆器中研磨、摩擦接种于普通烟叶上,进行纯化。

接种植株按前法培养 2～3 天后,普通烟叶上产生系统性周身症状。这样,植物病毒经枯斑寄主就被纯化了。枯斑寄主叶子上形成的每一个枯斑被认为皆由单个病毒颗粒产生的。图 5-5-1 为枯斑寄主纯化病毒的示意。

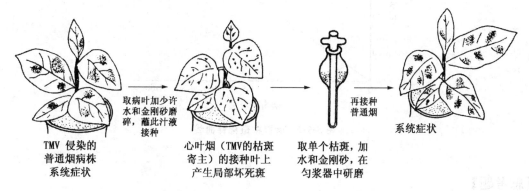

TMV 侵染的
普通烟病株
系统症状

取病叶加少许
水和金刚砂磨
碎,蘸此汁液
接种

心叶烟(TMV的枯斑
寄主)的接种叶上
产生局部坏死斑

取单个枯斑,加
水和金刚砂,在
匀浆器中研磨

再接种
普通烟

系统症状

图 5-5-1　利用植物病毒的枯斑寄主纯化病毒的过程

(二) 病毒枯斑测定法

由于每一个枯斑是由单个病毒粒子侵染造成的,枯斑数与侵染性病毒的粒子浓度成正比。根据枯斑的数值,就可计算出原始病毒液中有侵染性病毒粒子的浓度,以枯斑形成单位(pfu/mL)来表示。枯斑法检测病毒需在一定范围内,并非任何浓度的病毒粒子都与它所形成的枯斑数成正比。TMV 浓度太高、太低时,浓度改变与枯斑数改变不呈线性关系;只有病毒浓度适中时,才呈线性关系。一般在心叶烟叶片半叶上有 10～100 个枯斑较为合适。

将心叶烟(枯斑寄主)纯化的 TMV 粗汁液,用蒸馏水按 $\frac{1}{2}$、$\frac{1}{4}$、$\frac{1}{8}$、$\frac{1}{16}$、$\frac{1}{32}$、$\frac{1}{64}$ 对原粗汁液进行系列稀释(若病毒粒子浓度高可按十倍稀释法制成 10^{-1}、10^{-2}、……、10^{-7} 稀释)。依单斑纯化法,将原液或不同稀释度的 TMV 粗汁液接种于同一植株心叶烟相同位置的叶片上或同一叶片的左右两个半叶上相当位置,消除叶片位置造成的误差,培养后计数枯斑数目。以病毒稀释度为横坐标、相应枯斑数为纵坐标,制定病毒稀释曲线。病毒提取液中存在的抑制物或干扰素等会影响曲线的陡度。

此法优点是利用植物粗汁液就能直接测定是否有侵染性的病毒及其浓度。待病毒纯品获得后,可利用病毒稀释曲线换算出病毒的实际浓度。

【实验报告内容】

(1) 描述 TMV 侵染普通烟草及心叶烟植株后叶片症状。

(2) 记录心叶烟片上每一稀释度的枯斑数于表 5-5-1,绘制 TMV 病毒的稀释曲线。

表 5-5-1　叶片上每一病毒稀释度的枯斑数

TMV 稀释度	1/1	1/2	1/4	1/8	1/16	1/32	1/64
枯斑数目							

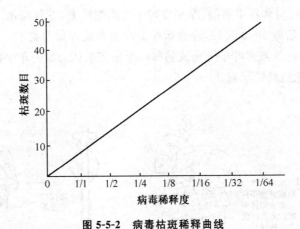

图 5-5-2　病毒枯斑稀释曲线

【思考题】

（1）学会植物病毒的培养和测定，对于植物病毒病防治有什么意义？

（2）生物学上指的"纯的病毒"是什么含意？植物病毒不经过枯斑寄主纯化步骤，只靠化学或物理方法，能从病毒侵染寄主的粗汁液中得到"纯的病毒"吗？

（3）提取、纯化病毒时，应注意哪些条件使所纯化的病毒是单一的病毒或毒株？

（4）植物病毒定量测定采用枯斑法的依据是什么？哪些环境因素影响枯斑数目？如何消除枯斑测定时叶片位置造成的差异？

第6章　培养基的配制

　　培养基是指利用人工方法将适合微生物生长繁殖或积累代谢产物的各种营养物质混合配制而成的营养基质。主要用于微生物的分离、培养、鉴定、发酵和保藏等方面。为了满足微生物生长繁殖或积累代谢产物的要求,培养基一般应含有碳源、氮源、能源、无机盐、生长因子和水等营养成分。此外,还必须控制培养基的 pH。一般细菌、放线菌适于生长在中性或微碱性的环境,而酵母菌和霉菌则适于生长在偏酸性的环境。因此,在配制培养基时,须将培养基调节在一定 pH 的范围内。

　　培养基的种类极其繁多,以下按三类予以介绍。

(一) 按培养基的成分

　　按培养基的成分,可将其分为天然培养基、合成培养基和半合成培养基。

1. 天然培养基

　　天然培养基(natural medium,complex medium)是一种利用动物、植物、微生物或其他天然有机成分配制而成的培养基。其优点是营养丰富、价格便宜,缺点是成分不确定、且不稳定。实验室常用的牛肉汁或麦芽汁培养基即为天然培养基。

2. 合成培养基

　　合成培养基(synthetic medium)是一种完全利用已知种类和成分的化学试剂配制而成的培养基。优点是各成分均为已知且含量稳定,缺点是价格较贵。实验室常用的高氏一号培养基即为合成培养基。

3. 半合成培养基

　　半合成培养基(semisynthetic medium)是一种由天然有机成分和已知化学试剂混合组成的培养基。实验室常用的马铃薯葡萄糖培养基即为半合成培养基。

(二) 按培养基的物理状态

　　按培养基的物理状态,可将其分为固体培养基、半固体培养基和液体培养基。

1. 固体培养基

　　在液体培养基中加入一定量的凝固剂(例如加入 1.5%～2% 的琼脂),经融化冷凝而成固体培养基(solid medium)。它常用于菌种分离、纯化、培养、鉴定、菌落计数、杂菌检查和菌种保藏等方面。

2. 半固体培养基

　　在液体培养基中加入 0.5%～0.7% 左右的琼脂,经融化冷凝而成半固体培养基(semisolid medium)。将其装于试管中,凝固后呈柱状,可用于观察细菌运动;若用于制备双层平板的上层培养基时,可用于测定抗生素效价或噬菌体效价等。

3. 液体培养基

　　如培养基中不加凝固剂琼脂,培养基呈液体状态,称为液体培养基(liquid medium)。液体培养基在实验室和发酵生产中广为应用。

(三) 按培养基的用途

按培养基的用途,可将其分为选择培养基(selective medium)和鉴别培养基(differential medium)。

1. 选择培养基

在筛选菌种时,一种方法是在培养基中加入某些特殊营养物质,促使目的菌株快速生长,例如,为了分离能够利用石蜡的微生物,常在培养基中加入石蜡作为碳源;另一种方法是在培养基中加入抑菌物质,抑制那些非目的菌株的生长,例如在用于分离真菌的马丁培养基中加孟加拉红和链霉素,是为了抑制细菌的生长。以上两种方法都是使目的菌株由原来劣势菌转变为优势菌,以便从混合菌群中分离出目的菌株。

2. 鉴别培养基

在培养基中加入特定指示剂,它能与某一微生物的代谢产物产生显色反应,便于微生物的快速鉴定。例如用于鉴定大肠杆菌的伊红美蓝培养基。

本章着重介绍配制培养基的常规操作步骤,培养细菌、放线菌、酵母菌和霉菌常用培养基的配制方法,以及几种常用选择培养基和鉴别培养基的配制方法。

实验 6-1　培养基的配制步骤

【目的要求】

(1) 了解培养基的配制原理、要求和注意事项;

(2) 学习并掌握培养基的配制步骤。

【基本原理】

正确掌握培养基的配制方法是从事微生物学实验工作的重要基础。由于微生物种类及代谢类型的多样性,因而用于培养微生物培养基的种类也很多。它们的配方及配制方法虽各有差异,但培养基的配制步骤却大致相同,主要包括器皿的洗涤和包装、培养基的配制与分装、棉塞的制作、培养基的灭菌、斜面与平板的制备以及培养基的无菌检查等。

【实验材料】

(一) 试剂和溶液

待配各种培养基的组成成分,琼脂,1 mol/L NaOH 溶液,1 mol/L HCl 溶液。

(二) 仪器和其他物品

天平或台秤,高压蒸汽灭菌锅;移液管,试管,塑料试管盖,烧杯,量筒,锥形瓶,培养皿,玻璃漏斗等;药匙,称量纸,pH 试纸,记号笔,棉花,纱布,线绳,牛皮纸,报纸等。

【实验内容】

(一) 玻璃器皿的洗涤和包装

1. 玻璃器皿的洗涤

玻璃器皿在使用前必须洗刷干净。将锥形瓶、试管、培养皿、量筒、移液管等浸入含有洗涤剂的水中,用毛刷刷洗,然后用自来水及蒸馏水冲净。洗刷干净的玻璃器皿置于烘箱中,烘干后备用。详见附录一。

2. 灭菌前玻璃器皿的包装

(1) 培养皿的包装

培养皿由一盖一底组成一套。可用报纸将几套培养皿包成一包,或者将几套培养皿直接置于特制的铁皮圆筒内,加盖灭菌。包装后的培养皿须经灭菌、烘干后才能使用。

(2) 移液管的包装

① 管口塞棉花　在移液管口塞入一小段棉花(勿用脱脂棉),它的作用是避免外界及口中杂菌吹入管内,并防止菌液等吸入口中。塞入此小段棉花应距管口约 0.5 cm 左右,棉花自身长度约 1~1.5 cm。塞棉花时,可用一外圈拉直的曲别针,将少许棉花塞入管口内。棉花要塞得松紧适宜,吹时以能通气而又不使棉花滑下为准。

② 管外用纸包　先将报纸裁成宽约 5 cm 左右的长纸条,然后将已塞好棉花的移液管尖端放在长条报纸的一端,约成 45°角,折叠纸条包住尖端,用左手握住移液管身,右手将移液管压紧,在桌上向前搓转,以螺旋式包裹起来。上端剩余纸条,折叠打结,准备灭菌(图 6-1-1)。

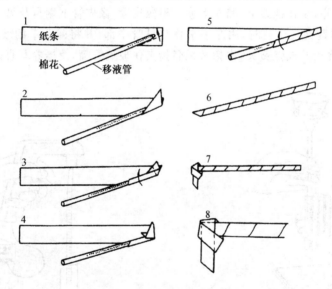

图 6-1-1　单支移液管包装

(二) 液体及固体培养基的配制

1. 液体培养基的配制

(1) 称量　一般可用 1/100 的天平称量培养基配制所需的各种药品。先按培养基配方计算各成分的用量,然后进行准确称量。

(2) 溶化　将称好的药品置于一烧杯中。若某种药品用量太少时,可预先配成较浓溶液,然后按比例吸取一定体积溶液,加入培养基中。然后加入培养基所需水量的 2/3 的水(根据实验需要,可用蒸馏水或自来水),用玻棒搅动,使其完全溶解,必要时可加热溶解。

(3) 调 pH　一般用 pH 试纸测定培养基的 pH。用剪刀剪出一小段 pH 试纸,然后用镊子夹取此段试纸,在培养基中蘸一下,观看其 pH 范围,如培养基偏酸或偏碱时,可用 1 mol/L NaOH 或 1 mol/L HCl 溶液进行调节。调节 pH 时,应逐滴加入 NaOH 或 HCl 溶液,防止局部过酸或过碱,破坏培养基中成分。边加边搅拌,并不时用 pH 试纸测试,直至达到所需 pH 为止。

（4）定容　将液体培养基倒入一量筒中,加水至所需体积。

（5）过滤　一般无特殊要求时,此步可省去。若需过滤时,可用滤纸或多层纱布过滤培养基。

2. 固体培养基的配制

配制固体培养基时,可将已配好的液体培养基加热煮沸,再将称好的琼脂(1.5%~2%)加入,并用玻棒不断搅拌,以免糊底烧焦。继续加热至琼脂全部融化,最后补足因蒸发而失去水分。

（三）培养基的分装

根据不同需要,可将已配好培养基分装到试管或锥形瓶内,分装时注意不要使培养基玷污管口或瓶口,造成污染。如操作不小心,培养基玷污管口或瓶口时,可用镊子夹一小块脱脂棉或滤纸,擦去管口或瓶口的培养基,再将脱脂棉或滤纸弃去。

1. 试管的分装

取一个玻璃漏斗,装在铁架上,漏斗下连一根橡皮管,橡皮管下端再与另一玻璃管相接,橡皮管的中部加一弹簧夹。分装时,用左手拿住空试管中部,并将漏斗下的玻璃管嘴插入试管内,以右手拇指及食指开放弹簧夹,中指及无名指夹住玻璃管嘴,使培养基直接流入试管内(图6-1-2)。

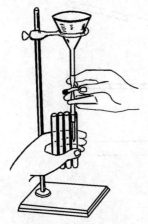

图 6-1-2　培养基的分装

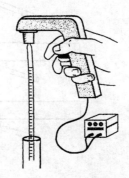

图 6-1-3　用自动移液器进行分装

另一方法,用自动移液器(automatic pipet aid)进行分装(图 6-1-3)：可将空试管置于试管架上,在移液器上插上一支 10 mL 的移液管,然后将移液管插入到装有液体培养基容器中的液面下,按下移液器上的"吸液"按钮,缓慢将液体吸至移液管中。当液面到达所需体积的刻度处,停止吸液。把移液管转移并插入到一支空试管中,按下移液器上的"放液"按钮,使移液管中全部培养基迅速流入空试管中。如此循环操作,可达到快速分装的目的。

装入试管培养基的量视试管大小及需要而定,若所用试管大小为 15 mm×150 mm 时,液体培养基可分装至试管高度 1/4 左右为宜;如分装固体或半固体培养基时,在琼脂完全融化后,应趁热分装于试管中。用于制作斜面的固体培养基的分装量为管高 1/5(约 3~4 mL);半固体培养基分装量为管高的 1/3 为宜。

2．锥形瓶的分装

用于振荡培养微生物时，可在 250 mL 锥形瓶中加入 50 mL 的液体培养基；若用于制作平板培养基时，可在 250 mL 锥形瓶中先加入 3 g 琼脂粉（按 2％ 计算），然后再加入 150 mL 液体培养基，瓶中的琼脂粉可在灭菌过程中同时被融化。

（四）棉塞的制作及试管、锥形瓶的包扎

为了培养好气性微生物，需提供优良通气条件，同时为防止杂菌污染，则必须对通入试管或锥形瓶内空气预先进行过滤除菌。通常方法是在试管及锥形瓶口加上棉花塞等。

1．试管棉塞的制作

制棉塞时，应选用大小、厚薄适中的普通棉花一块，铺展于左手拇指和食指扣成的圆孔上，用右手食指将棉花从中央压入圆孔中制成棉塞，然后直接压入试管或锥形瓶口。还可借用玻璃棒塞入，或用折叠卷塞法制作棉塞（图 6-1- 4）。

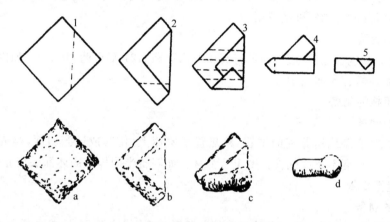

图 6-1-4　棉塞制作过程

制作的棉塞应紧贴管壁，不留缝隙，以防外界微生物沿缝隙侵入。棉塞塞得不宜过紧或过松，塞好后以手提棉塞，试管不下落为准。棉塞的 2/3 在试管内，1/3 在试管外（图 6-1-5）。

目前更普遍的是采用塑料试管帽代替棉塞，直接盖在试管口上，灭菌待用。

将装好培养基并塞好棉塞或盖好塑料试管帽的试管（图 6-1-6）捆成一捆，外面包上一层报纸。用铅笔注明培养基名称及配制日期，灭菌待用。

2．锥形瓶棉塞制作

通常在棉塞外包上一层纱布，再塞在瓶口上。有时为了进行液体振荡培养加大通气量，则可用 8 层纱布代替棉塞包在瓶口上。目前更多是采用可通气又能高压灭菌的塑料封口膜直接包在锥形瓶口上（图 6-1-7）。这种封口膜既保证良好通气，过滤除菌，操作又简便，故极受欢迎。

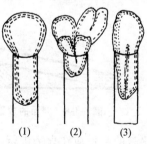

图 6-1-5　棉塞的制作

（1）正确的棉塞

（2）～（3）为不正确的棉塞

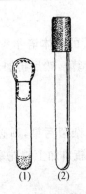

图 6-1-6　试管棉塞与试管帽

(1) 试管棉塞　(2) 塑料试管帽

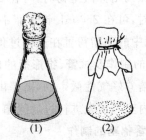

图 6-1-7　锥形瓶口上的棉塞与塑料封口膜

(1) 锥形瓶口上的棉塞　(2) 包在锥形瓶口外的塑料封口膜

在上述装好培养基并塞好棉塞或包上 8 层纱布或将塑料封口膜包在锥形瓶口上，再包上一层牛皮纸，并用线绳捆好，灭菌待用。

(五) 培养基的灭菌

培养基经分装包扎之后，应立即进行高压蒸汽灭菌，121 ℃灭菌 20 min。如因特殊情况不能及时灭菌，则应暂存于冰箱中。

(六) 斜面和平板的制备

1. 斜面的制备

将已灭菌、装有琼脂培养基的试管，趁热置于木棒上，使其成适当斜度，凝固后即成斜面 (图 6-1-8)。斜面长度不超过试管长度 1/2 为宜。如制备半固体或固体深层培养基时，灭菌后则应垂直放置至冷凝。

2. 平板的制备

将装在锥形瓶或试管中已灭菌的琼脂培养基融化后，待冷至 50 ℃左右倾入无菌并烘干的培养皿中。温度过高时，皿盖上的冷凝水太多；温度低于 50 ℃，培养基易于凝固而无法制作平板。

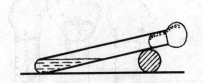

图 6-1-8　斜面的放置

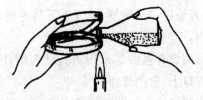

图 6-1-9　将培养基倒入培养皿内

平板的制作应在火旁进行，左手拿培养皿，右手拿锥形瓶的底部或试管，左手同时用小指和手掌将棉塞拔出，灼烧瓶口，用左手大拇指将培养皿盖打开一缝，至瓶口正好伸入，倾入10～15 mL 的培养基，迅速盖好皿盖，置于桌上。轻轻旋转平皿，使培养基均匀分布于整个平皿中，冷凝后即成平板。见图 6-1-9。

3. 固体或半固体深层培养基的制备

将固体或半固体培养基装于试管中，约为试管 1/3 高度，置于试管架上直立冷凝而成。常用于菌种保藏、观察细菌运动和明胶液化等。见图 6-1-10。

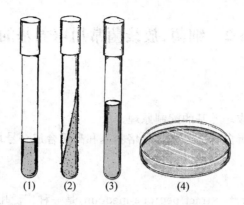

(1)　　　(2)　　　(3)　　　　(4)

图 6-1-10　各种形式的培养基

(1) 液体培养基　(2) 斜面培养基　(3) 固体深层培养基　(4) 平板培养基

(七) 培养基的无菌检查

灭菌后的培养基,一般需进行无菌检查。最好从中取出 1~2 管(瓶),置于 37 ℃温箱中培养 1~2 天。确定无杂菌生长,之后方可使用。

(八) 无菌水的制备

在每个 250 mL 的锥形瓶内装 99 mL 的蒸馏水并塞上棉塞。在每支试管内装 4.5 mL 蒸馏水,塞上棉塞或盖上塑料试管盖,再在棉塞上包上一张牛皮纸。高压蒸汽灭菌,121 ℃灭菌 20 min。

【实验报告内容】

(1) 简述移液管包装注意事项。

(2) 简述配制液体培养基的简单步骤。

(3) 简述斜面及平板培养基的制作过程。

【思考题】

(1) 为什么微生物实验室所用的移液管口或滴管口的上端均需塞上一小段棉花,再用报纸包起来,经高压蒸汽灭菌后才能使用?

(2) 为什么微生物实验室所用的试管口都要盖上塑料管帽或在锥形瓶口都要包上塑料封口膜,经高压蒸汽灭菌后才能使用?

(3) 制作合格棉塞的标准是什么?

(4) 配制培养基时为什么要调节 pH?

(5) 配制固体培养基时,需在液体培养基中添加多少量的琼脂?

(6) 将含琼脂的培养基分装至试管中应如何操作?注意事项是什么?

(7) 制作斜面培养基时,其斜面长度应相当于试管长度的多少为宜?

(8) 制作平板培养基的注意事项是什么?

(9) 培养基配好后,为什么必须马上进行高压蒸汽灭菌?如不能及时灭菌时,应将培养基暂时放置何处?

(10) 如何检查灭菌后的培养基是否无菌?

实验 6-2　细菌、放线菌常用培养基的配制

【目的要求】

(1) 了解半合成和合成培养基的配制原理；

(2) 学习和掌握肉膏蛋白胨培养基、LB 培养基和高氏合成一号培养基的配制方法。

【基本原理】

肉膏蛋白胨培养基(beef extract peptone medium)是一种广泛用于培养细菌的培养基，而 LB 培养基(Luria Bertani medium)则是一种近年来用于培养基因工程受体菌（大肠杆菌）的常用培养基。两者都属于半合成培养基。肉膏蛋白胨培养基的主要成分是牛肉膏、蛋白胨和 NaCl，而 LB 培养基的主要成分是胰化蛋白胨、酵母提取物和 NaCl。它们分别提供微生物生长繁殖所需要的碳源、氮源、能源、生长因子和无机盐等。

高氏合成一号培养基(Gause's No.1　synthetic medium)是一种用于培养放线菌的合成培养基。培养基中的可溶性淀粉作为碳源和能源，KNO_3 作为氮源，K_2HPO_4、$MgSO_4$ 和 $FeSO_4$ 作为无机盐等。

培养基都是水溶液，这是因为一切生物细胞都必须有水。蒸馏水不含杂质，比自来水好，特别是配制合成培养基，都必须用蒸馏水。而配制天然培养基时可用自来水，但自来水中常含 Ca^{2+}、Mg^{2+} 离子，易与其他成分形成沉淀。

【实验材料】

(一) 试剂和溶液　(见附录四)

牛肉膏，蛋白胨，NaCl，胰蛋白胨(bacto-tryptone)，酵母提取物(bacto-yeast extract)，可溶性淀粉，KNO_3，K_2HPO_4，$MgSO_4 \cdot 7H_2O$，$FeSO_4 \cdot 7H_2O$，琼脂等。

1 mol/L NaOH，1 mol/L HCl，0.1% $FeSO_4 \cdot 7H_2O$。

(二) 仪器和其他物品

天平，高压蒸汽灭菌锅；移液管，试管，烧杯，量筒，锥形瓶，培养皿，玻璃漏斗等；药匙，pH 试纸，称量纸，记号笔，棉花，纱布，线绳，塑料试管盖，牛皮纸，报纸等。

【实验内容】

(一) 肉膏蛋白胨培养基的配制

1. 培养基成分

牛肉膏	0.5 g
蛋白胨	1 g
NaCl	0.5 g
琼脂	1.5～2 g
水	100 mL
pH 7.2	

2. 配制方法

（1）称量及溶化　分别称取蛋白胨和 NaCl 的所需量,置于烧杯中,加入所需水量的 2/3 左右的蒸馏水;用玻棒挑取牛肉膏置于另一小烧杯中,进行称量。然后加入少量蒸馏水于小烧杯中,加热融化,倒入上述烧杯中。将烧杯置于石棉网上加热,用玻棒搅拌,使药品全部溶化。

（2）调 pH　待溶液冷至室温时,用 1 mol/L NaOH 溶液调 pH 至 7.2。

（3）定容　将溶液倒入量筒中,补充水量至所需体积。

（4）加琼脂　加入所需量的琼脂,加热融化,补充失水。

（5）分装,加塞,包扎。

（6）高压蒸汽灭菌　121 ℃灭菌 20 min。

（二）LB 培养基的配制

1. 培养基成分

胰化蛋白胨	1 g
酵母提取物	0.5 g
NaCl	1 g
琼脂	1.5～2 g
蒸馏水	100 mL
pH 7.0	

2. 配制方法

（1）称量　分别称取所需量的胰化蛋白胨、酵母提取物和 NaCl,置于烧杯中。

（2）溶化　加入所需水量 2/3 的蒸馏水于烧杯中,用玻棒搅拌,使药品全部溶化。

（3）调 pH　用 1 mol/L NaOH 溶液调 pH 至 7.0。

（4）定容　将溶液倒入量筒中,加水至所需体积。

（5）加琼脂　加入所需量琼脂,加热融化,补足失水。

（6）分装,加塞,包扎。

（7）高压蒸汽灭菌　121 ℃灭菌 20 min。

（三）高氏合成一号培养基的配制

1. 培养基成分

可溶性淀粉	2 g
KNO_3	0.1 g
$K_2HPO_4 \cdot 3H_2O$	0.05 g
NaCl	0.05 g
$MgSO_4 \cdot 7H_2O$	0.05 g
$FeSO_4 \cdot 7H_2O$	0.001 g
琼脂	1.5～2 g
蒸馏水	100 mL
pH 7.2～7.4	

2. 配制方法

（1）称量及溶化　量取所需水量的 2/3 左右加入到烧杯中，置于石棉网上加热至沸。称量可溶性淀粉，置于另一小烧杯中，加入少量冷水，将淀粉调成糊状，然后倒入上述装沸水的烧杯中，继续加热，使淀粉完全溶化。分别称量 KNO_3、$NaCl$、K_2HPO_4 和 $MgSO_4$，依次逐一加入水中溶解。按每 100 mL 培养基加入 1 mL 0.1% 的 $FeSO_4$ 溶液。

（2）调 pH　用 1 mol/L NaOH 溶液调 pH 至 7.4。

（3）定容　将溶液倒入量筒中，加水至所需体积。

（4）加琼脂　加入所需量的琼脂，加热融化，补充失水。

（5）分装，加塞，包扎。

（6）高压蒸汽灭菌　121 ℃灭菌 20 min。

【实验报告内容】

（1）记录你所配制培养基的名称及成分。

（2）分析你所配制培养基的碳源、氮源、能源、无机盐及维生素的来源。

【思考题】

（1）培养细菌、基因工程受体菌（大肠杆菌）或放线菌，分别常用什么培养基？

（2）何谓半合成培养基？何谓合成培养基？

（3）牛肉膏应置于何种容器中称量为宜？

（4）配制高氏合成一号培养基时，可溶性淀粉需经何种处理后才能倒入到沸水中？

实验 6-3　酵母菌、霉菌常用培养基的配制

【目的要求】

（1）了解合成培养基、半合成培养基和天然培养基的配制原理；

（2）学习和掌握麦芽汁培养基、豆芽汁葡萄糖培养基、马铃薯葡萄糖培养基和察氏培养基的配制方法。

【基本原理】

麦芽汁培养基（malt extract medium）、豆芽汁葡萄糖培养基（soybean sprout extract medium）和马铃薯葡萄糖培养基（potato glucose medium，PGM）被广泛用于培养酵母菌和霉菌。马铃薯葡萄糖培养基有时也可用于培养放线菌。察氏培养基（Czapck's medium）主要用于培养霉菌观察形态用。麦芽汁培养基为天然培养基，豆芽汁葡萄糖培养基和马铃薯葡萄糖培养基二者均为半合成培养基，而察氏培养基则为合成培养基。

培养基配方中出现的自然 pH 系指培养基不经酸、碱调节而自然呈现的 pH。

【实验材料】

（一）试剂和溶液

葡萄糖,蔗糖,$NaNO_3$,K_2HPO_4,KCl,$MgSO_4 \cdot 7H_2O$,$FeSO_4$,琼脂。

（二）仪器和其他物品

天平,高压蒸汽灭菌锅;移液管,试管,锥形瓶,烧杯,量筒,培养皿,玻璃漏斗等;药匙,pH 试纸,称量纸,记号笔,棉花,纱布,线绳,塑料试管盖,牛皮纸,报纸;新鲜麦芽汁,黄豆芽,马铃薯等。

【实验内容】

（一）麦芽汁培养基的配制

1. 培养基成分

新鲜麦芽汁一般为 10～15 波林。

2. 配制方法

（1）用水将大麦或小麦洗净,用水浸泡 6～12 h,置于 15 ℃阴凉处发芽,上盖纱布。每日早、中、晚各淋水一次。待麦芽伸长至麦粒的 2 倍时,让其停止发芽,晒干或烘干,研磨成麦芽粉,贮存备用。

（2）取 1 份麦芽粉加 4 份水,在 65 ℃水浴锅中保温 3～4 h,使其自行糖化,直至糖化完全。检查方法是取 0.5 mL 的糖化液,加 2 滴碘液,如无蓝色出现,即表示糖化完全。

（3）糖化液用 4～6 层纱布过滤。滤液如仍混浊,可用鸡蛋清澄清（用一个鸡蛋清,加水 20 mL,调匀至生泡沫,倒入糖化液中,搅拌煮沸,再过滤）。

（4）用波美比重计检测糖化液中糖浓度,将滤液用水稀释到 10～15 波林,调 pH 至 6.4。如当地有啤酒厂,可用未经发酵、未加酒花的新鲜麦芽汁,加水稀释到 10～15 波林后使用。

（5）如配固体麦芽汁培养基时,加入 2% 琼脂,加热融化,补充失水。

（6）分装,加塞,包扎。

（7）高压蒸汽灭菌　121 ℃灭菌 20 min。

（二）马铃薯葡萄糖培养基的配制

1. 培养基成分

20%马铃薯浸汁	100 mL
葡萄糖	2 g
琼脂	1.5～2 g
自然 pH	

2. 配制方法

（1）配制 20%马铃薯浸汁　取去皮马铃薯 200 g,切成小块,加水 1000 mL。80 ℃浸泡 1 h,用纱布过滤,然后补足失水至所需体积。121 ℃灭菌 20 min,即成 20%马铃薯浸汁,贮存备用。

（2）配制时,按每 100 mL 马铃薯浸汁加入 2 g 葡萄糖,加热煮沸后加入 2 g 琼脂,继续加热融化,并补足失水。

（3）分装,加塞,包扎。

（4）高压蒸汽灭菌　121 ℃灭菌 20 min。

（三）豆芽汁葡萄糖培养基的配制

1．培养基成分

10％黄豆芽浸汁	100 mL
葡萄糖	5 g
琼脂	1.5～2 g
自然 pH	

2．配制方法

（1）称新鲜黄豆芽 10 g，置于烧杯中，再加入 100 mL 水，小火煮沸 30 min，用纱布过滤，补足失水，即制成 10％ 豆芽汁。

（2）配制时，按每 100 mL 10％ 豆芽汁加入 5 g 葡萄糖，煮沸后加入 2 g 琼脂，继续加热融化，补足失水。

（3）分装，加塞，包扎。

（4）高压蒸汽灭菌　121 ℃灭菌 20 min。

（四）察氏培养基的配制

1．培养基成分

蔗糖	3 g
$NaNO_3$	0.3 g
K_2HPO_4	0.1 g
KCl	0.05 g
$MgSO_4 \cdot 7H_2O$	0.05 g
$FeSO_4$	0.001 g
琼脂	1.5～2 g
蒸馏水	100 mL
自然 pH	

2．配制方法

（1）称量及溶化　量取所需水量约 2/3 左右加入到烧杯中，分别称取蔗糖、$NaNO_3$、K_2HPO_4、KCl、$MgSO_4$。依次逐一加入水中溶解。按每 100 mL 培养基加入 1 mL 0.1％的 $FeSO_4$ 溶液。

（2）定容　候药品全部溶解后，将溶液倒入量筒中，加水至所需体积。

（3）加琼脂　加入所需量琼脂，加热融化，补足失水。

（4）分装，加塞，包扎。

（5）高压蒸汽灭菌　121 ℃灭菌 20 min。

【实验报告内容】

记录你所配制培养基的名称及成分。

【思考题】

(1) 麦芽汁培养基、马铃薯葡萄糖培养基、豆芽汁葡萄糖培养基、察氏培养基各常用于培养哪类微生物？

(2) 在配制麦芽汁培养基时,如何检查麦芽粉水溶液是否糖化完全？

(3) 何谓培养基的自然 pH？

实验 6-4　几种常用的鉴别和选择培养基的配制

【目的要求】

(1) 了解选择培养基和鉴别培养基的配制原理;

(2) 学习和掌握马丁培养基、含氨苄青霉素的 LB 培养基及伊红美蓝琼脂培养基的配制方法。

【基本原理】

马丁培养基及含氨苄青霉素的 LB 培养基,两者均属选择培养基;伊红美蓝琼脂培养基则属于鉴别培养基。

(一) 马丁培养基

马丁培养基(Martin's medium)是一种用于从自然环境中分离真菌的选择培养基。培养基中的葡萄糖作为碳源,蛋白胨主要作为氮源,$KH_2PO_4 \cdot 3H_2O$、$MgSO_4 \cdot 7H_2O$ 提供无机盐。去氧胆酸钠为表面活性剂,可防止霉菌菌丝蔓延;而孟加拉红和链霉素对多数 G^- 细菌具抑制生长作用,所以它们可用于抑制细菌和放线菌的生长,而对于真菌的生长则没有影响,从而达到分离真菌的目的。

(二) 含氨苄青霉素的 LB 培养基

基因工程研究中常用于筛选具有氨苄青霉素抗性的菌株。含氨苄青霉素培养基中含有一定浓度($100\ \mu g/mL$培养基)的氨苄青霉素,它能杀死培养基中一切不抗氨苄青霉素的细菌,而只有对氨苄青霉素具有抗性的细菌才能正常生长繁殖,从而达到快速筛选氨苄青霉素抗性菌株的目的。

(三) 伊红美蓝培养基

伊红美蓝培养基(eosin-methylene blue medium,简称 EMB medium)常用于检查乳制品和饮用水中是否污染了致病性的肠道细菌。培养基中的伊红为酸性染料,美蓝则为碱性染料。当大肠杆菌发酵乳糖产生混合酸时,细菌带正电荷,与伊红染色,再与美蓝结合,生成紫黑色化合物。在此培养基上生长的大肠杆菌形成呈紫黑色,带绿色金属光泽的小菌落。而产气杆菌则形成呈棕色的大菌落。不能发酵乳糖的细菌产碱性物较多,带负电荷,与美蓝结合,被染成蓝色菌落。

【实验材料】

(一) 试剂和溶液

葡萄糖,蛋白胨,$KH_2PO_4 \cdot 3H_2O$,$MgSO_4 \cdot 7H_2O$,胰蛋白胨,酵母提取物,$NaCl$,乳糖,K_2HPO_4,伊红,美蓝,琼脂等。

0.1%孟加拉红溶液,链霉素溶液(10000 μg/mL)、2%去氧胆酸钠溶液、氨苄青霉素溶液(25 mg/mL),2%伊红溶液,0.5%美蓝溶液,1 mol/L NaOH 溶液,1 mol/L HCl 溶液等。溶液配制见附录四。

(二) 仪器和其他物品

天平,高压蒸汽灭菌锅等;移液管,试管,烧杯,量筒,锥形瓶,培养皿,玻璃漏斗等;药匙,pH 试纸,称量纸,记号笔,棉花,纱布,线绳,塑料试管盖,牛皮纸,报纸等。

【实验内容】

(一) 马丁培养基的配制

1. 培养基成分

葡萄糖	1 g
蛋白胨	0.5 g
$KH_2PO_4 \cdot 3H_2O$	0.1 g
$MgSO_4 \cdot 7H_2O$	0.05 g
0.1%孟加拉红溶液	0.33 mL
琼脂	1.5~2 g
蒸馏水	100 mL
自然 pH	
2%去氧胆酸钠溶液	2 mL(预先灭菌,临用前加入)
链霉素溶液(10000 μg/mL)	0.33 mL (临用前加入)

2. 配制方法

(1) 称量　称取培养基各成分的所需量。

(2) 溶化　在烧杯中加入约 2/3 所需水量,然后依次逐一溶化培养基各成分。按每 100 mL 培养基加入 0.33 mL 的 0.1%孟加拉红溶液。

(3) 定容　待各成分完全溶化后,补足水量至所需体积。

(4) 加琼脂　加入所需琼脂量,加热融化,补足失水。

(5) 分装,加塞,包扎。

(6) 高压蒸汽灭菌　112 ℃灭菌 20 min。

(7) 临用前,加热融化培养基,候冷至 60 ℃ 左右,按每 100 mL 培养基无菌操作加入 2 mL 的 2%去氧胆酸钠溶液及 0.33 mL 的链霉素溶液(10000 μg/mL),迅速混匀。

（二）含氨苄青霉素的 LB 培养基的配制

1. 培养基成分

胰化蛋白胨	1 g
酵母提取物	0.5 g
NaCl	1 g
琼脂	1.5～2 g
蒸馏水	100 mL
pH 7.0	
氨苄青霉素溶液（25 mg/mL）	0.4 mL（临用前加入）

2. 配制方法

（1）称量　称取培养基各成分所需量，置于烧杯中。

（2）溶化　加入所需水量 2/3 的蒸馏水于烧杯中，搅拌使药品全部溶化。

（3）调 pH

（4）定容

（5）加琼脂　融化，并补足失水。

（6）分装，加塞，包扎。

（7）高压蒸汽灭菌　121 ℃灭菌 20 min。

（8）临用前，加热融化培养基，候冷至 60 ℃ 左右，按每 100 mL 培养基无菌操作加入 0.4 mL 氨苄青霉素溶液（25 mg/mL），迅速混匀。

（三）伊红美蓝（EMB）培养基的配制

1. 培养基成分

乳糖	1 g
胰蛋白胨	0.5 g
NaCl	0.5 g
K_2HPO_4	0.2 g
2%伊红 Y 水溶液	2～3 mL
0.65%美蓝水溶液	1～1.5 mL
琼脂	2 g
蒸馏水	100 mL
pH 7.2	

2. 配制方法

（1）称量　称取乳糖、胰蛋白胨、NaCl 和 K_2HPO_4 等药品所需量。

（2）溶化　在烧杯中加入约 2/3 所需水量，溶化上述药品。

（3）定容

（4）调 pH　先调 pH，再加入伊红和美蓝溶液。

（5）加琼脂　加热融化，并补足失水。

（6）分装,加塞,包扎。

（7）高压蒸汽灭菌　115 ℃灭菌 20 min。

注意　乳糖在高温灭菌时易受破坏,故需在 115 ℃灭菌 20 min。

【实验报告内容】

（1）记录你所配制培养基的名称及成分。

（2）分别简要说明马丁培养基、含氨苄青霉素的 LB 培养基、伊红美蓝培养基在微生物工作中的用途。

【思考题】

（1）何谓选择培养基? 何谓鉴别培养基?

（2）马丁培养基中的链霉素、孟加拉红及去氧胆酸钠各起什么作用?

（3）在 LB 培养基中加入氨苄青霉素起什么作用?

（4）在伊红美蓝琼脂培养基中的伊红、美蓝起什么作用?

（5）在配制马丁培养基时,为什么临用前才能加入链霉素溶液?

（6）在配制含氨苄青霉素的 LB 培养基时,为什么临用前才能加入氨苄青霉素溶液?

第7章　灭菌与过滤除菌技术

灭菌与消毒技术、显微镜技术、纯种分离技术、微生物培养技术是微生物学的四项基本技术。众所周知，杀死无芽孢病原菌而不损害饮料营养价值和风味的"巴斯德消毒法"（pasteurization）、用石炭酸消毒手术器械、喷洒手术室的"李斯特外科消毒法"，都曾经创造了巨额财富，拯救了亿万人的生命，并沿用至今。现代物理和化学灭菌技术就是在人们对有害微生物的控制活动中建立和发展起来的，过去使用的许多方法，现在仍是无菌技术（aseptic technique）的重要组成部分。

微生物在自然界分布广泛，为了保证我们生产和科学实验以及外科手术不受污染（contamination），灭菌（sterilization）和消毒（disinfection）技术是至关重要的。灭菌是指杀死或消灭一切环境中的所有微生物，消毒仅杀死病原菌。灭菌方法有多种，包括加热灭菌（干热灭菌和湿热灭菌）、紫外线灭菌、过滤除菌等。人们可根据微生物的特点、待灭菌材料与实验目的和要求来选用灭菌方法。本章简介常用的高压蒸汽灭菌、干热灭菌、紫外线灭菌和过滤除菌的方法。

实验 7-1　高压蒸汽灭菌

【目的要求】

(1) 了解高压蒸汽灭菌原理；

(2) 学习高压蒸汽灭菌的操作方法。

【基本原理】

(一) 高温的杀菌原理

高温杀菌目的主要是使菌体蛋白质和核酸变性、凝固或破坏酶活性。根据加热方式，可分为干热灭菌（dry heat sterilization）和湿热灭菌（moist heat sterilization）两类。湿热灭菌有常压蒸汽灭菌（normal pressure steam sterilization）和高压蒸汽灭菌（high pressure steam sterilization）。常压法包括巴斯德消毒法、煮沸消毒法（boiling method）和间歇灭菌法（fractional sterilization 或 tyndallization）等，加压法包括常规加压灭菌法（normal pressure sterilization）和连续加压灭菌法（continuous pressure sterilization）等。

本实验以高压蒸汽灭菌为例，学习湿热灭菌的原理和方法。

(二) 高压蒸汽灭菌原理

高压蒸汽灭菌是湿热灭菌中应用最为广泛的一种灭菌方法。其原理是依据在一个密闭的高压蒸汽灭菌器中，水的沸点随水蒸气压的增加而上升，加压是为了提高水蒸气的温度。把待灭菌物品放在高压蒸汽灭菌器内，当灭菌器内压力为 0.1 MPa 时，温度可达到 121 ℃，一般维持 20 min，即可杀死一切微生物的营养体及其孢子。

蒸汽压力与蒸汽温度关系及常用灭菌时间见表 7-1-1。

表 7-1-1　高压蒸汽灭菌时常用的灭菌压力、温度与时间

| 蒸汽压力 | | | 蒸汽温度/℃ | 灭菌时间/min |
MPa*	kgf/cm²	lbf/in²		
0.056	0.57	8.13	112.6	30
0.070	0.71	10.16	115.2	20
0.103	1.05	14.95	121.0	20

* Pa,压力单位,1 Pa(帕)=1 N/m²(即牛/平方米);与过去惯用单位间的换算关系为:1 kgf(千克力)= 9.80665 N(牛),1 lbf(磅力)=4.44822 N(牛),1 in²(平方英寸)=6.4516×10⁻⁴ m²(平方米),1 kgf/cm²= 9.80665×10⁴ Pa,1 lbf/in²=6.89475×10³ Pa。

注意　高压蒸汽灭菌技术的关键,是在压力上升之前先排除锅内的冷空气。若锅内仍有滞留未排除的冷空气,压力表虽指 0.1 MPa,锅内温度实际不足 121 ℃,灭菌不彻底。空气排除程度与温度关系见表 7-1-2。

表 7-1-2　空气排除程度与温度关系

| 压力表读数 | 灭菌器内温度/℃ | | | | |
MPa	未排除空气	排除 1/3 空气	排除 1/2 空气	排除 2/3 空气	完全排除空气
0.034	72	90	94	100	109
0.069	90	100	105	109	115
0.103	100	109	112	115	121
0.138	109	115	118	121	126
0.172	115	121	124	126	130
0.206	121	126	128	130	135

（三）高压蒸汽灭菌的应用范围

高压蒸汽灭菌是微生物学实验、发酵工业生产以及外科手术器械等方面最常用、最有效的一种灭菌方法。一般培养基、玻璃器皿、无菌水、无菌缓冲液、金属用具、接种室的实验服、传染性标本等都可采用此法灭菌。待灭菌物品中的微生物种类、数量与灭菌效果直接相关。一般试管、锥形瓶中小容量的培养基,用 121 ℃灭菌 20 min;大容量的固体培养基,传热慢,灭菌时间适当延长至 30 min(灭菌时间是指达到所要求的温度时开始计时);天然培养基中含微生物和芽孢较多,较合成培养基灭菌时间略长。

（四）高压灭菌器的两种主要类型

1. 手动式高压蒸汽灭菌器

手动式高压蒸汽灭菌器(autoclave,图 7-1-1)是一个能耐压、同时可以密闭的金属锅,有手提式和立式两种。热源可以用电源、煤气或蒸汽。灭菌器上装有表示锅内温度和压力的温度计、压力表。灭菌锅还有排气口、安全阀,如果压力超过一定限度,安全阀便自动打开,放出过多的蒸汽。

2. 全自动高压蒸汽灭菌器

全自动高压蒸汽灭菌器(图 7-1-2A)的特点是:

(1) 消毒过程全自动,无需专人监管;

(2) 特殊安全装置;

(3) 有自动补水系统;

（4）设计和安装可靠的自动空气排放系统；

（5）预设多种灭菌及保温程序，通过控制面板的程序控制来设定灭菌程序（图 7-1-2B）。

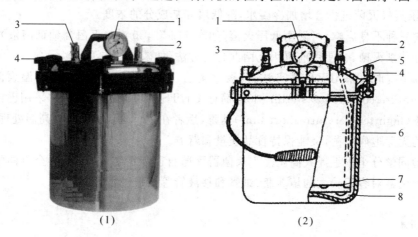

图 7-1-1 高压蒸汽灭菌器

（1）手提式不锈钢高压蒸汽灭菌器：1. 压力表 2. 放气阀 3. 安全阀 4. 紧固螺栓

（2）手提式高压蒸汽灭菌器结构：1. 压力表 2. 放气阀 3. 安全阀 4. 紧固螺栓 5. 软管 6. 灭菌桶 7. 筛架 8. 水

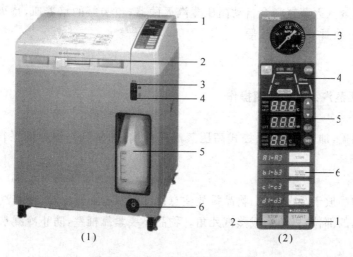

图 7-1-2 全自动高压蒸汽灭菌器

（1）全自动高压蒸汽灭菌器：1. 控制面板 2. 门扣锁 3. 开启 4. 关闭 5. 排气瓶 6. 导水管

（2）控制面板设置：1. 开启 2. 停止 3. 压力表 4. 灭菌内腔温度状态 5. 灭菌温度、时间、放气阀温度设定等 6. 预设多种灭菌及保温程序（灭菌程序、溶解/保温程序、灭菌/保温程序、仪器器皿灭菌程序）

（五）高压蒸汽灭菌时高温对培养基造成的不良影响

1. 出现混浊、沉淀（天然培养基成分加热沉淀出大分子多肽聚合物；培养基中 Ca、Mg、Fe、Zn、Cu、Sb 等阳性离子与培养基中的可溶性磷酸盐共热沉淀）。

2. 营养成分破坏或改变（酸度较高时淀粉、蔗糖、乳糖或琼脂灭菌过程易水解；pH 7.5、121 ℃灭菌 20 min 时，葡萄糖破坏 20%，麦芽糖破坏 50%。若培养基中有磷酸盐共存，葡萄糖转变成酮糖类物质，培养液由淡黄变为红褐色，破坏更为严重）。

3. pH 7.2 时培养基中的葡萄糖、蛋白胨、磷酸盐在 121 ℃灭菌 15 min 以上时，产生对微生物生长的某种抑制物。

4. 高压蒸汽灭菌后,培养基 pH 下降 $0.2\sim0.3$。

5. 高压蒸汽灭菌过程会增加冷凝水,降低培养基成分的浓度。

对于前三种不良影响,可采用低压灭菌(如在 112 ℃,30 min 灭菌葡萄糖溶液),或将培养基几种成分分别灭菌,临使用前再用无菌混合的方法(如磷酸盐与 Ca、Mg、Zn、Cu 等阳性离子溶液),特殊情况时可采用巴氏消毒法、间歇灭菌法、过滤除菌法和连续超高温灭菌法(ultra-high temperature continuous sterilization,简称 UHTS)。牛乳及饮料等常采用巴氏消毒法或高温瞬时法(high temperature short time)消毒,后者在 72 ℃、15 s 短时间高温处理下,既能杀死产品中的无芽孢病原菌,又能保持食品质量和营养。

本实验同学分组用手提式高压蒸汽灭菌器灭菌自己所配置的培养基,全班同学用全自动高压蒸汽灭菌器对容积较大的培养瓶、试管和移液管等器皿进行灭菌。

【实验材料】

(一) 培养基

待灭菌的培养基,无菌水。

(二) 仪器和其他物品

手提式高压蒸汽灭菌器和全自动高压蒸汽灭菌器;包装好的培养皿,待灭菌空试管、锥形瓶等玻璃器皿,移液管,玻璃涂棒等。

【实验内容】

(一) 手提式高压蒸汽灭菌器灭菌操作

1. 加水

打开灭菌锅盖,加水适量(手提式高压蒸汽灭菌锅,加水到与支架圈平行处)。若水量不足,灭菌锅易蒸干。

2. 装料

将待灭菌物品放于灭菌桶内,物品排放注意彼此间留有一定空隙,使蒸汽在容器内能够流通达到每个物品的部位,以免形成蒸汽死角。物品不要紧靠桶壁,防止冷凝水流入灭菌物品。

3. 密封

将盖上的软管插入灭菌桶的槽内,使罐内冷空气自下而上排出,加盖,上下螺栓口对齐,采用对角方式均匀旋转拧紧螺栓,使灭菌锅密闭。

4. 加热

电加热或煤气加热或直接通入蒸汽。打开排气口(放气阀),锅内排出蒸汽 3 min 后(或喷出气体不形成水雾),此时蒸汽已将锅内的冷空气由排气孔排尽,关闭放气阀。温度随蒸汽压力增高而上升。待压力逐渐上升至所需温度时,控制热源,维持所需压力和温度,并开始计时。到达规定时间,关闭热源,停止加热,压力随之逐渐降低。

5. 降压,取料

待压力自然下降至"0"后,打开放气阀,松动螺旋,开盖。立即取出灭菌物品,以免凝结在锅盖和器壁上的水滴弄湿包装纸或被灭菌物品,增加染菌的概率。斜面培养基自锅内取出后要趁热摆放,灭菌后的空培养皿、试管、移液管等需要烘干或晾干。

注意 灭菌时人不能离开工作现场,严格控制热源维持灭菌时的压力。压力过高,不仅培养基的营养成分被破坏,而且高压锅超过耐压范围易发生爆炸造成伤人事故。

不能用凉水浇灭菌锅,迫使温度迅速下降。压力没有降至"0"位前,不能开盖,以免培养基沸腾棉塞沾湿。

6. 清理

灭菌完毕,除去锅内剩余水分,保持灭菌锅干燥。若连续使用灭菌锅,每次需补足水分。

(二)全自动高压蒸汽灭菌器灭菌操作

1. 接通电源、拉开门锁、打开顶盖门。

2. 灭菌腔内加蒸馏水到与支架圈平行处。

3. 将待灭菌物品放入不锈钢丝灭菌篮中。**注意** 待灭菌物品不得堵住锅盖气孔。

4. 于控制面板上选择合适灭菌程序,设定灭菌温度、灭菌时间、放气阀温度,然后按"开始"键。

5. 灭菌完成后,腔内温度自然下降至设定温度,放气阀自动打开;排除灭菌腔内蒸汽,再打开顶盖门。

6. 放掉灭菌腔内蒸馏水,干燥后再关闭电源。

(三)无菌试验

抽出少数灭菌的培养基,37 ℃培养 24 h。若无菌生长,即视为灭菌彻底,可保存备用。

【实验报告内容】

(1)记录培养基灭菌所用的压力和时间,检查培养基灭菌是否彻底。

(2)说明高压蒸汽灭菌原理、适用范围,简述操作过程及操作关键。

【思考题】

(1)为什么高压蒸汽灭菌的关键是高温而不是高压?高压蒸汽灭菌前,为什么要将灭菌锅内的冷空气排尽?非自动高压蒸汽灭菌器灭菌时,为什么工作人员不能离开工作现场?灭菌完毕后,什么情况下才可以打开锅盖(或顶盖门)取出灭菌物品?

(2)接种或污染有微生物的培养基或培养器皿,为什么不能直接洗涤而需先经过高压蒸汽灭菌?培养皿或锥形瓶内含微生物的固体培养基灭菌后如何处理?

(3)对含糖(如含葡萄糖或乳糖等)培养基进行高压蒸汽灭菌时,应采用多大压力和温度、多长时间灭菌为宜?

(4)对血清、噬菌体浓缩液、氨基酸溶液、维生素溶液、抗生素溶液,能否进行高压蒸汽灭菌?应采用何种方法除菌为宜?

实验 7-2 干 热 灭 菌

【目的要求】

(1)了解干热灭菌原理;

(2)学习干热灭菌的操作方法。

【基本原理】

干热灭菌主要指火焰灼烧法和热空气灭菌法。

（一）灼烧灭菌法

灼烧灭菌法（incineration）是指利用火焰直接把微生物烧死。此法灭菌迅速彻底，但要焚毁物体，使用范围有限。适用范围：接种前后的灭菌如接种环、试管口、锥形瓶口、接种的移液管和滴管外部，及不用的污染物、剧毒药物（如称量"三致药物"化学诱变剂亚硝基胍等的称量纸）或实验动物的尸体等灭菌。使用耐热的金属小镊子、小刀、玻璃涂棒、载玻片、盖玻片灭菌时，应先将其浸泡在 75％酒精溶液中，用时取出迅速通过火焰，瞬间灼烧灭菌。

（二）干热灭菌法

干热灭菌法也叫热空气灭菌法（hot air sterilization）。实验室通常使用恒温控制的电热鼓风干燥箱作为干热灭菌器（图 7-2-1）。它是具有双层金属壁、中有隔热石棉板的箱，顶端或背面有调气阀及插温度计的小孔，下底夹层装有供通电加热的电炉丝。此方法常用于空的玻璃器皿（如培养皿、离心管、移液管等）、金属用具（如牛津杯、镊子、手术刀等）和其他耐高温的物品（如陶瓷培养皿盖、菌种保藏采用的沙土管、石蜡油、碳酸钙）灭菌。其优点是灭菌器皿保持干燥。但带有胶皮、塑料的物品、液体及固体培养基不能用干热灭菌。

图 7-2-1　干热灭菌器（数显电热鼓风干燥箱）

与湿热灭菌比较，因湿热灭菌时蒸汽穿透力大，蒸汽与较低温的物体表面接触凝结为水时可放出潜热，吸收蒸汽水分的菌体蛋白易凝固，在相同温度下湿热灭菌比干热灭菌力强。菌体蛋白的凝固温度与含水量密切相关，如细菌、酵母菌及霉菌的营养细胞，含水量稍高，50～60 ℃，加热 10 min 可使蛋白质凝固杀菌；含水较少的放线菌及霉菌孢子，80～90 ℃，加热 30 min 可杀菌。细菌芽孢含水量低又含吡啶二羧酸钙，蛋白质凝固温度在 160～170 ℃，湿热灭菌需 121 ℃，20 min。干热灭菌一般以能否杀死细菌的芽孢作为彻底灭菌的标准，需 140～160 ℃，2～3 h 方可杀死芽孢。

本实验以热空气灭菌为例，学习干热灭菌的原理和方法。

【实验材料】

干热灭菌器（hot air sterilizer，hot air oven，数显电热鼓风干燥箱）；包装好的各种清洁玻璃器皿（待灭菌的培养皿和移液管等需预先洗净、干燥）。

【实验内容】

干热灭菌器具体操作过程如下：

1. 装料

灭菌前先将玻璃器皿、金属用具用牛皮纸（不用油纸）包好，培养皿装入金属盒中，然后均匀放入电热鼓风干燥箱内。用纸包扎的待灭菌物品不要紧靠电热干燥箱壁，物品不能摆得过挤，以免妨碍热空气流通，使干燥箱内温度不均匀。

2. 升温

接通电源，按下开关，黄灯亮；旋转干燥箱顶部（或背面）调气阀，打开通气孔，排除箱内冷空气和水汽；旋转恒温调节器，直到红灯亮，逐渐升温；待干燥箱内温度上升至 100～105 ℃时，旋转调气阀，关闭通气孔。

3. 维持恒温

继续加热，把电热干燥箱温度调节到 160 ℃，灭菌物品用纸包扎或带有棉塞时不能超过 170 ℃，控制恒温调节器，保持恒温 2 h。如灭菌材料体积过大、物品堆积过挤、影响传热时，应适当延长灭菌时间。

4. 降温

灭菌完毕，切断电源，当电热鼓风干燥箱温度冷却至 60 ℃，开箱取出物品。灭菌后的器皿、金属用具等，使用时再从包扎纸和金属盒中取出。

注意　灭菌过程温度不能上升或下降过急。万一干燥箱内有焦糊气味，应立即切断电源；温度 60 ℃以上时，切勿随意打开干燥箱门。取出灭菌物品时，要小心，切勿碰破电热干燥箱顶部的水银温度计。如不慎将温度计打破，应立即报告指导老师，切断电源，在水银污染的地面和仪器上撒放硫磺粉，以防水银蒸发中毒。在使用非自动控制的干热灭菌器过程中，值班人员不能离开实验室。因为干热灭菌器内温度高（160～170℃），极易因温度失控而导致火灾。

现在许多实验室采用数显电热不锈钢鼓风干燥箱，通过改变参数，设定温度误差、设定灭菌时间、设定声音报警等，作热空气消毒箱使用。

【实验报告内容】

简述干热灭菌方法及注意事项。

【思考题】

简述干热灭菌的类型、应用范围。与湿热灭菌相比，二者各自有什么特点？

实验 7-3　紫 外 线 灭 菌

【目的要求】

（1）了解紫外线灭菌原理；

（2）学习紫外线灭菌的操作方法。

【基本原理】

　　紫外线(ultraviolet ray，UV)杀菌力最强的波长为 256～266 nm，也恰是核酸的最大吸收峰波段。主要因为可引起微生物细胞 DNA 同一条链上相邻的胸腺嘧啶间形成二聚体和胞嘧啶水合物，抑制 DNA 正常复制；另外，紫外线辐射下空气产生的臭氧(O_3)，水在紫外线辐射下被氧化生成的过氧化氢(H_2O_2 和 $H_2O_2 \cdot O_3$)也都有杀菌效果。紫外线穿透能力差，一般只适用于接种室、超净工作台、无菌培养室及手术室空气及物体表面的灭菌。

　　灭菌是通过紫外线灭菌灯进行的，其波长为 253.7 nm(2537Å)。距离照射物体不超过1.2 m时，灭菌力强而稳定。紫外线辐射(ultraviolet radiation)会严重灼烧眼结膜、损伤视神经，对皮肤也有刺激作用，所以不能直视开着的紫外光灯或在开着的紫外灯下工作。可见光能激活微生物体内的光复活酶，可使形成的胸腺嘧啶二聚体(thymine dimers)拆开后再复原，因此，利用紫外线灭菌(ultraviolet sterilization)时，也不能在开着日光灯或钨丝灯下进行。

　　无菌工作室和超净工作台(super clean bench)一般都安装有紫外线和空气过滤器两套灭菌系统(图 7-3-1)。超净工作台上除安装紫外线灯外，还安装有两组滤芯结构的过滤器：一组是粗过滤器(中效过滤器)，先除去较大的尘埃颗粒；另一组为超高效过滤器，适合过滤空气中的微粒、烟雾和微生物等。二者都是由单层的超细玻璃纤维纸折叠，再经风机将空气通过滤器而送入工作台，对 0.1～0.2 μm 尘埃粒子的过滤效率为 99.99％以上。使用过程中，由于滤芯不断沉积微生物和尘埃微粒，使压力增加，当压力超过 0.35 MPa 时，就需要更换滤芯。

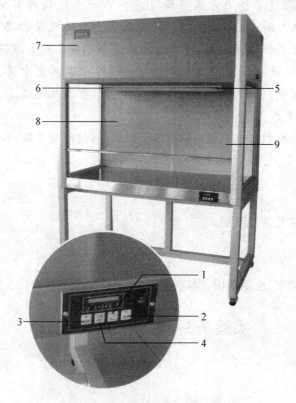

图 7-3-1　超净工作台
1. 开启/关闭　2. 照明(日光灯开关)　3. 灭菌(紫外灯开关)　4. 风量调节　5. 日光灯
6. 紫外光灯　7. 内装风机　8. 内装粗过滤器和超高效过滤器　9. 前视窗

实验条件要求高的实验室使用的生物安全柜超净装置均设置各种报警监控系统。如：

（1）安全监控系统：控制前视窗升起的高度，当前视窗超过安全限度（一般为 200 mm）时，有声、光报警器报警，当开启高度低于安全限度时，报警自动解除。

（2）安全柜气流波动报警：当下降气流流速波动超过其标准值的 20％时，用声、光报警器来提示下降气流和流入气流流速的波动，提醒用户更换过滤器。

（3）安全柜内部供气/排气风机联锁报警：可以自动调节下降气流和流入气流的风速。排风口具有逆止回阀，当开启电源开关时，电动阀会自动开启，紫外线灯自动关闭。有些安全柜内还配备有水汽阀门。

本实验以超净工作台紫外线灭菌为例，学习紫外线的灭菌方法。

【实验材料】

（一）培养基

肉膏蛋白胨琼脂平板培养基，麦芽汁琼脂平板培养基。

（二）试剂和溶液

0.5％ 84 消毒液或 0.1％新洁尔灭溶液。

（三）仪器和其他物品

超净工作台等。

【实验内容】

1. 用纱布蘸湿 84 消毒液或 0.1％新洁尔灭（bromo geramineum）溶液，擦拭超净工作台的台面。

2. 打开超净工作台总开关，黄灯亮，按下紫外线灯开关，紫外线灯亮。照射 15～20 min，关闭紫外线灯。再开动风机开关，红灯亮，10～15 min，工作台基本保持无菌状态。工作期间一直保持鼓风，打开日光灯，便可开始工作，工作完毕关闭鼓风机及日光灯，撤走台内实验物品，并擦干净台面。

3. 为了检查紫外线灭菌效果，在超净工作台面的四角和中央放已经灭菌倾倒好的肉膏蛋白胨琼脂和麦芽汁琼脂两种平板各 5 套，在超净工作台外同时各放 2～3 套两种平板为对照，打开皿盖 10～15 min，然后盖上皿盖。

4. 肉膏蛋白胨琼脂平板倒置 37 ℃、麦芽汁琼脂平板倒置 28 ℃培养 24～48 h。

5. 记录每个平板上生长的菌落数，若每个平板菌落不超过 4 个，灭菌效果较好；若超过 4 个，则需更换滤芯或延长照射时间或采用紫外线与化学消毒剂（disinfectant）联合灭菌的办法。

【实验报告内容】

记录超净工作台内、外培养皿上的菌落数。

【思考题】

（1）紫外线灭菌的原理是什么？

（2）紫外线灭菌的适用范围有哪些？ 紫外线灭菌时，需要注意哪些事项？

实验 7-4　液体过滤除菌

【目的要求】

(1) 了解过滤除菌原理;

(2) 学习过滤除菌技术。

【基本原理】

液体过滤除菌(filtration)的原理是:微生物虽小,但有一定的体积(如细菌,一般直径约 $0.5~\mu m$,长度约 $0.5\sim5~\mu m$)。用一些比它们更小筛孔的"筛子"通过过滤除掉其中的微生物。这是一种不通过高温或射线灭菌,而是采用过滤器(filter)除去液体中微生物的方法。

按照过滤的对象和滤板的材质,液体过滤除菌适用于一些对热不稳定的、体积小的液体(如血清、酶、毒素)及各种高温灭菌易遭破坏的培养基成分(如尿素、碳酸氢钠、维生素、抗生素、氨基酸等)。实验室小量液体过滤常用玻璃滤菌器和滤膜(filter membrane)滤菌器等。

微孔滤膜材质包括混合纤维素滤膜(CA-CN)、硝酸纤维素滤膜(CN)、醋酸纤维素滤膜(CA)、聚偏二氟乙烯滤膜(PVDF)和聚四氟乙烯滤膜(PTFE)、尼龙滤膜(N6)等。微孔滤膜耐热,可高压蒸汽灭菌和射线灭菌。前三种微孔滤膜适合于水相溶液,不耐酸、碱、有机溶剂,可作为缓冲液、血清、培养基等过滤除菌的理想用膜。微孔滤膜孔径 $0.1~\mu m$,可去除支原体;$0.22~\mu m$ 者,可过滤除去一般细菌;若滤膜孔径超过 $0.22~\mu m$,则有极大机会滤膜不能除菌。过滤器的形式有:一次性针头式滤膜过滤器[图 7-4-1(1)]、杯式过滤器[图 7-4-1(2)]、桶式过滤器和不锈钢或塑料滤膜过滤器[图 7-4-1(3)]几种。后者又分上、下两节,旋转拧紧螺旋口可将滤膜夹在上、下两节滤器之间,两节滤器上各连接上、下导管,待过滤液自上导管流经滤膜,下导管流至无菌试管中,溶液通过滤膜,而细菌被截留在滤膜上。一次性过滤器不需换滤膜和清洗滤器,是过滤小量样品的首选方法。

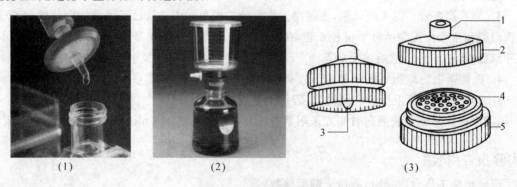

(1)　　　　　　　　　(2)　　　　　　　　　(3)

图 7-4-1　各种滤膜滤菌器

(1) 一次性无菌针头式过滤器　(2) 杯式过滤器(一次性过滤装置)

(3) 不锈钢或塑料滤膜过滤器:1. 上导管,2. 上节滤器,3. 下导管,4. 筛板,5. 下节滤器

本实验以普通不锈钢或塑料滤膜滤菌器过滤抗生素溶液为例,学习过滤除菌的一般方法。

【实验材料】

（一）培养基

肉膏蛋白胨琼脂斜面培养基等。

（二）试剂和溶液

待滤抗生素水溶液。

（三）仪器和其他物品

不锈钢或塑料滤膜过滤器，滤膜（滤膜孔径 $0.22~\mu m$），真空泵；滤液收集瓶（抽滤瓶或试管），10 mL 注射器，压力胶管，灭菌吸管，有孔橡胶塞，弹簧夹，小镊子等。

【实验内容】

1. 清洗

新滤器应在流水中彻底冲洗，滤膜不用清洗。玻璃滤菌器应先放在 1∶100 盐酸中浸泡数小时，再用流水洗涤。如滤过物是含传染性的物质，应先将滤器浸泡于 2‰石炭酸（phenol）溶液中，2 h 后再行洗涤。

2. 灭菌

清洗干净晾干后的滤菌器，插入瓶口安装有橡皮塞的抽滤瓶内，在抽滤瓶与橡皮管连接的抽气口中装上棉花，抽滤瓶口用纱布和牛皮纸包扎，将滤膜放于盛有蒸馏水的锥形瓶中单独灭菌，也可放在下节滤器的筛板上，旋转拧紧螺栓后与滤器一起灭菌。收集滤液的试管或锥形瓶、小镊子单独用牛皮纸包好；另外还需准备一支 10 mL 注射器，用纱布及牛皮纸包好。上述物品 115 ℃灭菌 1 h，烘干备用。

3. 过滤除菌

用无菌注射器直接吸取待过滤抗生素水溶液，在超净工作台上将此溶液注入不锈钢过滤器的上导管，溶液经滤膜、下导管慢慢流入无菌试管内。

4. 无菌检查

将移入无菌试管内的除菌滤液，取出数滴，接种于肉膏蛋白胨琼脂斜面，37 ℃，培养 24 h。若无菌生长，可保存于 4℃冰箱，备用。

若采用玻璃滤菌器，在清洗、灭菌后，按步骤 3* 及 4* 操作。

3*. 连接抽滤瓶

采用滤膜滤菌器过滤小量液体时，不用连接抽滤瓶；若待过滤液体量大，需要连接抽滤瓶。在超净工作台上以无菌操作用小镊子取出滤膜，安放在下节滤器筛板上，旋转拧紧上、下节滤器，将滤器与抽滤瓶连接，用抽滤瓶上的橡皮管和安全瓶上的橡皮管相连，两瓶间安装一个弹簧夹，最后将安全瓶接于电动抽气机上（图 7-4-2）。

4*. 抽滤除菌

将待过滤液注入滤菌器内［注意，先打开弹簧夹，再开动电动抽气机（真空泵）］，滤液收集瓶内压力逐渐减低，滤液渐渐流入滤液收集瓶（或抽滤瓶的无菌试管内）。待过滤结束后，再夹紧弹簧夹，然后关闭抽气装置（先使安全瓶与抽滤瓶间橡皮管脱离，防止空气倒流使滤液重新被污染）。

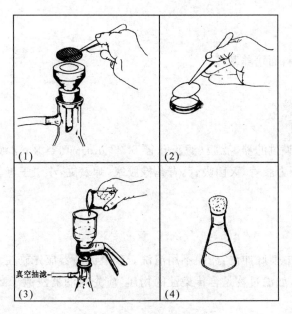

图 7-4-2　滤菌器操作示意图
(1) 安装金属筛板　(2) 放置超细纤维板滤膜　(3) 待滤溶液过滤　(4) 滤液无菌检查

5. 取出滤液

在超净工作台上松动抽滤瓶口的橡皮塞,迅速将瓶中滤液倒入无菌锥形瓶或无菌试管内。滤器用后应及时清洗干净。

6. 无菌检查

方法同上。

注意　抽滤时间不宜太长。因低压可使卷曲运动的细菌通过滤器;但也要避免高度减压,以免微小颗粒堵塞滤器微孔而失去滤器效能。一般以 13.3～26.7 MPa 减压为限。

【实验报告内容】

观察滤液清晰程度,记录无菌检查结果。

【思考题】

(1) 液体过滤除菌的优缺点及适用范围各有哪些? 选用哪种规格的滤膜过滤除菌?

(2) 液体过滤除菌时,应注意哪些事项?

第8章 微生物的分离、纯化及培养

纯种分离技术是微生物学中重要的基本技术之一。从混杂微生物群体中获得单一菌株纯培养的方法称为分离(isolation)。纯种(纯培养 pure cultivation)是指一株菌种或一个培养物中所有的细胞或孢子都是由一个细胞分裂、繁殖而产生的后代。获得纯种的关键是在操作过程中必须严格按照无菌操作技术进行。

为了生产和科研的需要,人们往往需从自然界混杂的微生物群体中分离出具有特殊功能的纯种微生物。一些被其他微生物污染的菌株,或在长期培养或生产过程丧失原有优良性状的菌株以及经过诱变或遗传改造后的突变株、重组菌株,均需进行分离和纯化。

微生物分离、纯化(purification)大致分为采样、富集培养、纯种分离和性能测定4个步骤。

(1)采样 主要依据所筛选的微生物生态及分布概况,综合分析决定采样地点。

(2)富集培养 如果所需的菌在试样中估计不占优势,或需分离有特殊生理功能的菌株时,则可根据所筛选菌种的生理特性,加入某些特定物质,使所需的微生物增殖,限制不需要的微生物生长繁殖。在分离一般性能的菌株时,此步可以省略。

(3)纯种分离(isolation of pure culture) 可用十倍稀释分离法、涂布法、划线分离法、单细胞分离法等方法来获得纯的菌株。

(4)性能测定 包括初筛和复筛两步进行。

本章主要介绍细菌、放线菌、酵母菌、霉菌常见四大类微生物分离、纯化方法及某些具有特殊性能细菌(化能自养型细菌、光合细菌)和工业常用菌株的微生物分离、纯化方法。

在整个菌种分离、纯化、性能测定以及日常研究工作,都需要使用微生物接种的技术。而接种的关键是要按严格的无菌操作来进行,所以本章首先要学习微生物接种技术。

实验 8-1 微生物的接种技术

【目的要求】

(1)了解接种技术在微生物学实验及研究中的广泛应用和重要性;

(2)学习并掌握微生物接种的操作方法。

【基本原理】

接种技术是微生物学实验及研究中的一项最基本的操作技术。

接种是将纯种微生物在无菌操作条件下移植到已灭菌并适宜该菌生长繁殖所需要的培养基中。为了获得微生物的纯种培养,要求接种过程中必须严格进行无菌操作。如果操作过程中不小心而污染,就会影响实验结果,甚至使实验失败。一般接种是在无菌室内、超净工作台中的火焰旁或实验室火焰旁进行。

根据不同的实验目的及培养方式,可以采用不同的接种工具和接种方法。常用的方法有斜面接种(inoculation on agar slant)、液体接种(borth transfer)、穿刺接种(stab inoculation)和平板接种(inoculation on agar plate)等。

【实验材料】

（一）菌种

菌种斜面。

（二）培养基

试管斜面培养基,液体培养基(试管及锥形瓶),半固体培养基(试管),固体平板培养基。所有培养基在实验前都必须经过灭菌。

（三）仪器和其他物品

接种工具(见图 8-1-1),包括：接种针,接种环,接种铲,移液器,移液管,滴管,玻璃涂棒等。移液器的吸头上端塞上过滤棉花并用纸包扎好(见实验 6-1),高压蒸汽灭菌,烘干,备用。

煤气灯,试管架,标记笔,标签纸,火柴等。

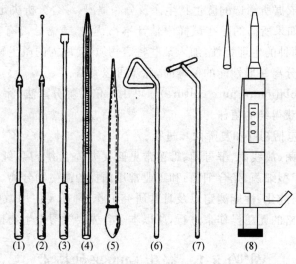

图 8-1-1　接种工具

（1）接种针　（2）接种环　（3）接种铲　（4）移液管　（5）滴管　（6）～（7）玻璃涂棒　（8）移液器及吸头

【实验内容】

（一）斜面接种

从已长好的微生物菌种的斜面试管中挑取少许菌苔,接种至新鲜空白斜面培养基上。这是最基本、而且是最常用的接种方法,可扩大培养菌体供试验或菌种保存用。

1. 贴标签

将空白斜面贴上标签,注明菌名、接种日期、接种者姓名。标签应贴在试管前 1/3 斜面向上的部位。

2. 点燃煤气灯或酒精灯

3. 接种

（1）手持试管　将菌种管及新鲜空白斜面试管向上,用大拇指和其他四指握在左手中,使中指位于两试管之间的部位,无名指和大拇指分别夹住两试管的边缘,管口齐平,管口稍上倾斜(图 8-1-2)。

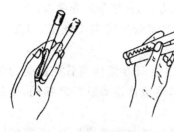 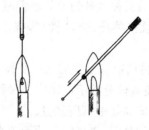

图 8-1-2　斜面接种时试管的两种拿法　　　　**图 8-1-3　接种环的灭菌**

（2）旋松管塞　用右手先将试管帽或棉花塞拧转松动,以利接种时拔出。

（3）取接种环　右手拿接种环柄,使接种环直立于火焰的氧化焰部位,将金属环灼烧灭菌,然后斜向横持将接种环金属杆部分来回通过火焰数次(图 8-1-3)。以下操作都要使试管口靠近火焰旁(即无菌区)进行。

（4）拔试管帽或管塞　用右手小指、无名指和手掌拔下试管帽或棉塞并夹紧。试管帽或棉塞下部应露在手外,勿放桌上,以免污染。将试管口迅速在火焰上微烧一周。

（5）接种环冷却、取菌　将灼烧过的接种环伸入菌种管内,先将环接触未长菌的培养基顶部,使其冷却以免烫死菌体。然后用环轻轻取菌体少许,将接种环慢慢从试管中抽出。

（6）接种　在火焰旁迅速将接种环伸入空白斜面,在斜面培养基上轻轻划线。划线时由底部划起,划成较密的波浪状曲线;或由底部向上划一直线,一直划到斜面的顶部。将菌体接种于其上。

注意　勿将培养基划破,不要使菌体玷污管壁。

（7）盖管帽或管塞　灼烧试管口,并在火焰旁将试管帽或棉塞塞上。不要用试管去迎管塞,以免试管移动时进入不洁空气。接种完毕,接种环上残余的菌必须灼烧灭菌后插在木架上。斜面接种无菌操作过程见图 8-1-4。

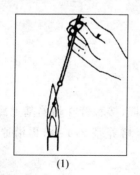 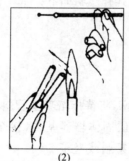 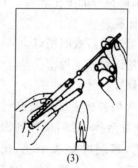

(1)　　　　　　　　　(2)　　　　　　　　　(3)

图 8-1-4　斜面接种无菌操作程序

接种好的斜面按所接菌要求的培养温度,放置于不同的培养箱中培养。一般细菌可于37 ℃培养 24～48 h。

（二）液体接种

1. 斜面接液体

由斜面菌种接种到液体培养基（如试管或锥形瓶）中的方法，常用来培养菌液。

（1）烧接种环、烧试管口，拔塞等与斜面接种相同。但试管要略向上倾斜，以免培养基流出。

（2）将已取有菌种的接种环伸入新鲜液体培养基中，并使环在液体与管壁接触的部位轻轻摩擦，使菌体分散于液体中。接种后塞上试管塞或瓶塞，将液体培养基轻轻摇动，使菌体均匀分布于培养基中，以利生长。

若接种量大，先将定量的无菌水注入斜面试管中，用接种环将菌苔轻轻刮下，轻摇试管制成菌悬液。灼烧试管口，再将菌悬液倒入液体培养基中。

2. 液体接液体

若菌种培养在液体培养基内，要转接到新鲜液体培养基时，需用无菌的移液器、移液管或滴管。用移液管时先将移液管外的包裹纸稍松动，在其 2/3 长度处截开，除去上部包装纸，在上端管口加橡皮头，拔出移液管及菌种管的管帽或棉塞，在火焰旁伸入菌种管内，吸取菌液，转接到待接种的液体培养基内。切不可用嘴吸取菌液。灼烧试管口，迅速盖好管帽或塞好棉塞，进行培养。注意，蘸有菌的移液管插入原包装移液管的纸套内，不能直接放在实验台上，以免污染桌面，经高压蒸汽灭菌后再行冲洗。接过菌的移液器吸头，放于烧杯中，经高压蒸汽灭菌，然后才能弃去。

3. 液体接斜面

按步骤 1 中的无菌操作法进行。但用接种环取菌接种，按实验内容（一）步骤 3 中的方法（6）(p.91)进行。

（三）穿刺接种

常用来接种厌氧菌，检查细菌的运动能力，测试明胶液化能力，或保藏菌种的一种接种方法。所用培养基一般是深层半固体培养基。具有运动能力的细菌，经穿刺接种培养后，能沿着穿刺线向外运动生长，故形成的菌生长线粗，且边缘不整齐；不能运动的细菌仅能沿穿刺线生长，故形成细而整齐的菌生长线。其操作步骤如下：

（1）贴标签。

（2）点燃煤气灯或酒精灯。

（3）转松试管帽或棉塞。

（4）灼烧接种针。

（5）在火焰旁拔去试管帽或棉塞，将待接培养基管斜握，接种针在培养基上冷却，用接种针尖挑取少量菌体，穿刺接种到深层固体培养基内，接至培养基 3/4 处，再沿原线拔出（图 8-1-5）。注意，穿刺时要求手稳，使穿刺线整齐。

（6）试管口通过火焰，盖上试管帽或棉塞。灼烧接种针上的残菌。

也可将待接种的试管倒立在火焰旁，将接种针由下向上刺入培养基内接种。

将接好菌的试管放入培养箱中进行培养。

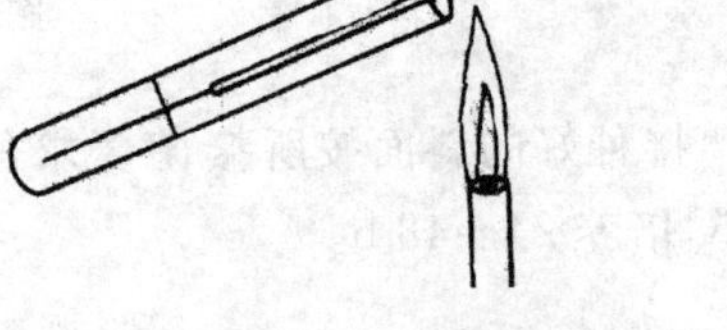

图 8-1-5 穿刺接种

（四）平板接种

平板接种即用接种环将菌种接至平板培养基上，或用移液管、移液器的吸头、滴管将一定体积的菌液移至平板培养基上，然后培养。平板接种的目的是观察菌落形态、分离纯化菌种、活菌计数以及在平板上进行各种试验时采用的一种接种方法。

平板接种的方法有多种，根据实验的不同要求，可分为以下几种。

1. 斜面接平板

（1）划线法

划线法（streak method）用于菌落观察、分离纯化菌种。无菌操作自斜面用接种环直接取出少量菌体，或先制成菌悬液，将菌体接种在平板边缘的一处，烧去多余菌体，再从接种有菌的部位在平板培养基表面自左至右轻轻连续划线或分区划线（注意，勿划破培养基）。参见实验 8-2。经培养后在沿划线处长出菌落，以便观察或挑取单一菌落。

（2）点种法

点种法（drop method）用于观察霉菌的菌落。在无菌操作下，用接种针从斜面或孢子悬液中取少许孢子，轻轻点种于平板培养基上，一般以三点（∴）的形式接种。霉菌的孢子易飞散，用孢子悬液点种效果较好。

2. 液体接平板

此法在稀释分离菌种时常用。操作时，用无菌移液管或者滴管或移液器吸头吸取一定体积的菌液移至平板培养基上，然后用无菌玻璃涂棒将菌液均匀涂布在整个平板上，故此法又称平板涂布法（参见实验 8-2）。或者将菌液加入培养皿中，然后再倾入融化并冷至 $45\sim50$ ℃的固体培养基，轻轻摇匀，平置，凝固后倒置培养。

3. 平板接斜面

一般是将在平板培养基上经分离培养得到的单菌落，在无菌操作下分别接种到斜面培养基上，以便作进一步扩大培养或进行试验之用。接种前，先选择好平板上的单菌落，并用记号笔做好标记；左手拿平板，右手拿接种环，在火焰旁操作：先将接种环在空白培养基处冷却，挑取菌落，在火焰旁稍等片刻，此时左手将平板放下，拿起斜面培养基，按斜面接种法接种。

注意 接种过程中勿将菌烫死，接种时操作应迅速，勿污染杂菌。

4. 其他平板接种法

根据实验的不同要求，可以有不同的接种方法。如做抗菌谱试验时，可用接种环取菌在平板上与产生抗生素的菌苔划垂直线；做噬菌体裂解试验时，可在平板上将菌液与噬菌体悬液混合涂布于同一区域；挑选营养缺陷型时，将平板上的菌落接种在含不同营养的平板培养基上等。

除以上的接种方法外，还有固体曲料接种（多用于生产）。固体曲料接种因菌种和种子菌来源不同，还可分为液体接种固体曲料及固体种子接种固体曲料。

【实验报告内容】

记录各种接种方法和接种后的生长状况。若出现问题，请分析原因。

【思考题】

（1）接种技术最关键的操作是什么？

（2）总结比较各种接种方法的特点。

（3）在接种过程，如何避免把菌种烫死？

（4）在接种过程，如何防止杂菌污染？

实验 8-2　细菌、放线菌、酵母菌及霉菌的分离与纯化

【目的要求】

（1）学习从样品中分离四大类微生物的方法；

（2）掌握倾注平板稀释分离法、划线分离法和斜面接种等方面的无菌操作技术；

（3）学习平板菌落计数法。

【基本原理】

土壤是微生物生活的大本营，是寻找有重要应用潜力的微生物的主要菌源。不同土样中各类微生物数量不同，一般土壤中细菌数量最多，其次为放线菌和霉菌。放线菌一般在较干燥、偏碱性、有机质丰富的土壤中较多；霉菌在含有机质丰富、偏酸性、通气性较好的土壤中较多；酵母菌在一般土壤中的数量较少，而在酒曲、面肥、水果表皮、果园土中数量多些。

本实验包括从土壤中分离细菌、放线菌和霉菌；自面肥或酒曲或果园土分离酵母菌。

分离的目的是要获得微生物的纯种，因此，在整个操作过程必须采用无菌操作技术。为了分离和确保获得某种微生物的单菌落，避免菌源中各类微生物的干扰，在制备菌悬液和分离培养基时，常添加某些抑菌剂制成不同选择性培养基。如细菌和放线菌喜中性或微碱性环境，但细菌比放线菌生长快。分离放线菌时，一般在制备土壤稀释液时添加 10% 的酚或在分离培养基中添加相应的抗生素以抑制细菌和霉菌（如添加链霉素 25~50 U/mL 以抑制细菌；添加制霉菌素 50 U/mL 或多菌灵 30 U/mL 以抑制霉菌）。若分离霉菌，需降低细菌增殖率，分离培养基临使用前需添加无菌的乳酸或链霉素。同时，为了防止菌丝蔓延干扰菌落计数，分离霉菌时常在培养基中加入化学抑制剂，如去氧胆酸钠。分离特殊生理性能的微生物，尚需用富集培养技术（enrichment culture technique）进行培养和分离。

要想获得某种微生物的纯培养，根据工作性质采用不同的分离纯化方法，如稀释平板分离法（dilution-plate method）和划线平板分离法（streak plate method）等。其中以稀释分离法用得最为普遍。菌种被杂菌污染或混合菌悬液常用划线法进行纯种分离。此法是借助沾有混合菌（或菌悬液）的接种环在平板表面多方向连续划线，使混杂的微生物细胞在平板表面分散，经培养得到分散成为由单个微生物细胞繁殖而成的菌落，从而达到纯化目的。

从样品中获得纯菌株后，还需提供有利于该类微生物生长繁殖的最适培养基及培养条件，方能得到充分生长。四大类微生物分离培养基、培养温度及培养时间列于表 8-2-1 中。

表 8-2-1　四大类微生物的分离和培养

样品来源	分离对象	分离方法	稀释度	培养基名称	培养温度/℃	培养时间/d
土样	细菌	稀释分离	$10^{-5}, 10^{-6}, 10^{-7}$	肉膏蛋白胨	30~37	1~2
土样	放线菌	稀释分离	$10^{-3}, 10^{-4}, 10^{-5}$	高氏合成 1 号	28	5~7
土样	霉菌	稀释分离	$10^{-2}, 10^{-3}, 10^{-4}$	马丁	28~30	3~5
面肥	酵母菌	稀释分离	$10^{-4}, 10^{-5}, 10^{-6}$	豆芽汁葡萄糖	28~30	2~3
细菌分离平板	细菌单菌落	划线分离		肉膏蛋白胨	30~37	1~2

【实验材料】

（一）菌源

土样　选定采土地点后，用无菌的采样小铲取表层下 3～10 cm 土壤 10 g，装入灭菌的牛皮纸袋内。封好袋口，记录取样地点、环境及日期。土样采集后应及时分离，凡不能立即分离的样品，应保存在低温、干燥条件下，以减少其中菌相的变化。

面肥　分离酵母菌。该材料也可用酒曲等替代。

（二）培养基

已灭菌的肉膏蛋白胨培养基（或 LB 培养基），马丁培养基，高氏合成 1 号培养基，豆芽汁葡萄糖培养基制成的平板和斜面。见附录三。

（三）试剂和溶液

配制生理盐水，分装于 250 mL 锥形瓶，每瓶内装 99 mL（或 95 mL 为分离霉菌用），并装 10 粒玻璃珠。分装试管，每管装 4.5 mL。

溶液　10％酚溶液，3％～5％来苏尔溶液。

（四）仪器和其他物品

恒温培养箱（28℃，30℃，37℃）；接种针，接种环，无菌培养皿，无菌移液管，无菌玻璃涂棒（刮刀），称量纸，药勺，橡皮头，采样小铲等。

【实验内容】

全班同学分四组进行四大类微生物的分离，每位同学只分离其中的一类。

（一）稀释分离法

稀释分离法又称稀释平板分离法。稀释平板分离微生物有倾注培养法（pour plate method）和涂布培养法（spread plate method）两种。本次实验分离细菌、放线菌、霉菌时采用倾注法，分离酵母菌采用涂布法。

1. 细菌的分离

（1）制备土壤稀释液

A. 称取土样 1 g，在火焰旁加到一个盛有 99 mL 无菌水或无菌生理盐水并装有玻璃珠的 250 mL 锥形瓶中。振荡 10～20 min，使样品中菌体、芽孢或孢子均匀分散。静置 20～30 s，制成 10^{-2} 稀释液。

B. 按十倍稀释法稀释分离。以制备 10^{-7} 稀释度为例，具体操作过程（①～⑥）为：

① 取 4.5 mL 无菌水试管 6 支，按 10^{-3}～10^{-7} 顺序编号，放置试管架上。

② 取 1 mL 无菌移液管一支，从移液管包装纸套中间撕口，去除上段包装纸套，在移液管上端管口装橡皮头，取出下段移液管纸套放置桌面，以右手拇指、食指、中指捏住移液管上端橡皮头，将吸液端口及移液管外部表面迅速通过火焰 2～3 次，杀灭撕纸套时可能污染的杂菌。切忌用手指去触摸移液管吸液端口及外部。

③ 左手持锥形瓶底，以右手掌及小指、无名指夹住锥形瓶上棉塞或塑料封口膜，在火焰旁拔出棉塞（棉塞夹在手掌上，不能乱放在桌上）或塑料封口膜，将移液管的吸液端伸进混匀的锥形瓶稀释液底部，用手指轻捏橡皮头，在锥形瓶内反复吸吹三次（每一次吸上的液面要高于前次的液面），然后准确吸取 0.5 mL 10^{-2} 稀释液，右手将棉塞或塑料封口膜插回锥形瓶，左手放下锥形瓶。

④ 用左手另取一支盛有 4.5 mL 无菌水试管,依前法在火焰旁拔除试管帽(或棉塞),将 0.5 mL 10^{-2} 稀释液注入 4.5 mL 无菌水试管内,制成 10^{-3} 的稀释液。

⑤ 将此移液管在试管内反复吸吹三次,然后取出移液管,通过火焰后再插入包装移液管的下段纸套内,以备再用。再盖上试管帽(或塞好棉塞)。

⑥ 右手持 10^{-3} 稀释液试管在左手上敲打 20～30 次。依法再制成 10^{-4}～10^{-7} 的稀释液(为避免稀释过程误差,微生物计数时,最好每一个稀释度更换一支移液管)。用毕的移液管重新放入纸套,待灭菌后再洗刷。或将用过的移液管放在废弃物缸中,用 3‰～5‰ 来苏尔浸泡 1 h,之后再灭菌洗涤(图 8-2-1)。

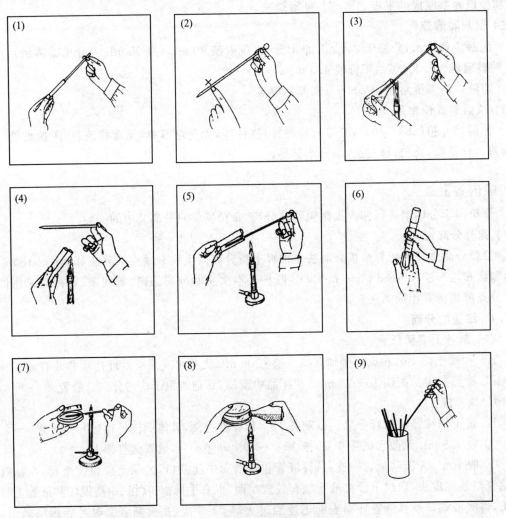

图 8-2-1　稀释分离无菌操作示意图

(1) 从包装纸套中取出无菌移液管　(2) 安装橡皮头,勿用手指触摸移液管　(3) 火焰旁取出样品稀释液

(4) 灼烧试管口及移液管吸液口　(5) 在火焰旁对试管中样品悬液进行稀释　(6) 用手掌敲打试管,混匀稀释液

(7) 从最小稀释度开始,将稀释液加入无菌培养皿中　(8) 将融化冷凉至 45～50 ℃ 培养基倒入培养皿内

(9) 用毕的移液管装入废弃物缸中,浸泡消毒后灭菌洗涤

（2）倾注法分离（图 8-2-2）

① 取无菌培养皿 6～9 个，皿底按稀释度编号。用无菌移液管吸取土壤样品的 10^{-7}、10^{-6}、10^{-5} 稀释液各 1 mL（注意，若用同一支移液管，应当从浓度最小的稀释液开始），按无菌操作技术加到相应编号的无菌培养皿内。

② 取融化、并冷却至 45～50 ℃左右的肉膏蛋白胨固体培养基（或 LB 培养基），每皿分别倾注约 12 mL 培养基到培养皿内。注意，温度过高易将菌烫死，皿盖上冷凝水太多，也会影响分离效果；低于 45 ℃培养基易凝固，平板高低不平。倾注培养基时，左手拿培养皿，右手拿锥形瓶底部，左手同时用小指和手掌将棉塞或塑料封口膜拨开，灼烧瓶口，用左手大拇指将培养皿盖打开一缝，使瓶口正好伸入皿内后倾注培养基。将培养皿放在桌面上轻轻前后左右转动，使菌悬液与培养基混合均匀，但勿沾湿皿边。混匀后静置于桌上，同一稀释度重复 2～3 皿。操作过程见图 8-2-1 及图 8-2-2。

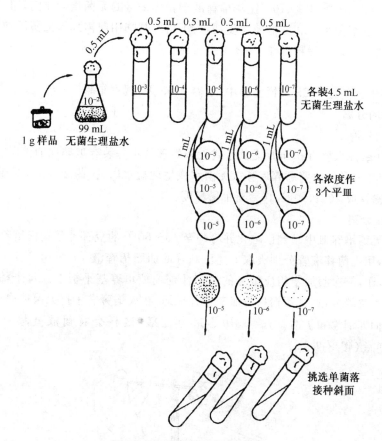

图 8-2-2　稀释分离过程示意图

（3）培养

待平板完全冷凝后，倒置于 30 ℃恒温箱中，培养 24～48 h，观察结果。

2. 放线菌的分离

（1）制备土壤稀释液

称取土样 1 g，按前法制备 99 mL 10^{-2} 的土壤悬液，加入 10 滴 10% 的酚溶液（有时也可不加酚),振荡后静置 5 min。将土壤悬液分别稀释为 10^{-3}、10^{-4}、10^{-5} 三个稀释度。

（2）倾注法分离

分别吸取 1 mL 10^{-3}、10^{-4}、10^{-5} 土壤稀释液于相应编号的无菌培养皿内,用高氏合成 1 号培养基倾注平板,在桌面轻轻转动,立即混匀。每个稀释度做 2～3 个平行皿。

（3）培养

冷凝后,将平板倒置于 28 ℃恒温箱中,培养 5～7 天,观察结果。

3. 霉菌的分离

（1）制备土壤稀释液

称取土样 5 g,加入盛有 95 mL 无菌水或无菌生理盐水并装有玻璃珠的锥形瓶中,振荡 10 min,即成 10^{-2} 土壤悬液。将土壤悬液分别稀释为 10^{-3}、10^{-4} 两个稀释度。

（2）倾注法分离

分别吸取 1 mL 10^{-4}、10^{-3}、10^{-2} 土壤稀释液于相应编号的无菌培养皿内,用马丁培养基倾注平板。为了抑制细菌生长和降低菌丝蔓延,马丁培养基临用前需加入无菌孟加拉红、链霉素和去氧胆酸钠溶液。每个稀释度作 2～3 个平行皿。

（3）培养

冷凝后,将平板倒置于 28 ℃恒温箱中,培养 3～5 天,观察结果。

4. 酵母菌的分离

（1）制备菌悬液

称取面肥 1 g,加入盛有 99 mL 无菌水或无菌生理盐水并装有玻璃珠的锥形瓶中。面肥发黏,需用接种铲在锥形瓶内壁磨碎后移入无菌水或生理盐水内,振荡 20 min,即成 10^{-2} 的面肥悬液。再依次稀释成 10^{-6}、10^{-5}、10^{-4} 三个稀释度。

（2）涂布法分离

依前法向无菌培养皿中倾倒已融化并冷却至 45～50 ℃的豆芽汁葡萄糖培养基制成平版,待平板冷凝后,用无菌移液管分别吸取上述已制好的面肥稀释液 10^{-6}、10^{-5}、10^{-4} 三个稀释度菌悬液各 0.1 mL,依次滴加于相应编号的豆芽汁葡萄糖培养基平板上。每个稀释度做 2～3 个平行皿。左手拿培养皿,并用拇指将皿盖打开一缝,在火焰旁右手持无菌玻璃涂棒将菌液自平板中央均匀向四周涂布扩散。注意,切忌用力过猛,这样会将菌液直接推向平板边缘或将培养基划破（图 8-2-3）。

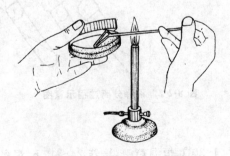

图 8-2-3　涂布操作过程示意图

（3）培养

接种后,平板倒置于 30 ℃恒温箱中,培养 2～3 天,观察结果。

（二）划线分离法

划线分离法又称平板划线分离法（streak plate method，图 8-2-4，图 8-2-5）。划线分离主要有连续划线法和分区划线法两种。平板制作方法如前所述。但划线分离的培养基必须事先倾倒好，充分冷凝，待平板干后方可使用。为便于划线，一般培养基不宜太薄（每皿约倾倒 20 mL 培养基）。

1. 连续划线法

连续划线法（continuous streak method）是指从平板边缘一点开始，连续作波浪式划线直到平板的另一端为止，当中不需灼烧接种环上的菌。接种环从待纯化的菌落或待纯化的斜面菌种或菌悬液中蘸取少量菌样，点种在平板边缘一处，烧去多余菌体。接种环在平板边缘空白处晾凉后，自接种有菌的部位在平板表面自左向右连续轻巧滑动划线，注意，接种环不要嵌入培养基内划破培养基，线条要平行密集，注意勿使前后两条线重叠［图 8-2-4(1)，8-2-5］。培养后观察平板上沿划线处长出的单菌落，涂片镜检为纯种后，再接种斜面。

2. 分区划线法

分区划线法也叫四分区划线法（quadrate section streak method）。它将平板分四区，其中第 4 区是单菌落的主要分布区，为防止第 4 区内划线与第 1、2、3 区线条相接触，应使第 4 区线条与第 1 区线条相平行。先将接种环蘸取少量菌在平板第 1 区划 3～5 条平行线，将接种环上多余菌体烧死。平板转动 60～70°后，再以第 1 区划线的菌体为菌源，由第 1 区向第 2 区作第二次平行划线。依次在第 3 和第 4 区划线。注意，每换一次角度，应将接种环上的菌烧死后，再通过上次划线处划线。培养后，在划线区观察单菌落［图 8-2-4(2)］。

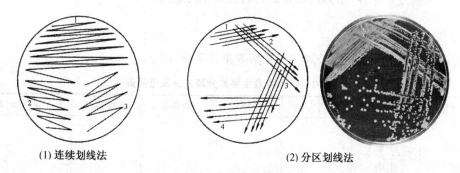

| (1) 连续划线法 | (2) 分区划线法 |

图 8-2-4　划线分离方式

本次实验在分离细菌的平板上选取单菌落，于肉膏蛋白胨平板上再次划线分离，使菌进一步纯化。划线接种后的平板，倒置于 30 ℃恒温箱中，培养 24 h，之后观察结果。

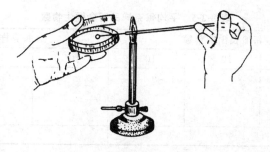

图 8-2-5　划线分离示意图

（三）微生物菌落计数

微生物菌落计数也叫活菌计数（viable count）或平板菌落计数法。含菌样品的微生物经稀释分离培养后，每一个活菌细胞可以在平板上繁殖形成一个肉眼可见的菌落。故可根据平板上菌落的数目，推算出每克（或毫升）含菌样品中所含的活菌总数。

$$每克含菌样品中微生物的活细胞数=\frac{同一稀释度3个平板上菌落平均数}{含菌样品克数}\times 稀释倍数$$

菌落计数时首先选择平均菌落在 30～300 之间的平板，计算同一稀释度的平均菌落数。菌落数目过多或过少均与操作过程中稀释液的制备及稀释度的选择有关。同一稀释度 3 个重复平皿上的数目不应有太大差别，3 个稀释度计算出的菌落数也不应当差别过大。否则，说明操作技术不够精确。

（四）平板菌落形态及显微镜个体形态观察

从不同平板上选择不同类型菌落用肉眼观察，区分细菌、放线菌、酵母菌和霉菌的菌落形态特征。并用接种环挑菌检查其与基质结合紧密程度。再挑取不同菌落进行制片，按第 3～4 章方法，在显微镜下观察其个体形态。注意菌体形态是否一致，有无混杂的菌株在内。记录所分离的各类菌株属何种微生物以及主要菌落特征和细胞形态。

（五）斜面接种

斜面接种（inoculation on agar slant）是指在分离细菌、放线菌、酵母菌和霉菌的不同平板上选择分离效果较好、已经纯化的单菌落的基础上，按实验 8-1 方法分别接种于相应的斜面。在各自适宜的温度下培养，培养后检查是否为已纯化的菌株。

【实验报告内容】

（1）记录四大类微生物的分离方法及培养条件于表 8-2-2。

表 8-2-2　四大类微生物的分离方法及培养条件

分离对象	样品来源	分离方法	稀释度	培养基	培养温度	培养时间
细菌	土壤					
放线菌	土壤					
霉菌	土壤					
酵母菌	面肥					

（2）将你所分离的一类微生物平板菌落计数结果填入表 8-2-3 中。注明是何样品，是何种微生物。

表 8-2-3　平均每克样品所含微生物数

皿	每皿长出菌落数			每克样品所含菌数		
	10^-	10^-	10^-	10^-	10^-	10^-
第 1 皿						
第 2 皿						
第 3 皿						
平均值						

（3）记录你所分离样品中单菌落菌株的菌落特征与镜检形态。

（4）记录斜面菌苔特征，检查纯化程度。

（5）请设计分离筛选下列微生物菌种的试验方案（任选一种）。

　　① 酸奶中乳酸菌的分离、纯化。

　　② 土壤中链霉素产生菌的分离、纯化。

　　③ 啤酒泥或酒曲发酵窖泥中酵母菌的分离、纯化。

　　④ 甜酒药曲或酿酒种曲中霉菌的分离、纯化。

　　提示　方案中应包括采样、稀释液制备、培养基名称、培养温度、培养时间、分离纯化方法等。

【思考题】

（1）稀释分离时，为什么要将已融化的琼脂培养基冷却到 45～50 ℃左右才能倾倒到装有菌液的培养皿内？

（2）对细菌、放线菌和霉菌的稀释分离为什么采用倾注法分离，而对酵母菌的稀释分离则采用涂布法分离？

（3）划线分离时，为什么每次都要将接种环上多余菌体烧掉？划线时，为何前后两条线不能重叠？

（4）在恒温箱中培养微生物时，为何培养皿均需倒置？

（5）分离某类微生物时培养皿中出现其他类微生物，请说明原因？应该如何进一步分离和纯化？经过一次分离的菌种是否皆为纯种？若不纯，应采用哪种分离方法最合适？

（6）根据哪些菌落特征可区分细菌、放线菌、酵母菌与霉菌？它们的细胞结构与菌落形态有什么联系？

（7）请比较稀释分离与划线分离的应用范围？

（8）试比较直接用平板上的菌落或斜面上的菌落进行划线分离，或将菌落或菌苔制成菌悬液后再划线分离。比较结果表明哪种方法分离效果好？为什么？

实验 8-3　化能自养微生物的分离与纯化

（硝化细菌的富集、分离与纯化）

【目的要求】

（1）学习从合成氨厂周围土壤或污泥、污水排放口处富集氨的土壤中采样、富集培养、分离纯化硝化细菌；

（2）学习分离培养化能自养菌的方法。

【基本原理】

化能自养型(chemoautotrophy)微生物是指利用无机化合物氧化过程中释放出的能量和以 CO_2 或非 —C=C— 键化合物为唯一碳源生长的微生物。硝化细菌(nitrifying bacteria, nitrobacteria)是其中主要的生理类群之一。将氨氧化成硝酸盐的过程称为硝化作用(nitrification），它包括两个连续的阶段：氨氧化为亚硝酸由亚硝化细菌（nitrosobacteria，nitrosifier）进行；亚硝酸氧化为硝酸由硝化细菌（nitrifying bacteria，nitrifier）或亚硝酸氧化细菌（nitrite-oxidizing bacteria）进行。它们都为好氧的化能自养菌，其反应式为：

氨氧化为亚硝酸（亚硝化细菌）

$$NH_3 + O_2 + 2e^- + 2H^+ \xrightarrow{\text{氨单加氧酶}} NH_2OH(羟胺) + H_2O$$

$$NH_2OH + H_2O + \frac{1}{2}O_2 \longrightarrow NO_2^- + 2H_2O + H^+$$

$$总反应：NH_3 + \frac{3}{2}O_2 \longrightarrow NO_2^- + H^+ + H_2O$$

亚硝酸氧化为硝酸（硝化细菌）

$$NO_2^- + \frac{1}{2}O_2 \xrightarrow{\text{亚硝酸氧化酶}} NO_3^-$$

两类细菌除在土壤氮素养分转化及自然界氮素循环起重要作用外，由硝化细菌组装的亚硝酸微生物传感器可快速检测大气和水中的亚硝酸浓度，在环境监测中广泛应用。

大多数硝化细菌都是专性化能无机营养型（obligate chemolithotrophs），琼脂或明胶培养基中痕量的有机物质抑制其生长。硅胶是由无机硅酸钠（Na_2SiO_3）或硅酸钾（K_2SiO_3）被盐酸中和时凝聚而成的胶体，不含有机物，适合分离与培养自养微生物。硝化细菌的分离纯化比较困难，主要是硝化细菌生长缓慢，平均代时 10 h 以上。在选择性较强的硅胶平板上长出的菌落很小，直径仅有 100 μm，分离难度很大。另外，硝化细菌有在固体表面生长的习性，液体培养时菌体黏附瓶壁，或沉淀瓶底或吸附在碳酸钙颗粒上，影响细菌的分散和分离。富集培养时，为抑制伴生菌生长，提高硝化细菌的数目，需连续增加培养液内 NH_4^+ 或 NO_2^- 的浓度。为使吸附在固体颗粒上的硝化细菌细胞游离和在自富集培养液分离硝化细菌，还需用 CO_2 通气处理富集培养液。

化能自养菌生长缓慢，伴生的异养细菌生长迅速，分离生长劣势的化能自养菌时，需经富集培养，并限制其他菌繁殖，然后从富集培养液中分离、纯化。纯化后的菌株，尚需进行纯度检查和菌种的鉴别。

由于化能自养菌在农业生产、能源开发、冶金、采矿等方面的应用及在产能代谢、分子遗传等理论研究方面的重要性，日益受到人们重视。

本实验以硝化细菌为代表，介绍化能自养微生物的分离与纯化。

【实验材料】

（一）菌源

合成氨车间周围和堆放合成氨场地周围土样。

（二）培养基

配制方法见附录三。

（1）硝化细菌分离富集培养基　硝化细菌分离培养基，硝化细菌富集培养基。若分离和富集硝化细菌，培养基氮源需用 KNO_2；若分离和富集亚硝化细菌，培养基氮源需用 $(NH_4)_2SO_4$。

（2）检查硝化细菌纯度培养基　检查硝化细菌纯度常用的培养基，如肉膏蛋白胨酵母膏培养基(BPY)、麦芽汁培养基、马铃薯葡萄糖培养基。

(三) 试剂和溶液

格里斯试剂(亚硝酸盐试剂),二苯胺试剂(硝酸盐试剂)。见附录四。

(四) 仪器和其他物品

稀释分离所用的无菌水,无菌培养皿,无菌移液管,无菌微口滴管,无菌玻璃涂棒等。

【实验内容】

(一) 采样

按实验 8-2 采集土样,选合成氨车间和堆放合成氨场地周围的土样。

(二) 富集培养

称取土样 1 g,接入到盛有 20 mL 硝化细菌富集培养液的 250 mL 锥形瓶中,28 ℃振荡培养(shake cultivation)10～14 天。每隔几天,在白瓷板上分别加 2～3 滴格里斯试剂及二苯胺试剂,用无菌滴管各取 1 滴富集培养液分别滴于上述试剂中,检查富集培养液中 NO_2^- 的减少(溶液由红色、粉红色变为无色,机理见实验 9-3)和 NO_3^- 的形成(NO_3^- 氧化二苯胺的特有反应,溶液由无色变为深蓝色)。为淘汰伴生的异养细菌,富集培养 10 天后,用无菌微口滴管吸取 1～2 滴富集培养物接入新鲜的硝化细菌富集培养液中,继续振荡培养,继续检测 NO_2^- 的减少和 NO_3^- 的形成。在连续转移的后期富集培养液中,连续供给 5% 亚硝酸铵溶液数毫升,以增加硝化细菌数目,更有效地抑制伴生的异养细菌生长。

(三) 分离纯化

取富集培养液,通 CO_2 气体 30 min,静置 30 min,再通过下列三种方法分离纯化。

1. 硅胶平板(silica-gel plate)分离

(1) 硅胶平板的制备

按附录三中的方法制备的硅胶平板。分离前直接在每个硅胶平板上加硝化细菌富集培养基 2 mL 和 5% $(NH_4)_2SO_4$ 溶液 1 mL。轻轻转动培养皿,使培养液分布均匀。打开皿盖,在 50 ℃烘箱内烘至平板无水流动为止。

(2) 涂布分离

取 0.1～0.2 mL 富集培养液滴于 5～10 个上述硅胶平板上,涂布分离。在皿盖内放一张湿的无菌滤纸,将培养皿正置于盛有少量水的干燥器里(防止水分蒸发,避免硅胶平板干裂)。或将涂布接种后的硅胶培养基平板面朝上放置 30 min,待菌液被培养基吸收后,倒置于盛有少量水的干燥器里,28 ℃恒温培养 3～4 周。待平板上出现极小的硝化细菌菌落(小于 100 μm)后,挑取 10～20 个单菌落,分别接种到硝化细菌富集培养液中,依前法培养和检验 NO_2^- 及 NO_3^-。

2. 稀释法

按稀释分离方法取富集培养液稀释至 10^{-4}、10^{-5}、10^{-6} 三个稀释度。分别用无菌滴管于上述稀释液中吸取培养物 1～2 滴接种到 10～20 个盛有 20 mL 硝化细菌富集培养液的 250 mL 锥形瓶中。28 ℃,恒温培养 3～4 周。之后,依前法检验 NO_2^- 及 NO_3^- 的消长。

3. 微口滴管滴分法

此法是依据接种的每小滴培养液中只含有一个硝化细菌的细胞。用无菌的微口滴管吸取少量富集培养液的上清液,接种于盛有 20 mL 硝化细菌富集培养液的 250 mL 锥形瓶中(接种时倾斜锥形瓶,使瓶底露出培养液的液面,以微口滴管尖端轻轻接触锥形瓶底即可),共滴 10~20瓶。28 ℃,恒温培养 3~4 周。之后,依前法检验 NO_2^- 及 NO_3^- 的消长。

　　三种方法中稀释法简便易行,分离效果较好;硅胶平板分离法可直接获得纯种。

(四) 纯度检查

　　由于硝化细菌培养过程,常会有异养微生物伴生,所以必须用多种有机营养培养基检查培养物是否污染。常用的有机营养培养基包括 BPY 培养基检查异养细菌、麦芽汁培养基检查酵母菌、马铃薯葡萄糖培养基检查霉菌。上述平板接种培养物后,若有菌生长,表明分离瓶中培养物不纯;不生长,则为基本纯的培养物。若有异养微生物存在,需重新分离、纯化。

(五) 镜检

　　对分离纯化的硝化细菌进行镜检及革兰氏染色。常见的硝化细菌的主要特征见表 8-3-1 所示。

表 8-3-1　硝化细菌的主要特征

属	主要特征	DNA/(mol%GC)
硝化杆菌属(*Nitrobacter*)	G⁻,短杆,芽殖,单端鞭毛,偶尔运动,膜内摺为盖状(偏端)	59~62
硝化球菌属(*Nitrococcus*)	G⁻,球形,偏端鞭毛,运动,膜内摺为分支管状(中间)	61
硝化刺菌属(*Nitrospina*)	G⁻,细长直杆状,不运动,没有明显的膜系统	58
硝化螺菌属(*Nitrospira*)	G⁻,螺旋形至弧形细胞,不运动,无内膜系统	50

【实验报告内容】

　　(1) 记录硝化细菌的分离方法及培养条件于表 8-3-2。

表 8-3-2　硝化细菌分离方法及培养条件

样品来源	分离方法	稀释度	培养基名称	培养温度	培养时间

　　(2) 分离、纯化硝化细菌菌株的记录　记录分离、纯化硝化细菌菌株的菌落特征及镜检特征。

　　(3) 分析培养硝化细菌二种培养基成分(注明碳源、氨源、能源),说明适用分离该菌的原因。

【思考题】

　　(1) 什么叫硝化作用? 硝化作用由哪两类细菌参与? 所用培养基有何区别?

　　(2) 分离化能自养菌的平板凝固剂为什么用硅胶,而不用琼脂和明胶?

　　(3) 分离硝化细菌时,为什么要用多种异养菌培养基检查纯度? 所使用的培养基各有什么特点?

　　(4) 用格里斯试剂和二苯胺试剂检测 NO_2^- 及 NO_3^- 的机理是什么?

实验 8-4　光合细菌的分离与纯化

（红螺菌科细菌的富集、分离与纯化）

【目的要求】

(1) 学习从高浓度有机废水或污泥中采样、富集培养、分离、纯化光合红螺菌科细菌；

(2) 学习用维诺格拉德斯基圆柱体(Winogradsky column)培养法分析柱内微生物的生态环境。

【基本原理】

光合细菌(photosynthetic bacteria)是一大类能进行光合作用的原核生物的总称。除蓝细菌外，它们都能在厌氧光照条件下进行不产氧的光合作用。光合细菌由四大类群组成：着色菌科[红硫菌科(Chromatiaceae)，又称红色或紫色硫细菌(purple sulfur bacteria)]；绿菌科[(Chlorobiaceae)，又称绿硫细菌(green sulfur bacteria)]；红螺菌科[(Rhodospirillaceae)，又称红色或紫色非硫细菌(purple nonsulfur bacteria)]；绿屈挠菌科[(Chloroflexaceae)，又称滑行丝状绿色硫细菌(green gliding bacteria)]。前两科的光合细菌为光能无机自养型(photolithoautotroph)(厌氧型)，后两科中的某些种也能在只有 CO_2 和 H_2S 情况下光能自养生长，但多数为兼性光能有机异养型(photoorganotroph)。它们在厌氧和光照条件下，利用各种有机碳化合物为碳源和供氢体，通过光合磷酸化产生能量。滑行丝状绿色硫细菌在有氧和光照或黑暗条件，红螺菌科细菌在有氧和黑暗条件，均可通过氧化磷酸化产生 ATP，在复合培养基上迅速生长。

红螺菌科和着色菌科在分类位置上同属于细菌门中真细菌纲的红螺细菌目。两科细菌的主要区别为：红螺菌在光照、厌氧条件下进行光合作用，属于光能异养型，为紫色的细菌；而在黑暗、有氧条件下也可以 CO_2 及 H_2S 作电子受体或利用有机化合物为碳源，营化能自养或化能异养，细胞内外无硫颗粒积累，氧能抑制细菌叶绿素和胡萝卜素合成，所以在黑暗、有氧的环境下是无色的细菌。着色菌科的紫色硫细菌或绿色硫细菌为严格光能自养型(photoautotroph)，在黑暗有氧处不生长，细胞内或外(其中一属)积累硫颗粒。

自然环境中的微生物大多数是以群落形式存在的。微生物学家为了选择所需的微生物，而对不需要的微生物进行反选择，最常用的方法就是富集培养技术。分离光合细菌和厌氧菌，一直采用传统的维诺格拉德斯基圆柱体培养法，这个设计是苏联微生物学家维诺格拉德斯基(S. Winogradsky)首先发明的。实际上，此柱是一个小型的厌氧生态系统，自然环境中各种不同生理类型的需氧菌和厌氧菌在柱中富集，并由此获得纯培养。

红螺菌科的细菌在有机污水治理、光合细菌饲料蛋白、天然色素、新能源氢气开发中最为活跃。本实验以分离、纯化紫色非硫细菌为代表，介绍通过 Winogradsky 柱分离、纯化光合细菌的方法。

【实验材料】

（一）菌源

高浓度有机废水污染的湖水、池塘水或污泥。

（二）培养基

红螺菌科细菌分离和富集培养基（液体及平板、斜面）。见附录三。

（三）仪器和其他物品

厌氧光合培养装置（Winogradsky 柱，恒温光照室），圆桶玻璃标本缸（Winogradsky 柱代用品）；稀释分离用的无菌水；60～100 W 灯泡，无菌培养皿，移液管，试剂瓶，采样铲，玻璃涂棒等。

【实验内容】

（一）采样

红螺菌科细菌广泛分布于污泥和高浓度有机废水中。可在柠檬酸发酵厂、味精厂、抗生素发酵厂、豆腐工场、洗羊毛工场等地任选一处废水直接排放口，或高浓度有机废水污染的湖水、池塘水边用无菌采样铲取底泥 50～100 g，装入透明的圆桶玻璃标本缸内，再取上述有机废水 200 mL，加入标本缸内，带回实验室。记录采样地点、日期、水温、pH、是否有 H_2S 气味等。

（二）富集培养

根据生态学原理，按 Winogradsky 圆柱体培养法，利用不同光合细菌生理特性上的差异，选择性地使光合细菌在圆柱体的不同层面增殖，从中分离到参与营养循环的不同类型的原核微生物。图 8-4-1 是一个大的玻璃圆柱体（或用圆桶玻璃标本缸代替），内填上约 1/3 的淤泥、污水，淤

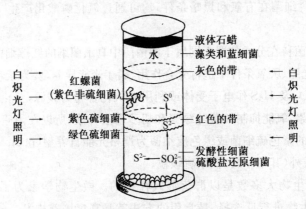

图 8-4-1　光合细菌的富集培养法示意图

泥中还可补加少许 $CaCO_3$ 和 $CaSO_4$，分别作为缓冲液和硫酸盐的来源。将淤泥压紧填入容器中，淤泥上面倒入高浓度有机废水或湖水、池塘水，再加入红螺菌科细菌培养液。待其注满培养液后，搅拌均匀，让多余培养液溢出，使圆桶玻璃标本缸内无气泡，顶部盖上铝箔，保持厌氧条件，或在标本缸上层液面小心加入液体石蜡以隔绝空气，在光照强度 5000～10000 Lux（luxmeter，照度计）的 28 ℃恒温光照室培养。无恒温光照培养条件的，可用白炽灯 40～60 W 昼夜光照培养，圆桶玻璃标本缸应放在离电灯 15～50 cm 处，或放在 25～30 ℃、有充足阳光的窗台上培养。

2~8周后,圆桶玻璃标本缸内各种不同类型的微生物均生长起来(见图 8-4-1)。水柱的上层出现的是藻类和蓝细菌,它们所产生的 O_2 保持上层为有氧状态;淤泥底部厌氧性异养营养菌,如发酵性细菌(fermentative bacteria)、硫酸盐还原细菌(sulfate reducing bacteria)增殖结果,使水层中积累了 CO_2 和 H_2S,既造成了厌氧环境,又满足了光合细菌的营养来源。厌氧、光照条件下,在标本缸中部暴光面玻璃壁上出现紫色和绿色的小斑块,中部下端的绿色小斑块是绿色硫细菌,中部上端的紫色小斑块是紫色非硫细菌,其下方是紫色硫细菌,因而容器内的 H_2S 形成由下而上的梯度分布。

采用不同的培养基,可将 Winogradsky 圆柱体不同层面增殖的细菌分离纯化。这里仅介绍红螺菌(紫色非硫细菌)的分离纯化方法。

用无菌滴管自光合细菌生长良好的圆桶玻璃标本缸内壁处,吸取紫红色斑块处污水样品1~2滴,移植到试剂瓶中。再添加无菌红螺菌富集培养液,试剂瓶加盖橡皮塞,用胶布封口,造成厌氧状态。28 ℃继续光照培养,试剂瓶中菌体的颜色因菌种不同而异,可变为红色、紫色或茶色。光合细菌生长良好后(1 至数周),再按上述同样步骤转接第二、三次培养基中培养,直到红螺菌科的细菌(棕红色)占优势。

(三) 分离纯化

获得纯培养方法有划线分离法或涂布分离法、琼脂振荡试管法和液体稀释法。划线分离法是最普遍选择的一种方法。通过反复挑选和划线所分离的菌落,可达到纯培养。这里仅介绍划线分离法。

先将融化冷却至 45~50 ℃左右红螺菌分离培养基(含 1.2%琼脂)倾倒平板;用过滤除菌的10%抗坏血酸钠溶液 0.1 mL(最终浓度为 0.05%)作为还原剂,对富集培养的红螺菌科细菌悬液适当稀释;以划线分离法或涂布分离法将稀释的红螺菌科细菌悬液在平板上进行分离,放置暗处2~3 h(在密封的容器中 2~3 h,紫色非硫细菌在黑暗有氧状态下进行好氧呼吸,而培养皿或瓶内可消除氧气,转入厌氧状态,不需再作特殊的排气及补加惰性气体等复杂操作),再倒置于厌氧光合装置中。28 ℃,厌氧光照培养 1 周,待棕红色菌落出现后,镜检为纯培养物。穿刺接种上述半固体深层培养基中,上层添加无菌的液体石蜡,28 ℃,3000 Lux 厌氧光照培养 48 h。也可穿刺或接种到带有螺旋盖帽、内装红螺菌分离培养基的厌氧管中,稍稍松开螺旋盖,放入厌氧光合装置中,待长出菌落后,立即旋紧螺盖,保存于 2 ℃暗室内。2 周传代一次。

注意　厌氧光合装置可采用透明真空玻璃干燥器,抽真空后补充氮气或补充 95% H_2 和 5% CO_2 的混合气体,以保证厌氧环境,再配以白炽灯光照条件即可。

(四) 镜检

红螺菌科包括红螺菌属(*Rhodospirillum*)、红假单胞菌属(*Rhodopseudomonas*)和红微菌属(*Rhodomicrobium*)等 6 属,其中常见 3 个属的区别列于表 8-4-1。

表 8-4-1　红螺菌科中 3 个属的区别

属　名	细胞形状	鞭　毛	细胞分裂方式	菌　柄
红螺菌属	螺旋状	极生	二等分裂	—
红假单胞菌属	柱状或卵球形	极生	二等分裂或芽殖	—
红微菌属	卵球状	周生	芽殖	+

【实验报告内容】

（1）记录富集培养和分离纯化红螺菌科细菌的培养基及培养条件于表 8-4-2。

表 8-4-2　红螺菌科细菌富集培养和分离纯化条件

项 目	培养基名称	pH	光照强度	培养温度	培养时间	与 O₂ 关系
富集培养						
分离纯化						

（2）记录分离纯化红螺菌科细菌的菌落特征和镜检特征。

（3）分析红螺菌科细菌所使用分离与富集培养基成分，注明碳源、氮源、能源，说明其适合培养红螺菌科细菌的原因。

【思考题】

（1）为什么培养光合细菌采用白炽灯而不选用荧光灯为光源？为什么培养光合细菌的标本缸、试剂瓶或试管离光源要求相距 15～50 cm？

（2）接种红螺菌科细菌的平板或试管应立即移放暗处 2～3 h，请阐明原因。把它们马上放在光合培养装置中光照培养，可以吗？

（3）分离、纯化红螺菌科细菌过程，采取哪些措施使细菌培养保持厌氧状态？

实验 8-5　含酚污水降解菌的分离与纯化

【目的要求】

（1）学习从含酚工业废水、活性污泥中分离与纯化苯酚降解菌；

（2）学习用梯度平板技术分离药物抗性菌株的方法。

【基本原理】

随着农药、化工、石油等现代工业的发展，开发出了一大批有机高分子化合物，其中大多数是人工合成的、危及人类健康的有害物质。在工业废水的生物处理中，针对某些特殊污染物分离、选育出高效降解菌，再接种到活性污泥或生物膜中，使处理效果明显提高，这是当前环境微生物研究的重点。

苯酚及其衍生物是造纸、炼油、塑料、纺织等工业废水的主要污染物，含酚废水通常污染水源、毒死鱼虾、危害庄稼，严重威胁人类健康。某些耐酚的假单胞菌和假丝酵母有较强的降解苯酚能力。苯酚在微生物体内经苯酚羟化酶氧化为邻苯二酚，细菌中大多数沿邻位裂解途径，生成 β-酮己二酸（3-氧己二酸），最后转化为乙酰 CoA 和琥珀酸；再通过三羧酸循环，氧化成 CO_2 和 H_2O（图 8-5-1）。降酚菌是以苯酚为唯一碳源和能源，因此可利用培养液中苯酚浓度的降低或采用 PCR 技术、基因芯片技术对样品中特定的基因片段（如催化苯酚代谢途径的第一个酶，即苯酚羟化酶）进行检测。

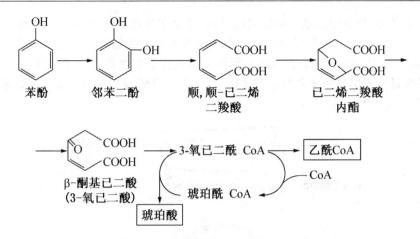

图 8-5-1　苯酚的微生物邻位裂解途径

本实验以梯度平板法（gradient plate method）进行降酚菌的分离、纯化为例，介绍某些降解特殊污染物微生物的分离、纯化方法。

【实验材料】

（一）菌源

含酚工业污水或含酚废水曝气池中的活性污泥。

（二）培养基 （见附录三）

耐酚真菌培养基（固体、液体、斜面），耐酚细菌培养基（固体、液体、斜面），碳源对照培养液 A，苯酚培养液 B。

（三）试剂和溶液 （见附录四）

酚标准液，2% 4-氨基安替比林溶液，8%铁氰化钾溶液，氯仿，20%氨性氯化铵缓冲液，0.1000 mol/L溴酸钾-溴化钾溶液，0.1000 mol/L 硫代硫酸钠溶液，1%淀粉溶液。

（四）仪器和其他物品

分光光度计；稀释分离所用的无菌水，无菌培养皿，无菌移液管等；测定苯酚所用的移液管，容量瓶，试剂瓶，酸式滴定管等。

【实验内容】

（一）采样

自焦化厂、钢铁公司化工厂处理含酚工业污水的曝气池中用无菌方法采取活性污泥和含酚污水，装于无菌锥形瓶中，带回实验室。记录采样日期、地点、曝气池的水质分析，包括：挥发酚、BOD_5（五日生化需氧量）、COD（化学需氧量）、焦油、硫化物、氰化物、总氮、氨态氮、磷、pH、水温等。采回的样品应迅速稀释分离。

（二）梯度平板法分离纯化

一般微生物在含苯酚培养基上不能生长。苯酚耐受菌株的筛选，可采用与筛选药物抗性菌株一样的梯度平板法。即在培养基中加入一定量的药物（如苯酚），使大量细胞中的少数抗性菌细胞在平板上的一定剂量药品的部位长成菌落，从而判定该菌耐苯酚的能力。

1. 梯度平板制备

在无菌培养皿中倾倒 7～10 mL 不含苯酚的无菌的细菌或真菌的固体培养基，将培养皿一侧放置在木条上,使皿中的培养基倾斜成斜面,完全盖住培养皿底部。待培养基凝固后,将培养皿放平,再倾倒 7～10 mL 已融化的无菌耐酚细菌的固体培养基或耐酚真菌的固体培养基(苯酚终浓度为 75 或 100 mg/100mL),刚好完全盖住下层斜面。由于苯酚的扩散作用,培养基内苯酚含量与上层斜面培养基厚度成正比,造成上层培养基由厚到薄苯酚浓度递减的药物梯度平板(图 8-5-2)。

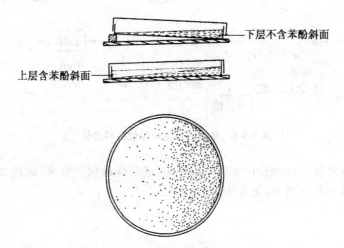

图 8-5-2　梯度平板制备及菌落生长情况

2. 涂布法分离

将采集的样品按实验 8-2 菌液稀释后,涂布法分离。30 ℃,培养 2 天。之后,平板上层培养基薄的部分苯酚低浓度区形成菌苔较多,平板上层培养基厚的部分苯酚高浓度区出现稀少菌落。将此菌落在耐酚细菌培养基平板或耐酚真菌培养基平板上,连续划线分离。最后,挑取单菌落接种到耐酚斜面培养基上,30 ℃,培养 2～5 天。

(三) 苯酚标准曲线测定

苯酚标准曲线测定采用 4-氨基安替比林分光光度法。在 NH_4OH-NH_4Cl 缓冲液中使发酵液中苯酚游离出来,在 pH 10.0±0.2 和氧化剂铁氰化钾的作用下,苯酚与 4-氨基安替比林发生缩合反应,生成橙红色的吲哚酚氨基安替比林染料,其水溶液在 510 nm 波长处有最大吸收。

注意　实验用水应为无酚水,实验前需用 0.0125 mol/L 硫代硫酸钠溶液标定,计算出苯酚贮备液浓度;4-氨基安替比林易吸潮、结块、氧化变质,影响测定结果,需用氯仿萃取至无色透明的溶液待用;测定中不能颠倒加试剂的顺序。

用苯酚贮备液配制苯酚标准液(1.00 mL＝0.01 mg 酚),分别吸取标准液 0.0、0.5、1.0、2.0、3.0、4.0、5.0 mL 于 50 mL 锥形瓶中,用无酚蒸馏水稀释至 50 mL。然后向标准酚溶液加入 0.25 mL 20% NH_4OH-NH_4Cl 缓冲液,0.5 mL 2% 4-氨基安替比林溶液,0.5 mL 8% 铁氰化钾溶液。每次加入试剂后需均匀混合,放置 15 min,然后在分光光度计 A_{510} 处比色测定。记录 A_{510} 透光度于表 8-5-1。以苯酚浓度(mg/L)为横坐标、A_{510} 透光度为纵坐标,绘制苯酚标准曲线(图 8-5-3)。

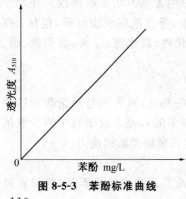

图 8-5-3　苯酚标准曲线

（四）发酵液中苯酚含量测定

取苯酚浓度为 750 mg/L 或 1000 mg/L 的耐酚细菌或真菌斜面培养基上的菌种一支,接入苯酚浓度为 750 mg/L 或 900 mg/L 的细菌或真菌液体培养基中,30 ℃,振荡培养 2 天。于发酵的 0 h、48 h 各取发酵液适量,用无酚蒸馏水稀释至苯酚含量在 0.01～0.05 mg(即 10～50 μg)之间,加入 0.25 mL 20% NH$_4$OH-NH$_4$Cl 缓冲液、0.5 mL 2% 4-氨基安替比林溶液、0.5 mL 8% 铁氰化钾溶液,依上法测定 A_{510} 透光度。从苯酚标准曲线图中查出发酵液中 0 h 初始苯酚浓度和 48 h 发酵终止时残余苯酚浓度,记录于表 8-5-2。计算苯酚降解率(去除率)和降解速度。

$$苯酚降解率\% = \frac{未接种前发酵液苯酚含量 - 发酵终止时发酵液苯酚含量}{未接种前发酵液苯酚含量} \times 100\%$$

$$苯酚降解速度 = \frac{未接种前发酵液苯酚含量 - 发酵终止时发酵液苯酚含量}{发酵时间}$$

以苯酚浓度 900 mg/L 为基准,降解率达 80% 以上者为有效的、水平较高的苯酚降解菌。

（五）苯酚耐受能力检测

每人取一支纯化的菌种,分别接入碳源对照培养液 A 和苯酚培养液 B 中,30 ℃振荡培养 48 h,于发酵的 0 h、12 h、24 h、36 h、48 h 取样,于分光光度计 A_{600} 和 A_{510} 处分别测定菌的浊度和苯酚残余量记录于表 8-5-3 中。绘制在碳源对照培养液 A 和苯酚培养液 B 中菌的生长曲线和苯酚降解曲线。选择在 750 mg/L 苯酚培养液中生长速度下降不明显,或者检测不到苯酚或苯酚残余量较低者为耐酚菌株。

（六）菌胶团形成能力的测试

将已选得的降解酚能力较强的菌株,分别接种在盛有 50 mL 灭菌的苯酚培养液 B 内,30 ℃,振荡培养 12～16 h。凡能形成菌胶团(zoogloea)的菌株,其培养物形成絮状颗粒,静置后沉于瓶底,液体澄清。凡耐酚能力较强、苯酚降解率和苯酚降解速度高、且又能形成菌胶团的菌株,有望经扩大培养后提供生产上使用。

【实验报告内容】

(1) 将所测量各浓度苯酚标准品 A_{510} 透光度记录于表 8-5-1,绘制苯酚标准曲线。

表 8-5-1　苯酚标准品 A_{510} 透光度

苯酚浓度/(mg/L)	A_{510} 透光度

（2）从苯酚标准曲线图中查出发酵液中初始苯酚浓度和残余苯酚浓度，计算苯酚降解率（去除率）及降解速度。比较全班同学所分离的苯酚降解菌，选出降解率和降解速度高、且苯酚耐受能力强的菌株。

表 8-5-2　苯酚降解率及降解速度

初始苯酚浓度 mg/L	残余苯酚浓度 mg/L	降解率/(%)	发酵时间 Δt/h	降解速度 v/(mg/L·h)
			48	
			48	
			48	

（3）根据耐酚试验，分别记录 A_{600} 透光度、A_{510} 透光度和苯酚残余量于表 8-5-3。绘制对照组与试验组菌株的生长曲线和试验组苯酚降解曲线。

表 8-5-3　苯酚降解菌耐酚能力检测

发酵时间/h	碳源对照培养液 A	苯酚培养液 B		
	A_{600} 透光度	A_{600} 透光度	A_{510} 透光度	苯酚浓度/(mg/L)
0				
12				
24				
36				
48				

（4）对选出的苯酚降解率和降解速度高、苯酚耐受能力强和容易形成菌胶团的菌株，记录平板上的菌落特征和显微镜下镜检个体形态特征。

【思考题】

（1）分析耐酚真菌培养基、耐酚细菌培养基、苯酚培养液 B 成分，说明其适用于分离降酚细菌和酵母菌的原因。

（2）说明采用梯度平板法进行药物抗性菌株筛选的优越性。

（3）请设计一套从自然界筛选分离一株特殊污染物（如：有机磷农药，聚氯联苯类农药，腈、氰类剧毒化合物，三次甲基三硝胺类炸药，聚酰胺类、聚乙烯醇、聚乙二醇类塑料等）降解能力高的菌株的方案。

第9章　微生物的生理生化反应

微生物代谢与其他生物代谢有着许多相似之处,但也有不同之处。微生物代谢重要特征之一,就是代谢类型的多样性。例如能量代谢类型多样性,自然界中存在有光能自养菌、化能自养菌、光能异养菌和化能异养菌之分。即使同属化能异养菌中的不同微生物,它们在分解生物大分子物质、含碳化合物、含氮化合物的能力、代谢途径和代谢产物也各不相同。

由于微生物代谢类型多样性,使得微生物在自然界的物质循环中起着重要作用,同时也为人类开发利用微生物资源提供更多的机会与途径。此外,人们常利用微生物生理生化反应的多样性,作为菌种分类鉴定的重要依据。

本章包括 4 个实验,分别介绍微生物对生物大分子的水解试验(淀粉水解试验、油脂水解试验、明胶水解试验和石蕊牛乳试验)、含碳化合物的代谢试验(糖发酵试验、甲基红试验、伏-普试验、柠檬酸盐试验)、含氮化合物的代谢试验(吲哚试验、硫化氢产生试验、产氨试验、苯丙氨酸脱氨酶试验和尿素水解试验)和微生物呼吸作用试验(氧化酶试验、过氧化氢酶试验和硝酸盐还原试验),使学生对微生物代谢类型多样性有一个初步和感性的了解,同时学习利用微生物形态、结构以及生理生化反应等特征的方法,可供对某些细菌进行初步的分类鉴定的参考。

实验 9-1　微生物对生物大分子的水解试验

【目的要求】

(1) 学习微生物对生物大分子水解试验原理和方法;

(2) 了解上述试验对细菌鉴定工作的意义。

【基本原理】

微生物在生长繁殖过程中,需从外界环境吸收营养物质。外界环境中的小分子有机物可直接被微生物吸收;而大分子有机物如淀粉、蛋白质、脂肪等则须经微生物分泌的胞外酶,如淀粉酶、蛋白酶和脂肪酶等,将其分解为小分子有机物如糖、肽、氨基酸、脂肪酸等之后,才能被微生物吸收和利用。

不同微生物对生物大分子的水解能力各有不同。只有那些能够产生并分泌胞外酶的化能异养型的微生物才能利用大分子有机物。

现分别介绍淀粉水解试验(starch hydrolysis test)、油脂水解试验(lipid hydrolysis test)、明胶水解试验(gelatin hydrolysis test)和石蕊牛乳试验(litmus milk test)的简单原理。

(一) 淀粉水解试验

某些细菌能够分泌一种胞外酶,即淀粉酶(α-amylase)。它可将淀粉水解为糊精、麦芽糖和葡萄糖,再被细菌吸收利用。

培养基中的淀粉被细菌的淀粉酶水解后,遇碘不再变蓝色,平板上菌体周围出现无色透明圈。

(二) 油脂水解试验

某些细菌能够分泌一种胞外酶,即脂肪酶(lipase)。它可将培养基中的脂肪水解为甘油和脂肪酸。

所产生的脂肪酸,使培养基的 pH 下降。如在培养基中预先加入中性红指示剂[其指示范围为 pH 6.8(红色)~pH 8.0(黄色)],当细菌分解脂肪产生脂肪酸时,平板上菌体周围出现红色斑点。

(三) 明胶水解试验

明胶水解试验也称明胶液化试验(gelatin liquefaction test)。明胶是一种动物蛋白。许多细菌能够产生胞外蛋白酶,即明胶酶(gelatinase)。它可将明胶水解成小分子物质,破坏其胶体状态。

明胶培养基本身在低于 20 ℃ 时凝固,高于 25 ℃ 则自行液化。接种能分泌明胶酶的细菌,培养后的培养基即使在低于 20 ℃ 的温度下,明胶也不再凝固,而由原来的固体状态变为液体状态。

(四) 石蕊牛乳试验

牛乳中主要含有乳糖和酪蛋白。细菌对牛乳的利用主要是指对乳糖及酪蛋白的分解利用。细菌发酵乳糖产酸;牛乳中的酪蛋白是一种大的牛乳蛋白,它不能透过细菌的细胞膜,某些细菌能够产生蛋白酶,使酪蛋白水解,产生氨基酸,运输至胞内,才能被细菌利用。

培养基中除含有牛乳外,还加入石蕊作为酸碱指示剂和氧化还原指示剂。石蕊中性时呈淡紫色,酸性时呈粉红色,碱性时呈蓝色,还原时则部分或全部褪色变白。

细菌对牛乳的代谢作用主要有以下几种情况:

(1) 产酸(acid production)　细菌发酵乳糖产酸,使石蕊变红。

(2) 产碱(alkaline production)　细菌水解酪蛋白产生碱性物质,使石蕊变蓝。

(3) 胨化(peptonization)　细菌使酪蛋白水解,故牛乳变成清亮透明的液体。

(4) 酸凝胨乳(acid curd)　细菌发酵乳糖产酸,使石蕊变红。当酸度很高时,可使牛乳凝固。

(5) 凝乳酶凝固(rennet curd)　细菌产生凝乳酶,使牛乳中的酪蛋白凝固,此时石蕊呈蓝色或不变色。

(6) 石蕊还原(litmus reduction)　细菌生长旺盛时,使培养基氧化还原电位降低,因而石蕊被还原而褪色。

【实验材料】

(一) 菌种

枯草芽孢杆菌,金黄色葡萄球菌,大肠杆菌,产气肠杆菌(*Enterobacter aerogenes*),黏乳产碱杆菌(*Alcaligenes viscolactis*),铜绿假单胞菌(*Pseudomonas aeruginosa*)。

(二) 培养基　(见附录三)

淀粉培养基(starch medium),油脂培养基(lipid medium),明胶水解培养基(gelatine hydrolysis medium),石蕊牛乳培养基(litmus milk medium)。

（三）试剂和溶液 （见附录四）

碘液等。

（四）仪器和其他物品

接种针，接种环，试管，锥形瓶，培养皿等。

【实验内容】

（一）淀粉水解试验

1. 将已灭菌装有淀粉培养基的锥形瓶置于沸水浴中融化，取出，冷却至 50 ℃左右即倾入培养皿中，每皿约加 12～15 mL，待凝固后制成平板。

2. 翻转平板使底皿背面向上，用记号笔在其背面玻璃上划成两半并写上待接种的菌名。一半用于接种阳性对照菌枯草芽孢杆菌，另一半用于接种试验菌大肠杆菌或产气肠杆菌。接种时，用接种环取少量菌在平板两边各划"＋"字。如图 9-1-1 所示。

3. 将接完种的平板倒置于 37 ℃恒温箱中，培养 24 h。

4. 观察结果时，可打开皿盖，滴加少量碘液于平板上，轻轻旋转，使碘液均匀铺满整个平板。如菌体周围出现无色透明圈，则说明淀粉已被水解。透明圈的大小，说明该菌水解淀粉能力的强弱。

（二）油脂水解试验

1. 将已灭菌装有油脂培养基的锥形瓶置于沸水浴中融化，取出，并充分振荡（使油脂均匀分布），再倾入培养皿中，每皿约加 12～15 mL，待凝固后制成平板。

2. 翻转平板使底皿背面向上，用记号笔在其背面玻璃上划成两半并写上待接种的菌名。一半用于接种阳性对照菌如金黄色葡萄球菌，另一半用于接种试验菌如大肠杆菌或产气肠杆菌。接种时，用接种环取少量菌在平板两边各划线接种。如图 9-1-2 所示。

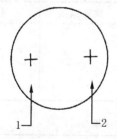

图 9-1-1 淀粉水解试验接种示意图

1. 枯草芽孢杆菌 2. 试验菌

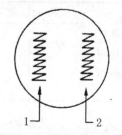

图 9-1-2 油脂水解试验接种示意图

1. 金黄色葡萄球菌 2. 试验菌

3. 将接完种的平板倒置于 37 ℃恒温箱中，培养 24 h。

4. 观察结果时，注意观察平板上长菌的地方。如出现红色斑点，即说明脂肪已被水解，此为阳性反应。

（三）明胶水解试验

1. 用穿刺接种法分别接种大肠杆菌或产气肠杆菌于已灭菌的明胶深层培养基中。

2. 接种后置于 20 ℃恒温箱中，培养 48 h。

3. 观察结果时，注意培养基有无液化情况及液化后的形状。如图 9-1-3 所示。

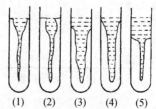

图 9-1-3 明胶穿刺接种液化后的各种形状

（1）火山口状 （2）芜菁状 （3）漏斗状 （4）囊状 （5）层状

注意　如细菌在 20 ℃ 时不能生长,则必须培养在所需的最适温度下。观察结果时,将试管从温箱中取出后,置于冰浴中,才能观察液化程度。

(四) 石蕊牛乳试验

1. 分别接种黏乳产碱菌或铜绿假单胞菌于两支已灭菌的石蕊牛乳培养基中,置于 37 ℃ 恒温箱中培养 7 天。另外保留一支不接种的石蕊牛乳培养基作对照。

2. 观察结果时,注意比较接种前后培养基颜色的变化,牛乳有无产酸、产碱、凝固或胨化等反应。

注意　牛乳产酸、产碱、凝固、胨化各现象是连续出现的,往往观察某种现象出现时,另一种现象已经消失了。

现将细菌对生物大分子的水解试验总结如表 9-1-1。

表 9-1-1　细菌对生物大分子的水解试验

试验名称	培养基名称	接种菌名称	接种方式	每人接种管(平板)数
淀粉水解试验	淀粉培养基	对照菌:枯草芽孢杆菌 试验菌:大肠杆菌或产气肠杆菌	平板接种	1
油脂水解试验	油脂培养基	对照菌:金黄色葡萄球菌 试验菌:大肠杆菌或产气肠杆菌	平板接种	1
明胶水解试验	明胶液化培养基	试验菌:大肠杆菌或产气肠杆菌	穿刺接种	1
石蕊牛乳试验	石蕊牛乳培养基	试验菌:黏乳产碱菌或铜绿假单孢菌	液体接种	1

【实验报告内容】

将细菌对生物大分子水解试验及其结果分别填入表 9-1-2 及表 9-1-3 中。

表 9-1-2　细菌对生物大分子的水解试验原理

	反应物	细菌分泌胞外酶	水解产物	检查试剂	阳性反应
淀粉水解试验					
油脂水解试验					
明胶水解试验					
石蕊牛乳试验					

表 9-1-3　细菌对生物大分子的水解试验结果*

试验名称 试验菌种	淀粉水解	油脂水解	明胶水解	石蕊牛乳
大肠杆菌				
产气肠杆菌				
金黄色葡萄球菌				
枯草芽孢杆菌				
黏乳产碱菌				
铜绿假单孢菌				

* 以"＋"表示阳性;以"－"表示阴性。

【思考题】

(1) 淀粉、油脂、明胶和酪蛋白等生物大分子物质能否不经水解而直接被细菌吸收? 为什么?

（2）明胶水解试验中,为什么只能将接种后的培养基置于 20 ℃ 温箱中培养?

实验 9-2　微生物对含碳化合物的代谢试验

【目的要求】

（1）学习微生物对含碳化合物的代谢试验原理及方法;

（2）了解上述试验在细菌鉴定工作的重要作用。

【基本原理】

不同细菌对不同含碳化合物分解能力、代谢途径、代谢产物不完全相同。现分别介绍糖发酵试验(carbohydrate fermentation test)、甲基红试验(methyl red test,MR test)、伏-普试验(Voges-Proskauer test,VP test)和柠檬酸盐试验(citrate test)的简单原理。

（一）糖发酵试验

微生物在分解糖或醇(如葡萄糖、乳糖、蔗糖、甘露醇、甘油)的能力有很大的差异,它们对葡萄糖分解方式也具有多样性。葡萄糖经 EMP 途径转变为关键中间代谢产物丙酮酸。由丙酮酸出发共有 6 条发酵途径,各产生不同最终发酵产物,如表 9-2-1 所示:

表 9-2-1　由丙酮酸出发的 6 条发酵途径

发酵类型	最终发酵产物	代表菌属
① 乳酸发酵 (lactic acid fermentation)	乳酸	乳杆菌属(*Lactobacillus*)
② 乙醇发酵 (alcoholic fermentation)	乙醇、CO_2	发酵单孢菌属(*Zymomonas*)、酵母菌属(*Saccharomyces*)
③ 丙酸发酵 (propionic acid fermentation)	丙酸、CO_2	丙酸杆菌属(*Propionibacterium*)
④ 2,3-丁二醇发酵 (2,3-butanediol fermentation)	2,3-丁二醇、CO_2	肠杆菌属(*Enterobacter*)、芽孢杆菌属(*Bacillus*)
⑤ 混酸发酵 (mixed acid fermentation)	甲酸、乙酸、乙醇、乳酸、H_2、CO_2	埃希氏菌属(*Escherichia*)、肠杆菌属、沙门氏菌属(*Salmonella*)、变形杆菌属(*Proteus*)
⑥ 丁酸发酵 (butyric acid fermentation)	丁酸、丙酮、丁醇、异丙醇、CO_2	梭菌属(*Clostridium*)

从上表可以看到,某些细菌发酵葡萄糖后产生各种有机酸(如乳酸、乙酸、甲酸、琥珀酸等)及各种气体(如 H_2、CO_2)。有的细菌只产酸不产气。

酸的产生可利用指示剂来指示。在配制培养基时,可预先加入溴甲酚紫[pH 5(黄色)～pH 7(紫色)]。当细菌发酵糖产酸时,可使培养基由紫色变为黄色。气体的产生可由糖发酵管中倒置的杜氏小管(Durham tube)中有无气泡加以证明。如图 9-2-1 所示。

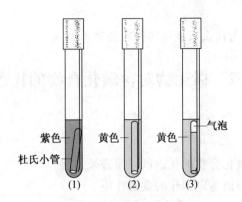

图 9-2-1 糖类发酵实验

（1）培养前的情况 （2）培养后产酸不产气 （3）培养后产酸和产气

（二）甲基红（MR）试验

所有的肠道细菌都能利用葡萄糖作为它们的能量来源，但是由于它们的代谢途径不同，因而它们所产生的终产物则不相同。例如，大肠杆菌利用葡萄糖进行发酵，主要产生混合有机酸，如乳酸、乙酸和甲酸等，使培养基 pH 明显下降（pH 4）；而产气肠杆菌利用葡萄糖进行发酵，主要产生乙醇、3-羟基丁酮和少量有机酸等，因此培养基的 pH 下降不多（pH 6.5）。

酸的产生可由培养基中加入甲基红指示剂的变色而指示。甲基红的变色范围为 pH 4.2（红色）～pH 6.3（黄色）。细菌分解葡萄糖产酸，则培养液由原来的橘黄色变为红色，此为 MR试验阳性反应。大肠杆菌为 MR＋；产气肠杆菌为 MR－。

（三）伏-普（VP）试验

伏-普试验是用德国医生 Daniel Voges 和德国卫生学家 Bernhard Proskauer 的名字缩写而命名的。他们证明某些细菌在糖代谢过程中，分解葡萄糖产生丙酮酸，丙酮酸通过缩合和脱羧生成 3-羟基丁酮（乙酰甲基甲醇），然后被还原成 2，3-丁二醇。

$$\text{葡萄糖} + \frac{1}{2}O_2 \longrightarrow 2\,\text{丙酮酸} \xrightarrow{CO_2} \alpha\text{-乙酰乳酸} \xrightarrow{CO_2} 3\text{-羟基丁酮} \longrightarrow 2,3\,\text{丁二醇}$$

3-羟基丁酮在碱性条件下，可被空气中的氧气氧化生成二乙酰。二乙酰可与培养基中的蛋白胨中的精氨酸的胍基作用，生成红色化合物。此为 VP 试验阳性反应，其反应式如下所示。

（反应式：3-羟基丁酮 $\xrightarrow[+KOH]{-2H}$ 二乙酰 + 胍基 → 红色化合物 $+ 2H_2O$）

3-羟基丁酮　　　二乙酰　　　　　胍基　　　　　红色化合物

（四）柠檬酸盐试验

柠檬酸盐利用试验用于检验细菌是否能利用柠檬酸盐作为唯一碳源，以供细菌能量需要。

118

主要取决于细菌胞内是否具有柠檬酸盐渗透酶(citrate permease),它有利于将柠檬酸盐运进细胞。柠檬酸盐一旦进入胞内后,即转变成丙酮酸和 CO_2。培养基中多余的游离钠离子和水结合形成碳酸钠,这是一种碱性产物,使培养基的碱性增加。

$$柠檬酸钠 \xrightarrow{\text{柠檬酸盐渗透酶}} 丙酮酸 + 草酰乙酸 + CO_2$$

$$多余\ Na^+ + CO_2 + H_2O \longrightarrow Na_2CO_3(碱性)$$

在培养基中加入溴麝香草酚蓝指示剂,通过其变色而指示。其变色范围为:pH<6 时,呈黄色;pH 6~7.6,呈绿色;pH>7.6,呈蓝色。细菌利用柠檬酸盐,培养基由原来的绿色变为深蓝色,此为柠檬酸盐利用试验阳性反应。也可用酚红作为指示剂(pH 6.3 呈黄色,pH 8.0 呈红色)。

微生物对含碳化合物的代谢试验也是菌种鉴定的重要依据。值得指出的是,有一组试验称为 IMViC 试验,它由 4 个试验组成:I 代表 indol test,M 代表 methyl red test,V 代表 Voges-Proskauer test,C 代表 citrate test,i 是为了便于英文发音而加入。IMViC 试验对于快速鉴定肠道细菌具有重要作用。例如,大肠杆菌是饮用水是否受污染的指示物,大肠杆菌若超过一定数量,表示饮用水受污染,而产气肠杆菌却与污染没有必然联系。二者在形态上和生理上有着许多相似之处,但是,它们对上述 4 个试验却表现完全不同的结果(如表 9-2-2 所示),因此通过 IMViC 这一组试验,就可快速将它们区别开来。

表 9-2-2　大肠杆菌与产气杆菌在 IMViC 试验结果

试验菌	I	M	V	C
大肠杆菌	+	+	−	−
产气肠杆菌	−	−	+	+

【实验材料】

(一) 菌种

大肠杆菌、产气肠杆菌。

(二) 培养基　(见附录三)

糖发酵培养基(sugar fermentation medium),葡萄糖蛋白胨培养基(glucose peptone medium),柠檬酸钠培养基(sodium citrate medium)等。

(三) 试剂和溶液　(见附录四)

MR 试剂,40% KOH 溶液,α-萘酚溶液等。

(四) 仪器和其他物品

试管,载玻片,接种环等。

【实验内容】

(一) 糖发酵试验

1. 分别接种大肠杆菌和产气气杆菌于两支装有糖发酵培养基的试管中。置于 37 ℃ 恒温箱中,培养 24 h。另外保留一支无菌不接种的培养基试管。

2. 观察并记录实验结果。产酸又产气,用"⊕"表示;只产酸不产气,用"＋"表示;不产酸也不产气,用"－"表示。

(二) 甲基红(MR)试验

1. 分别接种大肠杆菌和产气肠杆菌于装有葡萄糖蛋白胨培养基的试管中。置于 37 ℃恒温箱中,培养 24 h。

2. 观察结果时,沿管壁加入 MR 试剂 3～4 滴,培养基变红色者为阳性反应,变黄色者为阴性反应。

(三) 伏-普(VP)试验

1. 分别接种大肠杆菌和产气肠杆菌于装有葡萄糖蛋白胨培养基的试管中,置于 37 ℃恒温箱中,培养 24 h。

2. 观察并记录实验结果,在培养液中加入 4‰ KOH 溶液 10～20 滴,再加入等量的 α-萘酚溶液。拔去管盖,用力振荡,再放入 37 ℃温箱中保温 15～30 min(或在沸水浴中加热 1～2 min)。如培养液呈红色者为 VP 阳性反应。

(四) 柠檬酸盐试验

1. 将大肠杆菌和产气肠杆菌分别接种在二支柠檬酸钠斜面上。置于 37 ℃恒温箱中,培养 24～48 h。

2. 观察并记录实验结果,观察柠檬酸盐培养基上有无细菌生长和是否变色?含有溴麝香草酚蓝的斜面呈蓝色者为阳性反应,呈绿色者为阴性反应;含酚红的斜面如呈红色为阳性反应,呈黄色为阴性反应。

现将细菌对含碳化合物代谢试验总结如表 9-2-3。

表 9-2-3　细菌对含碳化合物代谢试验

实验名称	培养基名称	接种菌名称	接种方式	每人接种管数
糖发酵试验	糖发酵培养基	大肠杆菌或产气肠杆菌	液体	1
MR 试验	葡萄糖蛋白胨培养基	大肠杆菌或产气肠杆菌	液体	1
VP 试验	葡萄糖蛋白胨培养基	大肠杆菌或产气肠杆菌	液体	1
柠檬酸盐试验	柠檬酸盐培养基	大肠杆菌或产气肠杆菌	斜面	1

【实验报告内容】

将细菌对含碳化合物分解利用各项试验及其结果分别填入表 9-2-4 及 9-2-5 中。

表 9-2-4　细菌对含碳化合物代谢试验原理

实验名称	反应物	代谢产物	检查试剂	阳性反应的表现
糖发酵试验				
MR 试验				
VP 试验				
柠檬酸盐试验				

表 9-2-5 细菌对含碳化合物代谢试验结果*

试验菌种 \ 试验名称	糖发酵试验	MR 试验	VP 试验	柠檬酸盐试验
大肠杆菌				
产气肠杆菌				

*以"＋"表示阳性;以"－"表示阴性。

【思考题】

(1) 在糖发酵试验中,为什么大肠杆菌发酵葡萄糖能产酸产气?为什么产气肠杆菌发酵葡萄糖不产酸不产气?

(2) MR 试验与 VP 试验的中间代谢产物和最终代谢产物有何异同?为什么最终代谢产物会有不同?

(3) 细菌利用柠檬酸盐之后,为什么培养基的 pH 会升高?

实验 9-3 微生物对含氮化合物的代谢试验

【目的要求】

(1) 学习微生物对含氮化合物的代谢试验原理及方法;

(2) 了解上述试验在细菌鉴定中的重要作用。

【基本原理】

不同微生物对不同含氮化合物的分解能力、代谢途径、代谢产物等不完全相同。例如,某些细菌分解色氨酸产生吲哚;分解含硫氨基酸产生硫化氢;分解氨基酸产氨;将苯丙氨酸氧化脱氨,形成苯丙酮酸;将尿素分解产生氨等。此外,微生物对含氮化合物的代谢试验也是菌种鉴定的重要依据。

现分别介绍吲哚试验(indole test)、硫化氢产生试验(hydrogen sulfide production test)、产氨试验(ammonia production test)、苯丙氨酸脱氨酶试验(phenylalanine deaminase test)和尿素水解试验(urea hydrolysis)的简单原理。

(一) 吲哚试验

有些细菌含有色氨酸酶(tryptophanase),可将蛋白胨中的色氨酸水解,产生丙酮酸、氨和吲哚。丙酮酸和氨可被细菌进一步代谢,而吲哚不被利用,积累在培养基中。利用本试验,可将大肠杆菌与某些与其密切相关的其他肠道细菌鉴别开来。

色氨酸水解反应:

$$\underset{\text{色氨酸}}{C-CH_2CHNH_2COOH} + H_2O \longrightarrow \underset{\text{吲哚}}{CH} + NH_3 + CH_3COCOOH$$

　　吲哚本身没有颜色,吲哚的产生可通过与吲哚试剂(欧氏试剂,Ehrlich's reagent)中的对二甲基氨基苯甲醛相结合,形成红色的玫瑰吲哚,为吲哚试验阳性;不出现红色者,为吲哚试验阴性。吲哚与二甲基氨基苯甲醛结合反应式如下所示:

吲哚　　　对二甲基氨基苯甲醛　　　玫瑰吲哚

(二) 硫化氢产生试验

　　有些细菌能分解含硫氨基酸(如胱氨酸、半胱氨酸、甲硫氨酸等)产生 H_2S。例如,某些细菌含有半胱氨酸脱硫酶(cysteine desulfurase),可将半胱氨酸分解为丙酮酸、氨和 H_2S。

　　半胱氨酸分解反应:

$$CH_2SHCHNH_2COOH + H_2O \xrightarrow{\text{半胱氨酸脱硫酶}} CH_3COCOOH + NH_3 + H_2S\uparrow$$
$$\text{(无色)}$$

　　H_2S 本身无色,若遇培养基中的铅盐或铁盐,可产生黑色硫化铅或硫化铁沉淀,从而可确定 H_2S 的产生。硫化氢与铅盐或铁盐的反应式:

$$H_2S + Pb(CH_3COO)_2 \longrightarrow PbS\downarrow + 2CH_3COOH$$
$$\text{(黑色)}$$
$$H_2S + FeSO_4 \longrightarrow H_2SO_4 + FeS\downarrow$$
$$\text{(黑色)}$$

　　注意　在培养基中加入硫代硫酸钠作为还原剂,其作用是保持还原环境,使 H_2S 不被氧化。此外,细菌如果处于氧气充足的环境中,则不会产生 H_2S。故本实验的培养基不能制成斜面,而采用穿刺接种方式,使在试管底部产生 H_2S。

(三) 产氨试验

　　某些细菌能使氨基酸在各种条件下脱去氨基,生成各种有机酸和氨,氨的产生可通过与氨试剂(奈氏试剂,Nessler's reagent)起反应而加以鉴定。

　　氨与氨试剂的反应:

$$2(HgI_2 \cdot 2KI) + 3KOH + NH_3 \longrightarrow OHgHg\,NH_2I\downarrow + 7KI + 2H_2O$$
$$\text{碘化氧双汞氨(黄色)}$$

或　　　　　　$$2(HgI_2 \cdot 2KI) + KOH + NH_3 \longrightarrow NH_2Hg_2I\downarrow + 5KI + H_2O$$
$$\text{碘化双汞氨(棕红色)}$$

(四) 苯丙氨酸脱氨酶试验

　　苯丙氨酸脱氨酶试验可用于鉴别肠道细菌,例如对大肠杆菌与变形杆菌的鉴别。变形杆菌具有苯丙氨酸脱氨酶,能将苯丙氨酸氧化脱氨,产生苯丙酮酸;而大肠杆菌不具有苯丙氨酸脱氨酶,不能将苯丙氨酸氧化脱氨,故不产生苯丙酮酸。

$$\underset{\text{苯丙氨酸}}{\text{C}_6\text{H}_5\text{—CH}_2\text{—}\overset{\text{H}}{\underset{\text{COO}^-}{\text{C}}}\text{—}\boxed{\text{NH}_3^+}} \xrightarrow[\frac{1}{2}\text{O}_2]{\text{苯丙氨酸脱氨酶}} \underset{\text{苯丙酮酸}}{\text{C}_6\text{H}_5\text{—CH}_2\text{—}\overset{\text{O}}{\underset{\text{COO}^-}{\text{C}}}} + \boxed{\text{NH}_4^+} + \frac{1}{2}\text{H}_2\text{O}$$

在培养好的菌种斜面上滴加三氯化铁溶液。苯丙酮酸遇三氯化铁形成绿色化合物,此为阳性反应;若培养基不出现颜色变化,则为阴性反应。

(五) 尿素水解试验或脲酶试验

尿素水解试验也叫脲酶试验(urease test)。许多细菌含有脲酶(urease),可将培养基中的尿素分解成氨、CO_2 和水,其反应式如下:

$$CO(NH_2)_2 + 2H_2O \xrightarrow{\text{脲酶}} 2NH_3 + CO_2 + H_2O$$

所产生的氨积累在培养基中,使培养基的 pH 升高,从而使指示剂酚红由原来的黄色转变为粉红色。

由于变形杆菌属的细菌具有快速分解尿素能力,故常利用尿素水解试验,将变形杆菌属与其他不发酵乳糖的肠道细菌(如沙门氏菌和志贺氏菌)区别开来。

【实验材料】

(一) 菌种

大肠杆菌,产气肠杆菌,普通变形杆菌(*Proteus vulgaris*),金黄色葡萄球菌。

(二) 培养基　(见附录三)

蛋白胨水培养基(peptone water medium),柠檬酸铁铵半固体培养基(ferric ammoniumcitrate semisolid medium),肉膏蛋白胨液体培养基(beef extract peptone liquid medium),苯丙氨酸脱氨斜面培养基(phenylalanine deaminase slant),尿素培养基等。

(三) 试剂和溶液　(见附录四)

乙醚,吲哚试剂,氨试剂(奈氏试剂),10%三氯化铁($FeCl_3$)溶液。

(四) 仪器和其他物品

试管,接种环,接种针;锌粉等。

【实验内容】

(一) 吲哚试验

1. 接种大肠杆菌或产气肠杆菌于已灭菌蛋白胨水培养基中。置于 37 ℃恒温箱中,培养 24 h。

2. 观察结果时,在培养液中加入乙醚约 1 mL。充分振荡,使吲哚溶于乙醚中,静置片刻,待乙醚层浮于培养液上面呈明显的乙醚层时,沿管壁慢慢加入吲哚试剂 10 滴。如吲哚存在,则乙醚层呈现玫瑰红色。

注意 （1）加入吲哚试剂后,不可再摇动,否则红色不明显。（2）配制蛋白胨水培养基应选含色氨酸较多的蛋白胨,以免影响阳性结果。

(二) 硫化氢产生试验

1. 取 2 支已灭菌柠檬酸铁铵半固体培养基,分别穿刺接种大肠杆菌及普通变形杆菌。置于 37 ℃ 恒温箱中培养 24 h。

2. 观察结果,如培养基中出现黑色沉淀线者为阳性反应(图 9-3-1)。同时注意观察接种线周围有无向外扩展情况。如有,则表示该菌具有运动能力。

(三) 产氨试验

1. 接种大肠杆菌或产气肠杆菌于已灭菌肉膏蛋白胨培养基中。置于 37 ℃恒温箱中,培养 24 h。另外留一支不接种的已灭菌肉膏蛋白胨培养基作为对照。

2. 观察结果时,在培养液中加入 3～5 滴氨试剂,如出现黄色(或棕红色)沉淀者为阳性反应。在未接种的无菌培养基中加入氨试剂后,应无黄色(或棕红色)沉淀出现。

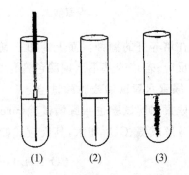

图 9-3-1　H_2S 试验菌培养前后的比较
(1) 穿刺接种试验菌　(2) 培养前的接种线
(3) 培养后出现黑色沉淀线(为 H_2S 阳性反应)

(四) 苯丙氨酸脱氨酶试验

1. 将大肠杆菌和普通变形杆菌分别接种到苯丙氨酸斜面培养基上(注意,接种量要大),置于 37 ℃ 恒温箱中,培养 4 h(或 18～24 h)。

2. 观察结果时,在培养好的菌种斜面上滴加 2～3 滴 10％ $FeCl_3$ 溶液。试液自培养物上方流到下方,呈蓝绿色者,为阳性反应;否则,为阴性反应。

(五) 尿素水解试验

1. 取 3 支尿素斜面培养基,分别接种普通变形杆菌、金黄色葡萄球菌和大肠杆菌。置于 37 ℃恒温箱中,培养 24～48 h。

2. 观察结果,培养基呈红色者为阳性反应,呈黄色者为阴性反应。

现将细菌对含氮化合物分解利用各项实验总结如表 9-3-1。

表 9-3-1　细菌对含氮化合物代谢试验

实验名称	培养基名称及形式	接种菌名称	接种方式	每人接种管数
吲哚试验	蛋白胨水培养基(液体)	大肠杆菌或产气肠杆菌	液体接种	1
硫化氢试验	柠檬酸铁铵培养基(半固体)	大肠杆菌或普通变形杆菌	穿刺接种	1
产氨试验	肉膏蛋白胨培养基(液体)	大肠杆菌或产气肠杆菌	液体接种	1
苯丙氨酸脱氨酶试验	苯丙氨酸培养基(斜面)	大肠杆菌或普通变形杆菌	斜面接种	1
尿素水解试验	尿素培养基(斜面)	金黄色葡萄球菌或普通变形杆菌	斜面接种	1

【实验报告内容】

将细菌对含氮化合物代谢试验及其结果分别填入表 9-3-2 及表 9-3-3 中。

表 9-3-2　细菌对含氮化合物代谢试验原理

实验名称	反应物	代谢产物	检查试剂	阳性结果的表现
吲哚试验				
硫化氢产生试验				
产氨试验				
苯丙氨酸脱氨酶试验				
尿素水解试验				

表 9-3-3　细菌对含氮化合物代谢试验结果*

试验菌种＼试验名称	吲哚试验	硫化氢产生试验	产氨试验	苯丙氨酸脱氨酶试验	尿素水解试验
大肠杆菌					
产气肠杆菌					
普通变形杆菌					
金黄色葡萄球菌					

* 以"＋"表示阳性；以"－"表示阴性。

【思考题】

(1) 在吲哚试验和硫化氢试验中,细菌各分解何种氨基酸?

(2) 总结一下大肠杆菌形态观察及代谢试验所得结果,其中哪些反应最具代表性? 并与以后水及食品中大肠杆菌检测实验的指标进行比较。

实验 9-4　微生物的呼吸作用试验

【目的要求】

(1) 学习微生物呼吸作用试验的原理和方法;

(2) 了解上述试验在细菌鉴定中的意义。

【基本原理】

微生物的呼吸(respiration)作用主要分为有氧呼吸(aerobic respiration)和无氧呼吸(anaerobic respiration)。有氧呼吸是指呼吸链最终电子受体是外源分子氧的生物氧化;无氧呼吸是指呼吸链最终电子受体是外源无机氧化物(个别为有机化合物)的生物氧化。本实验中的氧化酶试验(oxidase test)、过氧化氢酶试验(catalase test)与硝酸盐还原试验(nitrate reduction test)分别为有氧呼吸与无氧呼吸的重要环节,它们在细菌鉴定中起着重要作用。

(一) 氧化酶试验

氧化酶(oxidase)在细菌有氧呼吸的电子传递系统中起着重要作用。细胞色素氧化酶

(cytochrome oxidase)以 O_2 作为最终电子受体,可将还原型细胞色素 c 氧化成水和氧化型细胞色素 c,其反应式如下:

$$2\ 还原型细胞色素\ c + 2\ H^+ + \frac{1}{2}O_2 \xrightarrow{细胞色素氧化酶} 2\ 氧化型细胞色素\ c + H_2O$$

细胞色素氧化酶在分子氧和细胞色素 c 存在条件下,并有盐酸二甲基对苯撑二胺(para-aminodimethylaniline hydrochloride)和 α-萘酚参与反应时,可将二甲基对苯撑二胺氧化成为吲哚酚蓝,反应式如下:

　　二甲基对苯撑二胺　　　　α-萘酚　　　　　吲哚酚蓝

氧化酶试验常用于鉴别假单孢菌属及其相近的几属细菌,因为假单孢菌属的菌种大多数是氧化酶阳性。

(二) 过氧化氢酶试验

某些细菌含有黄素蛋白,可将 O_2 还原,产生过氧化氢或超氧化物(O_2^-)。这些都是剧毒物质,因为它们是强氧化剂,可迅速破坏细胞组分。许多细菌,如专性好氧菌和兼性厌氧菌,它们常含有超氧化物歧化酶(superoxide dismutase)和过氧化氢酶(catalase)或过氧化物酶(peroxidase),它们分别催化过氧化物或过氧化氢的破坏。而专性厌氧菌则缺乏这两类酶,因此无法忍受 O_2,而被杀死。

$$2O_2^- + 2H^+ \xrightarrow{超氧化物歧化酶} O_2 + 2H_2O_2$$

$$2H_2O_2 \xrightarrow{过氧化氢酶或过氧化物} 2H_2O + O_2$$

检查细菌过氧化氢酶活性的方法　可在玻片上滴加 H_2O_2 溶液,然后涂抹少量试验菌体,若有气泡(O_2)出现,为过氧化氢酶试验阳性;无气泡者,为阴性。

(三) 硝酸盐还原试验

许多兼性细菌含有可诱导的硝酸还原酶(nitratase),它们在进行无氧呼吸时,能够利用硝酸盐作为电子最终受体,将硝酸盐还原为亚硝酸盐、氨和氮,反应式为:

$$NO_3^- + 2e^- + 2H^+ \xrightarrow{硝酸还原酶} NO_2^- + H_2O$$

如果细菌能将硝酸盐还原为亚硝酸盐,它可与亚硝酸试剂(格里斯试剂,Griess reagent)反应,产生粉红色或红色化合物。亚硝酸盐与亚硝酸试剂的反应:

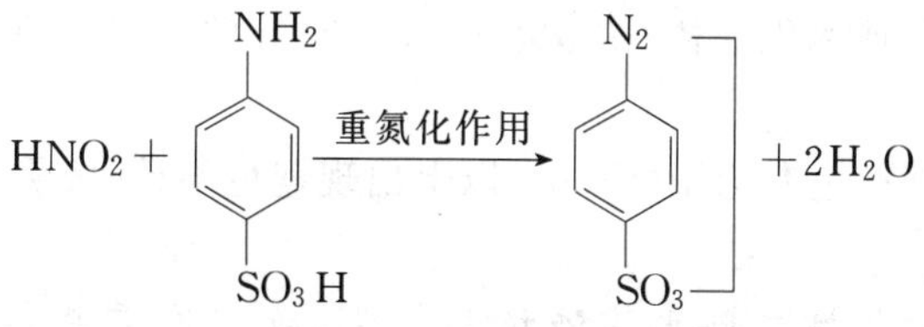

对氨基苯磺酸   对重氮苯磺酸

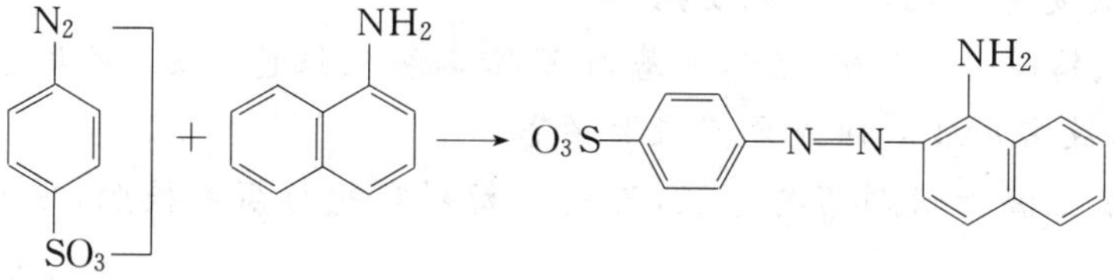

对重氮苯磺酸   α-萘胺   N-α-萘胺偶氮苯磺酸(红色)

如果在培养液中加入亚硝酸试剂后,溶液不出现红色,则存在两种可能性:

1. 阴性反应

细菌不能将硝酸盐还原为亚硝酸盐,故培养液中不存在亚硝酸盐,但应仍有硝酸盐存在。

2. 阳性反应

细菌能将硝酸盐还原为亚硝酸盐,而且还能进一步把亚硝酸盐还原为氨和氮。故培养液中应该既无亚硝酸盐存在,也无硝酸盐存在。

检查培养液中是否有硝酸盐存在的方法 可在培养液中加入锌粉(使硝酸盐还原为亚硝酸盐),再加入亚硝酸试剂,溶液呈红色,说明硝酸盐存在;溶液如不呈红色,说明硝酸盐不存在。

【实验材料】

(一)菌种

大肠杆菌、产气肠杆菌、枯草芽孢杆菌、金黄色葡萄球菌、铜绿假单胞菌。

(二)培养基 (见附录三)

肉膏蛋白胨斜面培养基(beef extract peptone medium),硝酸盐还原培养基(nitrate reduction medium)和尿素培养基等。

(三)试剂和溶液 (见附录四)

1%盐酸二甲基对苯撑二胺水溶液,1% α-萘酚乙醇液,3%～10% H_2O_2 溶液,格里斯(Griess)试剂(亚硝酸盐试剂)。

(四)仪器和其他物品

试管,接种环,接种针,细玻棒,无菌滤纸,无菌培养皿,载玻片;锌粉等。

【实验内容】

(一)氧化酶试验

1. 在一个干净的培养皿中放一张滤纸,滴上1%盐酸二甲基对苯撑二胺水溶液,再滴加等量1% α-萘酚乙醇液,仅使滤纸变湿(不可过湿)。

2. 用白金丝接种环(或用细玻棒)挑取培养 18～24 h 的铜绿假单孢菌和大肠杆菌斜面上菌苔,涂抹在湿滤纸上。

3. 10 s 内,菌苔呈现蓝色者为阳性;60 s 以上出现蓝色不计,按阴性处理。

注意

(1) 盐酸二甲基对苯撑二胺水溶液极易氧化,故溶液需装在棕色瓶中并置于冰箱内保存。如溶液变为红色,即不能使用。

(2) 铁、镍、铬等金属可催化二甲基对苯撑二胺呈红色反应,若用它来挑取菌苔,会出现假阳性,故需用玻璃棒或牙签挑取菌苔。

(3) 在滤纸上滴加试剂不要过湿,否则会妨碍空气与菌苔接触,延长反应时间,产生假阴性反应。

(二) 过氧化氢酶试验

1. 将金黄色葡萄球菌或枯草芽孢杆菌分别接种于牛肉膏蛋白胨培养基斜面上,37 ℃,培养 18～24 h。

2. 观察并记录实验结果,取一干净的载玻片,在上面滴 1 滴 3‰～10‰ H_2O_2 溶液,挑取一环培养好的菌苔,在 H_2O_2 溶液中涂抹,若产生气泡(氧气)为过氧化氢酶阳性反应,不产生气泡者为阴性反应。

注意　用于培养试验菌培养基中不能含有血红素或红血球,因为它们也会促使 H_2O_2 分解,因而产生假阳性反应。

(三) 硝酸盐还原试验

1. 接种大肠杆菌或产气肠杆菌于已灭菌硝酸盐还原试验培养基中,置于 37 ℃ 恒温箱中,培养 48 h。另外保留一支不接种的无菌硝酸盐培养基作为对照。

2. 观察结果

(1) 把对照管分成两管。向其中一管中加入少量锌粉,加热,再加入亚硝酸盐试剂,如出现红色,说明培养基中存在着硝酸盐。

(2) 把接过种的培养液也分成两管。向其中一管加入亚硝酸盐试剂,如出现红色,则为阳性反应。如不出现红色,则在另一管中加入少量锌粉,并加热,再加入亚硝酸试剂,如出现红色,则证明硝酸盐仍存在,此为阴性反应。如不出现红色,则说明硝酸盐已被还原,应为阳性反应。

表 9-4-1　细菌呼吸作用的试验

试验名称	培养基名称及形式	接种菌名称	接种方式	每人接种管数(或平板数)
氧化酶试验	肉膏蛋白胨培养基	大肠杆菌或铜绿假单孢菌	斜面	1
过氧化氢酶试验	肉膏蛋白胨培养基	金黄色葡萄球菌或枯草芽孢杆菌	斜面	1
硝酸盐还原试验	硝酸盐还原培养基(液体)	大肠杆菌或产气肠杆菌	液体	1

【实验报告内容】

将细菌的氧化酶试验、过氧化氢酶试验和硝酸盐还原试验结果分别填入表 9-4-2 和 9-4-3中。

表 9-4-2　细菌呼吸作用的试验原理

实验名称	反应物	代谢产物	检查试剂	阳性结果的表现
氧化酶试验				
过氧化氢酶试验				
硝酸盐还原试验				

表 9-4-3　细菌呼吸作用的试验结果[*]

试验菌种＼试验名称	氧化酶试验	过氧化氢酶试验	硝酸盐还原试验
大肠杆菌			
产气肠杆菌			
枯草芽孢杆菌			
金黄色葡萄球菌			
铜绿假单孢菌			

[*] 以"＋"表示阳性;以"－"表示阴性。

【思考题】

（1）氧化酶在细菌有氧呼吸的什么环节中起作用?

（2）过氧化氢酶对专性好氧菌和兼性厌氧菌的生活有何意义?

（3）说明硝酸盐还原反应在细菌无氧呼吸中起什么作用? 能进行硝酸盐还原反应的细菌是属于化能自养菌或化能异养菌? 细菌进行硝酸盐还原反应对农业生产将产生什么影响?（参考实验 8-3）。

第10章　环境因素对微生物生长的影响

由于微生物个体微小,研究微生物的个体生长有一定困难,经常都是研究微生物个体数量的增长,微生物个体数量的增长称为群体生长(实质上是繁殖)。研究群体生长对微生物的科学研究和生产实践都很有意义。

测定微生物生长的常用方法很多,包括血球计数板直接计数法、比浊法、重量法和平板菌落计数法等。这些方法均可以测定样品中微生物的生物量,可以根据不同微生物和不同工作目的采用不同的方法(表10-1)。生长曲线的测定,是指将一定量的微生物接种到液体培养基中,在适宜的条件下进行培养,并定时测定培养过程中微生物数量的变化,按此变化数据制成的曲线,称为生长曲线。常用此法研究单细胞微生物的生长规律。

表 10-1　微生物生长量测定方法的比较

微生物生长量测定方法	测定活菌数或死菌数	主要用于测定的微生物
平板菌落计数法	活菌数	细菌、放线菌、酵母菌和霉菌
血球计数板直接计数法	活菌和死菌的总菌数	酵母菌和霉菌孢子
比浊法	活菌和死菌的总菌数	细菌和酵母菌悬液
重量法	活菌和死菌的总菌数	霉菌、放线菌、酵母菌等微生物

微生物在生长过程中极易受环境因素的影响,如环境中的 pH、氧、温度、渗透压与射线等理化因素和生物因素对微生物的生长的影响,或能给予促进或使其抑制。通过提供良好的环境条件,促使有益的微生物大量繁殖或产生有经济价值的代谢产物;相反,使用抑菌剂和杀菌剂可使有害微生物的生长受到抑制,甚至将菌体杀死,以达到造福人类的目的。按照微生物对氧的需求情况,可分为好氧菌和厌氧菌两大类型。对厌氧菌培养时,应用特别的方法。

本章实验包括测定微生物生长的常用方法、细菌生长曲线的测定、环境因素对微生物生长的影响、厌氧菌的培养法和石炭酸系数法对药物药效的检测。

实验 10-1　血球计数板直接计数法

【目的要求】

(1) 了解血球计数板直接计数法的原理及其优缺点;

(2) 学习用血球计数板测定样品中微生物的细胞数;

(3) 测定样品中酵母菌的细胞数。

【基本原理】

血球计数板(haemocytometer)直接计数法(direct count method)是将微生物细胞悬液置于血球计数板上一定体积的小室中,在显微镜下直接计数的方法。此法简便、快速,适用于个体较大的酵母菌和霉菌孢子的数量测定,若用于测定细菌数量时误差较大。本法测得的结果是菌体总数,一般不能区分是活菌还是死菌。

血球计数板是一块厚的玻璃片,玻片上有四条沟和两条嵴,中央有一短横沟和两个平台,两嵴的表面比两个平台的表面高 0.1 mm,每个平台上刻有不同规格的格网,中央 1 mm² 面积上刻有 400 个小方格(图 10-1-1)。

(1) 血球计数板的正面

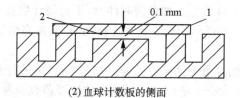

(2) 血球计数板的侧面

图 10-1-1　血球计数板的构造

1. 盖片　2. 计数室

血球计数板有两种规格:一种是将 1 mm² 面积分为 25 个大格,每大格再分为 16 个小格(25×16);另一种是 16 个大格,每个大格再分为 25 个小格(16×25)。两者都是总共有 400 个小格(图 10-1-2)。当把专用盖玻片置于两条嵴上,从两个平台侧面加入菌液后,400 个小方格(1 mm² 面积)计数室上形成 0.1 mm³(10^{-4} mL)的体积。通过对一定大格内微生物数量的统计,可计算出 1 mL 菌液所含的菌体数。

在血球计数板上,刻有一些符号和数字(图 10-1-1),其含义是:XB-K-25 为计数板的型号和规格,表示此计数板分 25 大格;0.1 mm 为盖上盖玻片后计数室的高;1/400 mm² 表示计数室面积是 1 mm²,分 400 个小格,每小格面积是 1/400 mm²。

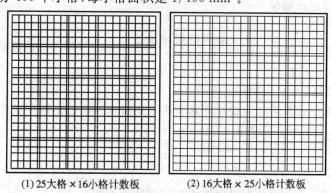

(1) 25大格×16小格计数板　　(2) 16大格×25小格计数板

图 10-1-2　两种不同刻度的计数板

本实验是利用血球计数板直接计数法测定样品中酵母菌的细胞数。

【实验材料】

(一) 菌种

酿酒酵母菌液。

(二) 仪器和其他物品

显微镜;血球计数板,计数器,滴管等。

【实验内容】

(一) 血球计数板的操作

1. 取清洁的血球计数板,将洁净的专用盖玻片置两条嵴上。

2. 将酿酒酵母菌在液体培养基上适温振荡培养 24~48 h,然后用无菌生理盐水将培养液进行稀释,以每小格有 3~5 个酵母菌为宜。

3. 摇匀稀释的酵母菌液,用无菌滴管吸取少许菌液,从盖玻片的边缘滴一小滴(不宜过多),使菌液自行渗入平台的计数室。加菌液时注意,不得使计数室内有气泡。两个平台上都滴加菌液后,静置约 5 min。在低倍物镜下找到方格网后,转换高倍物镜进行观察和计数。

(二) 计数方法

1. 不同规格的计数板的计数方法略有差异。16×25 规格的计数板,需要按对角线方位,计算左上、左下、右上和右下 4 个大格(共 100 小格)的酵母菌数。若是 25×16 规格的计数板,除统计上述 4 个大格外,还需统计中央一大格(共 80 小格)的酵母菌数。

2. 酵母菌的芽体达到母体细胞大小的一半者,即可作为两个菌体计数。

3. 位于两个大格间线上的酵母菌,只统计此格的上侧和右侧线上的菌体数。

4. 每个样品重复计数 2~3 次(每次数值不应相差过大,否则重新操作),取其平均值。

(三) 计算

按下述公式计算出每毫升菌液所含的酵母菌细胞数。

1. 16×25 规格的计数板

$$酵母菌细胞数/mL = \frac{100\ 小格内酵母细胞数}{100} \times 400 \times 10000 \times 菌液稀释倍数$$

2. 25×16 规格的计数板

$$酵母菌细胞数/mL = \frac{80\ 小格内酵母细胞数}{80} \times 400 \times 10000 \times 菌液稀释倍数$$

(四) 清洗血球计数板

计数完毕,将血球计数板和盖玻片在水龙头下用流水冲净。切勿用试管刷刷洗,洗净后自行晾干。

【实验报告内容】

记录计数的结果,并计算每毫升菌液中酵母菌的细胞数。

【思考题】

(1) 在滴加菌液时,为什么要先置盖玻片,然后滴加菌液? 能否先加菌液,再置盖玻片?

(2) 用血球计数板测定微生物数量时,哪些步骤易造成误差? 如何预防?

(3) 此法是否适用细菌数目的计数? 为什么?

(4) 在计算公式中为什么要乘上 10000?

实验 10-2 比浊法测定微生物生长

【目的要求】

(1) 了解比浊法的原理;

(2) 学习用比浊法测定微生物的数量;

(3) 测定培养液中的大肠杆菌数量。

【基本原理】

在微生物学研究和生产实践中,为及时了解液体培养过程中的微生物生长情况,需定时测定培养液中微生物的数量,以便适时地控制培养条件,获得最佳的培养物。比浊法是常用的测定方法。

比浊法(turbidimetry)的原理是根据菌悬液的细胞数与混浊度成正比,与透光度成反比。某一波长的光线,通过混浊的液体后,其光强度将被减弱。入射光与透过光的强度比与样品液体的浊度和液体的厚度相关。

$$\log \frac{I_t}{I_i} = -Kcd$$

式中:I_t 为透过光的强度;I_i 为入射光的强度;K 为吸光系数;c 为样品液的浊度;d 为液体的厚度;I_t/I_i 称透光度(transmittance)。

$\log \dfrac{1}{I_t \times I_i^{-1}}$ 称为光密度(optical density,简称 OD)。如果样品的液体厚度一定,则 OD 值与样品的浊度相关。根据此原理,将样品放在一定体积的比色杯(cuvette)内,通过光电比色计(optimeter)或分光光度计(spectrophotometer)测定样品中的 OD 值来代表培养液中的浊度,即微生物量。测定的结果是微生物的总量,无法区分活菌与死菌。本法适用于菌体分散良好的非丝状单细胞微生物的测定。如用此法测定培养液中酵母菌的数量时,因酵母细胞较大,容易沉降,因此测定时必须振荡培养液,然后立即倒入比色杯中快速读数。在进行微生物液体发酵时,用此法评估微生物的生长情况,比用平板计数法能较快得出结果。这样,便能及时反馈,调控发酵条件,控制微生物的生长。

【实验材料】

(一) 菌种

大肠杆菌振荡培养 8 h 和 14 h 的培养物。

(二) 仪器和其他物品

分光光度计或光电比色计。

【实验内容】

1. 把分光光度计的波长调整到 420 nm，开机预热 10～15 min。

2. 在比色杯中盛未接种的培养液作为对照，进行零点调整。

3. 将培养 8 h 和 14 h 的大肠杆菌菌液充分摇匀，分别倒入相同类型的比色杯中，测定其 OD_{420} 值。若菌液浓度过大，可适当进行稀释，使 OD_{420} 值的读数在 0.0～0.4 之间最好。每个样品重复测定 2～3 次。

4. 测定后把比色杯中的菌液倾入容器中，用水冲洗比色杯，冲洗水也收集于容器中进行灭菌。最后用 70% 酒精洗比色杯，使比色杯自行晾干。

5. 关闭分光光度计电源。

【实验报告内容】

记录所测菌悬液 OD_{420} 值，取其平均值。若经稀释则需乘上稀释倍数，计算出原菌液的 OD_{420} 值。

【思考题】

(1) 在测定过程中，哪些操作易造成较大的误差？

(2) 补充哪些实验，便可知样品的活菌数。

(3) 若用比浊法测定酵母菌悬液时，应注意哪些问题？

实验 10-3　重量法测定微生物生长

【目的要求】

(1) 了解重量法的原理；

(2) 学习用重量法测定微生物的数量；

(3) 测定培养液中青霉菌的重量。

【基本原理】

重量法（weighting method）是通过过滤或离心收集微生物培养物的菌体后，将其菌体称重，即为菌体的湿重；再经 80 ℃烘干后称重，则为菌体的干重。此法适用于不易形成均匀悬液的微生物的测定，如放线菌、霉菌和酵母菌等。

【实验材料】

（一）菌种

产黄青霉。

（二）培养基

马铃薯葡萄糖培养基或豆芽汁葡萄糖培养基。

（三）仪器和其他物品

分析天平,电热干燥箱;定量滤纸等。

【实验内容】

将青霉菌接种于适宜的液体培养基中,28 ℃振荡培养 5～7 天。取品质和大小相同的定量滤纸两张,分别在分析天平上称重(A_1 和 A_2)。取其中一张定量滤纸(A_1),将一定量的青霉菌培养物进行过滤,收集菌体,沥干后称重(B),再置 80 ℃干燥箱中,烘干至恒重(C)。取另一张定量滤纸(A_2),用滤液润湿,沥干后称重(D),然后也置 80 ℃干燥箱中,烘干至恒重(E)。

$$菌体的湿重＝(B-A_1)-(D-A_2)$$
$$菌体的干重＝C-E$$

【实验报告内容】

记录(A_1、A_2、B、D、C、E)称得重量,并计算培养液中青霉菌的湿重和干重。

【思考题】

测定过程中,要注意哪些操作步骤?

实验 10-4　细菌生长曲线的测定

【目的要求】

（1）了解细菌生长曲线的特点及测定的原理;
（2）学习用比浊法测定大肠杆菌的生长曲线。

【基本原理】

少量的细菌,接种到一定体积的合适新鲜液体培养基中,在适宜的条件下进行培养。定时测定培养液中的菌量,以菌量的对数作纵坐标、生长时间作横坐标,绘制的曲线称为生长曲线（growth curve）。生长曲线一般可分为延迟期（lag phase）、对数期（exponential phase）、稳定期（stationary phase）和衰亡期（decline phase）(图 10-4-1)。各个时期的长短依微生物的种类和培养条件的不同而不同。生长曲线是微生物在一定环境条件下于液体培养时所表现出的群体生长规律。测定在一定条件下培养的微生物生长曲线,在科学研究及生产实践上是非常有意义的。此法操作简便,可及时看到测定结果,在微生物发酵生产中常用于监测培养菌的生长状况。

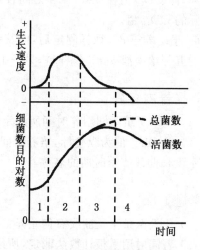

图 10-4-1　细菌的生长曲线
(1) 延迟期　(2) 对数期　(3) 稳定期　(4) 衰亡期

大肠杆菌是微生物学教学和科研常用重要菌种,也是某些微生物制品的生产菌种,常需要了解在一定培养条件下其生长曲线的特征。本实验用分光光度计或光电比色计进行比浊,测定大肠杆菌在肉膏蛋白胨培养液或 LB 培养液中,37 ℃,振荡培养不同时间菌悬液的 OD_{420} 值,然后绘制其生长曲线。

【实验材料】

(一) 菌种

大肠杆菌。

(二) 培养基

肉膏蛋白胨培养液或 LB 培养液。

(三) 仪器和其他物品

分光光度计或光电比色计,37 ℃恒温摇床;试管,锥形瓶,移液器等。

【实验内容】

1. 预先将大肠杆菌接种到肉膏蛋白胨培养液或 LB 培养液中,37 ℃振荡培养 18 h,备用。

2. 把分光光度计的波长调至 420 nm,开机预热 10~15 min。

3. 以未接种的肉膏蛋白胨培养液或 LB 培养液校正分光光度计的零点(以后每次测定都要重新校正零点)。

4. 取盛有 50 mL 无菌肉膏蛋白胨培养液或 LB 培养液的 250 mL 锥形瓶 6 个,分为两组,分别编号为 1、2、3 号和 4、5、6 号。各瓶中依次加入培养 18 h 的大肠杆菌培养液 0.5 mL,37 ℃下振荡培养。

5. 于培养的第 0、2、4、6、8、10、12、14、16、18、20 h,分别用无菌移液器从各瓶中吸取培养液 2 mL,按实验 10-2 的方法在分光度计或光电比色计上测定 OD_{420} 值。若菌液太浓时,作适当稀释,使 OD_{420} 值在 0.0~0.4 之间较好。经稀释后测得 OD_{420} 值要乘以稀释倍数,才是培养液实际的 OD_{420} 值。

6. 于培养第 8 h 取样测定后,向其中一组(1~3 号)每瓶加入肉膏蛋白胨培养液或 LB 培养液的五倍浓缩液 5 mL 作补料;另一组(4~6 号)瓶中不加。继续振荡培养和定时测定。

【实验报告内容】

(1) 记录每组不同培养时间所测定的 OD_{420} 值数据。

(2) 以 OD_{420} 值为纵坐标,培养时间为横坐标,绘出两种培养条件下的大肠杆菌生长曲线,并标示生长曲线 4 个时期的名称。

【思考题】

(1) 比较两条生长曲线有何差异? 为什么?

(2) 若同时用平板计数法测定,所绘出的生长曲线与用比色计比浊法测定绘出的生长曲线是否有差异? 为什么?

(3) 如果希望延长稳定期的时间,你认为应采取哪些有效措施?

实验 10-5　物理因素对微生物生长的影响

【目的要求】

（1）了解某些物理因素对微生物生长影响的原理；

（2）学习某些物理因素对微生物生长影响的检测方法。

【基本原理】

环境因素（environmental factors）中的物理因素（physical factors），如温度、渗透压、紫外线等，对微生物的生长繁殖、新陈代谢过程产生重大影响，甚至导致菌体的死亡。

不同的微生物生长繁殖所要求的最适温度不同。根据微生物生长的最适温度（optimum temperature）范围，可分为高温菌、中温菌和低温菌。自然界中绝大多数微生物属中温菌。不同的微生物对高温的抵抗力不同，芽孢杆菌的芽孢对高温有较强的抵抗能力。黏质沙雷氏菌在 25 ℃下培养，能产生一种深红色的灵杆菌素，但在 37 ℃下培养则不能产生。若由 37 ℃回到 25 ℃培养，产色素的能力得以重新恢复。

渗透压（osmotic pressure）对微生物的生长有重大的影响。等渗溶液适合微生物的生长；高渗溶液可使微生物细胞脱水发生质壁分离；而低渗溶液则会使细胞吸水膨胀，甚至可使细胞壁破裂。

紫外线（ultraviolet ray，UV）主要作用于细胞内的 DNA，使同一条链 DNA 相邻嘧啶间形成胸腺嘧啶二聚体，引起双链结构扭曲变形，阻碍碱基正常配对，从而抑制 DNA 的复制，轻则使微生物发生突变，重则造成微生物死亡。紫外线照射的剂量与所用紫外光灯的功率（瓦数）、照射距离和照射时间有关。当紫外光灯和照射距离固定，照射的时间越长，则照射的剂量越高。紫外线透过物质的能力弱，一层黑纸足以挡住紫外线的通过。

【实验材料】

（一）菌种

大肠杆菌，枯草芽孢杆菌，金黄色葡萄球菌，黏质沙雷氏菌（*Serratia macesecens*），酿酒酵母菌。

（二）培养基

肉膏蛋白胨培养基，葡萄糖蛋白胨培养基，豆芽汁葡萄糖培养基，察氏培养基。

（三）仪器和其他物品

培养皿，移液器，紫外线灯，水浴；无菌水，无菌圆滤纸片，镊子，无菌滴管，黑纸等。

【实验内容】

（一）温度

1. 微生物生长的最适温度

（1）取 8 支试管，每管装 5 mL 肉膏蛋白胨培养液，灭菌后分别标明 20 ℃、28 ℃、37 ℃和 45 ℃四种温度，每种温度 2 管。向每管接入培养 18～20 h 的大肠杆菌菌液 0.1 mL，混匀。

（2）另取 8 支试管，每管装 5 mL 豆芽汁葡萄糖培养液，灭菌后分别标明 20 ℃、28 ℃、37 ℃和

45 ℃四种温度,每种温度 2 管。向每管接入培养 18～20 h 的酿酒酵母菌液 0.1 mL,混匀。

(3) 将上述各管分别置于不同温度下,进行振荡培养 24 h,观察结果。根据菌液的混浊度,以"＋"、"＋＋"、"＋＋＋"表示不同生长量,判断大肠杆菌和酿酒酵母菌生长繁殖的最适温度。

2. 微生物对高温的抵抗能力

(1) 向培养 48 h 的枯草芽孢杆菌和大肠杆菌斜面,各加入无菌生理盐水 4 mL,用接种环轻轻刮下菌苔制成菌悬液,混匀。

(2) 取 8 支试管,每管装 5 mL 肉膏蛋白胨培养液,灭菌后分别按顺序 1～8 编号。

(3) 往单号(1、3、5、7)培养液管中各接入大肠杆菌菌悬液 0.1 mL(或 2 滴),混匀。双号(2、4、6、8)培养液管中各接入枯草芽孢杆菌悬菌液 0.1 mL(或 2 滴),混匀。

(4) 将 8 支已接种的培养液管同时放入 100 ℃水浴中,10 min 后取出 1～4 号管,再过 10 min 后,取出 5 至 8 号管。各管取出后,立即用冷水或冰浴冷却。

(5) 将各管置于 37 ℃温箱中培养 24 h 后,根据菌液的混浊度记录大肠杆菌和枯草杆菌的生长情况:以"－"表示不生长,"＋"表示生长,并以"＋"、"＋＋"、"＋＋＋"表示不同生长量,判断大肠杆菌和枯草杆菌对高温的抵抗能力。

3. 不同温度对黏质沙雷氏杆菌色素形成的影响

(1) 从黏质沙雷氏杆菌斜面上取少许菌苔至盛有约 4 mL 无菌生理盐水中,制成菌悬液。

(2) 用接种环取少许菌悬液,分别在 2 个肉膏蛋白胨平板上划线接种。

(3) 将一个平板置于 25 ℃,另一平板置于 37 ℃温箱中培养 48 h。观察不同温度培养下,菌落产生色素的情况。

(4) 从在 37 ℃培养的平板上不产生粉红色素或产生色素不明显的菌落,取菌少许,在新鲜肉膏蛋白胨平板上划线接种,置于 25 ℃下培养 48 h,观察能否再产生色素。

(二) 渗透压对微生物的影响

1. 大肠杆菌和酿酒酵母菌适温振荡培养 18～20 h。

2. 以察氏培养基为基础,把其含糖量分别为 3％、10％、20％、40％配制培养液,每种含糖量 2 管,每管装 5 mL。灭菌后,各管分别接入酿酒酵母菌液 0.1 mL(或 2 滴)。

3. 以肉膏蛋白胨培养基为基础,把其 NaCl 含量分别为 0.5％、2.5％、5％、10％配制培养液,每种 NaCl 量 2 管,每管装 5 mL。灭菌后,各管分别接入大肠杆菌菌液 0.1 mL(或 2 滴)。

4. 将接种大肠杆菌的各管置 37 ℃温箱中培养,接种酿酒酵母菌的各管置 28 ℃培养,24 h 后观察结果。根据菌液的混浊度,以"－"表示不生长,"＋"表示生长,并以"＋"、"＋＋"、"＋＋＋"表示不同生长量,判断渗透压对大肠杆菌和酿酒酵母菌生长的影响情况。

(三) 紫外线对微生物的影响

1. 取无菌肉膏蛋白胨培养基平板 3 个,分别在培养皿底部标明大肠杆菌、枯草芽孢杆菌、金黄色葡萄球菌等试验菌的名称。

2. 分别取培养 24 h 的大肠杆菌、枯草芽孢杆菌和金黄色葡萄球菌菌液 0.1 mL(或 2 滴),加在相应的平板上,再用无菌涂棒涂布均匀,然后用无菌黑纸遮盖部分平板。

3. 紫外灯预热 10～15 min 后关灯,把盖有黑纸的平板置紫外灯下,平板与紫外灯的距离约 30 cm。打开培养皿盖,紫外线照射 20 min(照射的剂量以平板没有被黑纸遮盖的部位,有少量菌落出现为宜),关灯,取去黑纸,盖上皿盖。

4. 37 ℃,培养 24 h 后观察结果,比较并记录平板没被黑纸遮盖部位三种菌的菌落数量,判断大肠杆菌、枯草芽孢杆菌和金黄色葡萄球菌对紫外线的抵抗能力(图 10-5-1)。

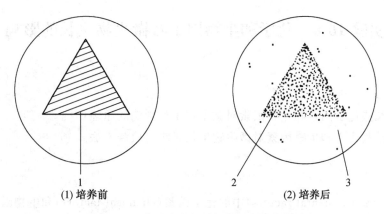

(1) 培养前　　　　　　　　(2) 培养后

图 10-5-1　紫外线照射对微生物生长的影响

1. 黑纸　2. 贴黑纸处有细菌生长　3. 紫外线照射处有少量菌生长

【实验报告内容】

将上列各种物理因素对微生物生长影响的实验结果记录于表 10-5-1。

表 10-5-1　不同物理因素对微生物生长的影响

不同因素		测试微生物	处理方式和结果
温度	最适生长温度		20 ℃，　28 ℃，　37 ℃，　45 ℃
		大肠杆菌	
		酿酒酵母	
	抗高温能力		100 ℃，10 min；　100 ℃，20 min
		大肠杆菌	
		枯草芽孢杆菌	
	温度与色素生成		25 ℃，　37 ℃，　37 ℃→25 ℃
		黏质沙雷氏菌	
渗透压	不同糖浓度		3%，　10%，　20%，　40%
		酿酒酵母	
	不同 NaCl 浓度		0.5%，　2.5%，　5%，　10%
		大肠杆菌	
	紫外线		功率 20 W，距离 30 cm，照射 20 min
		大肠杆菌	
		枯草芽孢杆菌	
		金黄色葡萄球菌	

【思考题】

(1) 通过实验说明芽孢的存在对消毒灭菌有什么影响？

(2) 举例说明生活中(如何)利用渗透压抑制微生物生长的方法和原理。

(3) 在进行微生物抗高温实验中,为什么需用培养 48 h 的枯草杆菌斜面接种？

实验 10-6　化学和生物因素对微生物生长的影响

【目的要求】

（1）了解某些化学因素和生物因素对微生物生长影响的原理；

（2）学习某些化学和生物因素对微生物生长影响的检测方法。

【基本原理】

环境因素（environmental factors）中的化学因素（chemical factors）和生物因素（biological factors），如化学药品、pH、氧、微生物间的拮抗作用和噬菌体等，对微生物的生长有不同的影响。

化学药品中的抑菌剂或杀菌剂，有抑菌作用或杀菌作用。本试验选数种常用的药物，以验证其抑菌效能和同一药物对不同菌的抑制效力。

微生物作为一个群体，其生长的 pH 范围很广，但绝大多数种类都生长在 pH 5～9 之间，而每种微生物都有生长的最高、最低和最适 pH。

根据微生物对氧的需求，可把微生物分为需氧菌和厌氧菌两大类，又可细分为需氧菌、兼性厌氧菌、微需氧菌、耐氧菌和厌氧菌。在半固体深层培养基管中，穿刺接种上述对氧需求不同的细菌，适温培养后，各类菌在半固体深层培养基中的生长情况各有不同。需氧菌生长在培养基的表面；厌氧菌生长在培养基管的基部；兼性需氧菌，按其兼性好氧的程度，生长在培养基的不同深度。

有些生物能产生抗生素，它们的抗菌机制不同：有些干扰微生物细胞膜的功能，有些阻碍细胞壁合成，有些影响蛋白质或核酸合成等。不同的抗生素作用的微生物不同，测定某一抗生素的抗菌范围，称抗菌谱试验。本试验是检验产黄青霉菌产生的青霉素和灰色链霉菌产生的链霉素对不同微生物的作用。

多数烈性噬菌体对敏感菌有裂解作用，且噬菌体寄主范围有专一性。本试验通过噬菌体裂解敏感菌形成噬菌斑，以验证噬菌体对敏感菌的裂解作用及寄主的专一性。

【实验材料】

（一）菌种

大肠杆菌，枯草芽孢杆菌，金黄色葡萄球菌，乳链球菌（Streptococcus lactis），丙酮-丁醇梭菌（*Clostridium acetobutylicum*），发酵单孢菌（*Zymomonas sp.*），酿酒酵母菌，产黄青霉菌，灰色链霉菌，大肠杆菌 B 株（*E. coli* B）和大肠杆菌噬菌体 T_4（*E. coli* T_4）。

（二）培养基

肉膏蛋白胨培养基，肉膏蛋白胨液体培养基，豆芽汁葡萄糖培养基，豆芽汁葡萄糖液体培养基，马铃薯葡萄糖培养基。

（三）试剂和溶液

土霉素（8 mg/mL），新洁尔灭（1：20 水溶液），复方新诺明（医用），汞溴红（2% 红药水），碘酒(2.5%)。

（四）仪器和其他物品

恒温培养箱;移液器,培养皿,试管,镊子,卡尺或尺子,圆滤纸片等。

【实验内容】

（一）药物的抑菌试验

1. 取培养 18～20 h 的大肠杆菌、枯草芽孢杆菌和金黄色葡萄球菌斜面各 1 支,分别加入 4 mL 无菌水,用接种环将菌苔轻轻刮下、振荡,制成均匀的菌悬液。

2. 取 3 个无菌培养皿,每试验菌一皿,在皿底写明菌名及测试药品名称。

3. 分别用无菌滴管加菌液 4 滴(或 0.2 mL)于相应的无菌培养皿中。

4. 将融化并冷却至 45～50 ℃的肉膏蛋白胨培养基倾入皿中约 15 mL,迅速与菌液混匀,冷凝,制成含菌平板。

5. 用镊子取分别浸泡在土霉素(8 mg/mL)、复方新诺明、新洁尔灭(1∶20 水溶液)、红汞(2%)和碘酒溶液(2.5%)中的圆滤纸片各一张,置于同一含菌平板上(图 10-6-1)。

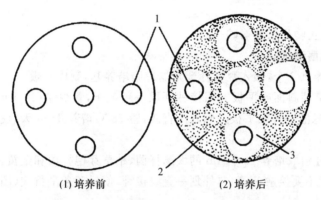

(1) 培养前   (2) 培养后

图 10-6-1 圆滤纸片法测定药物杀菌作用

1. 滤纸片 2. 细菌生长区 3. 抑菌区

6. 将平板倒置于 37 ℃温箱中,培养 24 h 后观察结果。用卡尺或尺子测量并记录抑菌圈的直径。根据其直径的大小,可初步确定测试药品的抑菌效能。

（二）不同 pH 对微生物生长的影响

1. 配制肉膏蛋白胨液体培养基,分别调至 pH 3、5、7、9 和 11,每种 pH 分装 3 管,每管盛培养液 5 mL,灭菌备用。取培养 18～20 h 的大肠杆菌斜面 1 支,加入无菌水 4 mL,制成菌悬液。每管肉膏蛋白胨液体培养基中接种大肠杆菌菌悬液 1 滴(或 0.1 mL),摇匀,置 37 ℃温箱中培养。

2. 配制豆芽汁葡萄糖液体培养基,分别调至 pH 3、5、7、9 和 11,每种 pH 分装 3 管,每管盛培养液 5 mL,灭菌备用。按上法制成酿酒酵母菌悬液,每管接种 1 滴(或 0.1 mL),摇匀,置 28 ℃温箱中培养。

3. 培养 24 h 后观察结果。根据菌液的混浊程度判定微生物在不同 pH 的生长情况:以"－"表示不生长,"＋"表示生长,并以"＋"、"＋＋"、"＋＋＋"表示不同生长量,记录实验结果。

（三）氧对微生物生长的影响

1. 穿刺接种法

取肉膏蛋白胨半固体深层培养基试管 10 支，用穿刺接种法分别接种枯草芽孢杆菌、大肠杆菌、发酵单胞菌、乳链球菌和丙酮丁醇梭菌，每种菌接种 2 支培养基试管。接种时接种针应尽量深入，但不要穿破培养基触及试管底部。37 ℃，恒温培养 48 h 后观察结果。注意各菌在培养基中生长的部位。

2. 混匀接种法

取肉膏蛋白胨半固体深层培养基试管 10 支，将培养基融化并冷却至约 50 ℃时，向培养基中分别接入枯草芽孢杆菌、大肠杆菌、发酵单胞菌、乳链球菌和丙酮丁醇梭菌菌悬液 0.1 mL（或 2 滴），迅速混匀后静置冷凝，每种菌接种 2 支培养基试管。然后 37 ℃，恒温培养 48 h 后观察结果。注意各菌在培养基中生长的部位（图 10-6-2）。

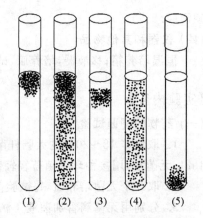

图 10-6-2　氧气对微生物生长的影响
（1）好氧菌　（2）兼性好氧菌
（3）微好氧菌　（4）耐氧菌　（5）厌氧菌

（四）生物因素对微生物生长的影响

1. 抗生菌的抗菌谱试验

（1）取无菌培养皿 2 个，倾入豆芽汁葡萄糖琼脂培养基，制成平板。

（2）从产黄青霉菌斜面或平板上用接种环取一环孢子，置少量（约 1 mL）无菌水中，制成孢子悬液。取孢子悬液一环在平板一侧划一直线，置 28 ℃培养 3～4 天，使形成菌苔及产生青霉素。

（3）用接种环分别取培养 18～24 h 的大肠杆菌、枯草芽孢杆菌和金黄色葡萄球菌，从产黄青霉菌苔边缘（注意不要接触菌苔）向外划一直线接种，使呈三条平行线（图 10-6-3）。

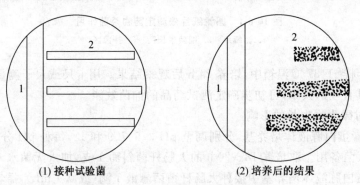

（1）接种试验菌　　　　　　　　（2）培养后的结果

图 10-6-3　抗生素抗菌谱试验示意图
1. 产黄青霉或灰色链霉菌　2. 试验菌

（4）用马铃薯葡萄糖琼脂培养基倒 2 个平板，同上述方法接种灰色链霉菌，适温培养 5～6 天。然后接种大肠杆菌、枯草芽孢杆菌及金黄色葡萄球菌。

（5）把平板置 37 ℃，培养 24 h 后观察结果。用卡尺或尺子测量抑菌区的长度。

2. 噬菌体对敏感菌的裂解作用

(1) 取无菌培养皿 2 个,用笔在培养皿背面画 4 个直径约 2 cm 的圆圈,注明 1、2、3、4。

(2) 培养皿中倒入已灭菌并融化后冷却至约 50 ℃的肉膏蛋白胨培养基,制成平板。

(3) 用接种环取大肠杆菌 B 株菌液,轻涂在平板上的 1、2 两个圆圈内。取金黄色葡萄球菌菌液,涂在 3、4 两个圆圈内。

(4) 再用接种环取 T4 噬菌体液,涂于 1、3 两个圆圈内。2 和 4 不加 T4 噬菌体,作对照(图 10-6-4)。

(5) 把平板置 37 ℃,培养 24 h 后观察结果。

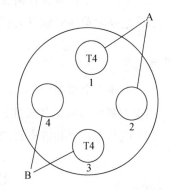

图 10-6-4 T4 噬菌体裂解示意图
A. 大肠杆菌 B 株 B. 金黄色葡萄球菌

【实验报告内容】

(1) 将不同药物对微生物生长影响的相关数据记录于表 10-6-1。

表 10-6-1 药物对微生物生长的影响(抑菌圈直径 mm)

试验药品	大肠杆菌	枯草芽孢杆菌	金黄色葡萄球菌
复方新诺明			
新洁尔灭			
土霉素			
红汞			
碘酒			

(2) 记录不同 pH 对微生物生长的影响,将相关数据填写于表 10-6-2。

表 10-6-2 不同 pH 对微生物生长的影响

试验菌	pH 3	pH 5	pH 7	pH 9	pH 11
大肠杆菌					
酿酒酵母					

(3) 将氧对不同试验菌生长影响的试验结果填写于表 10-6-3。

表 10-6-3 氧对微生物生长的影响

试验菌	对氧的需求情况及在半固体深层培养基中生长的部位
大肠杆菌	
枯草芽孢杆菌	
发酵单胞菌	
乳链球菌	
丙酮丁醇梭菌	

（4）绘图表示产黄青霉菌和灰色链霉菌的抑菌作用。

（5）记录噬菌体对敏感菌裂解作用的试验结果，并讨论实验结果出现的原因。

【思考题】

（1）上述多个试验中，为什么选用大肠杆菌、金黄色葡萄球菌和枯草芽孢杆菌作为试验菌？以上三种菌各有何代表性？

（2）说明青霉素和链霉素的抗菌谱及其作用机理。

实验 10-7　厌氧菌的培养

【目的要求】

（1）了解厌氧菌的培养原理；

（2）了解厌氧罐的构造及原理；

（3）掌握培养厌氧菌的几种方法。

【基本原理】

根据微生物呼吸对氧的需求不同，可将微生物分为专性需氧菌（obligate or strick aerobes）、兼性厌氧菌（facultative anaerobes）、微需氧菌（microaerophiles）、耐氧菌（aerotolerant anaerobes）和厌氧菌（anaerobes）。前三者属于需氧菌（aerobes），后两者属于厌氧菌（anaerobes）。耐氧菌（如乳酸菌），生长不需要氧，但氧对它无毒害作用；专性厌氧菌（如梭状芽孢杆菌、产甲烷杆菌等），生长不需要氧，而氧对它有毒害作用。

氧对厌氧菌毒害作用在于：在生物的细胞内普遍存在超氧阴离子自由基，它是一种强的氧化剂，能破坏生物大分子。由于厌氧菌细胞中含有很少或完全不含超氧化物歧化酶和过氧化氢酶等，故无法将超氧阴离子自由基歧化成 H_2O_2，也无法将 H_2O_2 进一步分解成无毒的 H_2O。因此，当厌氧菌处于有氧的环境中，细胞中的超氧阴离子自由基将使其受毒害甚至死亡。

目前已经发展多种厌氧菌的培养方法，其中有物理方法、化学方法或物理化学相结合的方法以及生物方法等。这些方法的共同原理，是在培养基内造成缺氧条件和创造厌氧培养环境。本实验主要介绍 3 种实验室中最常用的厌氧菌培养方法：庖肉培养基（chop meat mediam）法、焦性没食子酸（pyrogallic acid）法和厌氧罐（anaerobic jar）培养法。

（一）庖肉培养基法

这是一种厌氧菌液体培养最常用的方法。培养基中的碎肉含有谷胱甘肽等还原性物质，可降低培养基中的氧化还原电势，同时在培养基的表面可加上一层石蜡与凡士林的混合物（约1∶1），以隔绝空气中的氧进入培养基中。此外，在接种前可将已灭菌的培养基煮沸，以除去培养基中的微量氧气。

（二）焦性没食子酸法

在一个密闭的容器中，装有焦性没食子酸结晶，并在其中加进碱液（NaOH 或 Na_2CO_3 或 $NaHCO_3$）。焦性没食子酸在碱性条件下被氧化成为焦性没食子素，并有效除去密闭容器中的氧。此法的优点是设置简单，操作方便；缺点是 NaOH 可吸收容器中的 CO_2，从而降低其中的 CO_2 含量，而 CO_2 对某些厌氧菌生长有利；此外，反应中同时产生少量 CO，不利于厌氧菌的生长。若用 Na_2CO_3 或 $NaHCO_3$ 代替 NaOH，焦性没食子酸与 Na_2CO_3 反应可释放 CO_2。由于实验中所使用密闭容器不同，又可分成不同方法。本实验主要介绍 Wright 管法和干燥器法。焦性没食子酸氧化反应式如下：

$$\text{焦性没食子酸（淡绿色）} + \frac{1}{2}O_2 \xrightarrow{\text{NaOH}} \text{焦性没食子素（深棕色）} + H_2O$$

（三）厌氧罐培养法

1. 厌氧罐体的结构

目前广泛使用的厌氧罐如图 10-7-1 及 10-7-2 所示，其罐体采用透明的聚碳酸酯硬质塑料或不锈钢制成。圆形罐盖的周缘有凹槽，内嵌一橡皮圈，起着罐体和盖之间的密封作用。罐体与圆盖用一个大型的金属螺旋夹夹紧密封。盖的下方中央，旋连着一个金属丝网盒或金属盘，用于存放活化的钯粒。

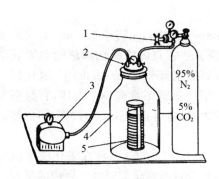

图 10-7-1　真空及气体交换法

1. 压力调节阀　2. 真空阀
3. 真空泵　4. 罐体　5. 培养皿

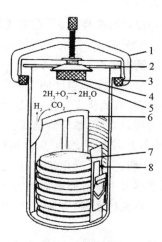

图 10-7-2　厌氧培养罐

1. 螺旋夹　2. 密封垫圈　3. 橡皮套
4. 球状钯催化剂　5. 催化剂放置处
6. H_2-CO_2 气体发生袋　7. 培养皿
8. 厌氧指示袋

2. 厌氧罐培养原理

（1）供 H_2 除 O_2 和提供 CO_2

供氢，是由于氢在催化剂的作用下与罐中的氧反应产生水而除氧；提供 CO_2，是由于适量的 CO_2 对厌氧菌生长无不利的影响，而对某些革兰氏阳性厌氧菌有促进生长的作用。供 H_2 和供 CO_2 有两种方法：内源法和外源法。

A. 内源法　在厌氧罐内加入产气袋（gas pak），利用其中的硼氢化钠（$NaBH_4$）或硼氢化钾（KBH_4）在催化剂（$CoCl_2$）的作用下与水发生反应产生 H_2，H_2 在催化剂钯的作用下与罐中 O_2 反应产生水，从而除去罐中的氧气；此外，利用柠檬酸和碳酸氢钠反应产生 CO_2。操作时只要在使用前剪去产气袋一角，并注入适量促厌氧生成剂的水溶液，即可产生 H_2 和 CO_2。如图 10-7-2。其反应式如下：

$$① \ NaBH_4 + 2H_2O \xrightarrow{Co^{2+} \text{ 或 } Ni^{2+}} NaBO_2 + 4H_2 \uparrow$$

$$2H_2 + O_2 \xrightarrow{\text{钯}} 2H_2O$$

$$② \ \text{HO—} \overset{\displaystyle CH_2COOH}{\underset{\displaystyle CH_2COOH}{\overset{|}{\underset{|}{C}}}} \text{COOH} \ + 3NaHCO_3 \longrightarrow \text{HO—} \overset{\displaystyle CH_2COONa}{\underset{\displaystyle CH_2COONa}{\overset{|}{\underset{|}{C}}}} \text{COONa} \ + 3H_2O + 3CO_2 \uparrow$$

柠檬酸

B. 外源法　是通过抽气换气法把罐内空气抽尽，并将钢瓶中的 N_2 和 CO_2 充入罐中。如图 10-7-1。

（2）催化剂

目前一般均用常温下即可起催化的"冷式"催化剂，如"钯粒"、"钯条"等，它是由含钯的石棉等填充料加工而成的。每次使用前，需将钯粒催化剂放在 140 ℃烘箱内，烘烤 2 h，使其活化。

（3）厌氧指示剂

指示厌氧罐内无氧程度的方法有物理法、化学法和生物法。目前常用的是化学法，通常利用美蓝指示剂，其氧化态为蓝色，还原态为粉红色或无色。

最近发展，一种简单厌氧菌培养方法，即氧化酶（oxyrase）法。只需将 0.1 mL 氧化酶加入到 5 mL 肉汁培养基中，即可立即接种大多数的厌氧菌。通常只需将氧化酶琼脂和厌氧培养基混合，当琼脂还处于融化状态时，立即将厌氧菌倒入到氧化酶平皿（oxydish）中，氧化酶可有效地还原培养基中和琼脂表面与盖子之间的空间中的氧。皿盖中具有一个内环，它与平板表面形成一个牢固的密封（应易打开和密封）。在几分钟内，皿盖可打开和关闭数次，而仍然保持无氧环境。

近期又进一步发展出更为简便的氧化酶平板法（oxyplate）。它是一种在氧化酶平皿中预先注入含有与传统厌氧培养基成分基本相同的培养基和少量的氧化酶制剂而做成的平板。使用时，只需在氧化酶平板上直接划线接种，并将其置于有氧条件下进行培养。

上述两种方法中，由于产生厌氧条件是直接来自于培养基中，因此不需再购置昂贵的设备，如厌氧罐、袋和厌氧箱等。这是它们的最大优点。

【实验材料】

(一) 菌种

丙酮丁醇梭菌,两歧双歧杆菌 1.1852(*Bifidobacterium bifidum*),大肠杆菌,枯草芽孢杆菌。

(二) 培养基　(见附录三)

庖肉培养基,蛋白胨酵母膏焦性没食子酸培养基,玉米醪培养基,6.5% 玉米醪培养基,$CaCO_3$,明胶麦芽汁培养基,中性红培养基,两歧双歧杆菌培养基。

(三) 试剂和溶液　(见附录四)

焦性没食子酸,10% NaOH,灭菌的石蜡凡士林(1∶1),革兰氏染色液。

(四) 仪器和其他物品

显微镜,厌氧培养罐,灭菌锅,干燥器,真空泵;H_2-CO_2 气体发生袋(gas pak),钯粒,促厌氧催化生成袋,美蓝指示剂安瓿管(以上四种药品及试剂可随购罐时购买,并附使用说明)。无菌带橡皮塞的大试管,试管,移液管,载片,试管架,无菌棉花,剪刀等。

【实验内容】

(一) 庖肉培养基法

若所用的庖肉培养基灭完菌后已存放了一段时间,接种前,可将培养基置于沸水浴中加热 10 min,除去培养基中的溶解氧,冷却。然后置于火焰上,小心微火加热,使培养基上的石蜡凡士林层融化,冷却到约 46 ℃(不烫手),再分别接种丙酮丁醇梭菌、大肠杆菌、枯草芽孢杆菌于 3 支试管的培养基中。将试管直立于试管架上,使石蜡凡士林层凝固并封盖在液体培养基的表面,于 37 ℃温箱中直立培养 2～3 天。比较各菌生长的情况。

(二) 焦性没食子酸法

1. Wright 管法

对于某些非严格厌氧菌,可采用 Wright 管法进行培养。将两歧双歧杆菌 1.1852 接种在 Wright 管内的斜面上,将培养管口棉塞进行修剪并用玻棒将其推进管内,使其刚好停留在斜面的上方。在棉塞的上方与管口处的空间,填充焦性没食子酸结晶,再加 1 mL 10% NaOH 溶液,管口塞上橡皮塞,立即倒置培养管(图 10-7-3),于 37 ℃温箱中倒置培养。焦性没食子酸与 NaOH 溶液作用,吸收斜面与棉塞间的氧气,造成无氧环境。

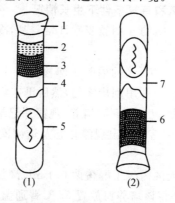

图 10-7-3　Wright 管的装置

1. 橡皮塞　2. NaOH　3. 焦性没食子酸　4. 棉塞　5. 斜面　6. 吸氧反应区　7. 无氧空间

一般实验室也可用大管套小管法代替 Wright 管。即将接种两歧双歧杆菌 1.1852 的斜面,放入一支带橡皮塞的大试管内,在大试管内先放 0.5 g 焦性没食子酸,迅速滴入 10% 的 NaOH 溶液使焦性没食子酸润湿,并立刻拔出已接种厌氧菌斜面试管棉塞,管口向上,放入大试管内。立刻盖严大试管的橡皮塞后,放入温箱培养。

2. 干燥器法

在一个真空干燥器(内径约 12~15 cm)的隔板下放一培养皿底盖,在其中加入 5 mL 10% NaOH(或 2.5 mL 20% NaOH 或 50% 过饱和 NaOH),皿盖上放一载玻片,载片边沿放上0.5 mg 焦性没食子酸。在隔板上放置接种后的丙酮丁醇梭菌斜面或平板,并放美蓝指示剂一管,然后盖上已涂抹了凡士林的干燥器盖子,密封干燥。将干燥器稍加倾斜,使载片边缘的焦性没食子酸掉入皿中,与其中的 NaOH 反应,吸收容器中的氧气。与此同时连接真空泵,抽尽干燥器中的空气(图10-7-4),然后将此干燥器置于 37 ℃温箱中培养。

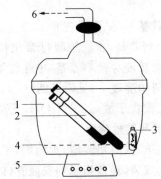

图 10-7-4　干燥器培养法
1. 真空干燥器　2. 试管　3. 美蓝指示剂管
4. 隔板　5. 吸氧剂(焦性没食子酸)　6. 接真空泵

(三) 厌氧罐培养法

1. 准备厌氧罐

将催化剂盒内的钯在 140~160 ℃烘箱内烘 1~2 h,使其活化后,放入催化剂盒内。

2. 厌氧培养两歧双歧杆菌或丙酮丁醇梭菌

本实验以丙酮丁醇梭菌为例,进行厌氧培养实验。

(1) 将装有 10 mL 玉米醪的试管放在水浴中煮沸数分钟,驱除其中溶解的氧气,取出迅速冷却,切勿摇动。

(2) 按 10% 的接种量,从已培养 2~3 天的 6.5% 的玉米醪丙酮丁醇梭菌的试管中取出 1 mL 菌液,接种到上述培养基中。

(3) 将接种后的试管置于厌氧罐中,把 H_2-CO_2 气体发生袋剪开一口,加入 15 mL 促厌氧催化生成剂溶液。同时将活化后的钯粒放在盆内,并把厌氧指示盒内美蓝指示管打开,放入罐内。将罐盖盖上,拧动螺旋压紧,置 35 ℃培养 2~3 天。

3. 比较丙酮丁醇梭菌在无氧和有氧条件下生长情况

(1) 分别融化中性红培养基、$CaCO_3$ 明胶麦芽汁培养基,冷却至 45 ℃左右倒入培养皿,制成平板,冷凝备用。

(2) 用无菌移液管取已培养 2~3 天的丙酮丁醇梭菌 0.1 mL,分别滴加在中性红培养基和 $CaCO_3$ 明胶麦芽汁培养基平板上并用刮棒涂匀,然后迅速将该皿倒置在已准备好的厌氧罐中。迅速盖好厌氧罐盖,拧紧螺旋,放 35 ℃培养,观察并记录罐内厌氧菌生长情况。若能分解明胶及 $CaCO_3$,就能在平板上菌落周围出现液化态及透明圈。若在中性红平板上出现金黄色菌落,说明是该菌产酸所致。

(3) 再分别取已培养 2~3 天的丙酮丁醇梭菌 0.1 mL 滴加在中性红培养基和明胶麦芽汁培养基平板上,用刮棒涂匀后,并将该培养皿放置 35 ℃普通温箱中培养,作为有氧条件下培养对照。观察培养皿上菌落能否生长。

(4) 挑取罐内培养的单菌落,涂片染色观察菌体和芽孢形态。

【实验报告内容】

（1）说明厌氧菌和需氧菌的培养方法的区别。

（2）观察庖肉培养基中丙酮丁醇梭菌、大肠杆菌、枯草芽孢杆菌生长情况，并分析结果。

（3）观察两歧双歧杆菌菌苔生长情况并制片进行革兰氏染色，用显微镜观察个体形态。

（4）记录丙酮丁醇梭菌的形态及生理生化反应结果。

表 10-7-1　丙酮丁酸梭菌的形态及生理生化特性

形态观察	在 CaCO₃ 明胶麦芽汁培养基上的菌落形态特征			个体形态特征		
	菌落大小形状	颜色光泽	透明度	菌体形状	有无芽孢及形状	革兰氏染色
生理生化反应	明胶液化	CaCO₃ 分解	中性红平板上颜色变化		备　注	

【思考题】

（1）为什么氧气对专性厌氧菌具有毒害作用？

（2）厌氧菌培养时除氧的基本方法有哪些？

（3）厌氧菌的培养有哪些方法？它们的共同原理是什么？

实验 10-8　石炭酸系数法对药物药效的检测

【目的要求】

（1）了解石炭酸系数测定原理；

（2）学习并掌握石炭酸系数的测定方法。

【基本原理】

石炭酸系数（phenol coefficient，P. C.）是指在一定条件和一定时间内，被测药剂杀死全部供试菌的最高稀释度与达到同样效果的石炭酸最高稀释度的比值。石炭酸系数越大，表明该消毒剂杀菌力越强。常用石炭酸系数来比较和评价各种消毒剂的相对杀菌强度。

【实验材料】

（一）菌种

大肠杆菌。

（二）培养基

肉膏蛋白胨液体培养基。

（三）试剂和溶液

石炭酸系列稀释液，来苏尔系列稀释液。

（四）仪器和其他物品

恒温箱，无菌移液器，试管等。

【实验内容】

（一）药物系列稀释液制备

（1）用无菌水将石炭酸（固体，如已变色或潮解应重新蒸馏后使用）配成 1∶50、1∶60、1∶70、1∶80 和 1∶90 五种不同稀释度的溶液。每种溶液取 5 mL，分别置于相应编号的无菌试管中。

（2）将待测药品（来苏尔）用无菌水配成 1∶150、1∶200、1∶250、1∶300 和 1∶500 五种不同稀释度的溶液。每种溶液取 5 mL，分别置于相应编号的无菌试管中。

（二）接种

1. 将大肠杆菌接入不同稀释度的药液中

（1）用无菌移液器吸取在肉膏蛋白胨培养液中培养 18 h～20 h 的大肠杆菌菌液 0.5 mL 接入 1∶50 的石炭酸溶液中，摇匀。20 s 后，加 0.5 mL 大肠杆菌菌液至 1∶60 的石炭酸溶液中，摇匀。依次每隔 20 s 向一种稀释度的石炭酸液加入 0.5 mL 菌液，直至 1∶90 的溶液。

（2）加完石炭酸 1∶90 的溶液后，隔 20 s 开始同样操作，向待测药品来苏尔 1∶150 的溶液接入 0.5 mL 大肠杆菌菌液。依次每隔 20 s 向一种稀释度待测药品溶液加入 0.5 mL 菌液，直至加完 1∶500 的溶液。

2. 将经不同稀释度处理的大肠杆菌转接入肉膏蛋白胨培养液中

（1）取肉膏蛋白胨培养液 15 管（每管 4.5 mL），标明石炭酸的不同稀释度。每种溶液用 3 管，分别注明 5、10、15 min。

（2）另取肉膏蛋白胨培养液 15 管（每管 4.5 mL），标明待测药品来苏尔不同稀释度。每种溶液用 3 管，也分别注明 5、10、15 min。

（3）当 1∶50 的石炭酸液接入菌液后 5 min 时，用直径 5 mm 接种环取一满环经处理的菌液至标明 1∶50、5 min 的肉膏蛋白胨培养液管中。20 s 后，从 1∶60 的石炭酸液中用同一接种环取一满环经处理的菌液至标明 1∶60、5 min 的肉膏蛋白胨培养液管中。依次以每 20 s 完成一个浓度的转接操作，直至待测样品 1∶500 的溶液。即每 20 s 完成转接，并注意接种环接种前后的火焰灭菌操作。

（4）当 1∶50 的石炭酸液接入菌液后 10 min 时，依上法，每 20 s 用同一接种环转接一满环经处理 10 min 的菌液至相应的肉膏蛋白胨培养液管中。

（5）当 1∶50 的石炭酸液接入菌液后 15 min 时，依上法，每 20 s 用同一接种环转接一满环经处理 15 min 的菌液至相应的肉膏蛋白胨培养液管中（图 10-8-1）。

（三）培养

将此 30 支肉膏蛋白胨培养液管置 37 ℃ 温箱中，培养 48 h 后观察结果。以"＋"表示生长（混浊），"－"表示不生长（澄清），做记录。

（四）石炭酸系数（酚系数）的计算

找出处理 5 min 的大肠杆菌生长、而 10 min 和 15 min 不生长的石炭酸最大稀释度和待测

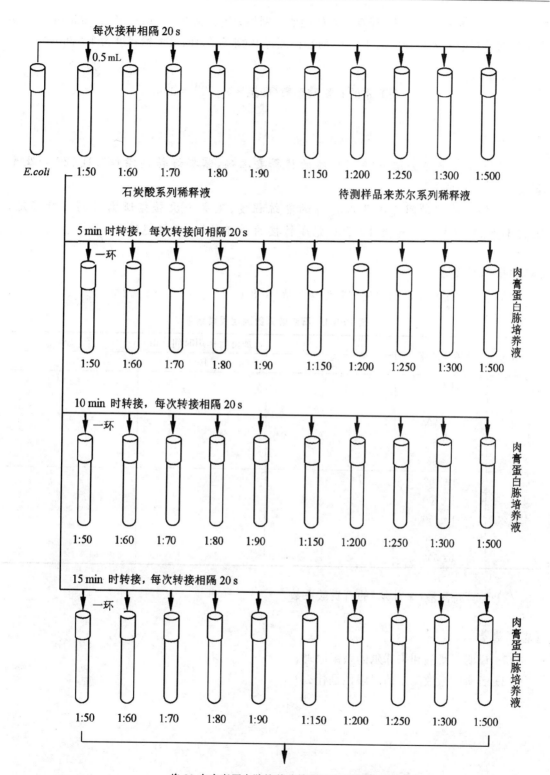

图 10-8-1 石炭酸系数法操作示意图

样品(来苏尔)的最大稀释度,计算二者的比值。例如大肠杆菌在 5 min 生长、10 min 和 15 min 不生长的石炭酸最大稀释度为 1∶70,而在待测样品(来苏尔)的最大稀释度为 1∶250。

$$来苏尔的石炭酸系数(酚系数) = \frac{250}{70} = 3.6$$

注意

(1) 需要注意石炭酸和待测样品的稀释要准确,掌握好转接操作时间(20 s)及无菌操作。

(2) 转接操作时间可依各人操作的熟练程度,完成一次转接所需时间自行确定,但从稀释倍数1∶50开始至 1∶500 完成转接的全部时间,不得超过 5 min。

【实验报告内容】

(1) 记录石炭酸系数测定的观察结果于表 10-8-1。

表 10-8-1　石炭酸系数测定观察结果

杀菌剂	稀释倍数	加菌后作用时间/min		
		5	10	15
石炭酸	1∶50			
	1∶60			
	1∶70			
	1∶80			
	1∶90			
来苏尔	1∶150			
	1∶200			
	1∶250			
	1∶300			
	1∶500			

(2) 计算待测液(来苏尔)的石炭酸系数。

【思考题】

(1) 说明石炭酸和来苏尔的杀菌原理。

(2) 石炭酸系数测定的局限性是什么?

第 11 章　微生物遗传与育种

人工促使微生物细胞遗传物质结构改变,获得优良性状的微生物菌种,主要可采用三种基本的遗传学途径:诱变育种(breeding by induced mutation)、基因重组(gene recombination)及基因工程(genetic engineering)。

诱变育种主要通过物理诱变剂(physical mutagen)(如紫外线、X 射线、γ 射线、快中子、激光、超声波、离子注入及太空育种等)和化学诱变剂(chemical mutagen)(如亚硝酸、硫酸二乙酯、亚硝基胍、吖啶类染料等)处理微生物群体细胞,在明显提高突变率的基础上通过筛选,从中选出遗传物质分子结构发生改变的少数细胞。常利用形态突变型、生化突变型、条件致死突变型进行筛选,从而获得优良性状的突变株。诱变育种方法简便,容易掌握,仍是目前行之有效的一种重要育种手段,但自觉性、方向性差。

基因重组是把两个不同性状的个体细胞内的遗传基因汇集到一个个体细胞内,增加优良性状的组合或产生多倍体,使细胞虽未发生突变,但经过基因重新组合而发生变异。原核微生物基因重组的主要方式有转化(transformation)、转导(transduction)、转染(transfection)、接合(conjugation);真核微生物基因重组的主要方式为有性杂交(sexual hybridization)和准性杂交(parasexual hybridization)。微生物细胞中的原生质体融合(protoplast fusion)也是基因重组在体细胞水平上的反映。基因重组与诱变育种技术相比,是向更自觉、更有效和一定的方向前进了一步。特别是对那些长期诱变不显效的菌株,可通过杂交育种等手段,实现优良性状的组合,目前在育种工作中也占重要地位。

基因工程是基于 DNA 重组技术的菌种改良新途径。对不同生物的遗传物质进行体外人工"剪接",构成重组 DNA 分子,即将外源 DNA 分子通过载体导入微生物或动、植物受体细胞内,进行无性繁殖,并使所需要的基因得以表达,稳定遗传,这是实现超远缘杂交最新、最有前途的定向育种新技术。

由于诱变育种、基因重组、基因工程、蛋白质工程以及代谢途径工程等育种技术的发展,人类可以按照自己的设想,对微生物进行细胞水平、分子水平不同层次的改造,构建出具有特殊功能的变异或重组菌株,使其造福于人类。

本章主要介绍常规的紫外线、硫酸二乙酯等物理和化学的诱变育种技术,细菌的转导与接合、细菌与酵母菌原生质体融合等基因重组技术,以及营养缺陷型突变株的筛选方法。

实验 11-1　紫外线对枯草芽孢杆菌产生淀粉酶的诱变效应

【目的要求】

(1) 了解紫外线的诱变原理;

(2) 学习并掌握物理诱变育种的方法;

(3) 观察紫外线对枯草芽孢杆菌 BF7658 产生淀粉酶的诱变效应。

【基本原理】

一般用于诱变育种的物理因子有快中子、^{60}Co、γ 射线、高能电子流 β 射线及离子注入等。物理诱变剂(physical mutagen)中,以紫外线辐射的使用最为普遍,其他物理诱变剂则受设备条件的限制,难以普及。紫外线(ultraviolet ray,UV)作为物理诱变剂用于工业微生物菌种的诱变处理具有悠久的历史,尽管几十年来各种新的诱变剂不断出现和被应用于诱变育种,但到目前为止,对于经诱变处理后得到的高单位抗生素产生菌种中,有 80% 左右是通过紫外线诱变后经筛选而获得的。因此,对于微生物菌种选育工作者来说,紫外线作为诱变因子还是应该首先考虑的。

紫外线的波长在 200~380 nm 之间,但对诱变最有效的波长仅仅是在 253~265 nm,一般紫外线杀菌灯所发射的紫外线大约有 80% 是 254 nm。紫外线诱变的主要生物学效应是由于 DNA 结构变化而造成的。DNA 对紫外线有强烈的吸收作用,尤其是碱基中的嘧啶,它比嘌呤更为敏感。紫外线引起 DNA 结构变化的形式很多,如 DNA 链的断裂、碱基破坏。但其最主要的作用是使同链 DNA 的相邻嘧啶间形成胸腺嘧啶二聚体,阻碍碱基间的正常配对,从而引起微生物突变或死亡。

经紫外线损伤的 DNA,能被可见光复活。因此,经诱变处理后的微生物菌种要避免长波紫外线和可见光的照射。注意,经紫外线照射后样品需用黑纸或黑布包裹。另外,照射处理后的孢子悬液不要贮放太久,以免在黑暗中突变被修复。

【实验材料】

(一) 菌种

枯草芽孢杆菌 BF7658。

(二) 培养基　(见附录三)

肉膏蛋白胨固体培养基,淀粉培养基。

(三) 试剂和溶液　(见附录四)

牛肉膏,蛋白胨,NaCl,可溶性淀粉,碘液,无菌生理盐水 4.5 mL/管,无菌生理盐水 50 mL/瓶。

(四) 仪器和其他物品

20 W 紫外灯,磁力搅拌器,离心机;无菌培养皿,无菌试管,无菌移液管,无菌带玻璃珠的锥形瓶,量筒,烧杯,离心管,可见光分光光度计等。

【实验内容】

(一) 诱变

1. 菌悬液的制备

取已培养 20 h 的活化枯草芽孢杆菌斜面一支,用 10 mL 生理盐水将菌苔洗下,并倒入盛有玻璃珠的锥形瓶中。强烈振荡 10 min,打碎菌块,将此菌悬液用无菌移液管吸至 10 mL 离心管中,3000 r/min 离心 15 min。弃上清液,将菌体用无菌生理盐水 10 mL 洗涤 2 次,最后用 10 mL 无菌生理盐水制成菌悬液。用无菌移液管移入另一锥形瓶中,调整细胞浓度为 10^8/mL。细胞悬液浓度可用可见光分光光度计进行测定,也可用光密度比浊法测定。

2. 平板制作

将淀粉琼脂培养基融化后，冷至 45 ℃左右，每人倒平板 9 个，凝固后待用。

3. 诱变处理

（1）预热　正式照射前开启紫外灯，预热 20 min。

（2）搅拌　取制备好的菌悬液 4 mL 移入直径为 6 cm 的无菌培养皿中。放入无菌磁力搅拌棒，置于磁力搅拌器上，在 20 W 紫外灯下 30 cm 处进行照射。

（3）照射　打开皿盖边搅拌边照射，剂量分别为 1 min、2 min、3 min。可以累积照射，也可分别照射不同时间。所有操作必须在红灯下进行。

4. 稀释涂平板

先取未照射的菌悬液 0.5 mL 加到 4.5 mL 生理盐水中，稀释至 10^{-6}、10^{-7}、10^{-8} 作为对照（每条桌子有 2 人做即可），然后在红灯下打开紫外灯进行照射 1 min，2 min，3 min（每组 2 人，各做一个照射时间）；取照射 1 min 的菌悬液 0.5 mL 到 4.5 mL 生理盐水中，稀释至 10^{-6}、10^{-7}、10^{-8}；取照射 2 min 菌悬液 0.5 mL，同上方法稀释到 10^{-7}，照射 3 min 菌悬液稀释到 10^{-6}；取最后 3 个稀释度的稀释液各 0.1 mL，涂于淀粉培养基平板上；每个稀释度涂 2 个平板，对照做 3 个稀释平板。用无菌玻璃刮棒涂匀。用黑布包好照射过的平板，37 ℃培养 48 h。

注意　在每个平板背后要标明处理时间、稀释度、组别、座位号。

（二）计算存活率及致死率

1. 存活率

（1）对照样品中活菌数

将培养 48 h 后对照平板取出进行细胞计数。根据平板上菌落数，计算出对照样品 1 mL 菌液中的活菌数。

（2）照射后样品中活菌数

同上，计算照射 1、2、3 min 后样品 1 mL 菌液中的活菌数。根据公式计算存活率。

2. 致死率

同样计算用紫外线处理 1、2、3 min 后的致死率。

（三）观察诱变效应

在平板菌落计数后，分别向菌落数在 5 个左右的平板内加碘液数滴，在菌落周围将出现透明圈。分别测量透明圈直径与菌落直径并计算比值（HC 值），与对照平板进行比较，根据结果说明紫外线对枯草芽孢杆菌产淀粉酶诱变的效果，选取 HC 比值大的菌落移接到新鲜牛肉膏斜面培养基上培养。此斜面可作复筛用。

【实验报告内容】

（1）将实验结果按表要求如实填入，并分别算出存活率、致死率。

$$存活率 = \frac{处理后 1 \, mL \, 菌液中活菌数}{对照 1 \, mL \, 菌液中活菌数} \times 100$$

$$致死率 = \frac{对照 1 \, mL \, 菌液中活菌数 - 处理后 1 \, mL \, 菌液中活菌数}{对照 1 \, mL \, 菌液中活菌数} \times 100$$

表 11-1-1　紫外线处理后枯草芽孢杆菌的存活率及致死率

平均活菌数/皿　稀释倍数　处理时间/min		最后 3 个稀释度			存活率/(%)	致死率/(%)
对　照	0					
紫 外 线	1					
	2					
	3					

（2）测量经 UV 处理后的枯草芽孢杆菌菌落（各 6 个）测周围的透明圈直径（mm 值）与菌落直径，并计算比值（HC）与对照菌株进行比较。

$$HC \text{ 比值} = \frac{\text{透明圈直径（mm）}}{\text{菌落直径（mm）}}$$

表 11-1-2　透明圈和菌落直径大小及 HC 比值*

碘液处理后挑选菌落编号　处理时间/min		1			2			3			4			5			6		
		透明圈	菌落大小	HC 比值	透明圈	菌落大小	HC 比值	透明圈	菌落大小	HC 比值	透明圈	菌落大小	HC 比值	透明圈	菌落大小	HC 比值	透明圈	菌落大小	HC 比值
UV 处理	1																		
	2																		
	3																		
对　照																			

* 透明圈直径用 mm 表示；菌落大小直径用 mm 表示。

（3）总结你的实验结果，哪一种照射时间的诱变效果最好？它的存活率、致死率、HC 比值各为多少？

【思考题】

（1）紫外线诱变须注意的事项是什么？

（2）紫外线诱变的机理是什么？

实验 11-2 硫酸二乙酯对枯草芽孢杆菌产生蛋白酶的诱变效应

【目的要求】

(1) 了解硫酸二乙酯的诱变原理;

(2) 初步掌握化学诱变育种的方法;

(3) 通过实验观察硫酸二乙酯对枯草芽孢杆菌的诱变效应。

【基本原理】

许多化学因素,如硫酸二乙酯(diethyl sulfate,DES)、亚硝酸等,对微生物都有诱变作用,称其为化学诱变剂(chemical mutagen)。硫酸二乙酯是一种烷化剂,能与 DNA 中碱基发生化学变化,从而引起 DNA 复制时碱基配对的转换或颠换。

本实验以产生蛋白酶的枯草芽孢杆菌 1.398 为试验菌种,以硫酸二乙酯为诱变剂,根据枯草芽孢杆菌诱变后在酪蛋白培养基上出现的透明圈直径大小,用于指示诱变效应。

【实验材料】

(一) 菌种

枯草芽孢杆菌 1.398。

(二) 培养基 (见附录三)

肉膏蛋白胨培养基斜面,肉膏蛋白胨液体培养基,肉膏蛋白胨固体培养基,酪蛋白固体培养基。

(三) 试剂和溶液 (见附录四)

硫酸二乙酯($(C_2H_5)_2SO_4$),2% 硫代硫酸钠($Na_2S_2O_3$),0.1 mol/L pH 7.0 磷酸缓冲液。

(四) 仪器和其他物品

试管,移液管,锥形瓶,培养皿,离心管,量筒,烧杯,玻璃涂棒等。

【实验内容】

(一) 诱变前的准备工作

1. 菌种斜面的活化

从冰箱取一支纯化后的枯草芽孢杆菌 1.398,斜面接种到新鲜肉膏蛋白胨斜面培养基上,置 30 ℃ 温箱培养 24 h,进行活化。

2. 枯草芽孢杆菌对数期培养液的制备

取一环已活化的枯草芽孢杆菌接入到装有 30 mL 肉膏蛋白胨液体培养基的 250 mL 锥形瓶内(每组同学 2 瓶),在 30 ℃ 振荡培养 16 h。此时为该菌的对数期。

3. 菌悬液的制备

取上述对数期的枯草芽孢杆菌培养液 10 mL,3000 r/min 离心 15 min。菌体沉淀以 10 mL 0.1 mol/L pH 7.0 的磷酸缓冲液洗涤两次,最后用原体积的磷酸缓冲液制成菌悬液。

4. 准备平板

将装在锥形瓶内已灭菌的肉膏蛋白胨固体培养基融化,待冷至 45 ℃左右,倾注 10 个平板待用。

(二) 硫酸二乙酯诱变处理

1. 诱变

分别吸取 4 mL 菌悬液至 2 个 250 mL 锥形瓶内,并加入 16 mL 0.1 mol/L pH 7.0 的磷酸缓冲液,制成浓度约为 10^8 个菌/mL 的菌悬液。加硫酸二乙酯 0.2 mL,因其不易溶于水,用时要加数滴乙醇,并分别振荡处理 30 min 及 60 min。全班同学可分成 2 组,每组做一种处理时间。

2. 中止反应

振荡处理 30 min、60 min 后,立即加入 0.5 mL 的 2‰ $Na_2S_2O_3$ 溶液中止反应。

3. 稀释并涂平板

中止反应后的菌悬液以十倍稀释法用已灭菌的 0.1 mol/L 磷酸缓冲液(pH 7.0)作一系列稀释(具体可按估计的存活率进行稀释)。本实验取 10^{-5}、10^{-6}、10^{-7} 三个稀释度。用最后 3 个稀释度涂平板,每个稀释度重复涂 3 个平板,每个平板加菌稀释液 0.1 mL,用无菌玻璃棒涂抹均匀。以同样操作,取未经硫酸二乙酯处理的菌稀释液涂布平板作对照。

平板背面要写明组别、处理时间、稀释度,并置 37 ℃培养 24 h。

注意　用硫酸二乙酯等化学诱变剂操作时:

(1) 切勿用口吸,防止与皮肤直接接触。

(2) 终止反应时,应加入 0.5 mL,2‰ $Na_2S_2O_3$。

(3) 用过的器皿可用水大量稀释,桌面应用 2‰ $Na_2S_2O_3$ 擦洗。

(三) 计算存活率及致死率

将培养 24 h 后的平板取出进行菌落计数。根据对照平板上的菌落数,算出单位体积(每毫升)培养液中的活菌数,同样算出诱变处理 30 min、60 min 后的存活细胞数及其致死率。存活率及致死率的计算公式与实验 11-1 相同。

(四) 初筛

1. 挑菌落接种

分别挑取 30 min、60 min 处理后的单一菌落,接种到肉膏蛋白胨斜面上。每人挑 3 个菌落(生产部门诱变育种时一般应挑取数百甚至数千个菌落以供筛选),37 ℃培养 24 h。

2. 初筛

从经上述诱变后的枯草芽孢杆菌斜面上取一环菌,接种到装有 20 mL 肉膏蛋白胨液体培养基的锥形瓶中制成菌悬液;然后取 1 mL 加到装有 99 mL 缓冲液并含有玻璃珠的锥形瓶中,强烈振荡后,吸 0.5 mL 至装有 4.5 mL 缓冲液的试管,稀释至 10^{-7},取 10^{-7}、10^{-6}、10^{-5} 三个稀释度。各取 0.1 mL 加入到酪蛋白胨培养基平板上并进行涂布,将平板置于 37 ℃培养 24 h,测量平板上所出现透明圈直径。一般地说,透明圈越大,蛋白酶活性越高;透明圈越小,则酶活性越低。选出酶活性高的菌落转接斜面,培养后留待复筛。硫酸二乙酯对枯草芽孢杆菌化学诱变的过程示意于图11-2-1中。

【实验报告内容】

(1) 将实验所得数据填入表 11-2-1 内,并计算出经硫酸二乙酯不同时间处理后的枯草芽

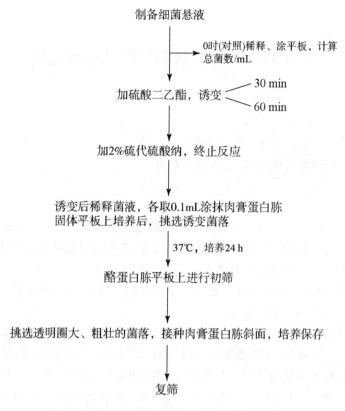

图 11-2-1　枯草芽孢杆菌化学诱变剂的诱变过程

孢杆菌存活率及致死率。

表 11-2-1　硫酸二乙酯处理后枯草芽孢杆菌的存活率及致死率

平均菌数/皿　　稀释倍数　处理时间/min	最后 3 个稀释度			存活率/(%)	致死率/(%)
	10^{-5}	10^{-6}	10^{-7}		
0					
30					
60					

（2）根据在酪蛋白平板上透明圈直径,总结硫酸二乙酯诱变效应（指出哪一种处理时间其诱变效果较好）。

【思考题】

（1）用化学诱变剂处理细菌时,为何要用缓冲液来制备菌悬液?

（2）诱变处理时如菌液过浓或过稀,应如何调节硫酸二乙酯的用量,以保证菌的浓度和硫酸二乙酯的最终浓度?

（3）使用硫酸二乙酯时,应当如何避免药物对人的伤害? 使用后应如何清除环境,以避免对环境造成污染？

实验 11-3　营养缺陷型的筛选和鉴定

【目的要求】

(1) 了解营养缺陷型突变株选育的原理；

(2) 学习营养缺陷型的诱变、筛选和鉴定方法。

【基本原理】

营养缺陷型(auxotroph, nutritional mutant)是指野生型(wild type)菌株经过物理或化学因素诱变,使编码合成代谢途径中某些酶的基因突变,丧失合成某些代谢产物(如氨基酸、核酸碱基、维生素)的能力。必须在基本培养基中补充该种营养成分,才能正常生长的一类突变株。营养缺陷型的诱变、筛选和鉴定方法广泛应用于氨基酸、核苷酸发酵产生菌的选育和分子生物学研究中供体和受体细胞的遗传标记。

营养缺陷型筛选一般分 4 个环节,即诱变处理、营养缺陷型浓缩、检出和鉴定。诱变处理突变率(mutation rate)较低,只有通过淘汰野生型,才能浓缩营养缺陷型,从而选出少数突变株。浓缩营养缺陷型的方法有 4 种:青霉素法、菌丝过滤法、差别杀菌法和饥饿法。检出营养缺陷型的方法有 4 种:逐个测定法、影印培养法(replica plating)、夹层培养法(layer plating method)和限量补给法。鉴定营养缺陷型一般采用生长谱法(auxanography)。

本实验以亚硝基胍(nitrosoguanidine, NTG)诱变细菌获得氨基酸营养缺陷型为例,学习营养缺陷型的诱变、筛选和鉴定方法。

【实验材料】

(一) 菌种

短杆菌 T6-13(谷氨酸产生菌)。

(二) 培养基　(配制法见附录三)

(1) 细菌完全培养基(complete medium, CM)　固体和液体。

(2) 细菌基本培养基(minimal medium, MM)　固体和液体。

(3) 无氮基本培养基　在基本培养基中不加 $(NH_4)_2SO_4$(液体)。

(4) 二倍氮源基本培养基　在基本培养基中加入 2 倍 $(NH_4)_2SO_4$(液体)。

(5) 补充培养基(supplemented medium, SM)　为满足某特定营养缺陷型菌株的营养要求,而在基本培养基中加入某一种或几种营养成分的培养基称补充培养基。

注意　配制基本培养基的药品均用分析纯,使用的器皿应洁净,需用蒸馏水冲洗 2～3 次,必要时用重蒸水冲洗。

琼脂是从一种海藻中提取的聚半乳糖的硫酸酯,除含少量的钙、镁、钠、钾等矿物质外,还含有少量蛋白质、维生素等营养成分。使用时,需用洗涤处理过的琼脂,否则会影响营养缺陷型的筛选结果。处理方法见附录三。

（三）试剂和溶液

（1）氨基酸混合液或无维生素酪素水解物　配制无机培养基时，添加氨基酸的浓度见附录三。

（2）水溶性维生素混合液　配制无机培养基时，添加维生素的浓度见附录三。

（3）碱基混合液或核酸（RNA）水解液　配制无机培养基时，添加碱基的浓度和 RNA 水解液制作方法见附录三。

（4）部分氨基酸组合液　另取 20 种氨基酸按表 11-3-1 组合成 9 组氨基酸混合液。1～5 组每组含 4 种氨基酸，6～9 组每组含 5 种氨基酸。添加至基本培养基后，使每种氨基酸同时在两组中出现，供营养缺陷型标记确认用。

表 11-3-1　氨基酸不同组合表

组　别	1	2	3	4	5
6	丙氨酸	精氨酸	门冬酰胺	门冬酰胺	半胱氨酸
7	谷氨酸	谷氨酰胺	甘氨酸	组氨酸	异亮氨酸
8	亮氨酸	赖氨酸	蛋氨酸	苯丙氨酸	脯氨酸
9	丝氨酸	苏氨酸	色氨酸	酪氨酸	缬氨酸

（5）青霉素溶液 10000 U/mL。配制法见附录四。

（6）其他　磷酸缓冲液（0.2 mol/L，pH 6.0），生理盐水，硫代硫酸钠溶液（0.5 mol/L），亚硝基胍溶液（0.5 mg/mL），甲酰胺或丙酮。

（四）仪器和其他物品

台式离心机，漩涡混合器，恒温培养箱，电炉；无菌移液管，无菌试管，无菌离心管，无菌锥形瓶，无菌培养皿，无菌玻璃涂棒，无菌牙签，稀释分离、平皿菌落计数所需的无菌生理盐水和无菌器皿等。

【实验内容】

（一）诱变处理

1. 前培养

取新活化的短杆菌 T6-13 斜面菌种一环，接入盛有 20 mL 完全培养基的 250 mL 锥形瓶中，30 ℃振荡培养 14～16 h。再取 1 mL 培养液，转接于另一盛有 20 mL 完全培养基的 250 mL 锥形瓶中，30 ℃振荡培养 4～6 h，使细胞处于对数生长期。

2. 菌悬液制备

取 10 mL 培养液 3500 r/min 离心 10 min，弃上清液。菌体用 0.2 mol/L 磷酸缓冲液（pH 6.0）洗涤两次（离心条件同上），然后用磷酸缓冲液悬浮细胞，调整细胞浓度为 5×10^8 个/mL（菌悬液加入玻璃珠振荡 10 min），用完全培养基平板菌落计数法测定总菌数。

3. 诱变处理

（1）称取 0.5 mg NTG 于无菌离心管中，加入 2～3 滴甲酰胺或丙酮助溶，然后加入 1 mL 上述磷酸缓冲液，使其完全溶解。用黑纸包好，在 30 ℃水浴中保温（临用前配制）。

（2）取 4 mL 菌悬液加入上述离心管中，混匀，立即置 30 ℃水浴振荡处理 30 min（NTG 处理终浓度为 100 μg/mL），含 NTG 的上清液倒入浓 NaOH 溶液中，弃去。离心收集菌体，用无菌水洗涤菌体 3 次（洗涤菌体表面沾染的 NTG，以减少 NTG 继续作用），最后加 5 mL 无菌生理盐水，摇匀。取出 0.5 mLNTG 处理后的菌悬液，用 4.5 mL 生理盐水稀释至 10^{-3} 稀释度，在完全培养基平板上进行活菌计数，每个稀释度做 3 个平皿，计算致死率。

　　注意　NTG 是一种超诱变剂，需小心操作。沾染有 NTG 的玻璃器皿，需浸泡于 0.5 mol/L 硫代硫酸钠溶液中，置通风处过夜，再用水充分冲洗；溶液外溢时，用浸蘸硫代硫酸钠溶液抹布擦洗；诱变处理后含 NTG 的磷酸缓冲液及稀释液立即倒入浓 NaOH 溶液中，使 NTG 彻底降解；NTG 在可见光下会放出 NO，溶液由土黄色变为黄绿色，配制好的溶液应贮存在棕色瓶中。

（二）淘汰野生型（青霉素法）

　　取 1 mL 诱变处理过的细胞，加入 20 mL 完全培养液中，30 ℃ 振荡培养 2～4 h（中间培养）。离心收集细胞，用无菌生理盐水洗涤菌体 3 次，加到无氮源的 20 mL 基本培养液中，30 ℃ 振荡培养 4～6 h（饥饿培养）。将饥饿培养的菌液离心后加到二倍氮源 20 mL 基本培养液中，30 ℃ 振荡培养 3～4 h（待野生型细胞刚进入对数生长期），加入青霉素（终浓度为 50～100 U/mL；若为 G^- 菌，添加青霉素终浓度 500 U/mL）。30 ℃，再继续振荡培养 5～6 h（达到淘汰野生型、浓缩缺陷型目的）。取上述菌液，离心，菌体用生理盐水洗涤一次，再加 10 mL 生理盐水制备成菌悬液。

　　NTG 是一种超诱变剂，可使百分之几十的细菌发生营养缺陷型突变，因此，经 NTG 处理的细菌不必经过青霉素浓缩处理。

（三）营养缺陷型检出（逐个检出法）

　　取 0.1 mL 上述菌悬液，各涂布于完全培养基（CM）和限量补充培养基（SM，含 0.01% 以下蛋白胨或 0.1% 完全培养基成分的基本培养基）各 10 个平板上，30 ℃，培养 36～48 h。在完全培养基平板上生长的有野生型和缺陷型；在限量补充培养基平板上生长的大菌落为野生型，小菌落为缺陷型。可挑出小菌落直接进行营养缺陷型鉴定，或将完全培养基平板上长出的菌落再用逐个检出法检出缺陷型。

　　在已制备好的完全培养基平板（用［＋］表示）和基本培养基平板（用［－］表示）的底部划出同样的方格。用灭菌牙签从完全培养基平板逐个挑取正常大小的菌落，或从限量补充培养基平板上逐个挑取小菌落，严格对应点接种在基本培养基平板［－］和完全培养基平板［＋］上（注意，先点种基本培养基平板，后点种完全培养基平板），30 ℃ 培养 48 h。在完全培养基平板上生长，而在基本培养基平板的对应位置不长的菌落，可能是营养缺陷型菌株（图 11-3-1）。继续在上述两种培养基上传代

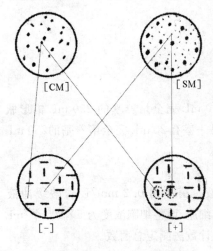

图 11-3-1　逐个检出法接种示意图
［－］基本培养基　［＋］完全培养基

5～6 次，最后在完全培养基上生长而在基本培养基相应位置不生长的菌落，确定为营养缺陷型菌株。将其接种于完全培养基斜面，30 ℃ 培养 24 h，作为鉴定用菌株。

（四）营养缺陷型菌株鉴定

用基本培养基制成平板，在培养皿底注明待测药物的种类和菌株编号，待用。

1. 生长谱法鉴定

将以上选出的每株营养缺陷型，分别培养至对数期，制成菌悬液。离心，用无菌生理盐水洗涤菌体 3 次，再用生理盐水制备成 $10^6 \sim 10^8$ 个/mL 菌悬液。吸取 $0.1 \sim 0.2$ mL 菌悬液涂布在基本培养基平板上（每个菌株涂布 3～5 个平板），待表面干燥后，在培养皿的底部划分 3 个区，并在标定位置上放置分别蘸有：① 氨基酸混合液（或酪素水解液）、② 核酸碱基混合液（或 RNA 水解液）、③ 维生素混合液的三种滤纸片，30 ℃培养 24 h。若某一类营养物质周围有生长圈，即表明为该类营养物质的营养缺陷型菌株。如图 11-3-2 所示，平板（1）中：①滤纸片周围生长圈上的菌，为氨基酸缺陷型；平板（2）中：②滤纸片周围生长圈上的菌，为核酸碱基缺陷型；平板（3）中：③滤纸片周围生长圈上的菌，为维生素缺陷型；有的菌株在两类营养物质的扩散圈部位生长，如平板（4）中：①③滤纸片交叉处看到生长区，为氨基酸-维生素双重营养缺陷型。

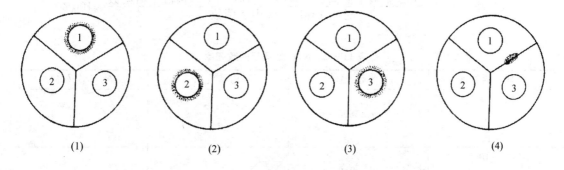

图 11-3-2　营养缺陷型生长谱测定

滤纸片上浸蘸的溶液：① 氨基酸混合液　② 核酸碱基混合液　③ 维生素混合液
平板上生长圈或生长区的菌：(1) ① 氨基酸缺陷型　(2) ② 核酸碱基缺陷型　(3) ③ 维生素缺陷型
(4) ①③间生长菌苔，为氨基酸-维生素缺陷型

2. 突变株遗传标记确定

所选出的营养缺陷型可能是氨基酸缺陷型、核酸碱基缺陷型、维生素缺陷型或双重营养缺陷型。氨基酸缺陷型较为常见，可按下法进一步测定缺陷氨基酸的种类。将待测细菌培养至对数期，离心收集菌体，生理盐水洗涤 3 次，制成菌悬液。

将菌悬液点种到 9 组含氨基酸的基本培养基平板上（见表 11-3-1）。若在某纵横两组的平板上发现有菌生长，根据表 11-3-1，即可查出是哪种氨基酸营养缺陷型。如图 13-3-3 所示，在第 2 组氨基酸平板（Arg, Gln, Lys, Thr）和第 8 组氨基酸平板（Leu, Lys, Met, Phe, Pro）点种处生长的④号菌株，即为赖氨酸营养缺陷型；第 3 组氨基酸平板（Aspn, Gly, Met, Try）和第 8 组氨基酸平板点种处生长的⑤号菌株，即为蛋氨酸营养缺陷型。若是核酸碱基或维生素缺陷型，可依上法分别放置浸蘸一种营养成分的滤纸片于混菌基本培养基平板上，从平板上生长谱测定鉴定营养缺陷型的类型。

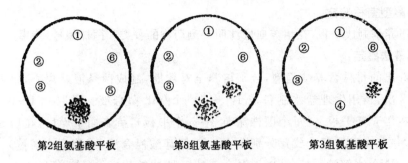

图 11-3-3　氨基酸缺陷型生长谱测定

①～⑥为菌株编号　④号菌株为 lys⁻　⑤号菌株为 met⁻

【实验报告内容】

（1）记录并计算 NTG 处理后的致死率,再将结果填入表 11-3-2 中。

$$致死率 = \frac{对照 1\,mL\ 菌液中活菌数 - NTG\ 处理后 1\,mL\ 菌液中活菌数}{对照 1\,mL\ 菌液中活菌数} \times 100\%$$

表 11-3-2　NTG 处理后的致死率

处理	稀释度	菌数/皿	平均菌数/mL	致死率/(%)
对照	10^{-4}			
	10^{-5}			
	10^{-6}			
NTG	10^{-1}			
	10^{-2}			
	10^{-3}			

（2）记录营养缺陷型突变株鉴定结果,并计算氨基酸营养缺陷型突变率。

$$缺陷型突变率 = \frac{缺陷型菌株数}{被检测的菌落总数(点种总数)} \times 100\%$$

表 11-3-3　营养缺陷型突变株鉴定记录*

突变株号	缺陷型类型	生长区	营养缺陷型的遗传标记

* 缺陷型在代表该营养物的前 3 个英文小写斜体或正体字母右上方用"—"表示,如:组氨酸缺陷型表示为 *his*⁻ 或 his⁻;维生素 B1 缺陷型表示为 *thi*⁻ 或 thi⁻;腺嘌呤缺陷型表示为 *ade*⁻ 或 ade⁻。

【思考题】

（1）进行化学诱变处理前,洗涤菌体和制备细胞悬液时为什么使用一定 pH 的缓冲液?

（2）诱变处理后洗涤菌体和制备细胞悬液为什么要用生理盐水?可以用无菌蒸馏水吗?

（3）前培养和中间培养各起什么作用？对微生物细胞生长状态有什么要求？

（4）淘汰野生型、浓缩缺陷型时为什么对 G^+ 菌和 G^- 菌采用不同浓度的青霉素？筛选 G^- 菌营养缺陷型时，还可使用什么试剂淘汰野生型？对使用青霉素无效应的某些芽孢杆菌营养缺陷型筛选时，常用什么办法淘汰野生型菌株？在筛选霉菌或酵母菌营养缺陷型时，可选用哪些抗生素及试剂淘汰野生型菌株？

（5）在浓缩缺陷型时，为何先用饥饿法（无氮培养基），再用含氮源的基本培养基进行培养，最后才添加青霉素？

（6）试设计一个可获得酿酒酵母菌的精氨酸营养缺陷型（arg^-）的实验。

实验 11-4　大肠杆菌 λ 噬菌体的局限性转导

【目的要求】

（1）了解 *E. coli* K12 菌株 λ 噬菌体的特性；

（2）学习并掌握噬菌体遗传转导的方法。

【基本原理】

大肠杆菌 K12 菌株 λ 噬菌体 DNA 整合在宿主染色体发酵半乳糖的 gal 基因和合成生物素的 bio 基因之间，此整合态的噬菌体称为 λ 前噬菌体（prophage），携带前噬菌体的宿主称为溶源菌（lysogenic bacteria）。当用紫外线诱导溶源菌，菌体发生裂解时，约有 $10^{-4} \sim 10^{-6}$ 的噬菌体 DNA 发生不正常的切割，携带了宿主染色体的 gal 基因或 bio 基因脱离宿主，而噬菌体也将相应一小段 DNA 遗留在宿主染色体上，这种噬菌体称为转导噬菌体（transducing phage）。带有 gal 基因的缺陷噬菌体（defective phage）简称 λ dgal（或 λ gal）。用此缺陷噬菌体去感染 *E. coli* K12 gal$^-$ 受体菌进行转导（transduction），即可获得极少量能发酵半乳糖的 *E. coli* K12 gal$^+$ 的转导子（transductant），这种转导称为局限性转导（specialized transduction）。

【实验材料】

（一）菌种

供体菌（溶源菌）　*E. coli* K12(λ) gal$^+$（溶源菌，带整合态 λ 前噬菌体，发酵半乳糖）。

受体菌　*E. coli* K12 gal$^-$（非溶源菌，对 λ 噬菌体敏感，不发酵半乳糖）。

（二）培养基

LB 液体培养基，二倍 LB 液体培养基，LB 半固体上层培养基（含 0.8％琼脂），LB 固体底层培养基（含 2％琼脂），伊红美蓝培养基（EMB）。上述培养基的配方及配制方法见附录三。

（三）试剂和溶液

磷酸缓冲液 pH 7.0～7.2(0.2 mol/L Na$_2$HPO$_4$ · NaH$_2$PO$_4$)，氯仿（三氯甲烷）。

（四）仪器和其他物品

培养皿，锥形瓶，移液管或移液器，试管，离心管及玻璃涂棒等。

【实验内容】

（一）溶源菌的诱导及噬菌体裂解液的制备

1. 取一环溶源菌 *E. coli* K12(λ)gal$^+$ 接种于一个装有 5 mL LB 液体培养基的 150 mL 的

锥形瓶中,37 ℃培养 16 h。

2. 取培养后的菌液 0.5 mL,加入另一个装有 5 mL LB 液体培养基的锥形瓶中,于 37 ℃培养 5 h。

3. 将菌液移入无菌离心管中 3500 r/min 离心 10 min。弃上清液后,加入 4 mL 磷酸缓冲液,轻轻振荡,使菌体均匀悬浮。

4. 取菌悬液 3 mL,加入无菌的培养皿中,经紫外线诱导(剂量: 15 W、距离 30 cm、时间 8~10 s),诱导处理后加入 3 mL 二倍 LB 培养液。于 37 ℃避光培养 2.5 h(避免光复活作用,可见光下微生物体内的光复活酶将紫外线诱导时 DNA 链上形成的胸腺嘧啶二聚体重新拆开)。

5. 用无菌移液管吸取避光培养后的菌液,加入无菌离心管中,3500 r/min 离心 10 min。吸取 4 mL 上清液加入无菌试管中,滴加 0.2 mL 氯仿于上清液中(杀死游离菌体及沉淀细胞碎片),充分振荡 3~4 min 后,移入离心管离心 10 min。用移液管吸取上清液加入另一无菌试管中,此液为 λ 噬菌体裂解液。

(二) λ 噬菌体裂解液的效价测定

1. 取一环受体菌 *E. coli* K12 gal⁻,接种于装有 5 mL LB 液体培养基的 150 mL 锥形瓶中,于 37 ℃培养 16 h。

2. 用移液管吸取培养后的菌液 0.5 mL,加入另一装有 5 mL LB 液体培养基的锥形瓶中,于 37 ℃培养 4 h。

3. 将装有 5 mL LB 半固体培养基的试管,预先融化,于 60 ℃恒温水浴中保温待用。

4. 将 LB 固体培养基融化,冷至 50 ℃左右倒底层平板,注意不要过厚。

5. λ 噬菌体裂解液的稀释,吸取 0.5 mL λ 噬菌体裂解液,加入到装有 4.5 mL LB 液体培养基的试管中,将裂解液依次稀释至 10^{-5}、10^{-6}、10^{-7}。

6. 分别吸取培养 4 h 的受体菌 *E. coli* K12 gal⁻ 0.5 mL 及经稀释的 0.5 mL 10^{-5}、10^{-6}、10^{-7} 各稀释度的噬菌体裂解液,加至相应编号的底层平板培养基中心部位(每个稀释度做 3 个平板)。吸附 3~5 min 后,倾入保温的半固体培养基,迅速轻轻摇匀,平置。待凝固后,于 37 ℃培养 24 h,进行噬菌斑计数,再计算出噬菌体的效价。

(三) 转导

1. 点滴法

准备 EMB 平板培养基,按图样用蜡笔画在平板底部(图 11-4-1)。

取培养 16 h 的 *E. coli* K12 gal⁻ 菌液,加 1 滴于 EMB 平板上(1)长方格内,用涂棒涂成一个均匀菌区,置 37 ℃ 0.5 h 使菌液吸干,用接种环在菌区内涂 1~2 环噬菌体裂解液(勿使液体外溢)。在(2)和(3)方格内分别涂一环菌液或转导噬菌体裂解液,待吸干后,于 37 ℃培养 48 h。

2. 涂布法

取 2 个 EMB 平板培养基,分别用划线法各接一环供体菌 *E. coli* K12(λ)gal⁺ 或者受体菌 *E. coli* K12 gal⁻ 菌液作为对照。

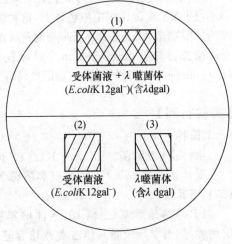

(1)

受体菌液 + λ 噬菌体
(*E.coli* K12 gal⁻)(含 λ dgal)

(2)　　　　　(3)

受体菌液　　　　λ 噬菌体
(*E.coli* K12 gal⁻)　(含 λ dgal)

图 11-4-1　点滴法图样
(EMB 平板)

取 EMB 平板培养基,分别吸取 10^0、10^{-1}、10^{-2} 噬菌体裂解液 0.05 mL 和培养 4 h 的受体菌 0.05 mL,加入相应编号的平板中心部位(每个稀释度 3 个平板)。吸附 2～3 min,用涂棒涂布均匀。于 37 ℃ 培养 48 h,观察结果。

若转导成功,则受体菌经转导噬菌体带入 gal^+ 基因,因此转导子在 EMB 培养基上应呈紫黑色带金属光泽的菌落。

【实验报告内容】

(一) 原理概述
(二) 实验结果
(1) 记录各稀释度平板上噬菌斑数,计算出噬菌体效价。

(2) 转导子的遗传标记是什么?

(3) 观察记录点滴法结果及涂布法各稀释度平板上转导子数,并计算转导频率。

$$转导频率(\%)=\frac{转导子数/mL}{噬菌斑数/mL}\times100\%$$

【思考题】

(1) 本实验是属于局限性转导中的低频转导,还是高频转导? 为什么?

(2) 影响局限性转导效果的因素有哪些?

(3) 溶源菌被诱导后的裂解液中可能存在哪几类噬菌体?

实验 11-5　细菌接合和基因顺序分析

【目的要求】

(1) 了解细菌杂交及基因定位(基因在染色体上的排列顺序分析)的原理;

(2) 学习并掌握进行细菌接合和染色体基因定位的方法。

【基本原理】

高频重组菌株(high frequency recombinant strain,Hfr 菌株)与 F^- 菌株接合时,两者之间暂时形成接合管。Hfr 菌株(供体菌)染色体双链中的一条链在 F 因子处发生断裂,并以线状单链从一个固定点以恒定的速率通过接合管顺序渐进地向 F^- 菌株(受体菌)转移,并发生基因重组(genetic recombination)。整条线状染色体移入 F^- 菌株约需 100 min。但在转移过程中受各种因素的影响,线状 DNA 的转移随时会发生中断。因此,处于转移起始点 Hfr 染色体前端的基因,进入 F^- 菌株概率多,重组频率高,远离转移起始点的基因进入 F^- 细胞的机会少,重组频率低,因 F 因子位于 DNA 链末端,移入的机会最小。

Hfr 菌株中 F 因子(fertility factor)在其染色体上整合的位点不同,可选用几种特定整合位点的 Hfr 菌株与 F^- 菌株接合,并在不同时间使接合中断。根据重组子(recombinant)中出现 Hfr 菌株中各种性状时间早晚,由此绘出比较完整的 E. coli 环状染色体图(即各基因在大肠杆菌染色体上的排列顺序)。大肠杆菌染色体的环状特性是通过此类实验开始认识的。

基因定位时,首先要从 Hfr 与 F⁻ 细菌的混合培养物中筛选出已经发生了基因(选择性标记基因)重组的细菌(重组子),然后在这些重组子中逐个测定其他的 Hfr 基因(非选择标记)出现的次数。本实验使用的 Hfr 菌株选择性标记基因为 *leu met*,F⁻ 菌株的 str^r 为反选择性标记,位于染色体后端,起排除 Hfr 菌株(Str^s)生长的作用。

两个菌株进行接合后,F⁻ 菌株转变为重组子。根据实验中出现重组子的多少,计算重组频率,判断基因转移的先后,从而确定 *E. coli* 环状染色体上各基因的顺序。

实验条件要求

(1) 首先从供体(donor)菌(Hfr)和受体(receptor)菌(F⁻)中筛选出选择性标记和非选择性标记。

供体菌(Hfr)　*leu met*,str^s(Hfr 菌株 *leu met* 基因靠近转移起始点,100% 发生重组的基因,为本实验的选择性标记)。

受体菌(F⁻)　*leu⁻ met⁻*,str^r(F⁻ 菌株反选择性标记是链霉素抗性,str^r 应在 F⁻ 菌株染色体的后端,从重组子中排除对链霉素敏感的 Hfr 菌株)。

(2) 为了得到较高的接合频率,要求供体菌与受体菌量之比为 1:10~20。

【实验材料】

(一) 菌种

大肠杆菌。

供体菌　Hfr(AS1 · 1070) CSH60 *sup* str^s。

受体菌　F⁻(AS1 · 1068) FD1004,*leu met* A *try ilv arg his thi lac* Y *xyl gal*,以上遗传标记均缺陷。T6^r,str^r,rif^r。

(二) 培养基

1. LB 液体培养基

5 mL/150 mL 锥形瓶。配方见附录三。

2. 基本培养基

10×A 缓冲液 *	10 mL
20%葡萄糖或乳糖、半乳糖液	2 mL
V$_{B1}$(1mg/mL)	0.4 mL
MgSO$_4$ · 7H$_2$O (0.25 mol/L)	0.4 mL
琼脂	1.5 g
蒸馏水	88 mL
115 ℃灭菌 30 min	

---

* 10×A 缓冲液配方:

K$_2$HPO$_4$	10.5 g
KH$_2$PO$_4$	4.5 g
(NH$_4$)$_2$SO$_4$	1.0 g
Na$_3$C$_6$H$_5$O$_7$ · 2H$_2$O	1.0 g
加蒸馏水至	100 mL
pH 7.0	

3. 不同基因的选择性培养基 （见表 11-5-1）

表 11-5-1 选择性培养基配制表*

培养基类型	Hfr 选择性标记及非选择性标记	碳源	基本培养基中补充物质								
			str	rif	leu	met	ade	ilv	arg	try	his
A	(leu met str)	葡萄糖	+	−	−	−	+	+	+	+	+
B	(leu met str)arg	葡萄糖	+	−	−	−	+	+	−	+	+
C	(leu met str)try	葡萄糖	+	−	−	−	+	+	+	−	+
D	(leu met str)his	葡萄糖	+	−	−	−	+	+	+	+	−
E	(leu met str)lac	乳　糖	+	−	−	−	+	+	+	+	+
F	(leu met str)gal	半乳糖	+	−	−	−	+	+	+	+	+
G	(leu met str)rif	葡萄糖	+	+	−	−	+	+	+	+	+

　* ① 亮氨酸 leu,蛋氨酸 met,色氨酸 try,异亮氨酸和缬氨酸 ilv,精氨酸 arg,组氨酸 his,维生素 B_1 thi,乳糖 lac,木糖 xyl,半乳糖 gal,str^r 链霉素抗性。

　② Hfr 菌株的选择性标记为 leu、met。非选择性标记分别为 arg、try、his、lac、gal、rif 等。

(三) 试剂和溶液

(1) 各种氨基酸　分别配制,浓度为 10 mg/mL。112 ℃灭菌 20 min。需要时 100 mL 基本培养基加入 0.4 mL。

(2) 链霉素　用无菌水配制,浓度为 50 mg/mL。需要时每 100 mL 培养基加入 0.4 mL。

(3) 利福平　配制浓度为 25 mg/mL,先加少许甲醇溶解,再加无菌水配制成所需浓度。

(4) 生理盐水(0.85% NaCl)。

注意　加链霉素、利福平时,需待培养基冷至 60 ℃时再加入。

(四) 仪器和其他物品

培养皿,锥形瓶,移液管或移液器,试管,容量瓶,量筒,烧杯,玻璃涂棒,pH 试纸,灭菌牙签等。

【实验内容】

(一) 准备供体菌和受体菌

1. 分别从新培养的斜面菌种取一环供体菌和一环受体菌,各接种于一个装有 5 mL LB 液体培养基的锥形瓶中。于 37 ℃培养 12 h。

2. 分别吸取培养后的菌液 1 mL,各加入到一个装有 5 mL LB 液体培养基的锥形瓶中。于 37 ℃培养 2.5 h。

(二) 接合

1. 分别吸取 0.2 mL 供体菌液和 4 mL 受体菌液(1∶20),加至一个无菌的 100 mL 空锥形瓶中。置于 37 ℃振荡器上,慢速振荡 100 min。

2. 准备选择性培养基(A)平板。

3. 将接合的菌液用生理盐水稀释成 10^{-1},吸取 0.1 mL,均匀涂布于(A)平板上(做 2 个平板)。将 10^{-1} 稀释成 10^{-2},各取 0.1 mL,涂布 4 个(A)平板。于 37 ℃培养 48 h。

4. 分别蘸取一环供体菌和一环受体菌,各划线接种在一个(A)平板上。于 37 ℃培养 48 h,作为对照。

5. 观察并计数接合后在（A）平板上菌落的生长情况。对照两个（A）平板，呈现何结果？

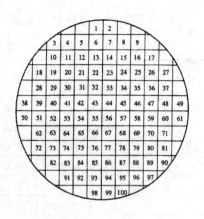

图 11-5-1　100 格图样

（三）基因的顺序分析

1. 点样前准备各选择性培养基（B）、（C）、（D）、（E）、（F）、（G）平板，按下图划 100 个小格贴于平板底部（图 11-5-1）。取灭菌牙签，每人随机挑取接合的菌落 100 个，对号点种在（B）、（C）……（G）6 个选择性培养基平板上。于 37 ℃培养 48 h，观察结果。

2. 观察记录各选择性培养基上生长的菌落，并计算和比较各种标记的重组频率。根据重组频率绘制各基因在大肠杆菌染色体上排列的顺序，记录于表 11-5-2 中。

$$重组频率（\%）=\frac{每组选择性培养基平板上的菌落数}{点种总菌落数}\times100\%$$

并计算出全班试验的结果。

根据重组频率，绘制各个基因在 *E. coli* 染色体上排列的顺序。

表 11-5-2　选择性培养基上菌落生长记录*

菌　号	选择性培养基（遗传标记）					
	B（*arg*）	C（*try*）	D（*his*）	E（*lac*）	F（*gal*）	G（*rif*）
1						
2						
3						
4						
5						
6						
7						
⋮						
⋮						
100						
总　数						

* 生长："＋"，不生长："－"。

【实验报告内容】

简述实验原理，并对实验结果进行分析讨论。

【思考题】

（1）要获得正确的实验结果，实验操作过程中应注意哪些问题？

（2）为什么根据重组子的重组频率就可以初步确定各基因在染色体上的排列顺序？

实验 11-6　细菌原生质体融合

【目的要求】

（1）了解原生质体融合技术的原理；

（2）学习并掌握细菌原生质体的融合技术。

【基本原理】

原核微生物基因重组主要可通过转化、转导、接合等途径，但有些微生物不适于采用这些途径，从而使育种工作受到一定的限制。1978 年第三届国际工业微生物遗传学讨论会上，有人提出微生物细胞原生质体融合这一新的基因重组手段。由于它具有许多特殊优点，所以，目前已为国内外微生物育种工作所广泛研究和应用。

（一）原生质体融合的优点

（1）克服种属间杂交的"不育性"，可以进行远缘杂交。由于用酶解除去细胞壁，因此，即使相同接合型的真菌或不同种属间的微生物，皆可发生原生质体融合，产生融合子。

（2）基因重组频率高，重组类型多。原生质体融合时，由于聚乙二醇（polyethylene glycol，PEG）起促融合的作用，使细胞相互聚集，可以提高基因重组率。原生质体融合后，2 个亲株的整套基因组（包括细胞核、细胞质）相互接触，发生多位点的交换，从而产生各种各样的基因组合，获得多种类型的融合子。

（3）可将由其他育种方法获得的优良性状，经原生质体融合而组合到一个菌株中。

（4）存在着两个以上亲株同时参与融合，可形成多种性状的融合子。

（二）原生质体融合步骤

原生质体融合步骤包括：

选择亲本菌株——→制备原生质体——→原生质体融合——→原生质体再生——→筛选
　　　　　　　优良性状的融合子等

现分别介绍如下：

1. 选择亲本

选择两个具有育种价值并带有选择性遗传标记的菌株作为亲本（parent strian）。

2. 制备原生质体

经溶菌酶（lysozyme）处理除去细胞壁，释放出原生质体（protoplast），并置高渗溶液（hypertonic solution）中维持其稳定。革兰氏阳性菌细胞壁主要成分为肽聚糖，去壁方法用溶菌酶处理，如果是革兰氏阴性菌，细胞壁主要成分为肽聚糖和脂多糖，用溶菌酶和 EDTA 处理。某些 G^+ 细菌其细胞壁成分与结构有差异，因此它们对溶菌酶的敏感程度不同，需在对数生长中期（细胞浓度为 10^8 个/mL 时菌浓度）加入青霉素 G 0.30 U/mL，此浓度不抑制菌体生长，有利于脱壁。

3. 原生质体融合

加入聚乙二醇以促进原生质体融合（protoplast fusion）。聚乙二醇为一种表面活性剂，能强制性的促进原生质体融合。在有 Ca^{2+}、Mg^{2+} 离子存在时，更能促进融合。

4. 原生质体再生

原生质体已失去细胞壁,虽有生物活性,但在普通培养基上不能生长,必须涂布在再生培养基上,使细胞壁再生(regeneration)。

5. 检出融合子

利用选择培养基上的遗传标记,确定是否为融合子(fusant)。

6. 融合子筛选

产生的融合子中可能有杂合双倍体和单倍重组体不同的类型,前者性能不稳定,要选出性能稳定的单倍重组体,反复筛选出生产性能良好且稳定遗传的融合子。

【实验材料】

(一) 菌种

枯草芽孢杆菌 T4412(ade⁻ his⁻),枯草芽孢杆菌 TT2(ade⁻ pro⁻)。

(二) 培养基 （见附录三）

(1) 完全培养基(complete medium)(CM,液体)。

(2) 完全培养基(CM,固体)　液体培养基中加入 2.0% 琼脂。

(3) 基本培养基(minimum medium,MM)。

(4) 补充基本培养基(supplemental medium,SM)　在基本培养基中加入 20 μg/mL 的腺嘌呤及 2% 的纯化琼脂,115 ℃灭菌 20 min。

(5) 再生补充基本培养基(supplemental basal medium for regeneration,SMR)　在补充基本培养基中加入 0.5 mol/L 蔗糖,1.0% 纯化琼脂作上层平板,2.0% 纯化琼脂作底层平板,115 ℃灭菌 20 min。

(6) 酪蛋白固体培养基(测蛋白酶活性用)。

(三) 试剂和溶液 （见附录四）

(1) 缓冲液　0.1 mol/L pH 6.0 磷酸缓冲液及高渗缓冲液(于上述缓冲液中加入 0.8 mol/L 甘露醇)。

(2) 原生质体稳定液(protoplast stability solution,SMM)　0.5 mol/L 蔗糖,20 mol/L $MgCl_2$,0.02 mol/L 顺丁烯二酸,调 pH 6.5。

(3) 促融合剂　40% 聚乙二醇(PEG-4000)的 SMM 溶液。

(4) 溶菌酶　酶粉的酶活为 4000 U/g,用 SMM 溶液配制,终浓度为 2 mg/mL,过滤除菌,备用。

(5) 25 U/mL 青霉素 G。

(四) 仪器和其他物品

离心机,摇床;试管,移液管,锥形瓶,培养皿,离心管,量筒,烧杯,玻璃涂棒等。

【实验内容】

(一) 原生质体的制备

1. 培养枯草芽孢杆菌

取亲本菌株 T4412、TT2 新鲜斜面各 1 支,分别接一环到装有 5 mL 液体完全培养基(CM)的试管中,36 ℃振荡培养 14 h。各取 1 mL 菌液,转接入装有 20 mL 液体完全培养基的

250 mL 锥形瓶中,36 ℃振荡培养 3 h,使细胞生长进入对数前期。各加入 25 U/mL 青霉素 G,使其终浓度为 0.3 U/mL,继续振荡培养 2 h。(配法见附录四)

2. 收集细胞

各取亲本菌液 10 mL,4000 r/min 离心 10 min,弃上清液,将菌体悬浮于 10 mL 0.1 mol/L 磷酸缓冲液中,离心。如此洗涤两次,将菌体悬浮于 10 mL SMM 中,每毫升约含 $10^8 \sim 10^9$ 个活菌为宜。

3. 总菌数测定

各取亲本菌液 0.5 mL,用生理盐水稀释,取 10^{-5}、10^{-6}、10^{-7} 各 1 mL(每个稀释度做 2 个平板)、倾注完全培养基(CM),36 ℃培养 24 h 后计数。此为二亲本未经酶处理的总菌数(未经酶处理亲本菌数有 2 个数据)。

4. 脱壁

二亲本菌株各取 5 mL 菌悬液,加入 5 mL 浓度为 2 mg/mL 的溶菌酶溶液,混匀后于 36 ℃水浴保温处理 30 min,定时取样,镜检观察原生质体形成情况。当 95% 以上细胞变成球状原生质体时,4000 r/min 离心 10 min,弃上清液,用高渗缓冲液洗涤除酶。然后将原生质体悬浮于 5 mL 高渗缓冲液中,立即进行二亲本剩余菌数的测定。

5. 剩余菌数测定

取 0.5 mL 上述原生质体悬液,用 4.5 mL 无菌水稀释(低渗液处理),使原生质体破裂死亡。取 10^{-2}、10^{-3}、10^{-4} 稀释液各 0.1 mL,涂布于 CM 平板上,36 ℃培养24~48 h,生长出的菌落应是未被酶裂解的剩余细胞。计算酶处理后剩余细胞数,并分别计算二亲株的原生质体形成率。

$$原生质体形成率(\%) = \frac{原生质体数}{未经酶处理的细菌} \times 100\%$$

$$= \frac{未经酶处理的细胞总数 - 酶处理和低渗处理后剩余菌数}{未经酶处理细菌的总菌数} \times 100\%$$

(二)原生质体再生

用双层培养法,先倒再生补充基本固体培养基(SMR)作为底层,取 0.5 mL 融合后的原生质体悬液,用 SMM 做适当稀释至 10^{-5}。取 10^{-3}、10^{-4}、10^{-5} 稀释液各 1 mL,加入底层平板培养基的中央,再倒入上层 SMR 半固体培养基混匀,36 ℃培养 48 h。分别计算二亲株的原生质体的再生率,并计算其平均数。

$$原生质体再生率(\%) = \frac{再生原生质体数}{原生质体数} \times 100\%$$

$$= \frac{再生平板上总菌数 - 未形成原生质体菌数}{酶解前总菌数 - 未形成原生质体菌数} \times 100\%$$

(三)原生质体融合

取两个亲本的原生质体悬液各 1 mL 混合,放置 5 min 后,2500 r/min 离心 10 min,弃上清液。于沉淀中加入 0.2 mL SMM 溶液混匀,再加入 1.8 mL PEG 溶液促融合,轻轻摇匀,置 36 ℃水浴保温处理 2 min,2500 r/min 离心 10 min。收集菌体,将沉淀充分悬浮于 2 mL SMM 液中。

(四)检出融合子

取 0.5 mL 原生质体的融合液,用 SMM 液作适当稀释至 10^{-1}、10^{-2}、10^{-3}。取各浓度稀释融合液 0.1 mL 与灭菌并冷却至 50 ℃的 SMR 软琼脂中混匀,向已标稀释度的平皿内迅速倾入底层为再生基本培养基的平板上,36 ℃培养 2 d。检出融合子,转接传代,并进行计数,计算融合子数和融合率。

$$融合率(\%)=\frac{融合子数(再生补充基本培养基上菌落数)}{双亲本再生原生质体平均数}\times100\%$$

(五) 融合子的筛选

挑选遗传标记稳定的融合子,凡是在再生补充基本培养基平板上长出的菌落,初步认为是融合子。可将其接入到酪蛋白培养基平板上,再挑选蛋白酶活性高于亲本的融合子。

由于原生质体融合后会出现两种情况:一种是真正的融合,即产生杂核二倍体或单倍重组体;另一种只发生质配,而无核配,形成异核体。两者都能在再生基本培养基平板上形成菌落,但前者稳定,而后者则不稳定。故在传代中将会分离为亲本类型。所以要获得真正融合子,必须进行几代的分离、纯化和选择。

【实验报告内容】

　　(1) 将原生质体形成率、再生率及融合率列表记录结果及计算过程。

　　(2) 细胞脱壁后,为何要离心、弃上清液、用高渗缓冲洗涤除酶?

【思考题】

　　(1) 在细胞生长进入对数前期时为何要加入青霉素?

　　(2) 你认为原生质融合的关键步骤是什么?

　　(3) 为什么在 SMR 培养基中只需补充腺嘌呤?本实验融合子的遗传标记应该是什么?

实验 11-7　酵母菌单倍体原生质体融合

【目的要求】

　　(1) 了解酵母与细菌原生质体融合的异同点;

　　(2) 学习并掌握以酵母菌为材料的原生质体融合的操作方法。

【基本原理】

酵母菌原生质体融合时,应该注意两个特点:

　　(1) 选择亲本菌株应为单倍体,由于一般酵母菌的生活史中有单倍体和双倍体存在,为保持遗传性状的稳定性,均需采用单倍体供原生质体融合之用。

　　(2) 酵母菌和细胞壁结构与细菌不同。酵母细胞壁的化学成分主要为葡聚糖(glulcan)、甘露聚糖(mannan)及蛋白质,还有少量几丁质、脂类等,因此溶菌酶在此不适用。玛瑙螺(Heli pomatia)的胃液制成的蜗牛消化酶,内含纤维素酶、甘露聚糖酶、葡糖酸酶、几丁质酶和脂酶等 30 多种酶类,蜗牛酶对酵母的细胞壁有良好的水解作用,因而可用于制备酵母菌原生质体。采用聚乙二醇促使细胞膜融合。

细胞膜融合之后还必须经过细胞质融合、细胞核重组、细胞壁再生等一系列过程,才能形成具有生活能力的新菌株。融合后的细胞有两种可能：

（1）形成异核体（heterocaryon），即染色体 DNA 不发生重组，两种细胞的染色体共存于一个细胞内，形成异核体，这是不稳定的融合。

（2）二株亲本的 DNA 进行重组，形成重组融合子。通过连续传代、分离、纯化，可以区别这两类融合。

应该指出，即使真正的重组融合子，在传代中也有可能发生分离，产生回复或新的遗传重组体。因此，必须经过多次分离，纯化才能够获得稳定的融合子。

【实验材料】

（一）菌种

酿酒酵母 Y-1 a trp$^-$、ade$^-$，酿酒酵母 Y-4 a ura$^-$。

（二）培养基　（见附录三）

（1）完全培养基（液体，CM）。

（2）完全培养基（固体，CM）　液体培养基中加入 2.0% 琼脂。

（3）基本培养基（MM）　葡萄糖柠檬酸钠培养基，或 YNB（yeast nitrogen base）培养基。

（4）再生完全培养基　固体完全培养基中加入 0.5 mol/L 蔗糖（或者 0.8 mol/L 甘露醇）。

（5）再生完全培养基软琼脂　成分同再生完全培养基，加入 0.8～1.0% 琼脂。

（6）再生基本培养基软琼脂　成分同再生基本培养基，加入处理过 0.8～1.0% 的琼脂。

（三）试剂和溶液　（见附录四）

（1）0.1 mol/L 磷酸缓冲液（pH 6.0）。

（2）高渗缓冲液　于上述缓冲液中加入 0.8 mol/L 甘露醇。

（3）原生质体稳定液（SMM）　参见实验 11-6 配法。

（4）促融剂　40% 聚乙二醇（PEG-4000）的 SMM 溶液。

（四）仪器和其他物品

显微镜，离心机；培养皿，移液管，试管，容量瓶，锥形瓶，离心管，玻璃棒等。

【实验内容】

（一）原生质体的制备

1. 活化菌体

将单倍体酿酒酵母菌 Y-1 和 Y-4 分别转接新鲜固体完全培养基的斜面上活化。自新鲜斜面分别挑取一环接入装有 25 mL 液体完全培养基的锥形瓶中，30 ℃ 培养 16 h 至对数期。

2. 离心洗涤，收集细胞

分别取 5 mL 上述培养至对数生长期的酵母细胞培养液，3000 r/min 离心 10 min。弃上清液，向沉淀的菌体中加入 5 mL 生理盐水，用无菌接种环，搅散菌体，振荡均匀后离心洗涤一次，再用 5 mL 生理盐水离心洗涤一次。将二亲株菌体分别悬浮于 5 mL 生理盐水中，振荡均匀，分别取样 0.5 mL，用生理盐水稀释至 10^{-6}；从稀释度最大的 10^{-6} 开始，依次各取 0.1 mL 10^{-6}、10^{-5}、10^{-4} 稀释液于相应编号的完全培养基平板上（每个稀释度做 2 个平板）。

用刮棒涂布,30 ℃培养 48 h,之后进行二亲株的总菌数测定。

3. 酶解脱壁

各取 3 mL 菌液于无菌小试管中,3000 r/min 离心 10 min。弃上清液,加入 3 mL 含 2.0 mg蜗牛酶的高渗缓冲液(此高渗缓冲液含有 0.1% EDTA 和 0.3% SH—OH),于 30 ℃ 振荡保温。定时取样,镜检观察至细胞变成球状原生质体为止,约需 40～60 min。3000 r/min 离心 10 min,收集菌体。用磷酸缓冲液洗涤离心 1 次,之后将细胞悬浮于 9 mL 缓冲液中。

4. 剩余菌数的测定

分别取 0.5 mL 二亲本的原生质体至装有 4.5 mL 生理盐水试管中,稀释到 10^{-4}。各取 0.1 mL 10^{-4}、10^{-3}、10^{-2} 的稀释液于相应编号的完全培养基平板上,涂匀,30 ℃培养 48 h,之后进行未脱壁菌数测定。

(二) 原生质体再生及再生原生质体数测定

再生原生质体数测定　分别吸取二亲株的 0.5 mL 原生质体(经酶处理后)加入装有 4 mL 高渗缓冲液,经高渗缓冲液稀释至 10^{-5}。分别吸取 0.1 mL 10^{-5}、10^{-4}、10^{-3} 稀释液,置于冷却至 45～50 ℃的 4 mL 再生完全培基软琼脂(上层)中。摇匀,迅速倒入底层为再生完全培养基平板上,30 ℃培养 48 h,由原生质体再生后形成菌落,之后进行再生菌数测定。

(三) 原生质体融合

1. 除酶

取两亲本原生质体各 1 mL,混合于灭菌小试管中,2500 r/min 离心 10 min。弃上清液,用高渗缓冲液离心洗涤 2 次,除去残留的酶。

2. 促融

向上述沉淀菌体中加入 0.2 mL SMM 溶液,混合后再加入 1.8 mL 40% PEG。轻轻摇匀,32 ℃水浴保温 2 min,立即用 SMM 溶液适当稀释(一般为 10^0,10^{-1},10^{-2})。

3. 融合后融合子原生质体再生

融合后的稀释液各取 0.1 mL,加入冷却至 45 ℃左右的 6 mL 再生基本培养基软琼脂试管中。迅速混匀,倒入带有底层再生完全培养基软琼脂培养基的平板上,每个稀释度做两次重复,30 ℃培养 96 h,检出融合子。

4. 融合子的检验

用牙签挑取原生质体融合后长出的大菌落,点种在基本培养基平板上,生长者为原养型即重组子。传代稳定后,转接于固体完全培养基斜面上,而亲本类型在基本培养基上是不生长的。

【实验报告内容】

(1) 写出酵母菌原生质体融合的主要步骤。

(2) 按实验 11-6 中的公式计算酵母菌原生质体再生率及融合率。

【思考题】

(1) 哪些因素影响原生质体再生? 如何提高再生率?

(2) 如何才能提高原生质体的形成率?

(3) 酵母菌脱壁时,为何不加青霉素或溶菌酶,而用蜗牛酶?

（4）在融合子筛选中,如何区分是形成异核体还是形成重组融合子？

（5）本次试验融合子的遗传标记应该是什么？

实验 11-8　电场诱导酵母菌原生质体融合

【目的要求】

（1）学习电场诱导酵母菌原生质体融合的原理；

（2）掌握电场诱导酵母菌原生质体融合的步骤。

【基本原理】

电融合技术是 1980 年以来由 Zimmermann 等提出,并对几十种植物、微生物原生质体、动物细胞和脂质体广泛地进行电场诱导(electric field inductiveness)融合实验,为电融合技术机理奠定了基础。近年来,这种物理融合技术迅速崛起,显示出强大的生命力。其原理是:细胞在短时间强电场(高压脉冲电场、场强为 kV/cm 量级,脉冲宽度为 μs 量级)的作用下,细胞膜发生可逆性电击穿,瞬时地失去其高电阻和低通透特性,然后在数分钟内恢复原状。当可逆电击穿发生在两相邻细胞的接触区时,即可诱导它们的膜相互融合,从而导致细胞融合。此法直观、定向、高效。主要用于替代难以进行化学物质诱导融合的情况中。

【实验材料】

（一）菌种

酿酒酵母 Y-1a trp⁻ ade⁻(耐高温),酿酒酵母 Y-4a ura⁻(生长快)。

（二）培养基　（见附录三）

（1）完全培养基(液体,CM)。

（2）完全培养基(固体,CM)。

（3）基本培养基(MM)。

（4）再生完全培养基(固体)　CM 加入 0.5 mol/L 蔗糖(或者 1 mol/L 山梨醇)。

（5）再生完全培养基软琼脂　成分同完全培养基,加入 0.8%～1.0%琼脂。

（6）再生基本培养基　MM 加入 1 mol/L 山梨醇。

（7）再生基本培养基软琼脂　成分同再生基本培养基,加入处理的 0.8%～1.0%琼脂。

（三）试剂和溶液　（见附录四）

（1）脉冲液 PM　1 mol/L 山梨醇,10 mmol/L $CaCl_2$,0.4 mmol/L $MgCl_2$。用电导率小于 $5\times10^{-6}/(\Omega \cdot cm)$的去离子 100 mL 水配制,自然 pH。

（2）0.2 mol/L 磷酸缓冲液 pH 5.8。

（3）0.2 mol/L 磷酸高渗缓冲液(PB 液)　0.2 mol/L 磷酸缓冲液 pH 5.8 加入 0.8 mol/L 山梨醇。

（4）0.3% β-巯基乙醇液-0.1% EDTA 液　在 PB 溶液中加入 0.1% EDTA,灭菌后冷却至 60～70 ℃时无菌条件下加入 0.3% β-巯基乙醇。

(5) 1‰蜗牛酶　在 PB 溶液中加入 1‰蜗牛酶,细菌过滤器过滤除菌。

(6) 0.85%生理盐水,蒸馏水。

(四) 仪器和其他物品

显微镜,台式离心机,722 可见光分光光度计,细菌过滤器,电场诱导细胞融合仪;培养皿,移液管,试管,锥形瓶,烧杯,离心管等。

【实验内容】

1. 接种培养

从亲株 Y-1 和 Y-4 新鲜固体完全培养基斜面上分别取一环菌种,将其接入装有 5 mL 液体完全培养基的试管中,30 ℃振荡培养 18 h。分别取 1 mL 菌液,接入装有 20 mL 液体完全培养基的 250 mL 锥形瓶中,30 ℃振荡培养 8 h,使细胞进入对数生长期。

2. 制备菌悬液

取两亲株上述菌液各 5 mL,4000 r/min 离心 15 min。弃上清液,将菌体悬浮于 PB 缓冲液中离心。如此洗涤两次,将菌悬浮于 10 mL 0.2 mol/L 磷酸缓冲液中,每毫升约含 $10^8 \sim 10^9$ 个活菌为适。

3. 总菌数测定

各取二亲株菌液 0.5 mL,用生理盐水连续稀释至 10^{-6}。从稀释度高的依次取 10^{-6}、10^{-5}、10^{-4}稀释液各 1 mL 于无菌培养皿中,倾注固体完全培养基,30 ℃培养 24 h,之后进行总菌数测定。

4. 脱壁

各取 5 mL 两亲株菌悬液,加入 5 mL 0.1% β-巯基乙醇溶液,28 ℃预处理 10 min,4000 r/min 离心 15 min。弃上清液,再在菌体中加入 5 mL 1‰蜗牛酶,30 ℃振荡处理 50 min,随时取样镜检。当 90%以上细胞已脱壁变为球状原生质体后,2000 r/min 离心 10 min。收集原生质体,用 PM 液洗涤两次,然后用 PM 溶液 10 mL 配成的原生质体悬液备用。

5. 剩余菌数的测定

各取 0.5 mL 亲株的原生质体悬液用无菌水作十倍稀释。分别取 10^{-4}、10^{-3}、10^{-2}稀释液各 0.1 mL,涂布于完全培养基平板上,30 ℃培养 24~48 h,计算酶处理后剩余细胞数。

6. 亲本再生原生质体

分别吸取二亲株的 0.5 mL 原生质体(经酶处理后)用 PB 液作适当稀释。分别取 10^{-5}、10^{-4}、10^{-3}稀释液各 0.1 mL,置于 4 mL 冷却至 45~50 ℃再生完全培养基软琼脂的试管内。摇匀(上层),迅速倒入底层为再生完全培养基平板上,30 ℃培养 48 h,之后进行再生菌数测定。

7. 电场诱导原生质体融合

(1) 分别取两亲本原生质体液各 2 mL,按 1:1 的比例混合。

(2) 用无菌移液管将混合后的原生质体液注入电融合小池,将小池置于显微镜的载物台上,接通融合仪的正弦信号电源,然后加上 2000 V/cm 的强电场,并在 0.5 MHz(兆周/秒)的频率逆转。根据双向电泳现象,原生质体会向小电极方向移动,并沿电场方向,原生质体形成稳定的串珠状。

(3) 在 1000 V/cm 的强压下,以 50 μs 的脉冲冲击原生质体的黏接点,拨乱彼此挨着的原生质膜的分子排列。这种拨乱的结构被修复时,邻接的原生质体膜自然地融合起来。

（4）将融合小池取下,放入无菌操作台内,静止 15 min。取出原生质体融合液,用 PB 液稀释至 10^{-2}。取 10^{-2}、10^{-1}、10^{0} 稀释液各 1 mL 于无菌平皿内,倾入再生基本培养基混匀,30 ℃培养 96 h,挑取长出的大菌落。

（5）融合子的检验　用牙签挑取大菌落,点种在基本培养基平板上,长出的菌落便是融合子。在固体完全培养基上 42 ℃连续培养,传代 15 次,选出耐高温的酿酒酵母。

【实验报告内容】

（1）写出酵母菌原生质体电融合的主要步骤。

（2）计算酿酒酵母 Y-1、Y-4 两亲本原生质体的形成率、再生率和融合率。

【思考题】

（1）电场诱导原生质体融合与化学融合原理有何不同？

（2）电融合过程所采用亲株在制备原生质体时,为何需严格控制在对数期？

第 12 章　菌种保藏技术

一切从生产实践或科学研究所获得具有优良性状的菌种,其中包括从自然界直接分离到的野生型菌株,以及经人工方法选育出来的优良变异菌株或从基因工程菌中所获得的工程菌等都是重要的生物资源,必须进行保藏。菌种保藏(stock culture preservation)的目的是使菌种被保藏后不死亡、不变异、不被杂菌污染,并保持其优良性状,以利于生产和科研的应用,因此,菌种保藏是一切微生物工作的基础,也是微生物工作者一项极其重要的工作。

菌种保藏的原理是,为了达到长期保持菌种优良特性,核心问题是必须降低菌种变异率,而菌种的变异主要发生在微生物生长繁殖过程中。因此,必须创造一种环境,使微生物处于新陈代谢最低水平、生长繁殖不活跃状态。目前菌种保藏方法很多,主要根据以下原则设计的:

(1) 选用典型、优良纯培养物,并尽量采用其休眠体,如细菌的芽孢,真菌的孢子等进行保藏;

(2) 创造有利于微生物休眠的环境条件,如低温、干燥、缺氧、缺乏营养以及添加保护剂等;

(3) 减少菌种传代次数。

采用以上措施,达到有利于长期保藏的目的。

本章主要介绍几种常用简易菌种保藏法,以及冷冻干燥保藏法、液氮超低温保藏法。

实验 12-1　常用简易菌种保藏法

【目的要求】

(1) 了解简易菌种保藏法的原理;

(2) 学习简易菌种保藏法的操作。

【基本原理】

简易菌种保藏法不需要特殊实验设备,操作简便易行,故为一般实验室及生产单位所广泛采用。

(一) 斜面传代保藏法

斜面传代保藏法(slant transplantation preservation)是实验室最常用的一种保藏方法,它利用低温抑制微生物的生长繁殖,从而延长保藏时间。将在斜面培养基上已生长好的培养物置于 4~5 ℃冰箱中保藏,并定期移植。

此法优点是操作简单,不需特殊设备,能随时发现所保藏菌株是否死亡或被污染;缺点是保藏时间短,菌种经反复转接后,遗传性状易发生变异,生理活性减退。此法常用于保藏细菌、放线菌、酵母菌及霉菌等。

(二) 半固体穿刺保藏法

半固体穿刺保藏法(semisolid stab agar preservation)利用低温和缺氧抑制微生物生长,

而延长保藏时间。将在半固体培养基上已生长好的穿刺培养物,置于 4～5 ℃冰箱中保藏,并定期移植。一般用于保藏兼性厌氧细菌或酵母菌,保藏期 0.5～1 年(a)。

(三) 含甘油培养物保藏法

含甘油培养物保藏法(storage of cultures containing glycerol)利用甘油作为保护剂。甘油透入细胞后,能强烈降低细胞的脱水作用,而且,在 -70 ℃条件下,可大大降低细胞代谢水平,但却仍能维持生命活动状态,达到延长保藏时间的目的。在新鲜的液体培养物中加入15%无菌甘油,再置于 -70 ℃冰箱中保藏。在基因工程中,常用于保藏含质粒载体的大肠杆菌。一般可保存 0.5～1 年。

(四) 液体石蜡封藏法

液体石蜡封藏法(covered cultures by liquid paraffin)利用缺氧及低温双重抑制微生物生长,从而延长保藏时间。在新鲜的斜面培养物上,覆盖一层无菌的液体石蜡,再置于 4～5 ℃冰箱保存。液体石蜡主要起两种作用:一是隔绝空气,使外界空气不与培养物直接接触,因而降低微生物氧的供应量;二是减少培养基水分的蒸发。此法适于保藏霉菌、酵母菌和放线菌,可保藏菌种达 1～2 年之久,并且操作也比较简单易行。但有些细菌和霉菌(如固氮菌、乳杆菌、分枝杆菌和毛霉、根霉等)不宜用此法保存。

(五) 沙土管保藏法

沙土管保藏法(sand and soil preservation)利用干燥、缺氧、缺乏营养、低温等因素综合抑制微生物生长繁殖,从而延长保藏时间。将新鲜斜面培养物制成孢子悬液,无菌操作将孢子悬液滴入无菌的沙土管中,使孢子吸附在沙子上,再将沙土管置于真空干燥器中,抽真空,除去沙土中的水分,然后将干燥器置于 4 ℃冰箱中保存。此法仅适用于保藏产生芽孢或孢子的微生物,常用于保藏芽孢杆菌、梭菌、放线菌或霉菌等,保藏期可达数年之久。

现将 5 种常用的简易菌种保藏法归纳于表 12-1-1 中。

表 12-1-1　5 种常用的简易菌种保藏法

保藏方法	适于保藏菌类	保藏期
1. 斜面传代保藏法	细菌、放线菌、酵母菌、霉菌	≈1～4 个月
2. 半固体穿刺保藏法	兼性厌氧的细菌或酵母菌	≈6～12 个月
3. 含甘油培养物保藏法	工程菌(主要是细菌)	≈1 年
4. 液体石蜡封藏法	细菌、放线菌、酵母菌、霉菌	≈1～2 年
5. 沙土管保藏法	产孢子的微生物	≈1～10 年

【实验材料】

(一) 菌种

准备保藏的细菌,放线菌,酵母菌及霉菌。

(二) 培养基　(见附录三)

牛肉膏蛋白胨斜面及其半固体深层培养基,豆芽汁葡萄糖斜面培养基,高氏一号斜面培养基,LB 培养基。

(三) 试剂和溶液

无菌液体石蜡,无菌甘油,五氧化二磷或无水氯化钙。

（四）仪器和其他物品

接种环，接种针，无菌滴管，黄土、河沙等。

【实验内容】

（一）斜面传代保藏法

1．接种

将不同菌种接种在其适宜的斜面培养基上。

2．培养

在适宜的温度下培养，使其充分生长。如果是有芽孢的细菌或生孢子的放线菌及霉菌等，都要等到孢子成熟后再行保存。

3．保藏

将培养好的菌种置于 4～5 ℃冰箱中进行保藏。

4．转接

不同微生物都有一定有效的保藏期，到期后需另行转接至新配的斜面培养基上，经适当培养后，再行保藏。

利用斜面传代法保藏 4 大类菌的保藏条件，如表 12-1-2 所示。

表 12-1-2　利用斜面传代法保藏 4 大类菌

菌 类	培养基名称	培养温度/℃	培养时间/天	保藏温度/℃	保藏时间/月
细菌	肉膏蛋白胨斜面	30,37	1～2	4～5	1～2
放线菌	马铃薯葡萄糖或高氏合成一号斜面	25～30	5～7	4～5	2～4
酵母菌	豆芽汁葡萄糖或麦芽汁斜面	25～30	2～3	4～5	≈2
霉菌	豆芽汁葡萄糖或麦芽汁斜面	25～30	3～5	4～5	2～4

（二）半固体穿刺保藏法

1．接种

用穿刺接种法将菌种接种至半固体深层培养基中央部分，注意不要穿透底部。穿刺接种法详见实验 8-1。

2．培养

在适宜温度下培养，使其充分生长。

3．保藏

将培养好的菌种置于 4～5 ℃冰箱保藏。

4．转接

一般在保藏 0.5 或 1 年后，需转接到新配的半固体深层培养基中，经培养后，再行保藏。

（三）含甘油培养物保藏法

1．甘油灭菌

将甘油置于 100 mL 的小锥形瓶内，每瓶装 10 mL，塞上棉塞，外包牛皮纸，高压蒸汽灭菌，

121 ℃灭菌 20 min,备用。

2. 接种与培养

用接种环取一环携带质粒载体的大肠杆菌,接种到一支装有 5 mL 含氨苄青霉素 (100 µg/mL培养基)的 LB 液体培养基的试管中,37 ℃ 振荡培养过夜。

3. 培养物与无菌甘油混合

用无菌移液管吸取 0.85 mL 大肠杆菌培养液,置于一支带有螺口和空气密封圈的试管中 (或置于一支 1.5 mL 无菌 Eppendorf 管中),再加入 0.15 mL 无菌甘油。振荡,使培养液与甘油充分混匀,然后将含甘油的培养液置于乙醇-干冰或液氮中速冻。

4. 保藏

将已冰冻含甘油培养物置于−70 ℃冰箱中保存。

5. 转接

到保藏期后,用接种环刮拭冻结的培养物表面,然后将蘸有培养物接种环上的细菌,划线接种到含氨苄青霉素的 LB 平板上,37 ℃培养过夜。

用接种环挑取平板上已长好的细菌培养物,置于装有 2 mL 含氨苄青霉素的 LB 培养液的试管中,再加入等量含氨苄青霉素的 LB 液体培养基中(含 30％无菌甘油),振荡混匀。然后分装于带有螺口盖和空气密封圈的无菌试管中,或分装于 1.5 mL 灭菌 Eppendorf 管中,按上法冰冻保藏。

（四）液体石蜡保藏法

1. 液体石蜡灭菌

将液体石蜡置于 100 mL 的小锥形瓶内,每瓶装 10 mL,塞上棉塞,外包牛皮纸,高压蒸汽灭菌,121 ℃灭菌 30 min。灭菌后,将装有液体石蜡锥形瓶置于 105～110 ℃的烘箱内约 1 h,以除去液体石蜡中的水分。

2. 接种

将菌种接种至适宜的斜面培养基上。

3. 培养

在适宜温度条件下培养,使其充分生长。

4. 加液体石蜡

用无菌吸管吸取已灭菌的液体石蜡,注入到已长好菌的斜面上。液体石蜡的用量以高出斜面顶端 1 cm 左右为准,使菌种与空气隔绝,如图 12-1-1 所示。

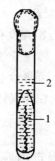

图 12-1-1 液体石蜡保藏法
1. 斜面上的菌苔
2. 注入的液体石蜡

5. 保藏

将已注入液体石蜡的斜面培养物直立,置于 4～5 ℃冰箱或室温下保存。

6. 转接

到保藏期后,需将菌种转接至新配的斜面培养基上,培养后再加入适量灭菌液体石蜡,再行保藏。

（五）沙土管保藏法

1. 无菌沙土管制备

（1）河沙处理 取河沙若干,用 40 目筛子过筛,除去大的颗粒。再用 10％ HCl 溶液浸泡,除去有机杂质,盐酸用量应浸没沙面。约浸 2～4 h,倒出盐酸,用自来水冲洗至中性,烘干。

（2）筛土　取非耕作层瘦黄土若干,磨细,用 100 目筛子过筛。

（3）沙和土混合　取 1 份土加 4 份沙混合均匀,装入小试管中(如血清管大小)。装量约 1 cm 高即可,塞上棉塞。

（4）灭菌　高压蒸汽灭菌,121 ℃灭菌 1 h。每天一次,连灭 3 天。

（5）无菌检查　取灭菌后的沙土少许,接入肉膏蛋白胨培养液中。37 ℃培养 1～2 天,观察有无杂菌生长。如有,则需重新灭菌。

2. 制备菌悬液

吸取 3～5 mL 无菌水至 1 支已培养好待保藏的菌种斜面中,用接种环轻轻搅动培养物,使其成菌悬液。

3. 加样

用无菌吸管吸取菌悬液,在每支沙土管中滴加 4～5 滴菌悬液,用接种环拌匀,塞上沙土管棉塞。

4. 干燥

将已滴加菌悬液的沙土管置于干燥器内。干燥器内应预先放置五氧化二磷或无水氯化钙用于吸水,当五氧化二磷或无水氯化钙因吸水变成糊状时则应进行更换。如此数次,沙土管即可干燥。有条件时,也可用真空泵连续抽气约 3 h,即可达到干燥效果。制成的沙土管如图 12-1-2 所示。

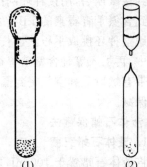

图 12-1-2　沙土管
(1) 由普通试管制成的沙土管
(2) 由安瓿管制成的沙土管

5. 抽样检查

从抽干的沙土管中,每 10 支抽取 1 支进行检查。用接种环取少许沙土,接种到适合于所保藏菌种生长的斜面上,并进行培养。检查有无杂菌生长及观察所保藏菌种的生长情况。

6. 保藏

若经检查没有发现问题,可采用下列任一种措施进行保藏:

（1）沙土管继续放在干燥器中,干燥器可置于室温或 4 ℃冰箱中。

（2）可将沙土管带塞一端浸入熔化的石蜡中,使管口密封。

（3）在煤气灯上,将沙土管(安瓿管)的棉塞下端的玻璃烧熔,封住管口,再置于 4 ℃冰箱中保存。

【实验报告内容】

（1）简述菌种保藏的一般原理。

（2）分别简述斜面传代保藏法、半固体穿刺保藏法、液体石蜡封藏法、含甘油培养物保藏法、沙土管保藏法的保藏原理。

（3）列表比较斜面传代保藏法、半固体穿刺保藏法、液体石蜡保藏法、含甘油培养物保藏法、沙土管保藏法各适合保藏微生物的类型及其保藏温度和保藏时间。

【思考题】

（1）实验室中最常用哪一种既简单又方便的保藏法保藏细菌菌体?

（2）含甘油培养物保藏法常用于保藏何种类型微生物?

（3）沙土管保藏法仅适合于保藏何种类型微生物? 灭菌后的沙土管保藏法为什么必须进

行无菌检查?

实验 12-2　冷冻干燥保藏法

【目的要求】

(1) 了解冷冻干燥保藏法原理;

(2) 学习冷冻干燥保藏法操作。

【基本原理】

冷冻干燥保藏法(lyophilization)集中了菌种保藏的有利条件,如低温、缺氧、干燥和添加保护剂。此法包括 3 个主要步骤:首先将待保藏菌种的细胞或孢子悬浮于保护剂(如脱脂牛奶)中,目的是减少因冷冻或水分不断升华对微生物细胞所造成的损害;继而在低温下(−70 ℃左右)使微生物细胞快速冷冻;然后在真空条件下使冰升华,以除去大部分水分。

冷冻真空干燥保藏法是目前最有效的菌种保藏方法之一。此法的缺点是设备昂贵,操作复杂;但其具备下述两个突出优点:

(1) 适用范围广。据报道,除少数不生孢子只产生菌丝体的丝状真菌不宜采用此法保藏外,其他各大类微生物如细菌、放线菌、酵母菌、丝状真菌以及病毒都可采用此法保藏。

(2) 保藏期长,存活率高。采用此法保藏菌种其保藏期一般可长达 10 年以上,并且均能取得良好保藏效果。

冷冻干燥保藏装置　由放置样品、收集水分和真空设备三部分组成(图 12-2-1)。在样品与真空泵之间安装一个冷凝器或装上一个内装干燥剂(如五氧化二磷)的广口瓶,以避免冻干过程中水蒸汽进入真空泵中。真空泵的功率一般为 4 L/s,真空极限为 0.067 Pa 以下,开机后 5~15 min 内要求真空度达 66.7 Pa 以下。

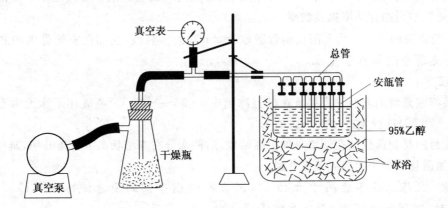

图 12-2-1　冷冻干燥保藏装置

【实验材料】

(一) 菌种

准备保藏的细菌,放线菌,酵母菌或霉菌。

（二）培养基　（见附录三）

适于培养待保藏菌种的各种斜面培养基。

（三）试剂和溶液　（见附录四）

脱脂牛奶，2% HCl 等。

（四）仪器和其他物品

冷冻干燥装置；安瓿管（ampoule），长颈滴管，青霉素小瓶，无菌移液管等。

【实验内容】

（一）冷冻干燥保藏法

1. 准备无菌安瓿管

安瓿管一般用中性硬质玻璃制成，管中内径约 6～8 mm，长度约 100 mm 左右。先将其用 2% HCl 浸泡过夜，然后用自来水冲洗至中性，最后用蒸馏水冲 3 次，烘干备用。将印有菌名和接种日期标签纸置于安瓿管内，印字一面向着管壁，管口塞上棉花并包上牛皮纸，高压蒸汽灭菌，121 ℃灭菌 30 min。

2. 制备脱脂牛奶

将新鲜牛奶煮沸，除去上层油脂，用脱脂棉过滤，在 3000 r/min 离心 15 min，再除去上层油脂。如用脱脂奶粉，可配成 20%浓度，然后分装，121 ℃灭菌 30 min，并作无菌检查。

3. 制备菌悬液

（1）培养菌种　一般是用静止期的细胞，利用最适培养基、在最适温度下培养菌种斜面，以便获得生长良好的培养物。如能形成芽孢的细菌，可用其芽孢保藏，放线菌和霉菌则利用其孢子进行保藏。不同微生物其菌种斜面培养时间有所不同，细菌可培养 24～28 h，酵母菌培养 3 天左右，放线菌与霉菌则可培养 7～10 天。

（2）制备菌悬液　吸取 2～3 mL 已灭菌的脱脂牛奶加入到新鲜菌种斜面中，用接种环轻轻刮下培养物，使其悬浮在牛奶中，轻轻摇动，以形成均匀的菌悬液。可测定菌悬液的活细胞数，为计算保藏后的存活率提供数据。

（3）菌悬液的分装　用无菌长滴管吸取 0.2 mL 的菌悬液，滴加在安瓿管内的底部。注意，不要使菌悬液黏在管壁上。

4. 预冻

将装有菌悬液的安瓿管直接放在低温冰箱中（−35～−45 ℃）或放在干冰无水乙醇浴中（−80～−70 ℃）进行预冻（约 1 h 左右）。

预冻目的是使菌悬液在低温条件下冻结成冰，使水分在冻结状态下直接升华，避免在真空干燥时，因菌悬液沸腾而造成气泡外溢。

注意　预冻温度不能高于−25 ℃，因含有脱脂牛奶的菌悬液冰点下降。若高于−25 ℃时，可因结冰不实，而使真空干燥失败。

5. 冷冻真空干燥

将安瓿管口外的棉塞剪去，再把管口内的棉塞向下推至距管口下方约 1 cm 处，把安瓿管上端烧熔并拉成细颈，然后用皮管将安瓿管与总管的侧管相连接。将总管升高，使安瓿管底部与冰面接触（冰浴的温度约−10 ℃），目的使安瓿管内的菌悬液仍呈固体状态。

开动真空泵，进行真空干燥。若采用简易冷冻真空干燥装置时，应在开动真空泵后 15 min

内,使真空度达到 66.7 Pa。在此条件下,菌悬液才能保持冻结状态,被冻结的菌悬液开始升华。继续抽气,当真空度达到 26.7～13.3 Pa 后样品逐渐被干燥,干燥后样品呈白色片状。这时可将安瓿管提起,离开冰浴,置于室温下继续干燥(管内温度不能超过 30 ℃)。升温可加速样品中水分的蒸发。干燥时间一般约维持 3～4 h(干燥时间的长短,可根据安瓿管的数目、菌悬液的装量和保护剂的性质而定)。

注意 可用失重法测定干燥后样品的含水量,一般要求样品含水量在 1%～3%。若超过 3%,则需重新进行真空干燥。

6. 熔封

样品干燥后,继续抽真空达 1.33 Pa 时,在安瓿管棉塞下端细颈处用火焰烧熔并拉成细颈,再将安瓿管接在封口用的抽气装置上,开动真空泵,室温抽气,当真空度达到26.7 Pa时,继续抽气数分钟,再用火焰在细颈处烧熔封口(图 12-2-2)。

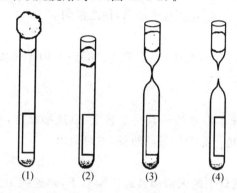

图 12-2-2 安瓿管的熔封步骤

(1) 安放标签和滴加菌液 (2) 将棉塞推进管内 (3) 烧熔,并拉成细颈 (4) 熔封

注意

(1) 熔封时,封口处灼烧要均匀,火力不能太大。否则封口处易发生弯曲,冷却后,易出现裂缝,导致漏气。

(2) 可用高频电火光发生器检测已熔封后安瓿管中真空度。将发生器轻轻接触安瓿管上端,但不要射向菌体,使管内发生真空放电。若呈淡紫色,说明真空度达到要求。

7. 保藏

将封口带菌安瓿管置于冰箱(5 ℃左右)中或室温下,避光保存。

8. 恢复培养

需用菌种时,可用卫生酒精将安瓿管的外壁消毒,再用火焰将管的上部烧热,于烧热处滴上几滴无菌水,使管口产生裂缝,放置片刻,再将裂口敲断。也可用砂轮在安瓿管上端划一小痕,用两手握住安瓿管两端向外用力拉,便可打开安瓿管。

用无菌吸管将无菌水滴入到安瓿管内,使样品溶解,然后吸出菌液至合适培养基中,进行培养。

(二)简易冷冻干燥保藏法

利用普通冷冻真空干燥装置代替菌种保藏专用的冷冻真空干燥装置,并用无菌青霉素小瓶代替安瓿瓶,简化冷冻真空干燥保藏操作。本实验室用此简易办法成功地对细菌、酵母菌和霉菌进行保藏试验,保藏时间长达 3 年之久。

1. 准备无菌小瓶

将药用青霉素小瓶先用 2% HCl 浸泡 8～10 h,再用自来水冲洗多次,最后用蒸馏水冲洗 3 次,烘干。将印有菌名及接种日期的标签纸放入小瓶中,瓶口用塑料封口膜包扎,小瓶的橡皮塞用纸单独包好,高压蒸汽灭菌,121 ℃灭菌 30 min,备用。

2. 制备无菌脱脂牛奶

按常规方法制备脱脂牛奶,或配制 40%脱脂奶粉。112 ℃灭菌 30 min,并做无菌检查。

3. 制备菌悬液

在培养好的新鲜菌种斜面上,加入无菌水 3 mL。用接种环刮下菌苔,轻轻搅动,制成均匀的菌悬液(注意,不要刮破培养基)。

4. 分装

用无菌移液管将菌悬液分装入无菌青霉素小瓶中,每瓶装 0.2 mL。再用无菌长滴管将灭菌脱脂牛奶约 0.2 mL 加入上述小瓶中,稍振荡,使之混匀。

5. 预冻

将上述小瓶放入 500 mL 干燥瓶中,然后置于－35～－40 ℃低温冰箱中约 0.5 h。待小瓶中菌悬液冻结成固体后取出。

6. 冷冻真空干燥

迅速将干燥瓶插在冷冻干燥器的抽真空插管上,迅速抽真空,并冷冻干燥,约 24～36 h。待菌体混合物呈疏松状态,稍一振动即脱离瓶壁,方可取出。

7. 封存

在超净工作台内将小瓶口上的无菌塑料封口膜取下,迅速换上无菌橡皮塞。然后用蜡膜将橡皮塞及瓶口封住,置于－20 ℃低温冰箱保存。

8. 恢复培养

细菌和霉菌启封后,立即在适宜的斜面或平板划线接种即可。酵母菌最好接至 YPD 液体培养基。30 ℃振荡培养 24～48 h 后,再将增殖的菌种接种到合适的斜面或平板上进行培养。

【实验报告内容】

简述冷冻干燥保藏法的原理及其突出的优点。

【思考题】

在冷冻干燥保藏法中,为什么必须先将菌悬液预冻后才能进行真空干燥?

实验 12-3　液氮超低温保藏法

【目的要求】

(1) 了解液氮超低温保藏法原理;

(2) 学习液氮超低温保藏法操作。

【基本原理】

液氮超低温保藏法(liquid nitrogen cryopreservation)是将微生物细胞悬浮于含保护剂的液体培养基中,或者把带菌琼脂块直接浸没于含保护剂的液体培养基中,经预先缓慢冷冻后,再转移至液氮冰箱内,于液相(−196 ℃)或气相(−156 ℃)进行保藏。

此法是目前比较理想的一种菌种保藏方法,其优点是它不仅适合保藏各种微生物,而且特别适于保藏某些不宜用冷冻干燥保藏的微生物(如支原体、衣原体、某些只形成菌丝不产生孢子的真菌等)。此外,保藏期也较长,菌种在保藏期内不易发生变异。故此法现已被国外某些菌种保藏机构作为常规保藏方法。目前,我国许多菌种保藏机构也采用此法保藏菌种。缺点是需要液氮冰箱等特殊设备,故其应用受到一定限制。

【实验材料】

(一) 菌种

准备保藏的细菌,放线菌,酵母菌或霉菌。

(二) 培养基　(见附录三)

适于培养待保藏菌种的各种斜面培养基或琼脂平板。

(三) 试剂和溶液　(见附录四)

含 10% 甘油的液体培养基等。

(四) 仪器和其他物品

液氮冰箱及控速冷冻机;安瓿管,吸管等。

【实验内容】

(一) 准备安瓿管

液氮保藏所用安瓿管必须能够经受 121 ℃高温灭菌和−196 ℃冻结处理而不破裂的硬质玻璃制成。目前也有使用聚丙烯塑料制成带有螺旋帽和垫圈的安瓿管,通常能容纳 2 mL 液体。安瓿管先用自来水洗净后,再用蒸馏水冲洗 3 次并烘干。将注有菌名及接种日期的标签放入安瓿管内,管口塞上棉花并包上牛皮纸,高压蒸汽灭菌,121 ℃灭菌 30 min,备用。

(二) 准备保护剂

通常采用终浓度为 10%(v/v)甘油或 10%(v/v)二甲亚砜(DMSO)作为保护剂。含甘油溶液需经高压灭菌,而含 DMSO 溶液则采用过滤除菌。

如要保藏只能形成菌丝体而不产生孢子的霉菌时,需在每个安瓿管中预先加入一定量含 10%甘油的液体培养基(加入量以能没过即将加入的带菌琼脂块为宜)。121 ℃灭菌 20 min,备用。

(三) 制备菌悬液或带菌琼脂块浸液

1. 制备菌悬液

在每支长好菌的斜面中加入 2~3 mL 含 10%甘油液体培养基,用接种环将菌苔从斜面上轻轻刮下,制成菌悬液。并用无菌吸管吸取 0.5 mL 菌悬液,分装于无菌安瓿管中,然后用火焰熔封安瓿管口。

2. 制备带菌琼脂块浸液

如要保藏只长菌丝体的霉菌时,可用直径 5 mm 无菌打孔器从平板上切下带菌落的琼脂块,置于装有 1 mL 含 10%甘油液体培养基的无菌安瓿管中,用火焰熔封安瓿管口。

为了检查安瓿管口是否熔封严密,可将上述经熔封的安瓿管浸入次甲基蓝溶液中,于 4~8 ℃,静置 30 min。如发现有溶液进入管内,说明管口未封严。

（四）慢速预冻

菌种在置于液氮冰箱保藏前,微生物细菌需经慢速冷冻,其目的是防止细胞因快速冷冻而在细胞内形成冰晶,因而降低菌种存活率。

1. 控速冷冻

将已封口的安瓿管置于控速冷冻机的冷冻室中,以每分钟下降 1 ℃ 的速度冻结至 -30 ℃。

2. 普通冷冻

如实验室无控速冷冻机时,可将已封口安瓿管置于 -70 ℃ 冰箱中预冻 4 h,以代替控速冷冻处理。

（五）液氮保藏

经慢速预冻处理的封口安瓿管,迅速置于液氮冰箱中。若采用气相保藏,可将安瓶管置于液氮冰箱中液氮液面上方的气相（-156 ℃）进行保藏;若采用液相保藏,则可将安瓶管放入液氮冰箱的提桶内,再放在液氮中（-196 ℃）保藏。

采用气相保藏时,不需除去安瓿管口棉塞,也无需熔封安瓿管口。

（六）解冻恢复培养

如需用所保藏菌种时,可用急速解冻法融化安瓿管中结冰。载上棉手套,从液氮冰箱中取出安瓿管,用镊子夹住安瓿管上端,立即置于 38~40 ℃ 水浴中,并轻轻摇动 1~2 min,使管中结冰迅速融化。然后无菌操作打开安瓿管,并用无菌吸管将安瓿管中保藏培养物全部转移至含有 2 mL 无菌液体培养基中。再吸取 0.1~0.2 mL 菌悬液至琼脂斜面上,进行保温培养。

如需测定保藏后的存活率,可吸取 0.1 mL 的融化后的菌悬液,进行稀释和平板计数,再与保藏前的计数比较,即可算出存活率。

注意

（1）安瓿管需绝对密封,如有漏洞,保藏期间液氮会渗入安瓿管内。当从液氮冰箱取出安瓿管时,液氮会从管内逸出;且由于室温温度高,液氮常会由于急剧气化而发生爆炸,故为防不测,操作人员应戴皮手套和面罩等。

（2）液氮与皮肤接触时,皮肤极易被"冷烧",故应特别小心操作。

（3）当从液氮冰箱取出某一安瓿管时,为了防止其他安瓿管升温而不利于保藏,故取出及放回安瓿管的时间一般不要超过 1 min。

【实验报告内容】

简述液氮超低温冷冻保藏法的原理及其主要优缺点。

【思考题】

（1）液氮超低温冷冻保藏法中,为什么需用含保护剂的液体培养基制备菌悬液? 保护剂的作用是什么?

（2）用什么方法检查安瓿管是否熔封严密? 如管口未封严,将会产生什么不良后果?

（3）液氮超低温保藏法中,为什么需采用缓慢冷冻（控速冷冻）细胞,其目的是什么?

第 13 章　免疫学技术

当抗原进入机体后引起免疫应答,在体液中产生抗体,而体外所用的抗体均来自免疫血清。所以抗原(antigen,Ag)和抗体(antibody,Ab)在体外相互作用的反应称血清学反应(serological reaction)。

由于抗原性质不同,试验方法也有所不同。抗原和抗体反应可呈现不同的现象,常见的有凝集反应(agglutination)、沉淀反应(precipitation)、补体结合反应(complement fixation)和中和反应(neutralization)等。免疫学反应常用于疾病的诊断和微生物菌株的鉴定,因而可以用已知抗原测定未知的抗体,也可以用已知抗体测定未知抗原。

随着免疫学基础理论的发展,不断地建立了各种新的免疫学技术。如沉淀反应中常用的琼脂扩散(单向、双向扩散)与电泳技术结合,又创建了多种免疫电泳技术,如对流免疫电泳、交叉免疫电泳和火箭电泳等。此外,Engvall 于 1971 年首次建立了酶联免疫吸附分析法。由于该法具有快速、敏感、简便、特异、无污染,易于标准化和测试成本低等优点而得到迅速发展和广泛应用。这些免疫学技术已广泛用于抗原、抗体的定性和定量的分析、生物制品纯度的分析等。因此,免疫学技术已成为当今临床医学和生物化学、遗传学和细胞学等科研中极其重要的实验手段。

实验 13-1　免疫血清的制备

【目的要求】

(1) 了解动物免疫方法;
(2) 学习抗原与抗体的制备。

【基本原理】

将细菌等颗粒性抗原或病毒等非颗粒性抗原注射到动物体内,使血液中产生相应的抗体。为了使血清中抗体达到一定浓度,应当进行多次注射。待动物产生大量的抗体时,采出动物的血液,分离出血清,此即含有抗体的抗血清。

在制备抗血清时,颗粒性抗原(如细菌、红细胞)通常不需加佐剂注射,一般以静脉注射为好;非细胞(如病毒、类毒素等)非颗粒性抗原则需加佐剂,注射部位以前足掌、后足掌、背部和皮下四个点。

本实验以灭活大肠杆菌的菌悬液作为颗粒抗原,采用皮下静脉注射法免疫家兔,通过耳静脉采血获得免疫血清。

【实验材料】

(一) 菌种和实验动物

标准大肠杆菌培养 24 h 的斜面培养物,或烟草花叶病毒。

健康家兔 2 kg 以上健康雄兔或未受孕的雌兔。

(二) 培养基 (见附录三)

肉膏蛋白胨固体斜面及肉膏蛋白胨液体培养基。

(三) 试剂和溶液 (见附录四)

(1) 0.3％福尔马林,生理盐水。

(2) 0.5％石炭酸生理盐水或 1％硫柳汞生理盐水。

(3) 卡介苗 75 mg/mL(北京生物制品研究所)。

(四) 仪器和其他物品 (所用器皿全部需灭菌)

兔解剖台,兔头夹,止血钳,解剖刀,解剖剪刀,镊子,动脉夹,注射器 500 mL(×1)、5 mL(×2)、1 mL(×1),针头 5 号(×2)、9 号(×2),酒精棉花,碘酒棉花,硅胶管 5 cm,双面刀片等。

移液管,滴管,大试管,量筒,无菌茄瓶,载玻片,离心管,Mc Farland 比浊管等。

【实验内容】

(一) 免疫动物的选择

可作为免疫用的动物多为哺乳动物和禽类。哺乳类主要有家兔、羊、马、豚鼠、猪、猴等,禽类目前多用鸡。

为获得高效价的抗体,选择动物时要注意亲缘较远的种系。如需制备大量抗血清,则选免疫大动物如羊、马等,需要的抗原也多;若应用量不大,可选择小动物,如家兔等。作为免疫动物,其大小、性别和年龄均要合适。年龄太小,免疫系统发育还不健全,会影响抗体形成;年龄太大,代谢机能衰弱,也会影响抗体的形成。实验室常用的家兔最好选择兔龄在 9~24 月,体重 2~3 kg,耳朵大,静脉粗、无脚癣的健康雄兔或未受孕的雌兔。免疫前将家兔标以记号并与其他兔隔开喂养,观察其健康状况数日。

(二) 颗粒抗原的制备

抗原分子必须具备一定的相对分子质量和结构。分子越小,在进入机体后越容易被排除,还必须纯化具备一定的浓度,才有可能制备出高效价的专一性抗血清。注射抗原用量,应严格掌握,量太大,会产生免疫抑制;量太小,则无法刺激机体反应,也得不到高效价的抗血清。

1. 取标准大肠杆菌纯种接种到 2 支肉膏蛋白胨斜面上:一支用于移种,另一支用于免疫,37 ℃恒温箱培养 15~18 h。用 0.5％石炭酸生理盐水 5 mL 洗下菌苔。

2. 用无菌滴管将菌液取出,注入无菌小试管。并将此小试管放入 60 ℃水浴箱中 1 h,将菌灭活。

3. 取上述处理过的菌液 1 mL 注入与比浊管质量相同的小试管 10 支,并取一支加入石炭酸生理盐水 4 mL 或更多,视原菌液浓度而定。混匀后与 MC Farland 比浊管对照比浊。假若与第 4 管的浊度相等,则此菌液每毫升的细菌数为 $5×12×10^8=60×10^8$(60 亿),见表 13-1-1。

4. 用 0.5％石炭酸生理盐水将菌液稀释至每毫升含 12 亿个细菌,其他 9 支试管用同样方法处理。

5. 无菌试验 取 1 mL 上述经处理的菌悬液(抗原),接种于装有 20 mL 肉膏蛋白胨液体培养基的锥形瓶内,37 ℃恒温箱培养 24～48 h。观察有无细菌生长,如无细菌生长,即可放入冰箱备用。用此菌悬液作为抗原。

表 13-1-1　Mc Farland 比浊管配制方法

试管号	1	2	3	4	5	6	7	8	9	10
$BaCl_2$ * /mL	0.1	0.2	0.3	0.4	0.5	0.6	0.7	0.8	0.9	1.0
H_2SO_4 * /mL	9.9	9.8	9.7	9.6	9.5	9.4	9.3	9.2	9.1	9.0
相当 1 mL 的细菌数	3 亿	6 亿	9 亿	12 亿	15 亿	18 亿	21 亿	24 亿	27 亿	30 亿

* $BaCl_2$ 和 H_2SO_4 的浓度均为 1%。

(三)免疫动物的方法

本实验采用皮下静脉注射法。选择健康 2 kg 左右的家兔,将其放在家兔固定箱内,或请助手将兔按住在桌上不动,一手轻扶耳根,然后在耳外侧边缘静脉处,先用碘酒棉花,后用酒精棉花涂擦消毒,并使静脉扩张。用经煮沸消毒(每次煮 10～15 min)的注射器及 5 号针头吸取菌液,沿耳静脉平行方向刺入静脉。如针头确在静脉内,注入材料时容易推进,同时可观察到血管颜色变白;若不易推进,而且局部有隆起时,则表示针头不在血管中,应重新注射。注射完毕,在拔出针头前,先用棉球按住注射处,然后拔出针头,并继续压迫片刻,以防止血流溢出。

注射剂量与日程如表 13-1-2。

表 13-1-2　抗体制备的日程

注射日期	菌液	注射剂量/mL	注射途径
第 1 日	死 菌	0.3	静脉
第 3 日	死 菌	0.5	静脉
第 6 日	死 菌	1.0	静脉
第 9 日	死 菌	1.5	静脉
第 12 日	死 菌	2.0	静脉
第 19 日,22 日	采血少量(1 mL)分离出血清,如凝集效价达 1∶2000 以上,则停止动物进食,以无菌手续大量采血。		

耳静脉注射是每隔 2～3 天注射菌液一次,共 5 次。末次注射后 7～10 天采血、试血,如凝集效价达 1∶2000 以上,则停止动物进食,以无菌手续大量采血。

(四)采血方法

家兔采血方法有耳静脉采血、心脏采血、颈动脉采血等。如欲保留免疫动物,可切开耳静脉取血,取血后由静脉或肌肉缓慢注射等量 5%葡萄糖溶液。休息 2 个月左右,可以再次加强免疫后取血。如需大量血清,不保留该家兔,可用颈动脉,心脏放血的方法。下面将各种采血方法作一简单介绍。本实验用耳静脉取血方法采血。

1. 耳静脉取血法

首先使兔子活动,加速血液循环,然后固定兔子的机体和四肢,剪去耳缘静脉处的毛,用无菌棉花将皮肤擦干净,75%乙醇消毒,用消毒过的双面刀片或解剖刀将耳静脉割破,血液流出,用消毒大试管受血。如切口凝血,可用无菌棉球轻轻擦去切口凝血块,继续取血至所需量。当取血完毕,以无菌棉球压迫切口止血。如血流不止,可用止血钳夹住止血。

2. 心脏采血法

将家兔仰卧手术台上,用绳缚其四肢固定。在左前胸部去毛,消毒。在靠近胸骨部位心脏搏动最剧烈处,用注射器附 7 号针头垂直刺入心脏,如位置准确,可以感觉到针头随心脏搏动而上下跳动,此时轻微抽移针筒即抽得血液。立即将所得血液以无菌手续注入已灭菌的大试管内,直到无血液流出,兔子死亡。大试管尽量放成最大倾斜度,凝固后放入 4~6 ℃冰箱内过夜,使其自然析出血清。

3. 颈动脉放血法

将兔子仰卧固定其四肢,颈部剪毛消毒,在前颈部皮肤纵切开 10 cm 左右,用止血钳将皮分开夹住,剥离皮下组织后露出肌层,用刀柄加以分离,即可见搏动的颈动脉。将颈动脉与迷走神经剥离长约 5 cm,用止血钳夹住血管壁周围的筋膜,远心端用丝线结扎,近心端用动脉钳夹住,然后用酒精棉球消毒血管周围的皮肉。用无菌剪刀剪一 V 型缺口(约为血管断面的 1/2,切不可将血管全部剪断),取长 15 cm、直径 1.6 mm 的塑料管,将一端剪成针头样斜面,并将此端插入颈动脉中。用丝线将此管结扎固定于动脉上,另一端放入无菌试管或无菌茄子瓶中,然后松开动脉夹,血液即流入瓶中,直至动物死亡,无血液流出为止。一般 2500 g 家兔可放血80~120 mL。

(五) 分离血清及血清保存

1. 以无菌的滴管吸取血清置无菌离心管中,离心沉淀除去红细胞,取上清液置无菌试管中。此即免疫血清,按下一实验中表 13-2-1 的方法测其效价。

2. 在分离所得血清中徐徐加入 15%的石炭酸溶液防腐,使其最后浓度为 0.25%~0.5%。分装血清于试管或安瓿瓶中,并标明血清名称、凝集效价及制备日期,保存于冰箱中,备用。

【实验报告内容】

(1) 简述免疫血清的制备过程。

(2) 如何能获得特异性、效价高的抗血清?

【思考题】

(1) 在制备免疫血清时,为什么所用器皿必须全部灭菌?

(2) 制备免疫血清时,为何要在动物体内多次注射?

实验 13-2　凝 集 反 应

【目的要求】

(1) 学习凝集反应的原理;

(2) 学习凝集反应的操作方法,并能初步判断凝集反应的结果;

(3) 学会用血清稀释法测定免疫血清的效价。

【基本原理】

颗粒性抗原(如细菌或红血球)的悬液与含有特异性抗体的血清混合,在适量电解质存在的情况下,经过一定时间,出现肉眼可见的凝集块,称为凝集反应。一般称这种能引起凝集现象的抗原称为凝集原(agglutinogen)，动物血清中相应的抗体为凝集素(agglutinin)。

凝集反应的机制是由于抗原与其相应抗体间存在着相对应的极性基。极性基的相互吸附，使抗原外周的水化膜除去，由亲水溶胶变成憎水溶胶。由于电解质具有降低电位的作用，使抗原颗粒间的排斥力消除，从而产生了凝集现象。温度可促进抗原颗粒的分子运动，故可使细菌与抗体之间互相碰撞的机会增多，使反应迅速发生。一般在 37 ℃或 56 ℃水浴中进行，不可超过 60 ℃，否则使抗体和抗原的蛋白变性。凝集反应常用的方法有玻片法与试管法。利用已知抗血清(凝集素)可以鉴定未知细菌(凝集原)，因此，此法可用于诊断许多传染病的病原，进行细菌的抗原分析、鉴定及分型，也可应用已知细菌检查未知血清的抗体。

本实验以灭活大肠杆菌的菌悬液作为凝集原，以大肠杆菌免疫血清作为凝集素，二者在电解质作用下产生凝集反应(玻片凝集反应与试管凝集反应)。

【实验材料】

（一）抗原和抗体

大肠杆菌斜面培养物；用生理盐水稀释成 9×10^8 个/mL 的大肠杆菌菌悬液，并经 60 ℃加热 1 h 灭活。

用生理盐水稀释的 1：10 大肠杆菌免疫血清。

（二）仪器和其他物品

水浴锅，试管架；生理盐水，载片，移液管(1 mL 刻度到底，5 mL 刻度到底)，小试管等。

【实验内容】

（一）玻片凝集反应

此法只能进行定性测定，用已知的免疫血清检查未知细菌。

(1) 取洁净干燥的载片一片，用记号笔划分两区，一端注明为试验，一端注明为对照。

(2) 用接种环取生理盐水，置 2 滴于对照中心；同法滴大肠杆菌免疫血清于试验中心。

(3) 用接种环取少量大肠杆菌培养物，分别研磨乳化于盐水及血清内，并均匀混合。

(4) 将玻片略为反复摆动后静置于 50 ℃恒温水浴表面上，保温 5～10 min，以加快抗原与抗体的反应。待 5 min 后，可观察到一端有凝集反应出现凝集小块则为阳性结果；另一端为生理盐水与抗原的混合物作为对照。如难观察，可将玻片置低倍镜下，检查是否有凝集块。

（二）试管凝集反应

此法常用于免疫血清效价定量测定。

(1) 取清洁干燥的小试管 10 支，排列于试管架上。

(2) 用移液管(5 mL)按表 13-2-1 加入 0.5 mL 生理盐水于各试管中。

(3) 取培养 18 h 的大肠杆菌斜面一支，用 0.85％NaCl 生理盐水洗下斜面菌苔，稀释至一定浓度。用标准比浊管法，调整其浓度至 9×10^8 个/mL 细胞。

(4) 取免疫血清 0.5 mL 加入另一试管，并加 4.5 mL 生理盐水混合，制成稀释 1：10 的免疫血清。

(5) 用移液管从已稀释至 1：10 的管中吸取 0.5 mL 大肠杆菌免疫血清，注入第 1 管，吹吸 3 次混匀；然后由第 1 管中吸取 0.5 mL，注入第 2 管，再吹吸 3 次混匀；吸出 0.5 mL，注入第 3 管……如此类推，到第 9 管为止，作为抗体。从第 9 管吸出 0.5 mL，弃去。第 10 管不加血清,作为对照。

（6）在每管中加入 0.5 mL 经处理的大肠杆菌菌悬液,作为抗原。摇匀,并置 45 ℃水浴中 2 h 后,初步观察结果。转置冰箱,次日再观察结果。观察结果时,勿摇动试管。

先观察管底是否有凝集现象,记录于表 13-2-1 中。

表 13-2-1　血清凝集反应记录

试 管	1	2	3	4	5	6	7	8	9	10
生理盐水(mL)	0.5	0.5	0.5	0.5	0.5	0.5	0.5	0.5	0.5	0.5
加 1：10 血清	0.5	0.5	0.5	0.5	0.5	0.5	0.5	0.5	0.5	—
血清的稀释度	1：20	1：40	1：80	1：160	1：320	1：640	1：1280	1：2560	1：5120	0
细菌悬液(mL)	0.5	0.5	0.5	0.5	0.5	0.5	0.5	0.5	0.5	0.5
最后血清稀释度	1：40	1：80	1：160	1：320	1：640	1：1280	1：2560	1：5120	1：10240	0
结　果										

（7）结果记录

表示凝集现象的强弱判断标准为(取"＋＋"的稀释度作为免疫血清的效价)：

① 完全凝集,凝集块完全沉于管底,液体澄清,以"＋＋＋＋"记录。表示细菌菌体全部凝集经摇动后见大片块状物。

② 凝集块沉于管底,液体稍混,以"＋＋＋"记录。表示细菌细胞大部分凝集摇动后见块状物较小。

③ 部分凝集,液体半澄清,以"＋＋"记录。表示细菌细胞半数凝集摇动后见凝块呈微小颗粒状。

④ 极少凝集,液体混浊,以"＋"记录。表示仅少量细菌细胞被凝集,摇动后仅能见少量微粒状凝集块。

⑤ 无变化记以"－"。表示无凝集反应。

【实验报告内容】

（1）将玻片凝集反应试验结果记录在表 13-2-2 中。

表 13-2-2　玻片凝集反应试验结果

结果/项目	对照区(即生理盐水＋菌体)	试验区(即血清＋菌体)
阳 性		
阴 性		

（2）将试管凝集反应的结果记录于表 13-2-3 中,并报告本次免疫血清的效价。

表 13-2-3　试管凝集反应试验结果

血清稀释*	1：40	1：80	1：160	1：320	1：640	1：1280	1：2560	1：5120	1：10240	对照	效价
凝集反应强弱											

* 原血清稀释度为 1：10。

【思考题】

　　（1）在凝集反应中，生理盐水中的电解质有什么作用？

　　（2）试管凝集反应与玻片凝集反应比较，各有什么优点？

实验 13-3　琼脂双向扩散沉淀反应

【目的要求】

　　（1）了解琼脂双向扩散法的原理及操作；

　　（2）掌握检测未知抗原或抗体的纯度、测定抗体的效价；

　　（3）观察琼脂中形成的沉淀线及抗原抗体浓度对沉淀线位置的影响。

【基本原理】

　　可溶性抗原与相应抗体在适宜条件下反应后，出现肉眼可见的沉淀物，故此反应称沉淀反应（precipitation）。沉淀反应的试验方法有试管环状沉淀法、絮状沉淀法以及琼脂扩散法。当可溶性抗原与其相应的抗体放在半固体琼脂凝胶中作相对方向扩散，彼此接触时，所产生的复合物是肉眼可见的乳白色沉淀物或沉淀线，此反应称为琼脂双向扩散（double agar diffusion）反应。此法操作简单，灵敏度高，可用于定性检测可溶性抗原或抗体，对复杂的抗原成分或抗原、抗体的纯度进行鉴定及测定抗原或抗体的大致浓度（效价）。

　　本次实验用平板琼脂法进行双向琼脂扩散试验。

【实验材料】

（一）抗原和抗体

　　抗原（Ag）　白喉类毒素。

　　抗体（Ab）　白喉抗毒素。

（二）试剂和溶液　（见附录四）

　　1.5%琼脂生理盐水，巴比妥缓冲液（pH 8.6，离子强度 0.05 mol/L）。

（三）仪器和其他物品

　　打孔器，载片，滴管，量筒，口径大小相同的试管（内径 1 cm，长度 15 cm），液体石蜡等。

【实验内容】

　　1. 配制巴比妥缓冲液　（pH 8.6，离子强度 0.05 mol/L）

　　2. 配制 1% 生理琼脂盐水

　　先称取洗净琼脂或琼脂糖 1 g 加至 50 mL 蒸馏水中，于沸水浴中加热融化。然后加入 50 mL 上述巴比妥缓冲液，再滴 1 滴 1% 硫柳汞溶液作防腐剂，分装于不同试管内。每管加 10 mL，放冰箱备用。

　　3. 制备琼脂板

　　将融化的 1% 生理盐水琼脂冷至 50 ℃左右，量取 3～3.5 mL，倒在 7.5 cm×2.5 cm 预先洗净、干燥、水平放置的载片上。自玻片中间缓缓下注，琼脂即自然向四周扩散，静置片刻，即凝成厚薄一致表面平整而无气泡的胶层。用孔径为 3～4 mm 的打孔器按图 13-3-1 所示打孔，孔距为 4 mm。再用注射器 9 号针头挑去孔内琼脂，每琼脂板打 2 个方阵型。在玻片的右上角用记号笔做标记，使方向不致错乱。

4. 抗原稀释方法

采用二倍连续稀释法，将抗原白喉类毒素液按 2 的等比级数（即 2^0，2^1，2^2，2^3，……）方式连续稀释，即于数支试管中各加入稀释液（生理盐水）1 份，再于第 1 管中加抗原液 1 份，用吹吸法将两液混匀后，吸出 1 份，加入第 2 管中。如此，依次进行至最后一管，即 1∶2，1∶4，1∶8，1∶16，1∶32，1∶64，1∶128，……

5. 加样

用微量加样器在第一方阵型的中间孔中滴加 Ab 1∶2，四周孔中滴加不同稀释度 Ag（白喉类毒素），如 1∶2，1∶4，1∶8，1∶16，1∶32，1∶64。第二方阵的中间孔滴加 Ab 1∶4，四周孔中滴加 Ag 与第一方阵型相同，由高浓度向低浓度逆时针依次加样。每孔加样量均为 10 μL。注意，勿溢出管外。见图 13-3-1。

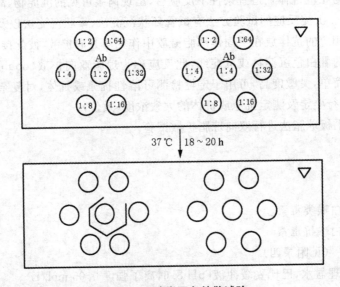

图 13-3-1　琼脂双向扩散试验

孔径为 3～4 mm；与中央孔的孔距为 4 mm

中间圆圈代表 Ab；四周圆圈代表 Ag

6. 保温

将此琼脂平板放入带盖的搪瓷盘中，下面应垫 3～4 层湿纱布，保持一定湿度。并将搪瓷盘放在 37 ℃恒温箱中，18～20 h 取出，观察结果。如被检血清和抗原相适应，则可在二者扩散接触处出现带状沉淀。比较二方阵带状沉淀线有何区别？

7. 结果观察

观察孔间沉淀线的位置、数目与特征。通常可见到如图 13-3-2 所示的双向扩散平板沉淀反应。

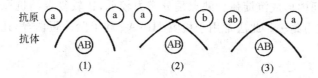

图 13-3-2　双向扩散平板沉淀反应线的类型

(1) 相邻两孔的抗原决定簇相同　(2) 抗原决定簇不同　(3) 抗原决定簇有部分相同

　　(1) 沉淀线的位置与抗原、抗体的浓度有关。当两者浓度相对时,沉淀线位于两者中间;抗原浓度越大,形成的沉淀线距离抗原孔越远;抗体浓度越大,形成的沉淀线距抗体孔越远。

　　(2) 此外,观察两孔邻近的抗原与抗体所形成的两条线是交叉,还是相连,可用来判断两抗原是否有共同成分(图 13-3-2)。若两者是特异的,效价又相同,则形成的两条沉淀线的末端会连接成弧状;若两者不完全相应,则形成两条交叉的沉淀线;若抗原有部分相同,则形成的两条沉淀线既连接,又可出现一个小分支线。

【实验报告内容】

　　记录琼脂玻片双向扩散是否有沉淀线,分布在哪几档稀释度之间? 并画下两个方阵型与所形成的沉淀线图(见图 13-3-1)。

【思考题】

　　比较沉淀反应和凝集反应所用抗原及抗体有何不同?

实验 13-4　对流免疫电泳试验

【目的要求】

　　(1) 了解对流免疫电泳的基本原理;

　　(2) 初步掌握对流免疫电泳的操作方法。

【基本原理】

　　对流免疫电泳(counter immuno-electrophoresis, CIEP)是一种快速灵敏的免疫学检测方法。其原理是利用大多数的蛋白质抗原在碱性缓冲液(pH 8.6)中带负电荷,电泳时由负极向正极移动;而抗体为免疫球蛋白,其等电点较其他蛋白质高,故在该 pH 缓冲液中接近等电点,而不带电荷。此外,由于抗体的相对分子质量较大,在琼脂凝胶中借助电渗效应,由正极向负极缓慢移动。实验时,在琼脂凝胶板上抗原与抗体孔相对排列,将抗原加于近负极端的加样孔中,抗体加于近正极端的加样孔中,在合适的抗原抗体比例、一定的离子强度和电场作用下,抗原和抗体定向对流,经过短时间(30～90 min)电泳,两者相遇,在两孔间形成肉眼可见的白色沉淀弧,此为阳性反应。若抗原抗体不相对应,则无白色沉淀弧出现,为阴性反应。

　　此法的优点是快速、灵敏。在外加电场作用下,限制了抗原、抗体多方向自由扩散倾向,使两者分别向一定方向移动,提高抗原、抗体的局部浓度,从而提高实验的灵敏度(比双向扩散提高数十倍),在短时间内形成沉淀弧。缺点是分辨力较低,比较复杂的抗原抗体的沉淀弧往往重叠在一起,故不宜用此法。此法常用于检测 HBsAg 和甲胎球蛋白等,还可用于抗体或抗原效价的测定。

注意

(1) 若要测定抗体效价,抗原为原浓度,抗体用二倍稀释法进行稀释,出现沉淀弧的最高稀释度为该抗体的效价。

(2) 若要测定抗原效价,抗体为原浓度,抗原用二倍稀释法进行稀释,出现沉淀弧的最高稀释度为该抗原的效价。

本实验以原浓度的抗原(白喉类毒素)和不同稀释倍数的抗体(白喉抗毒素)进行对流免疫电泳。电泳结束后,观察并绘制对流免疫电泳图谱,记录抗体效价。

【实验材料】

(一) 抗原和抗体

抗原(白喉类毒素),抗体(白喉抗毒素)。

采用二倍稀释法用生理盐水稀释抗体,使其稀释倍数依次为 $2^{-1} \sim 2^{-10}$。

(二) 试剂和溶液

巴比妥缓冲液(pH 8.6, 0.05 mol/L)。见附录四。

琼脂。

(三) 仪器和其他物品

电泳仪;打孔器,滴管,干净的载玻片等。

【实验内容】

1. 制备琼脂板

用巴比妥缓冲液(pH 8.6, 0.05 mol/L)配制 1% 的琼脂(2.5 mL/管)。将琼脂管置于沸水浴中融化,趁热倒在水平台上的载玻片上,制成厚薄均匀的琼脂板。冷凝待用,并用记号笔注明正极和负极。

2. 打孔

用打孔器在凝固后的琼脂板上打孔,小板可打两排孔,大板可打多组双排孔。孔径为 3 mm,抗原孔与抗体孔间的孔距为 3~5 mm。用注射针头将孔内琼脂挑出,在酒精灯上微烘琼脂板玻片背面,使琼脂与玻片贴紧。见图 13-4-1。

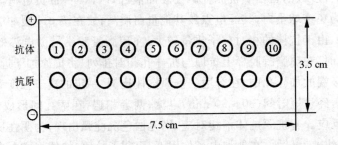

图 13-4-1　对流免疫电泳琼脂板打孔示意图

3. 加样

用微量加样器或毛细管加样,将原浓度抗原(白喉类毒素)分别加入到琼脂板上的各个抗原加样孔中。将二倍连续稀释的抗体(白喉抗毒素)分别加入相对应的抗体加样孔中,1~10号孔抗体的稀释度依次为 2^{-1}~2^{-10}。加样量与琼脂表面平。

也可在下排抗原加样孔中加已知抗原及未知抗原样品,在上排加样孔中加已知抗体。

注意 由于加样孔较多,故需在加样前接上电源,电压维持在 10~$20\ V$,这样加样过程中样品不会产生扩散,电泳结果好。

4. 电泳

在水平电泳槽的两侧电极槽中倒入巴比妥缓冲液($pH\ 8.6$,$0.05\ mol/L$),将琼脂板平置于两电极槽之间,抗原加样孔靠近负极一端,抗体加样孔靠近正极一端,用两层湿滤纸将琼脂板两端与电极槽中缓冲液之间搭桥。接上稳压电源,抗原端接负极,抗体端接正极(注意,正负极绝对不能接反,否则两孔之间不会出现沉淀弧)。调节电压在 110~$150\ V$,电泳 $20\ min$~$1\ h$。在电泳过程中,可打开电泳槽盖进行观察,如出现沉淀弧,可关闭电源,取出琼脂板。若不够清晰,可将电泳后的琼脂板置于室温下或在 $30\ ℃$ 恒温箱中保温数小时,以增加沉淀弧的清晰度,然后再行观察。

5. 观察结果

凡在抗原孔与抗体孔之间出现白色沉淀弧者为阳性,无沉淀弧为阴性。记录出现沉淀弧抗体最高稀释度为抗体的效价。

也可用照相机将电泳结果直接拍照。

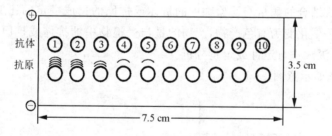

图 13-4-2 对流免疫电泳结果示意图

(①~⑩号抗体加样孔中抗体的稀释度分别为 2^{-1}~2^{-10})

【实验报告内容】

(1) 简述本实验的原理。

(2) 绘制对流免疫电泳图谱,并加以说明。

(3) 记录本实验所用白喉抗毒素的效价。

【思考题】

(1) 对流免疫电泳的优缺点是什么?

(2) 为什么抗原抗体比例要适当,太浓或太稀会出现什么不好结果?

(3) 加样孔多时,为什么在加样前必须先接上电源并维持低电压? 如果不这样做,对实验结果将产生什么影响？

（4）电泳时接错正负极将会产生什么后果？

实验 13-5　酶联免疫吸附分析法

【目的要求】

（1）了解酶联免疫吸附分析法的原理；

（2）学习酶联免疫吸附分析法的操作技术。

【基本原理】

1971 年，Engvall 借鉴了用于抗原定位的酶标抗体技术，首次建立了酶联免疫吸附分析法（enzyme-linked immunosorbent assay，ELISA），并用于测定液体标本中的微量物质。由于具有快速、敏感、简便、特异、无污染、易于标准化和测试成本低等特点，ELISA 得到迅速的发展和广泛的应用。近年来，随着生物技术的发展，利用特异的单克隆抗体进行 ELISA，大大提高了 ELISA 的检测灵敏性和特异性。加之国内外一些供应商已经大量提供了各种 ELISA 成套试剂盒，使其成为生物化学研究和临床医学检验等应用最广泛的检测方法之一。

酶联免疫吸附分析法在测定时，把受检物（测定其中的抗体或抗原）和酶标抗原或抗体与包被在固相载体表面的抗原或抗体反应，通过洗涤使固相载体上形成的特异抗原抗体复合物与其他物质分开，所结合的酶量与受检物中的抗体或抗原的量成一定的比例。然后加入酶的显色底物，底物被酶催化变为有色产物，产物的量与受检物中的抗体或抗原的量直接相关，故可根据颜色反应的深浅进行定性或定量分析。

ELISA 的操作如示意图 13-1。

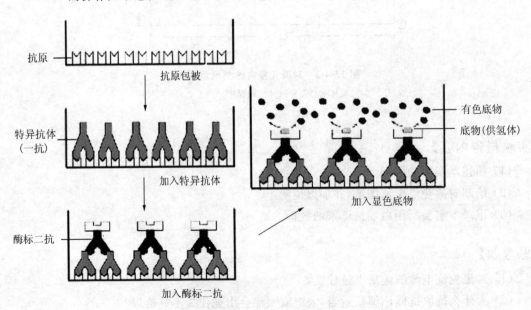

图 13-1　ELISA 的操作示意图

由于酶联免疫吸附分析法有机地结合了酶的高效催化作用和抗原抗体的免疫反应,因此具有很高的敏感度,可达到纳克(ng)甚至皮克(pg)的检测水平。酶联免疫吸附分析法主要依据以下三点:

(1) 抗原(或抗体)能结合到固相载体的表面仍具有其免疫活性;

(2) 抗体(抗原)与酶结合所形成的结合物仍保持免疫活性和酶的活性;

(3) 与抗原(抗体)结合后的酶仍能催化底物生成有色物质,根据颜色的深浅可定量待测抗体(抗原)的含量。

影响酶联免疫吸附分析法的主要因素可概括为以下几种。

(一) 固相载体的选择

聚苯乙烯、聚乙烯、聚丙烯、聚丙酰胺、交联葡聚糖、玻璃、琼脂糖凝胶和纤维素等多种物质都可以作为固相载体,形式可以是凹孔平板、试管、珠粒等,可以通过筛选来选择何种物质作为合适的固相载体。其方法是在各种固相载体上包被等量抗原,在同一实验条件下观察其显色反应是否均一,据此判断其吸附性能是否良好。目前最常用的是聚苯乙烯凹孔板,它吸附能力较强,需要样品的量较少,敏感性和重复性也较好,并且已经商品化。

(二) 固相包被

将抗原或抗体固定在载体表面称为包被。包被可以采用共价交联或物理吸附的方法。将抗原或抗体包被在固相载体表面时,要求其纯度高以保证检测的特异性。在利用聚苯乙烯反应板时,包被缓冲液应该使用低离子强度和偏碱性的溶液,在此条件下,蛋白质易于被吸附。离子强度的范围一般在 $0.01 \sim 0.05$ mol/L 之间,pH 在 $9.0 \sim 9.6$ 之间,吸附温度、时间以及蛋白量也有一定影响。一般来说,低温和较长的反应时间可以提高蛋白质的吸附量,因此多采用 $4\ ℃$ 包被 $18 \sim 24$ h。对于多数蛋白质来说,包被蛋白质的浓度通常为 $1 \sim 10\ \mu g/mL$。

(三) 用于标记抗原或抗体的酶的选择

酶需具有高度的活性和敏感性、在室温下稳定、反应产物易于检测、易于商品化等特点。目前应用较多的有辣根过氧化物酶(HRP)、碱性磷酸酶、葡萄糖氧化酶等,其中以 HRP 应用最广。辣根过氧化物酶(HRP)能催化 H_2O_2 对底物的氧化,将无色的底物氧化为有色的产物,其催化反应式如下:

$$H_2O_2 + AH_2(供氢体) \xrightarrow{\text{过氧化物酶(结合物)}} H_2O + A(显色产物)$$

(四) 酶的底物(供氢体)的选择

底物的选择要求是价廉、安全、有明显的显色反应,而本身无色。有些供氢体如邻苯二胺(OPD)等有潜在的致癌作用,应注意防护。有条件者应使用不致癌、灵敏度高的供氢体,如 $3,3',5,5'$-四甲替联苯胺(TMB)和 $2,2'$-连氮基-2(3-乙基-并噻唑啉磺酸-6)铵盐(ABTS)是目前较为满意的供氢体。底物作用一段时间后,应加入强酸或强碱以终止反应。通常底物作用时间以 $20 \sim 60$ min 为宜。底物使用液必须新鲜配制,尤其是 H_2O_2,需在临用前加入。

酶联免疫分析有两种常用方法,即双抗体夹心法和间接法。双抗体夹心法用于检测抗原,例如用于检测幽门螺杆菌、沙门氏菌和霍乱菌等致病菌的感染。间接法用于检测抗体,目前广泛用于检测人类免疫缺陷病毒(HIV)的抗体,只需 10 min 左右就可检测出 HIV-I 的血清抗体。

本实验采用 ELASA 间接法：

(1) 将抗原(牛 IgG)吸附于固相载体的表面,洗去游离抗原。

(2) 加入待测抗体(兔抗牛血清),可与抗原结合,洗去未结合抗体。

(3) 再加入酶标抗体(即二抗,为 HRP 标记的羊抗兔 IgG),形成抗原-待测抗体-酶标抗体结合物,洗去未结合酶标抗体。

(4) 最后加入无色底物。酶促反应产生有色产物,产物颜色深浅可用酶标仪进行检测并计算待测抗体的量。实验中,若待测抗体与抗原结合,此 ELISA 为阳性反应;相反,若两者不能结合,则全部待测抗体将被洗去,而不能与酶标抗体结合,则 ELISA 为阴性反应。

【实验材料】

(一) 试剂和溶液

标准牛 IgG(市售试剂),兔抗牛血清(市售试剂),HRP 标记羊抗兔 IgG(1∶1000,市售试剂)。

包被缓冲液(碳酸盐-重碳酸盐缓冲液,pH 9.6),磷酸盐缓冲液,洗涤缓冲液(磷酸盐缓冲液加 0.05% Tween 20),封闭缓冲液(磷酸盐缓冲液加 1% BSA),柠檬酸盐缓冲液(0.1 mol/L,pH 4.0),HRP 底物溶液(柠檬酸盐缓冲液含 ABTS 0.22 mg/mL),终止反应液(2 mol/L H_2SO_4)。

(二) 仪器和其他物品

酶标仪,酶标板,微量移液器等。

【实验内容】

1. 抗原包被

(1) 使用包被缓冲液将标准牛 IgG 配制成 1 μg/mL 的溶液,加入 200 μL 上述溶液到酶标板的孔中,并以不加标准牛 IgG 的溶液为对照,将酶标板置于 4 ℃过夜。

(2) 将孔中溶液甩干,加满洗涤缓冲液,浸泡 3～5 min 后甩干。按此法洗涤 3～5 次。

2. 封闭

(1) 向孔中加满封闭缓冲液,37 ℃放置 1 h。

(2) 使用洗涤缓冲液清洗 3～5 次。

3. 加入特异抗体

(1) 根据产品说明书,使用封闭缓冲液将兔抗牛血清稀释到适量浓度,向各孔中加入 200 μL 兔抗牛血清,37 ℃放置 1 h。

(2) 使用洗涤缓冲液清洗各孔 3～5 次。

4. 加入酶标抗抗体

(1) 使用封闭缓冲液将 HRP 标记的羊抗兔 IgG 稀释 1000 倍,各孔中加入 200 μL 上述溶液,37 ℃放置 1 h。

(2) 使用洗涤缓冲液清洗各孔 3～5 次。

5. 显色反应

向各孔加入 200 μL 底物溶液,于 25 ℃暗处反应 20～60 min。

6. 终止反应

每孔加入 $50\ \mu L$ 终止反应液,以结束反应。

7. 检测

用酶联免疫检测仪测定波长为 $410\ nm$ 下的光吸收值。

8. 结果判定

底物溶液变蓝为阳性反应。若底物溶液仍保持无色,为阴性反应。

注意

(1)滴加每一种溶液至酶标板的每一孔中时,切勿让溶液由一孔流到另一孔中。

(2)酶联免疫吸附分析法的灵敏性很高,因此各个反应步骤完成后,都要进行充分洗涤,保证彻底去除残留物,减少非特异吸附。在洗涤过程中要绝对避免交叉污染。

(3)显色反应的时间应保持一致。终止反应后 $3\sim5\ min$ 后立即进行比色,否则空气也会将显色底物氧化,使阴性对照出现显色反应和使样品的颜色加深。

【实验报告内容】

简述酶联免疫吸附分析法的原理、实验过程并记录样品的显色反应及其光密度,并计算待测抗体的含量。

【思考题】

利用酶联免疫吸附分析法进行检测时,有的方法直接利用能识别抗原的酶标抗体,有的则是加入特异抗体(一抗)后,再使用能结合一抗的酶标抗体(二抗)进行显色反应。与前一种方法相比,后一种方法有何优点?

第 14 章　微生物发酵

　　微生物发酵（fermentation）是生物工程的重要组成和基础。它主要是利用微生物（包括工程菌）的特定性状，通过现代工程技术进行工业化生产有用物质的技术体系。微生物发酵既是开发生物资源的关键技术，也是生物技术产业化的重要环节。

　　由于微生物代谢类型的多样性，利用不同微生物对同一种物质进行发酵，以及同一种微生物在不同条件下发酵，其产物均不相同。根据微生物对氧的要求和发酵方式不同，可将发酵分为以下几种类型。

（一）按微生物对氧的要求分类

1. 需氧性发酵

　　需氧性发酵（好气性发酵，aerobic fermentation），其产物形成时需要供给充分的氧气，如柠檬酸发酵、青霉素发酵、多黏菌素发酵、曲酸发酵等。

2. 厌氧性发酵

　　厌氧性发酵（嫌气性发酵，anaerobic fermentation）时不需供应氧气，如丙酮-丁醇发酵、甲烷发酵、丙酸发酵、丁酸发酵等。

3. 兼性厌气发酵

　　兼性厌气发酵（facultative anaerobic fermentation）在供氧和缺氧条件下均可发生。但同一微生物在供氧和缺氧条件下发酵，产物不同。如生产酒精的酵母菌是一种兼性厌气微生物，在大量通气情况下，则进行好气性发酵，产生大量酵母细胞；在缺氧条件下进行酒精发酵，积累酒精。

（二）按发酵方式分类

1. 固态发酵

　　固态发酵（solid state fermenation），又称固体培养（solid state cultivation）。这是我国传统发酵的方法，即发酵的原料按比例与一定量的水分混合后进行灭菌，然后接种菌种。厌氧菌固态发酵，一般采用窖池堆积，压紧密封方式。好氧菌固态发酵可将接种后的曲料铺放在曲盘等容器表面静置发酵，或放在水泥制的通风池内，进行通气或翻动或搅拌，既满足微生物对氧的需求，又及时散发出发酵生产的热量。此法发酵时间长、劳动强度大、占地面积多、而且容易污染，不易进行纯种发酵。但固态发酵具有工艺简单、投资少、操作粗放、耗能和废液少、产物分离较容易等优点，适宜小型生产，至今仍有很大应用价值。例如农村中制造菌肥，发酵饲料，细菌农药，以及一些传统的食品（如具有独特风味的中国名酒、名醋、酱油等）仍广泛采用固态混菌发酵。随着化工工程、技术设备机械化、自动化的发展，使固态发酵的优势逐步突出，各类固态发酵的反应器（包括静态密闭式发酵反应器、动态密闭式发酵反应器）等不断问世，预期固态发酵这种传统古老的工艺将会有更光辉的发展前景。

2. 液态发酵

　　为满足微生物对氧的需求，液态发酵（liquid state fermenation），又称液体培养（liquid cultivation）的发酵方式应运而生。它最早是将所用原料配制成液体状态，放在瓷盘内，进行静置培养,称为浅盘发酵(shallow tray fermentation),又称浅盘培养(shallow pan culture)。此法因为劳动强度大、占地面积多、产量小、易污染等缺点,很快被液体深层发酵所代替。将原料与水配制成培养液(醪)加到铁或不锈钢制成的密闭的发酵罐(fermenter)内,在罐中进行深层发酵。目前我国和世界大多数国家的发酵工厂均采用液体深层发酵。过去多采用单罐分批发酵(batchwise,batch fermentation),后来又发展了连续发酵(continous fermentation)的方式;近年来,固定化酶(immobilized enzyme)和固定化细胞(immobilized cell)技术的发展更促进了发酵工业的连续化和自动化。

微生物工程包括从投入原料到获得最终产品的完整过程,一般分为两个阶段:第一个阶段是微生物发酵过程,第二个阶段是产品的加工或后处理过程,也称下游工程(downstream processing)。其生产流程一般包括培养基的配制,灭菌,微生物种子培养,种子扩大培养,微生物发酵,产品分离提取。

本章着重介绍多黏菌素 E 发酵(polymyxin E fermentation),酿酒酵母细胞固定化与酒精发酵,使学生对微生物发酵有初步了解。

实验 14-1 抗生素发酵及杯碟法测定生物效价

【目的要求】

(1) 了解抗生素发酵的基本过程,学习抗生素发酵过程一些重要生理生化指标分析;

(2) 了解杯碟法测定抗生素生物效价的基本原理,学习杯碟法测定抗生素效价。

【基本原理】

多黏菌素 E 是从多黏芽孢杆菌产生的一种碱性多肽类抗生素(antibiotics),其化学结构是由 10 个氨基酸和 1 个脂肪酸的衍生物构成。多黏菌素 E(polymyxin E)主要对铜绿假单胞菌(*Pseudomonas aeruginosa*,即绿脓杆菌)、百日咳杆菌(*Bacterium tussiss convulsivae*)、大肠杆菌等革兰氏阴性细菌有显著的杀菌作用,是作用于细胞膜的抗生素,为治疗烫伤、肠道疾病、呼吸道疾病、尿路感染、眼部感染及外科手术感染的较好药物。

本实验以多黏菌素 E 发酵为例,介绍一般抗生素发酵的过程。抗生素液体发酵共分三大工序:种子培养,发酵,提取。

$$\text{种子} \xrightarrow[\text{培养 7~10 d}]{28\ ℃} \text{种子罐} \xrightarrow[\text{培养 12~16 h}]{30±2\ ℃} \text{发酵罐} \xrightarrow[\text{培养 48 h}]{28~30\ ℃} \text{提取}$$

种子质量指标 克氏瓶中种子应无杂菌和噬菌体污染,菌体全部形成芽孢。该种子需先经摇瓶发酵(30 ℃培养 48 h),效价达 35000 U/mL 以上,方可用于生产。

种子罐质量指标 无杂菌和噬菌体污染,全部杆菌,粗壮整齐;pH 5.5~6.0;刚刚出现2,3-丁二醇。

发酵罐质量指标 菌体粗壮整齐,无噬菌体和杂菌污染;pH 6.0;糊精刚刚消失;多黏菌素 E 效价 10000~35000 U/mL。

抗生素发酵过程除需经常镜检,排除杂菌和噬菌体污染外,接种 12 h 后,每 2 h 进行一次

pH、生物量、总糖、还原糖、氨基氮测定。多黏菌素 E 发酵一级种子终止时需检测 2,3-丁二醇（2,3-butylene-glycol,2,3-butanediol），发酵终止时需检测糊精和抗生素效价。

衡量发酵液中抗生素的含量称效价（titer 或 titre）。效价测定可采用物理法、化学法或生物法。生物效价测定有稀释法、比浊法、扩散法三大类。杯碟法（cup and plate method）或称管碟法（tube and plate method），是扩散法的一种，此法是国际上测定抗生素效价最常用的方法。本实验采用杯碟法测定抗生素的效价。

杯碟法就是将装满抗生素溶液的牛津杯（Oxford cup,有一定体积的不锈钢制小管）放在含有敏感试验菌的琼脂平板上,一定时间后在抗生素扩散的范围内产生透明的抑菌圈。抑菌圈的半径与抗生素在管中的总量（单位）、抗生素的扩散系数（cm²/h）、扩散时间（即抗生素溶液注入牛津杯至出现抑菌圈所需的时间）、培养基的厚度（mm）和最低抑菌浓度（U/mL）等因素有关。抗生素总量的对数和抑菌圈直径的平方呈直线关系。将已知效价的多黏菌素 E 硫酸盐标准液先制成标准曲线,根据被检品溶液的抑菌圈的大小,就可从标准曲线上查出效价的对数值,从中计算出相应效价,再乘以稀释倍数,得出待测样品中抗生素的效价。

【实验材料】

（一）菌种

多黏芽孢杆菌 19,大肠杆菌 A1.543（检测多黏菌素 E 的敏感指示菌）。

（二）培养基　（见附录三）

（1）麸皮培养基　配制麸皮培养基（用于保存和活化菌种）100 mL,分装 30 支试管,每管约 3 mL 培养基。121 ℃灭菌 20 min,晾凉后摆成斜面。

（2）种子培养基　配制 200 mL（实际 160 mL）种子培养基,分装于 250 mL 锥形瓶,每瓶装 30 mL。121 ℃灭菌 20 min。

（3）发酵培养基　配制 300 mL（实际 240 mL）发酵培养基,分装于 500 mL 锥形瓶,每瓶装 30 mL。121 ℃灭菌 20 min。

（4）效价检测用的底层培养基　配制 200 mL 底层培养基（含 2％琼脂）,分装于 250 mL 锥形瓶,每瓶装 50 mL。121 ℃灭菌 20 min。

（5）效价检测用的上层培养基　配制 300 mL 上层培养基（含琼脂 1.6％～1.8％）,分装于 250 mL 锥形瓶,每瓶装 50 mL。121 ℃灭菌 20 min。

（6）大肠杆菌 A1.543 保存和活化培养基　配制 100 mL 培养基,分装 30 支试管,每管约 3 mL 培养基。121 ℃灭菌 20 min,灭菌后摆成斜面。

（7）无菌生理盐水　每管 5 mL。

（三）试剂和溶液

（1）2,3-丁二醇测定试剂（VP 试剂）　（见附录四）

（2）糊精测定试剂（碘液）　（见附录四）

（3）多黏菌素 E 测定试剂　（见附录四）

（4）1/15 mol/L pH 6.0 磷酸缓冲液　分别配制 500 mL 1/15 mol/L pH 6.0 KH_2PO_4 溶液；100 mL 1/15 mol/L pH 6.0 $Na_2HPO_4 \cdot 2H_2O$ 溶液。将上述二种溶液按 KH_2PO_4 ：$Na_2HPO_4 = 9 : 1$ 比例混合,然后分装于 250 mL 锥形瓶中,每瓶装 100 mL。121 ℃灭菌 20 min。

　　(5) 多黏菌素 E 标准液　先用 1/15 mol/L pH 6.0 磷酸缓冲液配制 1 mL 含 10000 U 多黏菌素 E 母液,贮于 4℃冰箱中。临用前再稀释至每 mL 含 1000 U。

(四) 仪器和其他物品

　　恒温箱,摇床,水浴锅,台式离心机,台秤,显微镜等。

　　下列物品可供 4 人同学组使用。

　　(1) 洗涤下列物品:移液管(1 mL,5 mL)各 4 支,滴管(长管细口)8 支,镊子 4 把,培养皿 10 套,洗涤挑选规格相同的牛津杯(8 个/每皿)4 套;之后包扎,121 ℃高压蒸汽灭菌 20 min。

　　(2) 洗涤备用玻璃器皿,包括:大试管 4 支、小试管 8 支,离心管 4 支,玻璃小漏斗 4 个,5 mL 移液管 4 支、1 mL 移液管 4 支、10 mL 移液管 8 支,250 mL 锥形瓶 4 个,载玻片 8 张,白陶瓷盖等。

【实验内容】

(一) 发酵

1. 种子培养

　　取沙土管孢子接入麸皮斜面培养基上,28 ℃培养 7～10 天。将多黏芽孢杆菌由斜面接入盛有 30 mL 种子培养基的 250 mL 锥形瓶内,于转速为 220～240 r/min 旋转式摇床上 30 ℃振荡培养 12～16 h,进行镜检、pH 和 2,3-丁二醇测定。以 2,3-丁二醇刚出现时间为转移种子的最适时间。本实验只选用培养 16 h 的种子接入发酵瓶,同时进行镜检、pH 和 2,3-丁二醇测定。

2. 发酵

　　分别吸取培养好的种子液 3 mL,接入盛有 30 mL 发酵培养基的多个 500 mL 发酵瓶内(接种量 10%),30 ℃振荡培养 36～48 h。一般培养至 40 h 取出一瓶发酵液,镜检并测定 pH 和糊精;其余发酵瓶继续振荡培养。以后每隔 1 h 检测一次,直至无糊精时发酵结束。本实验采用培养 48 h 的发酵液进行镜检、pH、糊精和多黏菌素 E 效价测定。

(二) 提取(发酵液中多黏菌素 E 粗品提取)

　　抗生素可分泌于胞内或胞外,分泌于细胞内的抗生素通常采用加热酸化处理,使细胞壁破裂,释放抗生素。本实验采用此法。

　　取发酵液 25 mL,加入 0.5 g 草酸,在沸水浴中煮沸 0.5 h,使菌体内的多黏菌素 E 迅速释放。然后用冷水迅速冷却,经滤纸过滤,此滤液即含多黏菌素 E 的样品。

(三) 测定

1. 镜检

　　取出少量斜面菌种、种子液和发酵液,在载玻片上涂片。经简单染色,在油镜下观察各生长期多黏芽孢杆菌个体形态,辨别有无杂菌和噬菌体污染。菌体被噬菌体感染后,往往染色不匀,菌体变形。

2. pH 测定

　　用精密 pH 试纸测定种子液转移时和发酵终止时发酵液的 pH。

3. 2,3-丁二醇测定

　　种子瓶从 12 h 开始就检测 2,3-丁二醇,以后每 2 h 测定一次。取发酵液 2 mL,用蒸馏水稀释 5 倍,3000 r/min 离心 10 min。取上清液约 0.5 mL,加约 1 mL 40% KOH 溶液,再加 3 滴 5%α-萘酚,加 3 滴 5%碳酸胍,摇动几分钟,或水浴加热 5 min。出现粉红色,表明 2,3-丁二醇形成,即可移种。

4. 糊精测定

发酵瓶培养 36～40 h 后,就开始测定糊精。取 1 mL 发酵液,用蒸馏水稀释至 25 mL,加 3 滴碘液,蓝紫色消失时就可终止发酵。

5. 多黏菌素 E 效价测定(杯碟法)

本实验用不同浓度的多黏菌素 E 溶液作标准曲线,以抑菌圈直径的平方值为横坐标,多黏菌素 E 标准品效价的对数值为纵坐标,绘制标准曲线作为定量依据。具体做法如下:

(1) 大肠杆菌菌悬液制备　取大肠杆菌 A1.543 菌种接种于大肠杆菌活化培养基斜面,37 ℃培养 24 h 进行活化后,每支斜面加无菌生理盐水 10 mL,刮下菌苔,搓匀。

(2) 倒底层平板　将灭菌的 2%琼脂底层培养基加热融化后,冷晾至 45～50 ℃左右,倾倒底层平板,每皿 15 mL,每人倒 2～3 个,凝固后于皿底贴上标签。

(3) 制备混菌上层平板　将检测用上层培养基加热融化后,冷晾至 50 ℃左右,在 50 mL 上层培养基加入活化后的大肠杆菌菌悬液 0.5 mL,轻轻摇匀。在每一培养皿底层平板上加入 10 mL 混菌的上层培养基,凝固后的上层平板放于白瓷盘上。

注意　动作迅速,以免培养基中琼脂凝固。倾倒上层培养基时,不要有气泡。若出现气泡,应赶到平板边缘。

(4) 滴加多黏菌素 E 标准品和样品　先将 10000 U/mL 的标准多黏菌素 E,用 1/15 mol/L pH 6.0 磷酸缓冲液稀释成 800、1000、1200 U/mL。根据酸化后滤液颜色,粗略估计发酵液样品效价。用 1/15 mol/L pH 6.0 的磷酸缓冲液稀释发酵液至 1000 U/mL。

每人取制备好的 2～3 个培养皿,打开皿盖,用无菌镊子夹取已灭菌的牛津杯(钢管),每个培养皿中放置 6 个(如图 14-1-1 所示)。其中相间隔的 3 个牛津杯滴加多黏菌素 E 标准液,另外 3 个牛津杯滴加发酵液样品。A 管中用无菌滴管滴加多黏菌素 E 800 U/mL 的标准液,B 管滴加多黏菌素 E 1000 U/mL 的标准液,C 管滴加多黏菌素 E 1200 U/mL 的标准液,D 管滴加发酵样品稀释液。滴加完毕后,加上灭菌陶瓷盖。将放培养皿的白瓷盘小心放置于 37 ℃恒温箱内,培养 6～8 h 后取出。

注意　滴加时必须仔细小心,勿在小钢管中形成气泡,勿使溶液流出管外。加的量各管要一致,恰好滴满。

(5) 抑菌圈直径的测量及校正　将培养皿中的牛津杯倒入白瓷缸中,加洗涤灵和水,煮沸 0.5 h,清水冲洗晾干。用玻璃皿盖换下白陶瓷盖,然后用卡尺自培养皿底测量每管抑菌圈的直径(参见图 14-1-2,14-1-3)。

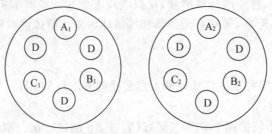

图 14-1-1　效价测定示意图

A. 800 U/mL　B. 1000 U/mL　C. 1200 U/mL　D. 样品稀释液

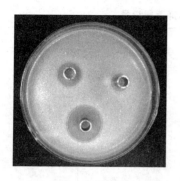

图 14-1-2 杯碟法检测抗生素效价

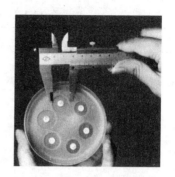

图 14-1-3 用卡尺测量抗生素抑菌圈直径

按 2～3 个培养皿中1000 U/mL抑菌圈直径的平均值校正抑菌圈直径。例如：标准状态下 1000 U/mL多黏菌素 E 抑菌圈直径为18.00 mm（表 14-1-1），若我们所测 B 管（1000 U/mL）抑菌圈直径总平均值为 17.8 mm，校正值为（18.00－17.80）mm＝＋0.20 mm。这时培养皿中所有牛津杯浓度的抑菌圈直径也应加上 0.20 mm，即得校正后的数值。若我们所测 B 管（1000 U/mL）抑菌直径总平均值为 18.20 mm，校正值为（18.00－18.20）mm＝－0.20 mm，此组某浓度的抑菌圈直径也应加上－0.20 mm，即得校正后的数值。

表 14-1-1 多黏菌素 E 标准曲线表

直径/mm	效价/(U/mL)	直径/mm	效价/(U/mL)	直径/mm	效价/(U/mL)
17.00	630	17.75	890	18.45	1230
17.05	645	17.80	910	18.50	1260
17.10	660	17.85	935	18.55	1290
17.15	675	17.90	960	18.60	1320
17.20	690	17.95	980	18.65	1350
17.25	705	18.00	1000	18.70	1380
17.30	720	18.05	1025	18.75	1415
17.40	760	18.10	1050	18.80	1450
17.45	775	18.15	1075	18.85	1480
17.50	790	18.20	1100	18.90	1510
17.55	810	18.25	1125	18.95	1550
17.60	830	18.30	1150	19.00	1590
17.65	850	18.35	1175	标准点	
17.70	870	18.40	1200	18.00 mm＝1000 U/mL	

（6）标准曲线的绘制 以各浓度的抑菌圈直径的校正值平方为横坐标，以标准品浓度（U/mL）的对数值为纵坐标，绘制标准曲线。

（7）发酵样品效价计算 以样品稀释液抑菌圈直径的校正值查标准曲线，得出相应的效价单位，再乘以稀释倍数，即得发酵液的效价单位。

【实验报告内容】

（1）将所测量各浓度多黏菌素 E 标准品和发酵液样品抑菌圈直径记录于表 14-1-2，求出各浓度多黏菌素 E 抑菌圈直径总平均值和校正值。

表 14-1-2　标准品和发酵液样品抑菌圈记录

管	直径/mm	效价/(U/mL)	平均值/mm	校正值/mm
A_1				
A_2				
A_3				
B_1				
B_2				
B_3				
C_1				
C_2				
C_3				
D_1				
⋮				
D_9				

（2）绘制多黏菌素 E 标准曲线（效价对数与抑菌圈直径平方的线性回归图），计算出发酵液的效价。

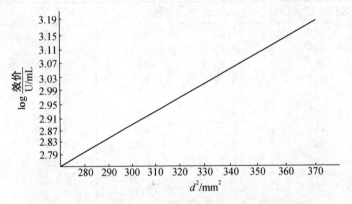

图 14-1-4　效价对数与抑菌圈直径平方的线性回归图

（3）记录或绘图表示发酵过程不同阶段镜检、pH、2,3-丁二醇、糊精及生物效价。

（4）结合思考题，讨论多黏菌素 E 测定的影响因素和发酵结果。

【思考题】

（1）制备双层平板时，为什么必须在水平桌面上，并选择平底的培养皿？

（2）敏感指示菌的生长时间和菌液浓度对抑菌圈直径有何影响？

（3）各牛津杯（钢管）滴加量为什么要一致？为什么培养时加陶瓷盖而不加玻璃皿盖？

（4）克氏瓶麸皮种子质量的指标是什么？种子和发酵控制的质量指标是什么？为什么要特殊控制？

实验 14-2　酵母细胞固定化技术与酒精发酵

【目的要求】

（1）了解固定化酶及微生物细胞固定化的原理及优缺点；

（2）掌握制备固定化细胞中最基本、最常用的方法；

（3）学会用固定化酿酒酵母进行酒精发酵。

【基本原理】

酶及细胞固定化为近代生物工程技术的一项重要革新，是由日本科学家千佃一郎发明的一项新技术。它是将水溶性的酶或整个细胞用水不溶的载体吸附、交联或包埋起来，装在反应柱中，可反复使用多次，便于自动控制，连续操作，使产品提取工艺简化、产品质量提高、纯度增加。这种酶称固定化酶（immobilized enzyme），这种细胞称固定化细胞（immobilized cell）。固定化酶开始于 20 世纪 50 年代初至 60 年代后半期，发展迅速。因为胞内酶要提取、纯化，提高了成本，又影响了酶的活性，给固定化酶带来一定困难，千佃一郎又将整个细胞固定化，其优点是在固相状态下作用于底物，具有离子交换树脂的特点，有一定的机械强度，可用搅拌或装柱形式与底物溶液接触。由于酶和微生物细胞被固定在载体上，使得它们在反应结束后，可反复使用，也可贮存较长时间，使酶和微生物活性不变。由于该技术便于自动化控制，简化提取工艺等，展示着广阔的前景。但也存在一些缺点，如细胞壁和膜在载体内造成对底物渗透、扩散和溶氧进入细胞内的障碍，细胞长期反复使用、菌种退化、污染等问题而造成固定化技术应用的困难，因此人们还在进行固定化新方法的研究。

微生物细胞固定化常用的方法有三大类：

（一）吸附法

吸附法（immobilized by absorption）是将细胞直接吸附于惰性载体上，分物理吸附法与离子结合法。

（1）物理吸附法是利用硅藻土、多孔砖、木屑等作为载体，将微生物细胞吸附住。

（2）离子结合法是利用微生物细胞表面的静电荷在适当条件下可以和离子交换树脂进行离子结合和吸附制成固定化细胞。

吸附法优点是操作简便、载体可再生；缺点是细胞与载体的结合力弱，pH、离子强度等外界条件的变化都可以造成细胞的解吸而从载体上脱落。

（二）包埋法

包埋法（immobilized by inclusion）是将微生物细胞均匀地包埋在水不溶性载体的紧密结构中，细胞不至漏出，而底物和产物可以进入和渗出。细胞和载体不起任何结合反应，细胞处于最佳生理状态。因此，酶的稳定性高，活力持久，目前对于微生物细胞的固定化大多采用包埋法。常用载体有海藻酸钠、角叉胶、琼脂等。

海藻酸钠凝胶是从海藻中提取获得的藻酸盐，为 D-甘露糖醛酸和古洛糖醛酸的线性共聚物，多价阳离子（如 Ca^{2+}、Al^{3+}）可诱导凝胶形成。将微生物细胞与海藻酸钠溶液混匀后，通过注射器针头或相似的滴注器将上述混合液滴入 $CaCl_2$ 溶液中，Ca^{2+} 从外部扩散进入海藻酸钠与细胞混合液珠内,使海藻酸钠转变为水不溶的海藻酸钙凝胶,由此将微生物细胞包埋在其中。在此法的使用中,应尽量避免培养基中含有钙螯合剂(如磷酸根),因为它可导致钙的溶解和释放,并由此引起凝胶的破坏。

K-角叉胶是一种从海藻中分离出来的多糖,其化学组成为 β-D-半乳糖硫酸盐和3,6-脱水-α-D-半乳糖交联而成。热 K-角叉胶可经冷却或经胶诱生剂如 K^+、NH_4^+、Ca^{2+}、Mg^{2+}、Fe^{3+} 及水溶性有机溶剂诱导形成凝胶。K-角叉胶固定微生物细胞有许多优点,如凝胶条件粗放,凝胶诱生剂对酶活性影响很少,细胞回收方便,因此,目前多选用它作为载体。

(三) 共价交联法

共价交联法(immobilized by cross-linkage)是利用双功能或多功能交联剂,使载体和酶或微生物细胞相互交联起来,成为固定化酶或固定化细胞。常用的最有效的交联剂是戊二醛,它是一种双功能的交联剂。在其分子中,一个功能团与载体交联,另一个功能团与酶或细胞交联。此法最突出的优点是固定化酶或细胞稳定性好,共价交联剂和载体都很丰富。

然而到目前为止,尚无一种可用于所有种类的微生物细胞固定化的通用方法,因此,对某一特定的微生物细胞来说,必须选择对其合适的固定化方法和条件。

本实验学习用琼脂凝胶、海藻酸钠凝胶和 K-角叉胶凝胶法对酿酒酵母细胞进行包埋固定化发酵酒精,并用未固定的酿酒细胞发酵酒精产量作对照,比较其酒精发酵的效果。实验简单介绍了固定化细胞在柱上进行连续发酵的方法。

【实验材料】

(一) 菌种
酿酒酵母。

(二) 培养基　(见附录三)
(1) 种子培养基 酵母蛋白胨葡萄糖培养基(YEPD 或 YPD)　分装 30 mL 培养基于 250 mL 锥形瓶中,共 4 瓶。121 ℃灭菌 20 min,备用。

(2) 酒精发酵培养基 YG　分装 200 mL 培养基于 500 mL 锥形瓶中,共 4 瓶。121 ℃灭菌 20 min,备用。

(三) 试剂和溶液　(见附录四)
海藻酸钠,琼脂,K-角叉胶,10%无水 $CaCl_2$,2%KCl,葡萄糖,蛋白胨,酵母膏,明胶,戊二醛等。

(四) 仪器和其他物品
主发酵柱,后发酵柱,泵,发酵收集槽;培养皿,无菌 10 mL 注射器外套及 5 号静脉针头或带喷嘴的小塑料瓶,移液管,小烧杯,玻璃棒,牛角勺,小刀,烧瓶,冷凝管等。

【实验内容】

(一) 酵母种子培养液的制备
挑取新鲜酿酒酵母斜面菌种一环,接入装有 30 mL YEPD 培养基的锥形瓶中,共接 3 瓶。30 ℃振荡培养 16 h。

(二) 酵母细胞的固定化及酒精发酵
本实验主要介绍以下三种载体进行酒精酵母的包埋固定法。

1. 琼脂凝胶法
称取 1.6 g 琼脂放于 100 mL 小烧杯中,加水 40 mL,火上加热融化后,121 ℃灭菌 20 min。

冷却至 50 ℃左右,加入 10 mL 培养至对数期酵母种子液,混合均匀,立即倒入直径 15 cm 的无菌平皿中。待充分凝固后,用小刀切成大小为 $3 \times 3 \times 3$ mm^3 的块状,装入 500 mL 锥形瓶中,用无菌去离子水洗涤 3 次,加入 200 mL YG 培养液,置 30 ℃培养 72 h,进行酒精发酵。

2. 海藻酸钠凝胶法

称取 1.6 g 海藻酸钠放于无菌的小烧杯中,加无菌去离子水少许,调成糊状,再加入其余的水(总量为 40 mL)。火上加温至融化,冷却至 45 ℃左右,加入 10 mL 酵母培养液,混合均匀,倒入一个无菌的带有小喷嘴的塑料瓶中或注射器外套中并与针头相连,通过 1.5~2.0 mm 的小孔,以恒定的速度滴到盛有 10% CaCl$_2$(凝胶诱导剂)溶液的平皿中制成凝胶珠。浸泡 30 min后,将凝胶珠转入 500 mL 锥形瓶中,用无菌去离子水洗涤 3 次后加入 200 mL YG 培养基,置 30 ℃培养,进行酒精发酵,72 h 后测定酒精含量。

3. K-角叉胶法

称取 1.6 g K-角叉胶,放于小烧杯中,加少量无菌去离子水,调成糊状,再加入其余的水(总量为 40 mL),火上加温至融化,冷却至 45 ℃左右,加入 10 mL 预热至 31 ℃左右的酵母培养液。混合后倒入带有小喷嘴的塑料瓶中或注射器外套中并与针头相接,通过直径为 1.5~2.0 mm 的小孔,以恒定的速度滴到装有已预热至 20 ℃、2% KCl 溶液的平皿中制成凝胶珠。浸泡30 min后,将凝胶转入 500 mL 锥形瓶中,用无菌去离子水洗涤 3 次后,加入 200 mL YG 培养液,置 30 ℃恒温箱培养 72 h,观察结果,测酒精含量。同时取出 2 粒凝胶置于无菌生理盐水中浸泡,然后放在 4 ℃冰箱中保存,留作计算细胞活菌数用。

4. 对照

取 10 mL 未经固定化的酵母种子液接入到装有 200 mL YG 培养液的无菌 500 mL 锥形瓶中作为对照,同样条件下,培养 72 h 后测定酒精含量。

(三) 利用固定化酵母细胞柱进行连续发酵

实验室里固定化细胞除用三角瓶发酵外,也可用上柱连续发酵的方法。常用海藻酸钠或 K-角叉胶包埋法制成颗粒。

1. 菌液准备

将 YEPD 培养基1000 mL 分别装于 500 mL 三角瓶中,每瓶 200 mL,共 5 瓶。121 ℃灭菌 20 min,在无菌操作条件下,按 5%接种量将酿酒酵母接种于该培养基中,共培养 5 瓶,30 ℃培养 30 h 作为菌种。

2. 固定化细胞制备

在 30 ℃条件下,将上面培养的菌液与加热融化的 4%的海藻酸钠溶液等体积混合,放在磁力搅拌器上保持低速搅拌。用细塑料管将恒流泵与装有菌体及海藻酸钠悬液的容器连接,在恒流泵的输送下,菌体及海藻酸钠悬液通过直径为 2~3 mm 的玻璃管滴入 10%的 CaCl$_2$ 溶液中,然后转入 4 ℃冰箱过夜。取出后,用无菌生理盐水洗涤 3 次,即成颗粒状固定化细胞。

3. 利用固定化细胞柱连续发酵生产酒精

先将 2 L 玻璃反应柱、橡皮塞、连接硅胶管等在立式灭菌锅内 121 ℃灭菌 20 min,然后再连接进口空气流量器和空气过滤器。在水循环的入口处连接水浴箱和温水循环装置,使固定化细胞反应柱温度维持在 33 ℃,并将 70 g 固定化酵母细胞凝胶颗粒装入反应柱内。1.5 L 的 YG 培养基通过恒液泵加进反应柱,并供给无菌空气,温度维持在 33~34 ℃,进行主发酵12 h;然后送入 2 L的后发酵柱,靠醪液中游离酵母细胞发酵 18~20 h,进入发酵液收集器,再进行蒸馏(图

14-2-1)。反复进行主发酵和后发酵循环,稳定期可维持 90 天以上,凝胶颗粒可保持原来形状。

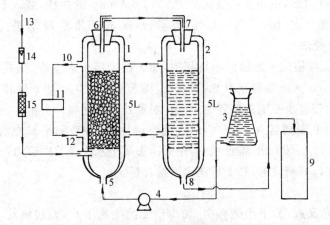

图 14-2-1 连续式反应柱

1. 主发酵柱 2. 后发酵柱 3. 培养基 4. 恒流泵 5. 培养基入口 6. 培养基出口
7. 培养基进入后发酵柱 8. 后发酵液出口 9. 发酵液收集器 10. 水循环外套出口
11. 恒温水浴箱 12. 水循环外套入口 13. 粗过滤空气 14. 空气流量计 15. 空气过滤器

(四) 酒精发酵液的蒸馏及酒精度的测定

1. 由于本次实验发酵液中所含酒精度较低,因此可用明火直接加热蒸馏(图 14-2-2)。

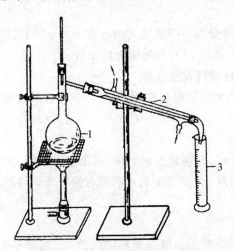

图 14-2-2 酒精发酵液蒸馏装置

1. 发酵液装于烧瓶内 2. 冷凝管 3. 酒精收集器

2. 分别将琼脂凝胶、海藻酸钠凝胶和 K-角叉胶所包埋的酵母细胞的发酵液和未经包埋的酵母发酵液,各取100 mL,倒入 500 mL 圆底烧瓶中,沸腾后改用小火。当开始流出液体时,用 100 mL 容量瓶准确接收馏出液 100 mL。倒入 100 mL 量筒中,用酒精比重计测量其酒精度。

将固定化细胞用无菌水洗 3 次后去除在固定化细胞外的游离细胞,加入 YG 培养基,再重复第二次培养,继续培养 72 h,蒸馏酒精,测酒精含量,如此可以反复使用数十次。

3. 经固定化细胞柱连续发酵的发酵液可用旋转蒸发器或小型蒸馏塔进行酒精的提取。

【实验报告内容】

（1）将固定化酿酒酵母细胞经酒精发酵后的结果填入下表。

表 14-2-1　不同载体固定化酵母细胞酒精发酵结果

载　体	取样时间/h	酒精/(°)
琼脂凝胶包埋		
海藻酸钠凝胶包埋		
K-交叉胶包埋		
对照（未经包埋酵母）		

（2）以海藻酸钠凝胶制备为例,阐述酵母细胞包埋法的制作过程。

（3）试比较实验中所用不同载体对酿酒酵母产酒精量有何差别?

【思考题】

（1）微生物细胞固定化在发酵工业上有何意义?

（2）比较固定化酶和固定化细胞技术的优缺点。

第 15 章　水及食品卫生的微生物检测

人们生存离不开水和食物的供养,而饮用水和食品的卫生质量又是人们健康的基本保证。长期以来各国的卫生部门都严格控制着水和食品的卫生质量。对水体的卫生情况和饮用水、生活用水的来源、输送和加工过程等是否含毒性物质、是否含致病细菌或被粪便污染? 各种食品的原料加工、成品包装、运输贮存等环节是否曾被污染,是否符合卫生要求? 这些问题都迫使政府有关部门制定一个卫生质量指标和严格的检测手段,微生物检测的指标就是其中之一。

水和食品卫生微生物学检验的内容包括下列三项。

(一) 细菌菌落总数

根据稀释平板计数法检测每 mL/g 检样在肉膏蛋白胨琼脂培养基上,经 37 ℃、24 h 培养后,所生长的细菌菌落总数。它所反映的是检样中的活菌数。细菌数越多,说明污染程度越大,可作为判定待测样品被污染程度。

(二) 大肠菌群数

所谓大肠菌群(coliform group)是指肠杆菌科(*Enterobacteriaceae*)中的 4 个属,即埃希氏菌属(*Escherichia*)、柠檬酸杆菌属(*Citrobacter*)、克雷伯氏菌属(*Klebsiela*)和肠杆菌属(*Enterobacter*)。这一菌群致病力不强,具有共同特点:好氧和兼性厌氧、革兰氏染色阴性反应、无芽孢杆菌、37 ℃培养 24～48 h 能发酵乳糖产酸产气。大肠菌群在人畜肠道内含量最多,可随排泄物进入水源或污染食物。国际公认以大肠菌群的存在作为粪便污染指标。常用的检验方法是多管发酵法和滤膜法,特别是多管发酵法,它延用已久,为国际所公认。2002 年我国 国家食品卫生检测标准中推荐了大肠菌群的快速检测和计数方法,可缩短检测时间,提高工作效率。

(三) 肠道病原菌的数目

肠道病原菌检测的有沙门氏菌属(*Salmonella*)、志贺氏菌属(*Shigella*)、金黄色葡萄球菌(*Staphylococcus aureus*)和溶血性链球菌(*Streptococcus hemolyticus*)。这些菌在水中容易死亡变异,数量较少,而且检测比较费时困难。由于大肠菌群在肠道内的数目最多,并以大肠菌群作为污染菌的指示菌。如果指示菌在检样中不存在或数目很少时,在多数情况下也就没有肠道病源菌存在,所以一般情况下检测时经常是以上列两项指标为主。

检测水的卫生质量除去上面所介绍的直接应用微生物来检查外,还可应用生化需氧量(biochemical oxygen demand,BOD)来间接测水中有机物含量。生化需氧量是指在 1 L 污水或待测水样中,微生物对其所含一部分易氧化的有机物进行氧化或分解时,所消耗水中溶解的毫克氧的数目(mg/L)。因为测定应在 20 ℃经 5 d 进行,所以用(BOD_5)表示。

食品卫生质量除微生物指标外,尚有化学指标和物理指标。例如,目前不少食品在加工中使用各种防腐剂、生色剂和各类添加剂。这些化学物品中有些就可能具有诱发人体基因突变的作用(诱变剂),也可能有诱发癌变的性能。艾姆斯试验(Ames test)是测定化学诱变剂最敏捷、最经济的方法。

本章共有 6 个实验,包括:饮用水中细菌菌落总数和大肠菌群的检测,食品中细菌菌落总数和大肠菌群的检测,食品中大肠菌群的快速检测,牛乳卫生质量的检测,五日培养法测定水中生化需氧量,艾姆斯试验用于检测化学诱变剂。

实验 15-1　水中细菌菌落总数及大肠菌群的测定

【目的要求】

（1）了解水质的细菌学检测原理及意义；

（2）学习和掌握细菌菌落总数及大肠菌群数量与饮用水卫生质量的关系和检测方法。

【基本原理】

饮用水是否达到卫生标准,需要进行水中的细菌数量及大肠菌群数的测定。细菌菌落总数可以说明水质被污染的程度,细菌数量越多,有机物含量越大。细菌菌落总数是指 1 mL 水样在肉膏蛋白胨培养基中经 37 ℃、24 h 培养所生长的菌落数,可用每毫升菌落形成单位（colony-forming unit,cfu/mL）表示。我国规定饮用水的卫生标准 1 mL 自来水中细菌菌落总数不得超过 100 个。2005 年 6 月开始,城市供水卫生标准有所提高,规定 1 mL 自来水中细菌菌落总数不得超过 80 个。

大肠菌群是大量出现在粪便中的非致病菌,其数量可判断水源被粪便污染的程度,故可作为粪便污染的指示菌。大肠菌群是一群好氧和兼性厌氧、革兰氏阴性无芽孢杆菌。在乳糖培养液中经 37 ℃、24 h 培养能产酸、产气。我国规定的标准每升自来水中大肠菌群数不得超过 3 个。2005 年 6 月规定城市自来水中大肠菌群数 0 个/100 mL（任意取 100 mL 水样不得检出）。

细菌总数的测定采用平板菌落计数法,大肠菌群数的测定方法是采用滤膜法（membrane filter method）或多管发酵法（multiple tube method）测定。滤膜法是一种快速测定法,适用于水质较好大体积的水体,例如大城市的水厂常采用此法。乳糖多管发酵法是检查水和食品中含大肠菌群数最通用的方法。依据大肠菌群能在 37 ℃培养 24 h 发酵乳糖产酸、产气的生理特点,将水样根据含菌量不等程度做不等稀释后,接种到含不等浓度的乳糖蛋白胨发酵液中。水质清洁度高、含菌量少,可不经稀释,接种量较大；水质污染度高,则应当进行不等程度稀释后再进行接种。凡接种在 1 mL 以上时,要用 3 倍乳糖发酵液；接种量在 1 mL 或 1 mL 以下时,用普通（单倍）乳糖发酵液。接种后,放在 37 ℃培养 24 h 观察结果。如试管中发酵液由紫色变黄色,且小管内有气体产生,说明产酸、产气,判为阳性（＋）；若 24 h 尚未产气,可能由于菌量少,可继续培养到 48 h,判定结果为可疑；若既不产酸,也不产气,判为阴性（－）。根据样品的接种量和发酵结果,用统计学方法制成不同的表格（参见 15-1-2、15-1-3、15-1-4表）,从表上查出的数字,即为每升水中含大肠菌群数,以最可能数或最大概率数（most probable number MPN）表示。

【实验材料】

（一）样品

学校生活区自来水,校园湖水等。

（二）培养基

肉膏蛋白胨培养基,单倍乳糖蛋白胨液体培养基（single strength lactose broth）,三倍乳糖蛋白胨液体培养基(triple strength lactose broth),伊红美蓝培养基(eosin methylene blue medium,EMB)。配法见附录三。

单倍乳糖蛋白胨培养基,三倍乳糖蛋白胨培养基分装于具有倒置杜氏小管(Durham's tube)的试管或锥形瓶中,112 ℃灭菌 30 min。

(三) 试剂和溶液

革兰氏染液。

(四) 仪器和其他物品

显微镜;擦镜纸,载片,无菌空瓶(500 mL 锥形瓶),培养皿,移液管,试管等。

【实验内容】

(一)水样来源

1. 食堂及各生活区自来水样

将水龙头用酒精棉擦拭后,点燃酒精灯火焰灭菌。打开水龙头放水 2 min,用无菌锥形瓶接取水样约 350 mL,立即盖好瓶口。

2. 湖水

取距岸边 5 m、水面深度 10~15 cm 以下的水样,将无菌锥形瓶口向下,放入水中后再翻转瓶口,取样 200 mL,立即盖好瓶口。

以上所取水样应在 2 h 之内进行测定。

(二) 细菌菌落总数测定

1. 自来水

用无菌移液管分别吸取 1 mL 水样,加入培养皿中(每个水样平行做 3 个培养皿)。每个培养皿各加入 12 mL 左右已融化并冷至 45~50 ℃的肉膏蛋白胨培养基,迅速轻轻旋转摇动,使水样与培养基充分混匀。待凝固后,将平板倒置于 37 ℃恒温箱内培养 24 h,进行菌落计数(cfu/mL)。

2. 湖水

因湖水含杂质较多,故需稀释水样。稀释倍数视水样污浊程度而定,使水样培养后每个平板中的菌落数在 30~300 之间的稀释度为合适。取目的地湖水稀释度为 10^{-1}、10^{-2}、10^{-3},每个稀释度作 2 个培养皿。并依以上方法倾入已融化的肉膏蛋白胨培养基,混合均匀制成平板,37 ℃培养 24 h,再按下述步骤菌落计数。

(1) 先计算同一稀释度的平均菌落数。若其中一个平板有大片状菌苔生长时则不应采用,用另一菌落平板作为该稀释度的平均菌落数。若片状菌苔大小不到平板的一半,其余一半菌落分布均匀时,可将此一半的菌落数乘 2,然后再计算稀释度的平均菌落数。

(2) 首先选择平均菌落在 30~300 之间的平板,当只有一个稀释度的平均菌落符合此范围时,则以该平均菌落数乘以稀释倍数即为该水样的细菌总数(见表 15-1-1 中例 1)。

(3) 若有 2 个稀释度的平均菌落数都在 30~300 个之间,则按两者菌落总数之比值来决定。若其比值小于 2,应取两者的平均数;若大于 2,则取其较小的菌落数(表 15-1-1 中例 2 及例 3)。

(4) 若所有稀释度的平均菌落数均大于 300,则应按稀释倍数最高的平均菌落数乘以稀释倍数(表 15-1-1 中例 4)。

(5) 若所有稀释度的平均菌落数均小于 30,则应按稀释倍数最低的平均菌落数乘以稀释倍数(表 15-1-1 中例 5)。

（6）若所有稀释度的平均菌落数均不在 30～300 之间，则以最接近 300 或 30 的平均菌落数乘以稀释倍数（表 15-1-1 中例 6）。

表 15-1-1 计算菌落总数的方法（举例）

例次	不同稀释度的平均菌落数			两个稀释度菌落比值	菌落总数	报告方式 cfu/mL	备注
稀释倍数 平均菌落数	10^{-1}	10^{-2}	10^{-3}				
1	1365	164	20	—	16400	1.6×10^4	两位数后四舍五入
2	2760	295	46	1.6	37750	3.8×10^4	
3	2890	271	60	2.2	27100	2.7×10^4	
4	无法计数	4650	513	—	513000	5.1×10^5	
5	27	11	5	—	270	2.7×10^2	
6	无法计数	305	12	—	30500	3.1×10^4	

（三）乳糖多管发酵法测定大肠菌群的数量

乳糖多管发酵法包括初发酵试验、伊红美蓝鉴别培养基平板分离、复发酵试验三部分。凡接种量＞1 mL 水样时，用三倍乳糖蛋白胨培养液；接种量≤1 mL 水样时用单倍乳糖蛋白胨培养液进行发酵。

1. 自来水

（1）初发酵试验

A. 取 2 个装有 50 mL 三倍乳糖蛋白胨培养液的锥形瓶，在无菌操作条件下各加入 100 mL 水样，混匀。

B. 另取 10 支装有 5 mL 三倍乳糖蛋白胨培养液的发酵管，各加入 10 mL 自来水样。

上述两个试验共用水样 300 mL（100 mL 2 份、10 mL 10 份）。混匀后，37 ℃培养 24 h。若产酸产气可视为（＋）结果；若不产酸也不产气，判为（－）结果。

（2）伊红美蓝鉴别培养基平板分离培养

将初发酵管培养 24 h 产酸、产气阳性结果发酵液的试管进行平板划线分离。分别用接种环取发酵液划线接种于伊红美蓝平板培养基上，37 ℃培养 18～24 h。大肠菌群发酵乳糖产酸，与培养基中染料伊红和美蓝结合，将出现以下三种特征的菌落。

A. 具金属光泽、深紫黑色菌落；

B. 微或无金属光泽的黑紫色菌落；

C. 淡黑色、中心紫色的菌落。

其中：A 为典型的大肠杆菌菌落；B，C 可能是大肠菌群肠杆菌科中的其他属的菌落。因产酸较弱出现以上菌落特征。将以上菌落涂片、革兰氏染色、镜检，还需进行复发酵试验确证。

（3）复发酵试验

若镜检为革兰氏阴性、无芽孢杆菌，挑取此菌落的一部分，接种于乳糖蛋白胨发酵管中，经 37 ℃培养 24 h。结果若产酸、产气，即证明有大肠菌群存在。证实后，再根据发酵试验的阳性管数查表 15-1-2，得出每升水样中大肠菌群数。

2. 湖水

分别取目的地湖水 10^{-1} 的稀释液及原水样各 1 mL，加入装有 10 mL 单倍乳糖蛋白胨发酵管中。另取 10 mL 和 100 mL 原水样，分别加入装有 5 mL 和 50 mL 三倍乳糖蛋白胨发酵管中。共用水样 111.1 mL(100 mL、10 mL、1 mL、0.1 mL 各 1 份),混匀后,37 ℃ 培养 24 h。

以下步骤同上述平板分离和复发酵试验。结果应查表 15-1-3。

饮用水中大肠菌群检测步骤总结如下("＋"为产酸," ⊕ "为产酸产气):

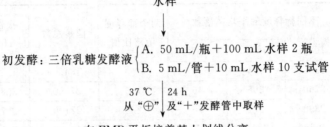

若证实有大肠菌群存在,根据阳性管数和接种水样总量分别查表 15-1-2 或表 15-1-3 或表 15-1-4,即得出 1 L 水样中大肠菌群数。

例如表 15-1-2 中,10 支 10 mL 水量试管有 2 管为阳性反应,2 个 100 mL 水量的锥形瓶有 1 瓶为阳性反应时,1 L 水样中的大肠菌群数为 13。

表 15-1-2　大肠菌群检数表[*]

100 mL 水量的阳性管数 10 mL 水量的阳性管数	0	1	2
	1 L 水样中大肠菌群数	1 L 水样中大肠菌群数	1 L 水样中大肠菌群数
0	<3	4	11
1	3	8	18
2	7	13	27
3	11	18	38
4	14	24	52
5	18	30	70
6	22	36	92
7	27	43	120
8	31	51	161
9	36	60	230
10	40	69	>230

* 接种水样总量为 300 mL,其中 100 mL 2 个样品,10 mL 10 个样品。

表 15-1-3 大肠菌群检数表 *

接种水样量/mL				每升水样中
100	10	1	0.1	大肠菌群数
－	－	－	－	＜9
－	－	－	＋	9
－	－	＋	－	9
－	＋	－	－	9.5
－	－	＋	＋	18
－	＋	－	＋	19
－	＋	＋	－	22
＋	－	－	－	23
－	＋	＋	＋	28
＋	－	－	＋	92
＋	－	＋	－	94
＋	－	＋	＋	180
＋	＋	－	－	230
＋	＋	－	＋	960
＋	＋	＋	－	2380
＋	＋	＋	＋	＞2380

﹡ 接种水样总量 111.1 mL(100 mL、10 mL、1 mL、0.1 mL 各 1 份);"＋"发酵阳性,"－"发酵阴性。

表 15-1-4 大肠菌群检数表 *

接种水样量/mL				每升水样中
100	10	1	0.1	大肠菌群数
－	－	－	－	＜90
－	－	－	＋	90
－	－	＋	－	90
－	＋	－	－	95
－	－	＋	＋	180
－	＋	－	＋	190
－	＋	＋	－	220
＋	－	－	－	230
－	＋	＋	＋	280
＋	－	－	＋	920
＋	－	＋	－	940
＋	－	＋	＋	1800
＋	＋	＋	－	2300
＋	＋	－	＋	9600
＋	＋	＋	－	23800
＋	＋	＋	＋	＞23800

﹡ 接种水样总量 11.11 mL(10 mL、1 mL、0.1 mL、0.01 mL 各 1 份);"＋"发酵阳性,"－"发酵阴性。

(四) 用滤膜法检查大肠菌群

滤膜法(membrane filter method)主要适用于杂质较少的水样,操作较为简单快速。

滤膜是一种微孔薄膜,将一定量的水样注入已灭菌的放有滤膜的滤器中,经过抽滤,细菌即被截留在膜上。然后,将滤膜没有菌的一面贴于伊红美蓝培养基上,进行培养。再鉴定滤膜上生长的大肠菌群菌落,计算出所测每升水样含有的大肠菌群数。

1. 水样的检验步骤　(图 15-1-1)

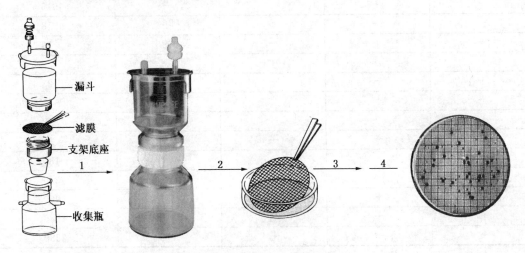

图 15-1-1　滤膜法过滤步骤
1. 将滤膜放在支架底座上　2. 水样注入灭菌滤器过滤　3. 将滤膜有菌一面向上贴于 EMB 培养基上
4. 37 ℃培养 24 h 后观察结果(改绘自 Prescott *et al*, 2005)

(1) 滤膜灭菌　将滤膜放入烧杯中,加入蒸馏水,置于水浴中煮沸 3 次,每次 15 min。前两次煮沸后要用无菌水洗涤 2~3 次后再煮,除去滤膜上残留的溶剂。也可将滤膜放入烧杯,加入蒸馏水,121 ℃高压蒸汽灭菌 20 min。

(2) 滤器灭菌　将滤器包好,在 121 ℃高压蒸汽灭菌 20 min。

(3) 过滤水样　用无菌镊子夹取灭菌滤膜边缘部分,将粗糙面向上,贴放于已灭菌的滤床(支架底座)上,固定好滤器。用无菌方法取水样 333 mL 注入滤器中,加盖,打开滤器阀门,在 -0.5 atm(-0.05 MPa)下进行抽滤。

(4) 水样滤完后再抽气约 5 s,关上滤器阀门,取下滤器,用无菌镊子夹取滤膜边缘部分,移放在伊红美蓝平板培养基上。截留有细菌的滤膜面向上,与培养基完全贴紧,两者间不得留有气泡。然后将培养皿倒置,于 37 ℃培养 16~18 h。

(5) 挑取平板上符合特征的菌落进行革兰氏染色,镜检[参照实验(三)发酵法]。

(6) 凡镜检为革兰氏染色阴性无芽孢杆菌,每个菌落接种一支乳糖蛋白胨发酵管。经37 ℃培养 24 h 产酸、产气者,判定为大肠菌群阳性。

2. 结果计算

滤膜上生长的大肠菌群菌落数,根据测试的水样量计算其数量。本实验的结果应乘以 3,即为 1 L 水样中大肠菌群数。

【实验报告内容】

(1) 在饮用水卫生标准中,何谓大肠菌群? 何谓细菌菌落总数(cfu/mL)? 何谓大肠菌群最可能数?

(2) 将全班同学检测校园各区水样结果列成下表,进行比较。

取样地点	细菌		大肠菌群		备　注
	检测方法	cfu/mL	检测方法	1 L 水样中大肠菌群数	
自来水					
目的地湖水					

比较表中结果,说明哪里的水质卫生指标最好? 为什么?

(3) 你所检测的自来水中细菌菌落总数及大肠菌群数各是多少? 是否符合饮用水标准? 若结果超标,请分析原因?

【思考题】

在 EMB 培养基上长出的三种特征的菌种中,何种为典型的大肠杆菌? 为什么?

实验 15-2　食品中细菌菌落总数及大肠菌群的检测

【目的要求】

(1) 了解国家规定的食品质量与细菌菌落总数和大肠菌群数量的重要关系;

(2) 掌握国家规定的食品及饮料的微生物学检测方法。

【基本原理】

食品应具有一定的营养价值,是人类赖以生存的必要条件。提供安全、卫生、营养丰富的食品,保证人类生存和健康是食品卫生的根本任务。但在生产、加工、贮存、运输、销售过程中,食品可能被微生物和化学物质污染,国内外的资料都说明食品的微生物污染是非常重要的卫生问题。从我国 1986~1990 年食物中毒分析来看,不论从次数或人数统计,其中以微生物中毒数所占的比例(61.7%)都较化学性食物中毒(26.2%)要大。因此,各类食品出厂前必须经过微生物检验,主要指标包括菌落总数、大肠菌群和致病菌数等三项,其中以前两者最为重要。各类食品卫生标准不一,如瓶装汽水 1 mL 总菌数不得超过 100 个,每 100 mL 中大肠菌群最可能数不得超过6 个;酱油细菌菌落总数每 1 mL 不得超过 38 个,大肠菌群最可能数每100 mL 不得超过 230 个。

本实验介绍有关食品中细菌菌落总数(cfu)及大肠菌群数检测两项最常用的方法。

【实验材料】

(一) 样品

酱油,汽水。

(二) 培养基　(见附录三)

肉膏蛋白胨琼脂培养基,双料乳糖胆盐发酵培养基(每管加 6 mL 培养基,并加倒置的杜氏小管),单料乳糖胆盐发酵培养基(同上),伊红美蓝培养基,乳糖发酵培养基。

(三) 试剂和溶液 (见附录四)

磷酸盐缓冲液。

(四) 仪器和其他物品

无菌移液管,无菌培养皿,无菌锥形瓶(内装 225 mL 无菌生理盐水和数十粒玻璃珠),无菌试管(内装 9 mL 无菌生理盐水),灭菌刀,剪子,镊子,放大镜等。

【实验内容】

(一) 细菌菌落总数的测定

1. 制备样品及样品稀释

取待测酱油一瓶,用点燃的酒精棉球烧灼瓶口,再以无菌纱布盖好。若是塑料瓶则用 75% 酒精棉球擦拭灭菌,用无菌开口器将盖启开,在无菌条件下取样 25 mL 放入内装 225 mL 生理盐水并加有玻璃珠的锥形瓶中,充分混匀,制成 10^{-1} 稀释液。用 1 mL 无菌移液管吸取 10^{-1} 稀释液 1 mL,沿管壁徐徐注入装有 9mL 无菌生理盐水的试管中(注意,吸管尖端不要触及管内稀释液),振荡试管,混合均匀,做成 10^{-2} 的稀释液。另取 1 mL 无菌移液管,按上述操作方法,做成 10^{-3} 稀释液。每次稀释,换用 1 支 1 mL 无菌移液管,共做 10^{-1}、10^{-2}、10^{-3} 三个稀释液,分别含样品 0.1 mL,0.01 mL 和 0.001 mL。

如系汽水,则应将瓶内 CO_2 完全逸出后再行稀释。如系果汁或其他酸性食品,应先测出其 pH,并用已灭菌的 20%～30% 的 Na_2CO_3 溶液调整酸度至中性后再进行试验。

2. 培养

将上面已做好的样品稀释液充分振荡,然后分别吸取该稀释度的稀释液 1 mL 至标有相应稀释度的无菌培养皿内,每个稀释度做 2 个培养皿。将融化并冷却至 46 ℃左右肉膏蛋白胨琼脂培养基注入培养皿内(每皿约加 15 mL),立即旋转培养皿,使检样与培养基充分混匀。待凝固后,置 36±1 ℃温箱培养 48±2 h。另取 2 个培养皿不加检样,只倾入肉膏蛋白胨培养基,做空白对照。

3. 菌落计数

菌落计数时可用肉眼观察,必要时用放大镜检查,以防遗漏。在记下各平板的菌落数后,按实验 15-1 内的表 15-1-1 所述方法进行计数,求出同样稀释度的各平板平均菌落总数。

(二) 用多管发酵法检查大肠菌群最可能数(MPN)

按前(一)同样方法将待测样品取样,将样品制成 10^{-1} 的稀释液后,根据对待测样品污染程度估计,用多管发酵法(multiple tube method)选择 3 个稀释度,按下列步骤测定。

1. 初步发酵试验 (参照表 15-2-2)

将已稀释好的待检样品 1 mL 接种于单料乳糖胆盐发酵培养基管内;接种量在 1 mL 以上者,可用双料乳糖胆盐发酵管;1 mL 及 1 mL 以下可用单料乳糖胆盐发酵管。每一稀释度接种三管,置 37 ℃培养 24 h。如所有乳糖胆盐发酵管都不产酸、产气,则可报告大肠菌群为阴性;如有产酸、产气者,再按下列程序进行。

2. 在指示性培养基上分离培养

将产酸、产气的发酵管进行平板分离。分别用接种环取发酵液,用划线接种法,接种于伊红美蓝培养基平板上,于 37 ℃培养 18～24 h。将出现的大肠菌群可疑菌落进行涂片,用革兰氏染色后镜检,其检测程序见图 15-2-1(p. 229)。

3. 复发酵试验

挑取经镜检为革兰氏阴性，无芽孢的短杆菌的菌落 1～2 个，分别接种于含有乳糖发酵培养基管中并摇匀，置 37 ℃培养 24 h。如果产酸、产气，即确证为大肠菌群阳性。

查大肠菌群最可能数(MPN)检索表(表 15-2-1)，表内各列数字为阳性的管数。根据发酵试验的阳性管数，得出每 100 mL(g)食品中存在的大肠菌群的最可能数。

表 15-2-1　大肠菌群最可能数(MPN)检索表[*]

| 阳性管数 | | | MPN | 95％可信限 | |
1 mL(g)×3	0.1 mL(g)×3	0.01 mL(g)×3	100 mL(g)	下限	上限
0	0	0	<30	<5	90
0	0	1	30		
0	0	2	60		
0	0	3	90		
0	1	0	30	<5	130
0	1	1	60		
0	1	2	90		
0	1	3	120		
0	2	0	60		
0	2	1	90		
0	2	2	120		
0	2	3	160		
0	3	0	90		
0	3	1	130		
0	3	2	160		
0	3	3	190		
1	0	0	40	<5	200
1	0	1	70	10	210
1	0	2	110		
1	0	3	150		
1	1	0	70	10	230
1	1	1	110	30	360
1	1	2	150		
1	1	3	190		
1	2	0	110	30	360
1	2	1	150		
1	2	2	200		
1	2	3	240		
1	3	0	160		
1	3	1	200		
1	3	2	240		
1	3	3	290		
2	0	0	90	10	360
2	0	1	140	30	370
2	0	2	200		
2	0	3	260		

阳性管数			MPN	95％可信限	
1 mL(g)×3	0.1 mL(g)×3	0.01 mL(g)×3	100 mL(g)	下限	上限
2	1	0	150	30	440
2	1	1	200	70	890
2	1	2	270		
2	1	3	340		
2	2	0	210	40	470
2	2	1	280	100	1500
2	2	2	350		
2	2	3	420		
2	3	0	290		
2	3	1	360		
2	3	2	440		
2	3	3	530		
3	0	0	230	40	1200
3	0	1	390	70	1300
3	0	2	640	150	
3	0	3	950		
3	1	0	430	70	2100
3	1	1	750	140	2300
3	1	2	1200	300	3800
3	1	3	1600		
3	2	0	930	150	3800
3	2	1	1500	300	4400
3	2	2	2100	350	4700
3	2	3	2900		
3	3	0	2400	360	13000
3	3	1	4600	710	24000
3	3	2	11000	1500	48000
3	3	3	≥24000		

* ① 本表采用 3 个稀释度[1 mL(或 g)和 0.1 mL(或 g)和 0.01 mL(或 g)],每稀释度均为 3 管。

② 表内所列检样量如改用 10 mL(或 g)、1 mL(或 g)和 0.1 mL(或 g)时,表内数字相应降低 10 倍;如改用 0.1 mL(或 g)、0.01 mL(或 g)和 0.001 mL(或 g)时,则表内数字应相应增加 10 倍。其余可类推。

③ 在检验含有二氧化碳的饮料时,一定要使二氧化碳完全逸出,不然在进行大肠菌群测定时,二氧化碳进入倒管造成假阳性。

④ 对含有渣子的样品进行菌落总数测定时,要区别渣子和菌落的形态,不要误以渣子点数为菌落。在进行大肠菌群测定时,渣子会沉在管底,往往会堵住倒管口部,使大肠菌群阳性所产生的气体不能排入倒管而造成假阴性。另外,如乳糖胆盐发酵管已产酸,倒管无气体,而有小气泡沿管壁上升,应注意仍要接种伊红美蓝平板。

⑤ 酸性饮料调 pH 时,用广泛试纸测试到中性。如样品过酸,可用 20％或 30％灭菌碳酸钠,避免碳酸钠溶液用量过大稀释了样品。要注意,把碳酸钠分装成小管,一件样品使用一管。如用一大瓶碳酸钠液体,反复多次使用,将造成污染。

⑥ MPN 的计算以 100 mL(或 100 g)样品为单位。

　　说明　大肠菌群最可能数(MPN)检索表按统计学规律制定,以九管法组合而成,具有统计学意义。按接种待测样品 1 mL(g)×3、0.1 mL(g)×3、0.01 mL(g)×3 后会出现以下情况:如果三种接种量为 1 mL、0.1 mL 及 0.01 mL 的 3 支管阳性数均为"0"(不产生酸、不产气),则 MPN 表示为<30;如果接种量为 1 mL 和 0.1 mL 的 2 支管阳性为"0"(不产酸、不产生气),而接种量 0.01 mL 的 1 支管产酸、产气,MPN 表示为 30;如果接 1 mL 及 0.1 mL 的 2 支管均为"0"(不产酸、不产生气),而接 0.01 mL 的 2 支管产酸、产气,MPN 表示为 60。以此类推。95%的可信限栏中,下限<5,上限为 90,意思是在 5~90 个/100 mL(g)样品中含菌数。其他各组相同方法参照即可。本实验采用的接种量是 0.1、0.01、0.001 mL,所以查出的 MPN 数应增加 10 倍。

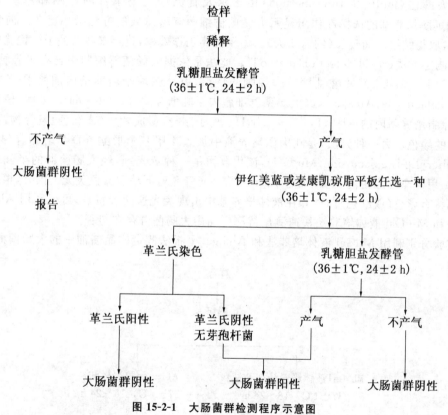

图 15-2-1　大肠菌群检测程序示意图

【实验报告内容】

　　(1) 参照菌落计算方法,列表回答待测样品中每 1 mL 细菌菌落总数是多少?

　　(2) 经检验,记录发酵管中阳性数,并查出每 100 mL 待测食品中大肠菌群 MNP 值是多少? 不同食品有什么区别? 为什么?

【思考题】

　　(1) 大肠菌群中的细菌种类,一般并非是病原菌,为什么要选用大肠菌群作为食品被污染的指标?

　　(2) 为何大肠菌群检查和细菌总数检验十分重要,它们的数目代表什么意义? 请谈谈生活中的体会。

实验 15-3　食品中大肠菌群的快速检测

【目的要求】

(1) 了解大肠菌群快速测定原理;

(2) 学习大肠菌群快速测定的操作方法。

【基本原理】

多管发酵法(multiple tube method)用于水及食品中大肠菌群的检测和用伊红美蓝(EMB)或远藤培养基的选择性作用显示大肠菌群细菌菌落总数的方法沿用已久。前者实验步骤较多,取得结果时间较长(约需 4 天)。为了提高工作效率,近年来在食品卫生检验中推荐一种快速测定方法(rapid detection method)。此法是依据大肠菌群细胞中含有半乳糖苷酶,能在18~24 h和37±1 ℃发酵乳糖产酸和酮的特点,设计在琼脂培养基内加茜素-半乳糖苷(Alizarin-galactoside,Aliz-gal),经大肠菌群细胞内半乳糖苷酶(galactosidase)分解,使茜素游离,并与琼脂培养基内的 Al^{3+}、Fe^{3+}、K^+、NH_4^+ 离子结合,形成紫色(或红色)螯合物,使菌落呈现相应的颜色。另一种方法,是在肉汤培养液中加入 4-甲基伞形酮-β-D-半乳糖苷(4-methyl-umbelliferyl-β-D-galactoside,Mu-Gal),该化合物是一种荧光剂,经大肠菌群的半乳糖苷酶分解,使 4-甲基伞形酮游离,在波长为 366 nm 紫外光灯照射下呈现蓝色荧光。因之,根据在平板上出现特有紫色(或红色)菌落和在液体培养基中出现荧光这两个特点,可以利用 Ali-zal 琼脂平板法和 Mu-Gal 液体培养法快速测出待测样品中大肠菌群存在与否。

本实验分别利用 MuGal 液体培养法和 Aliz-gal 平板法测定样品酱油中的大肠菌群数,概括如下图:

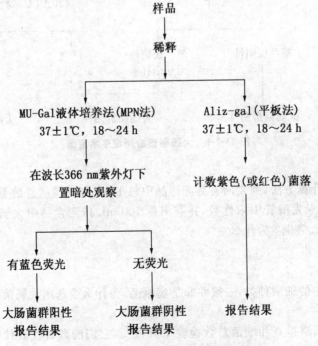

图 15-3-1　大肠菌群快速检测程序示意图

【实验材料】

（一）样品

酱油。

（二）培养基

（1）MU-Gal 液体培养基（见附录四）。

（2）Aliz-gal 琼脂培养基（见附录四）。

（3）0.85% 生理盐水。

（三）仪器和其他物品

紫外灯（波长 366 nm 等），温箱（37±1 ℃），冰箱（0±4 ℃），天平（感量 0.01 mg）；匀浆器或乳钵，培养皿（直径 90 mm），试管（20 mm×150 mm），移液管（0.1 mL，10 mL），锥形瓶（500 mL），玻璃珠（直径约 5 mm）等。

【实验内容】

（一）MU-Gal 液体培养法测大肠菌群最可能数（MPN）

1. 稀释样品酱油

（1）以无菌操作取样品酱油 25 mL（或 25 g 固体），加入盛有 225 mL 无菌生理盐水的、装有玻璃珠的 500 mL 锥形瓶内，充分振荡。或用匀浆器以 8000～10000 r/min 打匀 1 min，成 10^{-1} 稀释液。

（2）用 1 mL 无菌移液管吸取 10^{-1} 稀释液 1 mL 到 9 mL 生理盐水试管内，稀释成 10^{-2}。

（3）取另一支 1 mL 移液管按上法将样品进行十倍递增稀释，稀释成 10^{-3}。

（4）根据食品卫生要求或对样品污染程度的估计，选择 3 个适合的稀释度。本次实验选取 10^{-1}、10^{-2}、10^{-3} 3 个稀释度。

2. 接种

（1）做标记　取已灭菌、装有 9 mL 的 MU-Gal 培养液试管 11 支，用记号笔作好标记。每个稀释度用 3 支，各记 10^{-1}、10^{-2}、10^{-3}，其余 2 支记为对照。

（2）接种样品　用 1 mL 移液管从最大稀释度 10^{-3} 开始，分别吸取 1 mL 稀释液，加入已做相应标记的 9 mL MU-Gal 培养管内，在对照管内各加 1 mL 生理盐水。

3. 培养

将各管放 37±1 ℃ 温箱培养 18～24 h。

4. 观察结果

将培养后的试管放在暗处，用波长 366 nm 紫外光灯照射。对照管应不显荧光。加样的管如显出蓝色荧光，则为大肠菌群阳性，记（＋）；如不显荧光，则为大肠菌群阴性，记（－）。

5. 报告结果

根据出现大肠菌群阳性管的接种量（稀释度倒数）和管数，查实验 15-2 内表 15-2-2，即可查出大肠菌群最可能数（MPN）。报告每 100 mL 酱油中含大肠菌群数。因此实验接种量为 0.1 mL、0.01 mL、0.001 mL，其结果应依次相应增加 10 倍。

（二）Aliz-gal 琼脂平板法测大肠菌群数

（1）取已灭菌的培养皿 7 套，在皿底写好样品的 3 个稀释度。每个稀释度做两套，另一套写对照。

（2）同上法制备待测样品 3 个浓度的稀释液。用 1 mL 无菌移液管在每个稀释度的培养皿内各加相应稀释液 1 mL,每个稀释度做二皿。另一套加 1 mL 无菌生理盐水做对照。吸取不同稀释度菌液时,应换取 1 支新的无菌移液管。

（3）取 Aliz-gal 琼脂培养基融化,冷至 45～50 ℃时,倒入每个培养皿内约 15 mL。迅速轻轻转动平皿,使混合均匀。待琼脂凝固后,再往表面倒 3～5 mL Aliz-gal 培养基。

（4）将已凝固的平板倒置,放入 37±1 ℃ 温箱培养 18～24 h。

（5）观察培养后的平皿,上有紫色（或红色）菌落时,表示有大肠菌群,将典型菌落计数。当平板上的紫色（或红色）菌落不高于 150 个/皿、并且其中至少一个平板上紫色（或红色）菌落不少于 15 个/皿时,按以下公式计算大肠菌群数:

$$N = \frac{\sum C}{(n_1 + n_2)d}$$

式中：N—样品的大肠菌群数,个/mL（或 g）；$\sum C$—所有计数平板上紫色（或红色）菌落之总和；n_1—供计数的最低稀释倍数的平板数；n_2—供计数的高稀释倍数的平板数；d—供计数的样品最低稀释度（如 10^{-1},10^{-2},10^{-3}）等。

结果判定说明:

① 如接种所有 3 个稀释样品的平板上,紫色（或红色）菌落数均少于 15 个时,仍按上面公式计算,但应在结果旁加 * 号表示为估计值。

② 如接种未稀释样品和所有稀释样品的平板上,紫色（或红色）菌落均少于 15 个时,报告结果为：每毫升（或 g）样品少于 15 个大肠菌群。

③ 如接种未稀释样品和所有稀释样品的平板上均未发现紫色（或红色）菌落时,报告结果为：每毫升（或 g）样品少于 1 个大肠菌群。

④ 如平板上的紫色（或红色）菌落数高于 150 个时,按上面公式计算,但在结果旁加 * 号,表示估计值；或视情况,重新选择较高的稀释倍数进行测定。

【实验报告内容】

（1）根据 MU-Gal 液体培养结果,查表 15-2-1 每 100 mL 样品酱油含大肠菌群最可能数（MPN）。

（2）根据 Aliz-gal 琼脂平板上紫色（或红色）菌落数,按公式计算每毫升酱油含大肠菌群数。

【思考题】

（1）比较大肠菌群在 EMB 培养基和 Aliz-gal 培养基上典型菌落出现的原因。

（2）比较多管发酵法和 MU-Gal 快速测定法检测大肠菌群的优缺点。

实验 15-4　牛乳卫生质量的检测

【目的要求】

（1）学习美蓝还原酶试验（methylene blue reductase test）对牛乳质量评估的原理和方法；

（2）学习巴氏消毒法（Pastarilization）的原理及方法；

（3）学习利用牛乳中细菌菌落总数判断牛乳是否被污染的指标。

【基本原理】

牛乳质量的好坏及其安全性直接关系到人们的健康。牛乳在分装和运输过程常被污染，在进入市场前必须经过消毒方可供人饮用。常用的高压湿热灭菌法因温度过高(121 ℃)将破坏牛乳中的营养，而巴斯德消毒法(或简称巴氏消毒法)是一种比较温和的消毒法，在 60～90 ℃之间经不等时间处理(如 63 ℃保持 30 min，80 ℃保持 15 min，90 ℃保持 5 min)，即可杀死牛乳中大部需氧不生芽孢的病原菌。如结核分枝杆菌或沙门氏菌等(结核分枝杆菌在 62 ℃、15 min 内即能致死)，并保持原有的营养。

美蓝是一种氧化-还原指示剂，在氧化态呈蓝色、还原态为无色。需氧和兼性呼吸的细菌在呼吸过程中，细胞内均以氧为最终电子受体。若将美蓝加入牛乳，则牛乳含细菌越多，消耗其中的溶解氧越多，结果氧化还原电势下降，美蓝脱色。反之，细菌越少，美蓝脱色时间延长。即牛乳质量越好，含菌越少，美蓝脱色时间越长。因此，根据美蓝脱色时间的长短，可大致估计牛乳质量的优劣。如在 6～8 h 内脱色，判为一级；在 2～6 h 内脱色，判为二级；在 30 min～2 h 内脱色，判为三级；在 30 min 内脱色，判为四级。

牛乳及乳制品的质量是否符合卫生标准，通常是依据用标准平板计数法检测牛乳每毫升所含细菌菌落数而定。牛乳是否被污染，则可以用大肠菌群的存在与否作为指标。我国农业部门 2002 年发布对鲜牛乳质量标准是：每毫升生鲜乳含细菌的菌落总数(cfu/mL)应为≤500000 个/mL。巴氏杀菌乳的细菌的菌落总数应当≤30000 个/mL，大肠菌群 MPN≤90/100 mL，致病菌不得检出/25 mL。

【实验材料】

(一)样品

优质生牛乳 10 mL，差质生牛乳 10 mL。

(二)培养基

肉膏蛋白胨琼脂培养基，伊红美蓝琼脂培养基。

(三)试剂和溶液

美蓝溶液(1∶250000)，革兰氏染色液。

(四)仪器和其他物品

显微镜；试管架，水浴锅，载玻片，无菌移液管(1 mL 及 10 mL)，无菌培养皿，无菌水(9 mL/支)等。

【实验内容】

(一)美蓝还原酶试验评估牛乳质量

1. 取已灭菌带盖的试管 2 支，用记号笔标记"优"和"差"。

2. 用无菌 10 mL 移液管分别取优质生牛乳及差质生牛乳各 10 mL，加到相应试管内。

3. 用吸管吸取美蓝溶液(1∶25000)，在上列试管中各加 1 滴。

4. 盖上管盖，轻轻倒转试管 4 次，使美蓝在牛乳中混匀。

5. 将试管放入 37 ℃水浴锅内，水面应在牛乳之上。5 min 后取出试管，轻轻再倒转一次，放回水浴锅内，开始记时。

6. 每隔 30 min 观察一次试管内颜色的变化，纪录结果，直到 3～6 h 为止。

(二) 检测巴氏消毒法消毒牛乳的效果

1. 将水浴锅温度调到 80 ℃。

2. 用无菌 10 mL 移液管分别从优、差生牛乳样品中吸取 5 mL 放入已灭菌的试管内,将试管放入已保温在 80 ℃的水浴锅内,保温 15 min,并不时轻轻摇动试管,使其受热均匀。水浴锅内的水面应高出牛乳表面。

3. 等到 15 min 时,立即取出试管,并用凉水冲浇管壁四周,使牛乳迅速冷却。放置到试管架上,留待细菌计数时用。

4. 另用同法各取两种生牛乳 5 mL 放入无菌试管内,但不保温,留作对照,并在壁上作好标记。

(三) 稀释平板计数法测定牛乳含细菌总数

1. 将本班同学分为两组,每组做一种生牛乳消毒前后菌落数的比较。按本章实验 15-1 内所述十倍稀释平板计数法(plate count method)进行试验。

2. 将(二)内步骤 3 中已经巴氏消毒的牛乳用无菌 1 mL 移液管吸取 1 mL 到含 9 mL 无菌水的试管内,即为 10^{-1},依次稀释到 10^{-2}、10^{-3}、10^{-4}。

3. 取已灭菌的培养皿 6 套,在底部分别标明 -2、-3、-4 字样。每一稀释度同时做两套平皿。从最大稀释度开始,依次从 10^{-4}、10^{-3}、10^{-2} 试管内各取 1 mL 已消毒牛乳到相应稀释度的平皿内。

4. 将已融化并冷却至 45~50 ℃肉膏蛋白胨琼脂(每管约 15 mL)倾入上列所述平皿内。在桌面上轻轻转动,使菌液混合均匀,待冷凝后倒置。放入 37 ℃恒温箱,培养 24 h 后观察结果。并根据实验 15-1 内方法,计算经巴氏消毒的牛乳每毫升含细菌总数。

5. 另取培养皿 6 套,用未消毒的牛乳重复上述步骤(1~4)做对照,但取稀释度为 10^{-3}、10^{-4} 及 10^{-5} 做细菌计数。比较二者结果。

注意　本实验所用器皿均应经高压蒸汽灭菌,操作均需按无菌操作进行。

【实验报告内容】

(1) 记录美蓝还原酶法检测牛乳质量结果。

样　品	37 ℃美蓝脱色时间/min
优质生牛乳	
差质生牛乳	

(2) 巴氏消毒法对牛乳消毒的效果。

样　品	不同稀释度平皿上菌落数	细菌总数/(cfu/mL)
生鲜牛乳		
消毒后的牛乳		

(3) 根据培养后平板上出现的菌落的数目,计算每毫升牛乳含细菌数目,并判定其质量。

【思考题】

(1) 两种样品牛乳对美蓝脱色时间有差异,请解释其原因。

(2) 还有哪些类食品需用巴氏消毒法进行消毒?

实验 15-5 水中生化需氧量(BOD)的测定

【目的要求】

(1) 了解生化需氧量的测定原理;

(2) 学习用五日培养法测定水中的生化需氧量。

【基本原理】

生化需氧量(biochemical oxygen demand, BOD)是指在一定条件下,好氧微生物分解水中的可氧化物质,特别是有机物的生物化学过程中所消耗的溶解氧量。水体 BOD 值高,表示水体有机物含量高,受污染严重。BOD 值是水体环境评估中必须监测的一项重要指标。

在有氧条件下,水中有机物的分解过程可分碳化过程和硝化过程。碳化过程包括不含氮有机物的氧化与含氮有机物的氨化及其生成的不含氮有机物的氧化。碳化过程所消耗的氧称为碳化生化需氧量。硝化过程是含氮有机物氨化后,在硝化细菌的作用下将氨氧化为亚硝酸盐,并最终氧化为硝酸盐,此过程消耗的氧称为硝化生化需氧量。微生物分解有机物是一个缓慢的过程,水中有机物要彻底完成生物氧化需要很长时间。目前,国内外普遍规定用五日培养法测定水中的 BOD 值,即在 20 ℃条件下培养 5 天所消耗的水中溶解氧作为生化需氧量,称为五日生化需氧量,简称 BOD_5。因硝化细菌的世代时间较长,BOD_5 代表的是碳生化需氧量。

【实验材料】

(一) 试剂和溶液 (配方见附录四)

氯化钙溶液,三氯化铁溶液,硫酸镁溶液,磷酸盐缓冲溶液(pH 7.2),稀释水,硫酸锰溶液,碱性碘化钾溶液,1%淀粉溶液,浓硫酸,硫代硫酸钠溶液。

(二) 仪器和其他物品

恒温培养箱(不透光,以防培养时发生光合作用产生溶解氧),抽气泵;20 L 细口玻璃瓶,250 mL(或 300 mL)碘量瓶,2000 mL 量筒,特制搅拌棒(在玻棒下端安装一块约2 mm厚、与量筒内径匹配的圆形有孔硬橡皮),取样玻璃瓶,250 mL 锥形瓶,酸式滴定管,移液器等。

【实验内容】

(一) 水样采集

用适当大小的洁净玻璃瓶采集水样,使玻璃瓶装满水样,将玻璃瓶塞塞紧,瓶内不能有气泡。采样后需在 2 h 内测定,否则应将水样置 4 ℃或 4 ℃以下保存,但也要在采样后10 h 内测定,并将保存的时间和温度与测定结果一起报告。

(二) 未受污染或较清洁水样的测定

未受污染或较清洁水样(BOD<7 mg/L)可直接测定。取 6 个洁净的碘量瓶,用虹吸管分

装水样,将虹吸管的一端插入碘量瓶的底部,缓慢放水,使水溢出瓶子少许后加塞,瓶内不要有气泡。其中 3 瓶随即测定水中溶解氧量,取平均值(D_1);另外 3 瓶,向瓶塞外加水进行水封后,放入 20 ℃恒温箱中培养 5 天,在培养过程中注意添加封口水。5 天后弃去封口水,测定水中溶解氧量,取平均值(D_2)。

$$BOD_5 = D_1 - D_2$$

(三) 废水或受污染水的测定

(1) 水样稀释　工业废水或受污染较重的水中,一般含有机物多,水样要用事前准备的稀释水进行稀释。确定稀释的倍数是很重要的,稀释的程度应使 5 天培养中所消耗的溶解氧大于 2 mg/L,而剩余的溶解氧在 1 mg/L 以上,初次测定时,可作几个不同的稀释度。水样的稀释在 2000 mL 量筒中进行,用虹吸管分别吸取一定量的水样和稀释水,沿量筒壁缓慢放入,再用特制搅拌棒慢慢上下搅拌,不要产生气泡。

(2) 装瓶　水样稀释后,按上法每个稀释度各分装于 6 个有相应编号的洁净碘量瓶中;同法另分装稀释水于 6 个有编号的碘量瓶中。

(3) 培养　每个稀释度和稀释水各取 3 瓶,瓶口水封后置 20 ℃恒温箱中培养 5 天,在培养过程中注意添加封口水。

(4) 测定　每个稀释度的稀释水样和稀释水分装后,各取 3 瓶随即测定其溶解氧;在恒温箱中培养的样品,经培养 5 天后取出,分别测定各瓶的剩余溶解氧量(图 15-5-1)。

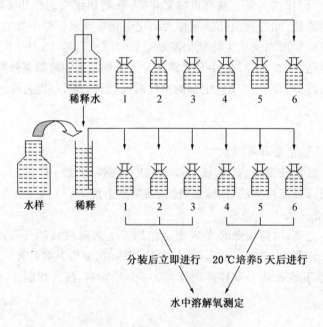

图 15-5-1　BOD_5 测定过程示意图

(5) 计算　各瓶的测定结果按编号记录,并按下式计算水样的 BOD_5(mg/L):

$$BOD_5 = \frac{(D_1 - D_2) - (D_3 - D_4)F_1}{F_2}$$

$$F_1 = \frac{V_1}{V_1 + V_2}, \quad F_2 = \frac{V_2}{V_1 + V_2}$$

式中：D_1—稀释水样在培养前的溶解氧，mg/L；D_2—稀释水样在培养后的溶解氧，mg/L；D_3—稀释水在培养前的溶解氧，mg/L；D_4—稀释水在培养后的溶解氧，mg/L；V_1—稀释水样中的稀释水量，mL；V_2—稀释水样中的水样量，mL；F_1—稀释水(V_1)在稀释水样中所占的比例；F_2—水样(V_2)在稀释水样中所占的比例。

(四) 水中溶解氧的测定

1. 碘量法

(1) 溶解氧的固定　轻轻打开碘量瓶的瓶塞(有封口水的先将封口水弃去)，用移液器插入液面下，加入硫酸锰溶液 1 mL，碱性碘化钾溶液 2 mL，盖好瓶塞，颠倒混合数次，静置。待沉淀物降至瓶子一半时，再颠倒混合。固定后的水样应存放在暗处静置，待沉淀物沉至瓶底。水中加入硫酸锰与碱性碘化钾溶液，生成氢氧化锰沉淀。此氢氧化锰极不稳定，与水中溶解氧生成锰酸锰。

$$2MnSO_4 + 4NaOH \longrightarrow 2Mn(OH)_2 \downarrow + 2Na_2SO_4$$

$$2Mn(OH)_2 + O_2 \longrightarrow 2H_2MnO_3$$

$$H_2MnO_3 + Mn(OH)_2 \longrightarrow MnMnO_3 \downarrow + 2H_2O$$

(2) 滴定　轻轻打开碘量瓶的瓶塞，用移液器插入液面下加入浓硫酸 2 mL，小心盖好瓶塞，颠倒混合至沉淀物全部溶解。置暗处 5 min 后，吸取 100 mL 置 250 mL 锥形瓶中。用硫代硫酸钠溶液滴定至溶液呈浅黄色时，加入淀粉溶液 1 mL，继续滴定至蓝色刚褪去为终点。记录硫代硫酸钠溶液的用量。加入浓硫酸使锰酸锰与加入的碘化钾反应，析出碘。溶解氧越多，析出的碘也越多。滴定碘，便可计算出水中溶解氧量。

$$2KI + H_2SO_4 \longrightarrow 2HI + K_2SO_4$$

$$MnMnO_3 + 2H_2SO_4 + 2HI \longrightarrow 2MnSO_4 + I_2 + 3H_2O$$

$$I_2 + 2Na_2S_2O_3 \longrightarrow 2NaI + Na_2S_4O_6$$

(3) 计算　按下式计算溶解氧(O_2)的含量：

$$\text{溶解氧(mol/L)} = \frac{cV \times 8 \times 1000}{V_{水}}$$

式中：c—硫代硫酸钠溶液浓度，mol/L；V—滴定时硫代硫酸钠溶液消耗的体积，mL；8—与 1 mol $Na_2S_2O_3$ 反应的 O_2 的质量，g/mol；$V_{水}$—测定的水样体积，mL(本实验为 100 mL)。

2. 膜电极法

使用膜电极溶氧仪测溶氧量时，溶氧电极要用碘量法进行校正。测定时，将溶氧电极插入待测水样中，显示器会直接读出水样中溶解氧的数值。溶氧电极薄膜易被水中杂质堵塞或损坏，需及时细心清洗或更换。

【实验报告内容】

(1) 将试验和测定的数据记录于下表中(表 15-5-1)。

(2) 计算出水样的 BOD_5。在水样多个稀释度中，对凡消耗的溶解氧大于 2 mg/L 及剩余的溶解氧大于 1 mg/L，计算结果应取平均值。

表 15-5-1　试验和测定数值

项　目	稀释量/mL		培养前 BOD/(mg/L)			培养后 BOD/(mg/L)		
	V_1	V_2	1	2	3	4	5	6
稀释水样 1								
稀释水样 2								
稀释水样 3								
稀释水								

【思考题】

(1) 测定水中 BOD_5 在水体环境评估中有何意义？

(2) BOD_5 测定过程中需注意哪些事项？

(3) 试评述水溶解氧测定中五日培养法的优缺点。

实验 15-6　艾姆斯试验(Ames test)用于检测化学诱变剂

【目的要求】

(1) 了解艾姆斯试验用于检测化学诱变剂致突变的原理；

(2) 学习艾姆斯试验的方法。

【基本原理】

癌症是威胁人类生命最严重的疾病,一般认为癌的形成是由于人体的体细胞发生突变所致,因此能引起突变的诱变剂(mutagen)也可能是致癌剂(carcinogen)。目前世界上不断有新的化学物质被合成或分解,工厂的废液和废气不断排入大气、水体和土壤,药品和农药大量使用,食品普遍使用添加剂或着色剂……。这些物质不仅污染环境,同时也危害人类健康,其中不少就有致突变的性能,因此也可能致癌。

艾姆斯试验(Ames test)是目前用来检测化学物质致突变性能的一种最敏捷、最经济的方法。试验采用鼠伤寒沙门氏菌(*Salmonella typhimurium*)的组氨酸缺陷型(his⁻)的系列菌株,在不含组氨酸的基本培养基上不能生长。当与有致突变性能的物质接触后,细胞发生回复突变(back mutation),同时又转回为原养型(his⁺),因而在基本培养基上也可在短时间内生成肉眼可见的菌落。根据回复突变后形成菌落的多少,可以判定该物质是否具致突变性,从而也可判定该物质是否具致癌的可能。试验的阳性结果与致癌物的相关吻合率高达 83%,故也可用于检 测该物品的致癌性。有些化学物质不需经哺乳动物体内酶的激活即具致突变效应,但另一些化学化合物则需经哺乳动物肝脏细胞的羟化酶激活,被检物方能显示致突变的性能。所以在进行艾姆斯试验时,有时也加入 S-9 混合液,即哺乳动物的肝微粒体酶体外活化系统,以提高阳性检出率。

本实验选用的鼠伤寒沙门氏菌 TA98 菌株,有 (his⁻,bio⁻,uvrB,rfa)等多重缺陷特性,具移码突变性能。在本实验中省略添加 S-9 混合液,阳性对照用药是已知不需酶活化的化学药品。

【实验材料】

(一) 菌种

鼠伤寒沙门菌 TA98(his^-,bio^-,uvrB,rfa)。

(二) 培养基

下层培养基(基本培养基),上层培养基(含微量组氨酸-生物素混合液),无菌水。

(三) 试剂和溶液

(1) 未知待测样品　化工厂废液或染发液。

(2) 阳性对照用药　4-硝基-邻苯二胺(nitro-phenylene-diamine),配成 10 μg/mL 的盐酸水溶液。

(四) 仪器和其他物品

离心机,水浴锅,无菌移液管 0.1 mL、1 mL,无菌培养皿,无菌圆形厚滤纸片(ϕ6 mm),镊子等。

【实验内容】

注意　由于实验中所用药品 4-硝基-邻苯二胺及待测物均具毒性,操作者必须注意个人防护,操作时应带一次性手套,避免直接接触测试用药。实验后对阳性废弃物的处理,原则上可参照放射性同位素废弃物处理方法。所用沙门氏测试菌株毒性较低,但在洗涤带菌的器皿前,也应先行高压蒸汽灭菌。

具体操作步骤如下:

(一) 准备底层平板

取灭菌培养皿 8 套,分 4 组进行,每组 2 套。用记号笔在各组的皿底分别做标记:(+)代表阳性对照、(一)阴性对照、(样)待测样品、(自变)回复突变等。将下层培养基融化后冷却至 50 ℃左右,倾入无菌的培养皿内,每皿约 15 mL,置桌面,冷凝后制成平板待用。

(二) 准备菌悬液

实验前从鼠伤寒沙门氏菌 TA98 菌株斜面上取一环接种到肉膏蛋白胨液体培养基内,37 ℃振荡培养 16～24 h 后取出备用。此时细菌浓度约为 2×10^9 个/mL。

(三) 倾注上层培养基

将上层培养基 8 管,加热融化后放入温度为 45～50 ℃的水浴锅内,至温度平衡后取出。用移液管取 0.1 mL 备用的菌液加入 1 支试管内,轻轻混匀,迅速倒在备用的 1 个底层平板培养基上,使菌液均匀铺平。此操作应在 2 s 内完成,以免琼脂凝固。同法完成其余 7 支试管的操作。

(四) 纸片点样

1. 阳性对照

用已消毒的镊子夹圆滤纸一片(ϕ6 mm)蘸取已配好的 4-硝基-邻苯二胺溶液,并在容器边缘流尽多余的溶液。将滤纸片轻放在上层培养基中央,不能有气泡。盖好皿盖。

2. 待测样品

将蘸有待测样品的滤纸片放在标有(样)的培养皿内的上层培养基中央。

3. 阴性对照

用含无菌水的滤纸片贴在标有(一)的培养皿的上层培养基中央,作为阴性结果对照。

4. 自发回变

不加任何试剂的滤纸片放在标有（自变）的皿上层培养基中央，作为观察自发回变用。

以上各组试验均于 37 ℃培养 48 h，观察结果，并作记录。

【实验报告内容】

（1）用简图表示各组平皿上菌落生长情况。

（2）结果报告

根据下列观察结果，记录各组平皿上菌落出现的密集程度和平均数，初步判断待测样品的致突变性。

① 阳性结果　在阳性对照组（＋）平皿中央滤纸片周围可见有密集的菌落出现，表示硝基邻苯二胺从滤纸四周扩散，所到之处与细菌接触，诱发细菌发生回复突变，$his^- \to his^+$，所以在基本培养基上也可生长。

② 阴性对照　观察（－）的结果整个平面只有零星少数菌落，滤纸片周围没有密集的菌落生长。

③ 待测样品　观察待测（样）组上菌落生长的情况。若滤纸周围出现密集菌落，可初步判定为阳性结果。

④ 自发回变　有少数分散菌落，这是因为上层培养基内加有微量组氨酸，在最初经过的数次分裂过程中所引起的回复突变的结果。

各组实验经培养后，根据上面所述的各种情况和自己的结果对比。如果待测样品（样）皿滤纸片周围有较多密集的菌落，可初步判艾姆斯试验结果为阳性。

注意　此结果为诱变剂的定性鉴定，定量鉴定尚需做不同浓度待检物所诱发的回变菌落数。另外也要记住，因为本实验的上层培养基内未加 S-9 混合液，并且阳性对照物是已知不需经酶活化的诱变剂。若需做更全面的试验时，可以参考本书附录四中介绍的有 S-9 混合液制备方法。

【思考题】

（1）上层培养基内为何要加入微量组氨酸？

（2）如果你的结果是阳性，能否肯定你测的样品就是致癌剂？如果结果是阴性，能否判定你测的样品肯定不是诱变剂，也不是致癌剂。为什么？

第 16 章　分子微生物学基础实验

近 30 年来分子生物学(molecular biology)及其技术得到迅猛发展,重组 DNA 技术(recombinant DNA technology)是分子生物学技术的核心和前沿技术,它是将分离到的或合成的基因经改造,与载体 DNA 进行体外连接,形成具有复制功能的重组 DNA 分子,然后导入受体细胞(receptor cell,recipient)中,筛选和鉴定重组体克隆,并使其扩增和表达。当前,重组 DNA 技术已成为众多生命科学实验室中的常规技术。

分子微生物学(molecular microbiology)在分子生物学的产生和发展中占据了十分重要的地位,分子生物学许多操作都离不开微生物,其理论研究成果主要也是来自对微生物的研究而取得的,或者是将动、植物基因转移到微生物中后进行研究而取得。因此,分子微生物学不仅为分子生物学研究提供了操作技术,同时也提供了理论指导。

本章主要介绍重组 DNA 技术中一些最基本最常规的实验技术,其中包括 DNA 的小量制备(如细菌总 DNA 和质粒 DNA 的制备,噬菌体 M13 单链及双链 DNA 的制备)、DNA 的琼脂糖凝胶电泳、聚合酶链式反应体外扩增 DNA、外源 DNA 与质粒载体体外连接形成重组 DNA 分子、通过转化或电穿孔将重组 DNA 分子导入大肠杆菌细胞、利用 α 互补筛选重组体菌株、重组噬菌体的组装(所获得的噬菌体 DNA 可用于制备单链探针、定位诱变模板和克隆载体,也可用于噬菌体展示等研究)。此外,还介绍 16S rRNA 基因的扩增与克隆(16S rRNA 序列分析是当前细菌分类的一个重要指标)。

注意

(1) 本章各实验中凡涉及微生物学操作,如配制培养基、接种、培养等均需按微生物学实验要求进行无菌操作。

(2) 凡属生化或 DNA 操作,只需将用于配制溶液的重蒸水、器皿、移液管等进行高压蒸汽灭菌(121 ℃灭菌 20 min),目的是为了灭活其中的 DNA 酶,避免操作过程中 DNA 被降解,灭菌后的容器烘干备用。其他生化操作,如加溶液、离心等则无需进行无菌操作。

实验 16-1　细菌 DNA 的小量制备

【目的要求】

(1) 了解细菌 DNA 小量制备的原理;

(2) 掌握细菌 DNA 小量制备的操作方法。

【基本原理】

细菌总 DNA 的小量制备过程主要由 3 步组成:

　　(1) 细胞的制备　培养并收集一定量的细菌细胞。

　　(2) 细胞的裂解　在碱性(pH 9.0)条件下,用强的阴离子去污剂十二烷基硫酸钠(sodium dodecyl sulfact,SDS)使细菌细胞裂解,并用高浓度 NaCl 沉淀蛋白质等杂质,再用酚使残余的蛋白质彻底变性。通过离心,细胞碎片及变性蛋白质复合物被沉淀下来,而 DNA 则留在上清液中。

　　(3) DNA 的分离　利用乙醇沉淀溶液中的 DNA。为了进一步纯化 DNA,通常用无 DNA 酶的 RNA 酶(DNase-free RNase)水解溶液中 RNA,最终获得纯度较高的细菌 DNA 制品。所获得的 DNA 制品可用于分子克隆和其他酶的反应。

【实验材料】

(一) 菌种

　　大肠杆菌 DH5α 菌株。其相关基因型为:$supE44 \triangle lacU 169$($\phi 80\ lacZ\triangle M15$)$hds$R17 $recA1\ endA1\ gyrA96\ thi$-1 $relA1$。

　　说明　上述菌株是一种用于铺制平板培养质粒和 hdsR17 $recA1\ endA1\ gyrA96$ thi-1 $relA1$ 黏粒的重组缺陷琥珀抑制型菌株。其中 $\phi 80\ lacZ\triangle M15$ 突变可与 pUC 载体编码的 β-半乳糖苷酶氨基端实现 α 互补。(引自《分子克隆实验指南》,中译本,第 3 版)

(二) 培养基　(见附录三)

　　LB 斜面及液体培养基。

(三) 试剂和溶液　(见附录四)

　　(1) 溶菌酶溶液(10 mg/mL)。

　　(2) 1%SDS-0.1 mol/L NaCl-0.1 mol/L Tris-HCl(pH 9.0)溶液。

　　(3) 酚：氯仿溶液(1∶1,v/v)。

　　(4) 95%乙醇,75%乙醇。

　　(5) 0.1×SSC 溶液(standard saline citrate,标准柠檬酸盐),20×SSC 溶液。

　　(6) 无 DNA 酶的 RNA 酶 A(20 μg/mL)。

　　(7) TE 缓冲液(pH 8.0)。

(四) 仪器和其他物品

　　超净工作台,台式高速离心机,恒温箱,恒温摇床,恒温水浴等;微量移液器,无菌的 1.5 mL Eppendorf 微量离心管,吸头,移液管和玻璃试剂瓶等。

【实验内容】

(一) 细胞的制备

　　1. 从活化的大肠杆菌 DH5α 斜面上挑取少量菌种,接种到 1 支装有 5 mL LB 液体培养基的试管中。置于恒温摇床中 37 ℃振荡培养过夜(约 16～18 h)。

　　2. 各吸取 3 份 1.5 mL 的培养液,分别转移至 3 支 Eppendorf 微量离心管中,用台式高速离心机 12000 r/min 离心 30 s。

　　3. 离心后,用微量移液器的吸头吸去所有上清液。弃上清液,保留菌体沉淀。

(二) 细胞的裂解

　　1. 合并 3 管菌体沉淀,加入 15 μL 溶菌酶(lysozyme)溶液(10 mg/mL,即配即用),在

37 ℃恒温水浴中保温 15 min。

2. 加入 125 μL 1‰SDS-0.1 mol/L NaCl-0.1 mol/L Tris-HCl(pH 9.0)溶液,盖上管盖,颠倒离心管数次,使管内的内容物混匀。溶液呈蛋清样,中间出现团状黏性物质。

3. 在上述溶液中加入等体积(150 μL)的酚∶氯仿溶液,充分振荡。

4. 用台式高速离心机 12000 r/min 离心 3 min。离心后,吸取上清液,并转移至另一支微量离心管中(上清液中含有 DNA)。

(三) DNA 的分离

1. 在装有上清液的微量离心管中,加入二倍体积(300 μL)95%乙醇,振荡混合。在室温下放置 2 min,或在−20 ℃放置 30 min,沉淀 DNA。

2. 用台式高速离心机 12000 r/min 离心 5 min。离心后,吸去所有上清液,保留 DNA 沉淀。

3. 在 DNA 沉淀管中加入 100 μL 的 0.1×SSC 溶液溶解 DNA(注意,低盐浓度有利于 DNA 的溶解)。DNA 溶解后,再加入 5 μL 20×SSC 溶液。

4. 在上述 DNA 溶液中加入 50 μL 无 DNA 酶 的 RNA 酶 A(牛胰 RNA 酶)(20 μg/mL),置于 37 ℃恒温水浴中保温 30 min。

5. 加入等体积(100 μL)酚∶氯仿溶液,充分振荡。

6. 用台式高速离心机 12000 r/min 离心 3 min。离心后,吸取上清液,并转移至另一支微量离心管中。

7. 加入二倍体积 95%乙醇,振荡混合。在室温下放置 2 min,或在−20 ℃ 放置 30 min,沉淀 DNA。

8. 用台式高速离心机 12000 r/min 离心 5 min。离心后,吸去所有上清液,保留 DNA 沉淀。

9. 加入 1 mL 70%乙醇于上述微量离心管内,盖紧管盖,颠倒数次,使 DNA 沉淀充分分散于乙醇中。

10. 用台式高速离心机 12000 r/min 离心 5 min。离心后,吸去所有上清液,保留 DNA 沉淀。打开管口,并将离心管倒置于无菌、干净的滤纸片上,使管内液体完全流出,吸去管壁上残留的液滴。打开管盖约 15 min,使乙醇充分挥发。

11. 加入 50 μL TE(pH 8.0)溶液或无菌重蒸水溶解 DNA,将此细菌 DNA 溶液贮存于−20 ℃冰箱中备用。

【实验报告内容】

(1) 简述细菌 DNA 小量制备的原理。

(2) 哪些是本实验的关键步骤?在进行这些步骤时,应注意什么?理由是什么?

(3) 根据你的实验结果,分析哪些是成功的经验?哪些是失败的经验?

【思考题】

(1) 溶菌酶的作用机制是什么?

(2) 1‰ SDS-0.1 mol/L NaCl-0.1 mol/L Tris-HCl(pH 9.0)溶液的作用是什么?

(3) 本实验中,溶解 DNA 时,为什么需先加入 0.1×SSC 溶液,后加入 20×SSC 溶液?

(4) 在溶液中,沉淀 DNA 的必要条件是什么?在什么条件下才能使 DNA 沉淀比较完全?

实验 16-2　细菌质粒 DNA 的小量制备

【目的要求】

(1) 了解 SDS 碱裂解法小量制备细菌质粒 DNA 的原理；

(2) 掌握用 SDS 碱裂解法小量制备细菌质粒 DNA 的操作方法。

【基本原理】

利用 SDS 碱裂解法从 *E. coli* 中制备质粒 DNA(plasmid DNA)的方法已有 20 多年的历史。此法原理是基于在碱性条件下，超大分子染色体 DNA(chromosome DNA)易于断裂，所形成的线性 DNA(linear DNA)分子片段与较小的环状质粒 DNA 在变性(denaturation)、复性(renaturation)之间存在着较大的差异，从而将两者分离。通常，线性 DNA 经碱变性后双链即解开。共价闭环的质粒 DNA 在碱性条件下，尽管碱基配对完全被破坏，但它们的双链仍不会彼此分开。只要碱处理的强度不大、时间不长，当 pH 调至中性，质粒 DNA 很快可被复性，并以可溶状态保留在溶液中。

实验中溶液 I 为悬浮缓冲液，可将细菌细胞充分悬浮于溶液中。此外，溶液中的 EDTA 是金属离子的螯合剂，可抑制 DNase 对 DNA 的降解作用。溶液 II 为裂解液，其中的 NaOH、强阴离子去污剂十二烷基硫酸钠(SDS)可导致细菌细胞裂解和染色体 DNA 变性，使溶液中的细胞碎片、变性蛋白质和染色体 DNA 互相缠结，形成大的复合物，并被 SDS 所包裹。溶液 III 为中和缓冲液，当用钾离子代替钠离子并在低温时，这些复合物便形成沉淀。通过离心，上述复合物便从溶液中迅速沉淀下来。此外，还使质粒产生可逆变性，当 pH 调至中性时，部分变性的质粒 DNA 被复性，并以可溶状态保留在溶液中，故可从上清液中回收到质粒 DNA。

由于上清液中还残留有部分可溶性蛋白质、RNA 和少量染色体 DNA，通过加入等体积酚(pH 8.0)：氯仿溶液进行抽提，进一步除去变性蛋白质。加入 RNA 酶，水解 RNA。用乙醇沉淀、洗涤质粒 DNA，即可获得纯化的质粒 DNA。

此法也适用于其他细菌菌株，所获得的质粒 DNA 可直接用于限制性内切酶酶解、细菌转化以及体外重组等实验。

【实验材料】

(一) 菌种

携带质粒 pBR322(4632bp,Amp^r,Tet^r)的大肠杆菌菌株。

(二) 培养基　(见附录三)

含氨苄青霉素的 LB 斜面及液体培养基(Amp 25 mg/mL)。

(三) 试剂和溶液　(见附录四)

(1) 溶液 I(悬浮缓冲液)，溶液 II(裂解液)，溶液 III(中和缓冲液)。

(2) 无水乙醇。

(3) 酚：氯仿溶液(1：1,v/v)。

　　（4）TE(pH 8)缓冲液含 20 μg/mL RNase A。

（四）仪器和其他物品

　　超净工作台,台式高速冷冻离心机,恒温摇床,恒温箱,冰壶等;移液器,无菌的 Eppendorf 微量离心管,吸头,移液管和试管等。

【实验内容】

（一）细胞的制备

　　1. 从含氨苄青霉素的 LB 斜面上挑取少量菌种,接种到 1 支 5 mL 含氨苄青霉素的 LB 的液体培养基(终浓度为 100 μg/mL)的试管中,置于 37 ℃摇床中,振荡培养过夜。

　　2. 吸取 1.5 mL 的培养液转移至 Eppendorf 微量离心管中,用台式高速离心机以 12000 r/min离心30 s。

　　3. 离心后,用移液器的吸头吸去所有上清液,保留菌体沉淀。

（二）细胞的裂解

　　1. 将 100 μL 用冰预冷的溶液Ⅰ加入到上述离心管中,盖上管盖,并将离心管置于漩涡振荡器上振荡,使细菌沉淀均匀悬浮在溶液中。

　　2. 加入 200 μL 新配溶液Ⅱ于每个离心管的细菌悬液中,盖上管盖,迅速颠倒离心管 5 次,以使管中内容物充分混合。注意,切勿振荡!然后将离心管置于冰上。

　　3. 加入 150 μL 冰预冷的溶液Ⅲ于离心管中,盖上管盖,反复颠倒数次,使黏稠的细菌裂解物在溶液Ⅲ中充分分散。然后将离心管置于冰上 3～5 min。

　　4. 用台式高速离心机以 12000 r/min 离心 5 min,吸取上清液并转移至另一离心管中。

　　5. 加入等体积的酚∶氯仿溶液,充分振荡,使有机溶剂相与水相混匀,用台式高速离心机 12000 r/min 离心 2 min。吸取上清液转移至另一离心管中(注意,切勿将两相中间白色的变性蛋白质吸出)。

（三）质粒 DNA 的回收

　　1. 加入二倍体积的冷的无水乙醇于离心管中,振荡混合。在室温下放置 2 min,以沉淀 DNA。

　　2. 用台式高速离心机以 12000 r/min 离心 5 min。

　　3. 离心后,吸去所有上清液,保留 DNA 沉淀。并将离心管倒置于无菌、干净的滤纸片上,使管内液体完全流出,吸去管壁上残留的液滴。

　　注意　操作时,左手拿离心管,使有沉淀的一侧朝上,右手拿移液器并将吸头置于离心管下侧的液面下,缓慢并轻轻吸出上清液。随着上清液的不断吸出,可将吸头向管底方向推移,但应使吸头的尖端远离沉淀,避免将沉淀被吸入吸头中。最后,吸尽上清液和附着于管壁的液滴(图 16-2-1)。

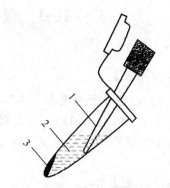

图 16-2-1　用吸头吸去上清液
1. 吸头　2. 上清液　3. DNA 沉淀

　　4. 加入 1 mL 70%乙醇于离心管内,盖紧管盖,颠倒数次,使沉淀充分分散于乙醇中。用台式高速冷冻离心机于 4 ℃以 12000 r/min 离心 2 min。

5. 离心后,吸去所有上清液,保留 DNA 沉淀。在管壁外用记号笔标记 DNA 沉淀位置。

6. 吸去管壁上残留的乙醇液滴,打开管盖,将开口的离心管置于室温下约 $10\sim15$ min,使乙醇完全挥发。

7. 加入 $50\ \mu\mathrm{L}$ 内含无 DNA 酶的 RNA 酶 A(牛胰 RNA 酶)$(20\ \mu\mathrm{g/mL})$ 的 TE 缓冲液或无菌重蒸水溶解 DNA(重点溶解标记部位的 DNA 沉淀),并温和振荡几秒钟,将此质粒 DNA 溶液贮存于 $-20\ ℃$ 的冰箱中备用。

注意　有条件的实验室可用台式高速冷冻离心机,于 $4\ ℃$ 以 12000 r/min 进行离心。

【实验报告内容】

(1) 简述利用 SDS 碱裂解法小量制备细菌质粒 DNA 的原理。

(2) 分析哪些是本实验的关键步骤,它们如何影响实验的成败。

(3) 根据你的实验结果,总结你的成功经验或失败的教训。

【思考题】

(1) 溶液 I 中葡萄糖与 EDTA 各起什么作用?

(2) 溶液 II 中 NaOH 与 SDS 各起什么作用?

(3) 溶液 III 中 KAc-HAc 缓冲液的作用是什么?

(4) 酚∶氯仿溶液的作用是什么?

(5) RNA 酶 A 的作用是什么?为什么必须用无 DNA 酶的 RNA 酶 A 的 TE 溶液来溶解质粒 DNA?

(6) 在加入溶液 II 后,为什么强调切勿振荡?

(7) 在质粒 DNA 回收步骤(4)中,加入 70% 乙醇的作用是什么?

(8) 在质粒 DNA 回收步骤(6)中,为什么需使管中的乙醇完全挥发掉?

(9) 如果为了提高质粒 DNA 的纯度,是否需将样品中的染色体 DNA、RNA 和蛋白质完全除去?

实验 16-3　噬菌体 M13 单链及双链 DNA 的制备

【目的要求】

(1) 了解大肠杆菌噬菌体 M13 的生物学特性;

(2) 了解制备 M13 单链及双链 DNA 在分子生物学研究中的应用;

(3) 学习 M13 单链及双链 DNA 的制备方法。

【基本原理】

丝状噬菌体主要包括大肠杆菌噬菌体 M13、fd、f1 等,这些噬菌体都只感染有 F 因子的雄性大肠杆菌,彼此之间的亲缘关系十分密切,基因组都是一条单链环状 DNA,同源性高达 98% 以上。噬菌体粒子呈柔性长丝状,由外壳蛋白包裹 DNA 构成,直径 $6\sim7$ nm,长度约 900 nm。已经测出丝状噬菌体的基因组全序列,基因组长 6000 多个核苷酸,共有 11 个基因,编码 11 个蛋白,其中 5 个基因编码外壳蛋白。

　　M13 的 p Ⅲ 蛋白识别并结合在大肠杆菌 F 性菌毛的末端,随后 M13 的单链基因组穿过 F 性菌毛进入宿主细胞。进入胞内的噬菌体 DNA 为正链 DNA,在宿主胞内酶的作用下复制为双链,此时的双链 DNA 称为复制型 DNA(replication form DNA,RF DNA)。经过几轮 θ 型复制,而后 RF DNA 以滚环方式复制产生单链正链子代 DNA 分子。滚环复制的过程如下:先由 p Ⅱ 蛋白在亲代 RF DNA 的正链特定位点上切开一个缺口,以环状负链 DNA 为模板进行复制,得到正链 DNA。当复制完成一圈时,再由 p Ⅱ 蛋白切下子代正链,环化形成单位长度的噬菌体基因组。当 DNA 通过细胞膜时,位于细胞膜上的衣壳蛋白 p Ⅷ 蛋白取代原来的 pV 蛋白二聚体包裹环状单链 DNA 分子并向外分泌,因此,M13 的装配与分泌是同时进行的。M13 噬菌体不裂解宿主细胞,仅降低其生长速度。M13 噬菌体复制周期如图 16-3-1 所示。

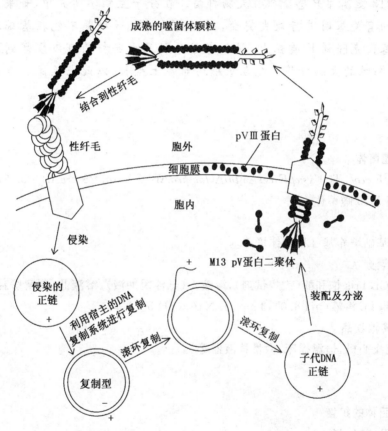

图 16-3-1　M13 噬菌体的复制周期

　　从感染噬菌体 M13 的宿主细菌中可以提取复制型双链 DNA(RF DNA),其方法与从细菌培养物中提取质粒的方法相同。但提取的双链 DNA 不如质粒纯净,其中经常有单链 DNA 的污染。通常 1 mL 培养液可提取 1～2 μg 双链 DNA。

　　从噬菌体颗粒的悬液中可提取 M13 单链 DNA(single strand DNA,ssDNA),其方法是首先用聚乙二醇(PEG)法纯化 M13 噬菌体颗粒,然后用酚抽提噬菌体颗粒,破坏其蛋白质外壳,从而释放出单链 DNA。通常 1 mL 培养液沉淀的噬菌体可提取 5～10 μg 单链 DNA。

　　M13 单链与双链 DNA 性质、来源及制备方法见表 16-3-1。

表 16-3-1　**M13 单链与双链 DNA 性质、来源和制备方法**

	M13 单链 DNA	M13 双链 DNA
DNA 性质	M13 基因组 DNA	M13 复制型 DNA(RF DNA)
DNA 来源	从 M13 噬菌体悬液(上清液)中提取 DNA	从感染 M13 噬菌体的大肠杆菌细胞(菌体沉淀)中提取 DNA
制备方法	先用聚乙二醇纯化 M13,再用酚裂解噬菌体以释放单链 DNA	与制备质粒 DNA 方法相同

　　M13 在分子生物学及基因工程研究中起着重要作用,常用于制备克隆载体、单链 DNA、和定位诱变模板,也可用于噬菌体展示等。

　　注意　M13 噬菌体只感染雄性大肠杆菌。在分子生物学研究中,如果对大肠杆菌脯氨酸合成的有关基因进行缺失突变,则突变后的大肠杆菌不能在基础培养基上生长。将这些基因克隆到 F 质粒上,则含有 F 质粒的大肠杆菌可以恢复到原养型的表型,因此只有雄性的大肠杆菌才能在基础培养基上生长,以此来确保 F 质粒在大肠杆菌中的存在。

【实验材料】

(一) 菌种和噬菌体

大肠杆菌 *E. coli* TG1 {*supE hsd* Δ5 *thi*Δ(*lac-pro* AB) F'[*tra*D36 *proAB*$^+$ *lacI*^{q} *lacZ*ΔM15]}。

大肠杆菌 M13 噬菌体。

(二) 培养基

M9 固体基础培养基,LB 液体培养基。

(三) 试剂和溶液

PEG/NaCl,Tris 饱和酚(市售试剂),溶液 I(悬浮缓冲液)、溶液 II(裂解缓冲液)、溶液 III(中和缓冲液),TE 溶液(pH 8.0),3 mol/L NaAc(pH 5.2)等。

(四) 仪器和其他物品

台式高速离心机,恒温摇床,微量移液器等。

【实验内容】

(一) M13 噬菌体的扩增

1. 培养 *E. coli* TG1

(1) 配制 M9 固体基础培养基,并趁热倒平板,冷却至室温。

(2) 用接种环蘸取少量 *E. coli* TG1 在 M9 平板划线分离,37 ℃培养 48 h。在 M9 平板上可以正常生长的单菌落就是雄性的 *E. coli* TG1。

(3) 挑取 M9 平板上的单菌落,接种到 3 mL LB 液体培养基中,37 ℃振荡培养过夜。

(4) 吸取 30 μL 的上述培养液,接入到 3 mL LB 液体培养基中,37 ℃振荡培养 2~3 h。这时候菌液的 A_{600} 约为 0.4~0.5,细菌正处于对数生长前期。

2. 噬菌体 M13 感染 *E. coli* TG1

吸取 2 μL M13 噬菌体的贮存液(效价约 10^8 pfu/mL 左右),加入到处于对数生长前期的细菌培养液中,室温放置 15 min。

3. 扩增感染有 M13 噬菌体的 *E. coli* TG1

将感染有 M13 噬菌体的 *E. coli* TG1 转移到 100 mL LB 液体培养基中,37 ℃振荡培养 5 h。延长培养时间可增加双链 DNA 的产量,但同时会增加产生缺失突变体的危险。

(二) M13 噬菌体双链 DNA(复制型 DNA)的提取

吸取 1.5 mL 上述培养液到离心管中,12000 r/min 离心 5 min 以沉淀菌体。保留上清,从上清液中可分离完整的噬菌体颗粒或提取噬菌体单链 DNA。从菌体沉淀提取双链 DNA 的方法与质粒的碱法提取相同,具体步骤如下所述。

1. 悬浮菌体沉淀

向菌体沉淀中加入 100 μL 冰预冷的溶液Ⅰ,剧烈振荡,使细菌均匀悬浮,避免细菌团块的出现。

2. 裂解细菌

在细菌悬浮液中加入 200 μL 新配制的溶液Ⅱ,盖紧管盖,上下颠倒数次以均匀混合。不允许振荡,将离心管置于冰浴中 10 min。

3. 中和

向离心管中加入 150 μL 溶液Ⅲ,盖紧管盖,上下颠倒数次以使溶液Ⅲ与黏性的细菌裂解液均匀混合。

4. 离心

12000 r/min 离心 10 min,将全部上清液转移到新离心管中。

5. 酚/氯仿抽提

加入等体积(约 450 μL)的酚∶氯仿,与上清液振荡混匀,以 12000 r/min 离心 5 min,将上清液转移到新离心管中。

6. 沉淀 DNA

加入二倍体积冰冷的无水乙醇,冰上放置 15 min,于 4 ℃以 12000 r/min 离心 15 min,去掉上清液,打开管盖,自然晾干。

7. RNA 酶处理

核酸沉淀重新悬浮在 50 μL TE(pH 8.0),内含无 DNA 酶的牛胰 RNA 酶(终浓度为 20 μg/mL)。室温放置 30 min,以保证完全消化 RNA。

8. 沉淀 DNA

向离心管中加入 5 μL 3 mol/L NaAc(pH 5.2),125 μL 乙醇,混合均匀后置于冰上 15 min,于 4 ℃以12000 r/min离心 15 min,去掉上清。再向离心管中加入 500 μL 冰预冷的 70%乙醇,于 4 ℃以12000 r/min离心 15 min,去掉上清,打开管盖在空气中放置 10 min,使核酸沉淀干燥,即获得 M13 的双链 DNA。

(三) M13 噬菌体单链 DNA(M13 基因组 DNA)的提取

1. PEG 沉淀噬菌体颗粒

(1) 取 1 mL 步骤(二)中的上清液转移到 1.5 mL 离心管中,再在离心管中加入 200 μL PEG/NaCl 溶液,振荡混匀,在冰上放置 15 min。

(2) 12000 r/min 离心 10 min,弃上清,保留噬菌体沉淀。

(3) 用 500 μL TE 溶液(pH 8.0)重悬噬菌体沉淀。

（4）加入 100 μL PEG/NaCl 溶液,振荡混匀,在冰上放置 15 min。

（5）12000 r/min 离心 10 min,弃上清,保留噬菌体沉淀。

2. 酚抽提获得单链 DNA

（1）用 100 μL TE 溶液(pH 8.0)重悬噬菌体沉淀。

（2）加入等体积 Tris 饱和酚(pH 8.0),剧烈振荡 30 s。室温下放置 1 min,再次剧烈振荡30 s。

3. 乙醇沉淀噬菌体 DNA

（1）12000 r/min 离心 5 min,将上清转移到新的无菌离心管。加入 10 μL 3 mol/L NaAc (pH 5.2)和 250 μL 无水乙醇,混匀,在冰上放置 15 min。

（2）12000 r/min 离心 10 min,弃上清。用 70％乙醇洗涤噬菌体 DNA 沉淀后,12000 r/min 离心 10 min,弃上清。晾干后,用 50 μL TE 溶液(pH 8.0)溶解噬菌体单链 DNA。DNA 溶液置于 −20 ℃冰箱中保存。

【实验报告内容】

简述本实验的原理及基本过程。

【思考题】

在提取 M13 噬菌体复制型 DNA 的过程中,经常有单链 DNA 的污染,如何区分这两种形式的 DNA?

实验 16-4　DNA 的琼脂糖凝胶电泳

【目的要求】

（1）了解 DNA 琼脂糖凝胶电泳的原理;

（2）学习利用琼脂糖凝胶电泳测定 DNA 片段大小的方法。

【基本原理】

DNA 琼脂糖凝胶电泳(agarose gel electrophoresis)是基因分子克隆的一项重要技术,常用于分离、鉴定和纯化 DNA 片段。DNA 分子在 pH 高于其等电点的溶液中带负电荷,在电场中向正极移动。双链 DNA 分子在琼脂糖凝胶介质中的迁移率与下列因素有关:

（1）与 DNA 分子大小(碱基对,bp)的对数成反比。分子越大,迁移越慢。

（2）与 DNA 的构象有关。例如,在一般电泳条件下,质粒 DNA 3 种构象的迁移率不同,超螺旋共价闭环 DNA(cccDNA)＞ 线状 DNA ＞ 开环 DNA(ocDNA)。

（3）迁移率的对数和凝胶浓度之间存在线性关系。

（4）低电压时,迁移率与所用电压成正比。

（5）受电泳缓冲液的组成和离子强度的影响,电泳过程中产生大量的热,会影响溶液对流,甚至使凝胶融化和 DNA 变性。

通常琼脂糖凝胶电泳可分离 100 bp～50 kb DNA 片段,琼脂糖浓度为 0.3％～2％,低浓度琼脂糖凝胶可分离长片段 DNA,但低于 0.3％凝胶即无法凝固。琼脂糖凝胶电泳所需 DNA 样品量仅为 0.5～1 μg。超薄型平板琼脂糖凝胶电泳所需的 DNA 可低于 0.5 μg。

电泳结束后,利用荧光染料溴化乙啶(ethidium bromide,EB)染色。EB 是一种扁平分子,可插入 DNA 双链碱基对之间,在紫外灯的照射下,DNA 呈橙红色荧光。若将已知相对分子质量的 DNA 标准物与未知 DNA 样品同时进行电泳,比较两者的迁移距离,即可计算出未知 DNA 片段的大小。

【实验材料】

(一) 样品

质粒 pBR322 及所制备的质粒 DNA 样品。

(二) 试剂和溶液　(见附录四)

(1) 已知相对分子质量的标准 DNA 溶液　λDNA 的 Hind Ⅲ 水解液。

(2) 电泳缓冲液贮存液(5×TBE 缓冲液)。

(3) 溴化乙啶染色贮存液(10 mg/mL)。

(4) 溴酚蓝-甘油溶液(0.25％溴酚蓝,30％甘油)。

(三) 仪器和其他物品

电泳仪(直流稳压电源 0～600 V,0～50 mA),水平电泳槽(包括凝胶托盘和样品槽模板,即梳子),微波炉或沸水浴,紫外灯检测仪,微量取液器等。

无菌的 1.5 mL Eppendorf 离心管和微量加液器的吸头(100 μL 或 20 μL),锥形瓶,量筒,橡皮膏,剪刀,一次性塑料手套等。

【实验内容】

(一) 制备 1％琼脂糖凝胶板

1. 称取 0.5 g 的琼脂糖干粉,置于 100 mL 的锥形瓶中,加入 50 mL 0.5×TBE 缓冲液(配胶与灌满电泳槽必须使用相同的的缓冲液),在沸水浴(或微波炉)中加热融化琼脂糖时(严防胶液溢出瓶外),直至获得清亮透明的溶液。取出,轻轻摇匀(注意,不要产生气泡)。

2. 用封边带或橡皮膏封住塑料托盘开放的两边,并将托盘置于水平位置。

3. 待融化的凝胶冷却至 60 ℃时,缓慢将凝胶液注入托盘内,直至在托盘上铺成厚度约 3 mm 的胶层。将样品槽模板(梳子)小心插在托盘一端两侧的凹槽内(注意,梳齿两侧不能带入气泡),梳齿位于托盘底面 0.5～1 mm 处,室温放置 30～45 min。

4. 待胶完全凝固后,取下封边带或橡皮膏,将凝胶连同托盘放在电泳槽的平台上,倒入 0.5×TBE 缓冲液,直至没过胶面 2～3 mm。使用前,双手均匀用力拔出梳子(注意,勿使样品槽破裂,以防样品泄漏),即可见到加样孔。

灌制水平琼脂糖凝胶过程,如图 16-4-1 所示。

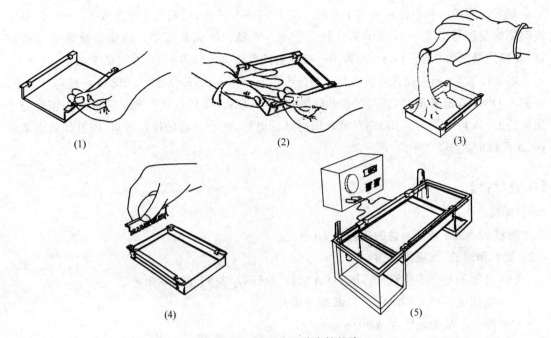

图 16-4-1　灌制水平琼脂糖凝胶
(1) 塑料托盘　(2) 用封边带封住托盘开放的两边
(3) 将融化凝胶注入托盘内　(4) 将"梳子"插在托盘一端的凝胶内　(5) 开始电泳

(二) 加样

1. 加样前,DNA 样品应与 6× 加样缓冲液(溴酚蓝-甘油溶液)混合。例如,1 μL DNA 样品与 2 μL 溴酚蓝-甘油溶液和 5 μL 重蒸水混合(加样缓冲液可增加样品密度,使 DNA 沉入加样孔内,并使样品溶液带上颜色便于加样和电泳过程观察)。

2. 用微量移液器吸头分别吸取 DNA 分子量标准液和 DNA 样品于不同加样孔中(加完一个样品后的吸头需用电泳缓冲液反复吸吹洗涤后方可再用)。

(三) 电泳

盖上电泳槽盖,接到电极插头,样品槽一端连接负极,另一端连接正极(绝对不能插反)。控制电压在 1～5 V/cm。通电后,可在阳极和阴极看到产生气泡,几分钟内溴酚蓝进凝胶,当染料条带移动至距胶前沿约 1 cm 时,关上电源,拔出电极插头,停止电泳。

(四) 染色

电泳后,从电泳槽中取出托盘及凝胶,戴上一次性手套,轻轻将凝胶推进装有 0.5 μg/mL EB 染液的搪瓷盘中,浸泡约 5～10 min。再将胶块转移至装有蒸馏水盘中洗涤,再转移至另一水盘中洗涤,以除去胶中多余染抖。

注意　由于 EB 是诱变剂,配制或使用 EB 溶液时必须戴上乳胶(或一次性塑料)手套,严防把 EB 溶液洒在桌面或地面上。

(五) 观察结果

小心将胶块转移至紫外灯检测仪观察台预先铺好的塑料薄膜上,戴上有机玻璃防护面罩或防护眼镜(防止紫外线损伤眼睛),打开紫外灯检测仪开关,进行观察。肉眼可看到 DNA 存在地方呈橘红色荧光的清晰条带。

照相机装上近摄镜片和红色滤光镜头,用全色胶卷,5.6 光圈,拍下电泳图谱,曝光时间根据 DNA 条带荧光强弱而定(10～60 s)。有条件可用凝胶成相仪,在计算机屏幕上观察、贮存 DNA 电泳结果,并打印出电泳图谱。

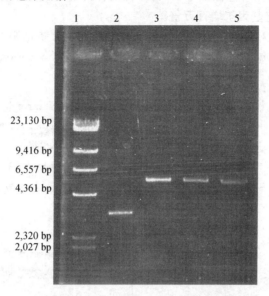

图 16-4-2　DNA 琼脂糖凝胶电泳图谱
1. DNA 分子量标准物(λ/Hind)　2.～5. 分别为 DNA 样品

【实验报告内容】

绘出(或照相)在紫外灯下观察到的 DNA 标准物、质粒 pBR 322 和所制备质粒 DNA 样品凝胶电泳结果图谱。

【思考题】

如果所制备质粒 DNA 出现下列实验结果,请分析其产生的可能原因。
(1) 没有观察到任何荧光带。
(2) 只观察到一片"拖尾"的荧光。
(3) 观察到 2 条或 3 条整齐荧光带。
(4) 在加样孔附近观察到一堆荧光和 2～3 条整齐荧光带。

实验 16-5　聚合酶链式反应体外扩增 DNA

【目的要求】

(1) 了解聚合酶链式反应(PCR)的原理;
(2) 学习聚合酶链式反应(PCR)的操作。

【基本原理】

聚合酶链式反应(polymerase chain reaction,PCR)是 Mullis 于 1985 年发明的一种体外快速扩增特定 DNA 序列的新技术。PCR 为基因的体外扩增提供十分简便的方法,只需几小时,就可在体外将某特定基因扩增百万倍。

进行 PCR 需合成一对寡核苷酸作为引物,它们各自与所要扩增靶 DNA 片段两条链的末端互补。PCR 循环分变性(denaturation)、退火(annealing)和延伸(extension)3 个步骤(图16-5-1):

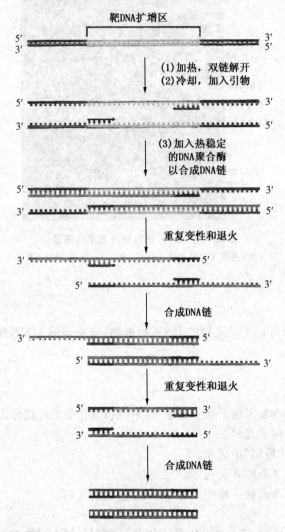

图 16-5-1 聚合酶链式反应(PCR)示意图

(1) 变性 在高温下,模板 DNA 热变性,双链被解开成为两条单链。

(2) 退火 反应系统降温,使引物与模板 DNA 两端的碱基对配对。

(3) 延伸 DNA 聚合酶使引物 3′端向前延伸,合成与模板互补的 DNA 新链。新合的 DNA 链又可作为下一宁循环的模板进行复制。

重复变性、退火和延伸 3 个步骤,在 1~2 h 内重复 25~30 个循环,DNA 量可扩增 10^6 ~ 10^7 倍。

影响 PCR 反应的因素：

（1）寡核苷酸引物 5′端引物应与靶序列正链 5′端序列相同（与负链 3′端互补），3′端引物与正链 3′端序列互补。引物不应有发夹结构。两引物之间不应有大于 4 个碱基对以上的互补序列。引物与靶序列的变性温度 T_m 不低于 55 ℃，引物 T_m 的简单算式为：4（C+G)+2（A+T)。

（2）反应温度与时间 通常变性为 94 ℃，45 s～1 min。退火温度取决于引物的碱基组成和长度。退化温度非常重要，温度太高，引物不能与模板很好复性，扩增效率低；温度太低，将导致非特异性 DNA 片段的扩增。一般退火温度比变性温度 T_m 约低 2～3 ℃，时间为 1～1.5 min。延伸一般为 72 ℃，1 min。

（3）TaqDNA 聚合酶浓度 在 100 μL 反应体系中，酶用量为 1～2.5 单位。镁离子浓度一般控制在 1.5 mmol/L 之间。每种 dNTP（包括 dATP、dTTP、dCTP、dGTP）终浓度一般为 200～250 μmol/L 左右。

（4）循环数 一般以 25～30 个循环为宜。

【实验材料】

（一）样品

模板 DNA 溶于 10 mmol/L Tris-Cl（pH 7.6）溶液中（酵母基因组 DNA 1 μg/mL，细菌基因组 DNA 0.1 μg/mL，质粒 DNA 1～5 ng/mL）。

（二）试剂和溶液

（1）3′端引物和 5′端引物 溶于无菌重蒸水中（可自行设计，由生化试剂公司合成）。

（2）4 种 dNTP 贮存液 溶于无菌重蒸水中（各 10 mmol/L）（可购买）。

（3）TaqDNA 聚合酶及 10×扩增缓冲液（可购买）。

（三）仪器和其他物品

PCR 仪，紫外灯检测仪，微量移液器；无菌 0.5 mL Eppendorf 离心管，微量移液器吸头等。

【实验内容】

（一）PCR 反应体系

在一个无菌的 0.5 mL Eppendorf 离心管中，依次加入下表所列试剂：

反 应 物	体 积	终 浓 度
H_2O	75.5 μL	
10×缓冲液	10 μL	1×
4 种 dNTP 混合液（各 10 mmol/L）	2 μL	各 200 μmol/L
3′端引物（10 pmol/μL）	5 μL	50 pmol/L
5′端引物（10 pmol/μL）	5 μL	50 pmol/L
模板 DNA（μg/μL）	1 μL	含 20 ng 靶 DNA
TaqDNA 聚合酶*（5 U/μL)	0.5 μL	含 2.5 单位
总体积	100 μL	

* 在加入 TaqDNA 聚合酶之前，将反应管中样品混匀，然后将反应管置于 94 ℃水浴中保温 5 min。取出反应管，在台式离心机上快速离心，使冷凝于管盖上的液滴甩下去，再加入 TaqDNA 聚合酶，混匀并离心。如果 PCR 仪没有加热盖，在反应混合液的上层加 1 滴石蜡油（防止样品在 PCR 过程中蒸发），然后将微量离心管置于 PCR 仪水槽中进行反应。

（二）反应温度、时间与循环次数

循环数	变 性	退 火	延 伸
30 个循环	94 ℃ 30 s	55 ℃ 30 s	72 ℃ 1 min
末轮循环	94 ℃ 1 min	55 ℃ 30 s	72 ℃ 10 min

（三）反应结束

将反应管从 PCR 仪水槽中取出来,冷却至 4 ℃,以后在 −20 ℃ 贮存。

（四）PCR 产物鉴定

反应结束后,取 5～10 μL PCR 扩增产物进行 1% 琼脂糖凝胶电泳(若所扩增 DNA 片段较小,为 100 bp 左右,则可用 5% 聚丙烯酰胺凝胶电泳进行鉴定)。用 0.5 μg /mL 溴化乙啶染色,在紫外灯检测仪下观察扩增的片段的大小,并根据荧光亮度估计扩增的量。

【实验报告内容】

（1）简述 PCR 实验原理。

（2）记录扩增目的片段条带的大小、估计扩增的量,并进行分析。

【思考题】

（1）观察结果时,如发现扩增的目的片段条带较弱或不能检测到相应的条带,分析可能产生的原因,应如何解决?

（2）产生多种非特异性扩增条带,分析可能原因,并提出解决方案。

实验 16-6 用氯化钙制备大肠杆菌感受态细胞和质粒 DNA 的转化

【目的要求】

（1）了解转化的概念以及转化在基因工程研究中的意义;

（2）学习利用氯化钙制备大肠杆菌感受态细胞的方法;

（3）学习将质粒 DNA 导入大肠杆菌感受态细胞的方法;

（4）学习筛选转化子的方法及计算转化率。

【基本原理】

转化(transformation)是指将外源 DNA 导入受体菌细胞并使其获得新的遗传性状的现象,转化子(transformant)是指经转化后携带外源 DNA 并获得新遗传性状的受体菌。实现转化重要条件之一,必须使受体菌细胞处于感受态(competence),即受体细胞(recipient cell)处于最容易吸收外源 DNA 的一种生理状态。通常,制备大肠杆菌感受态细胞(competent cells)的方法,是利用 $CaCl_2$ 等处理大肠杆菌,使其细胞膜的通透性发生改变,从而使含有外源 DNA 的载体容易进入受体菌的细胞中,然后通过复制与表达,使受体菌获得新的遗传性状。

转化是当前基因工程、分子生物学研究中的一项重要实验技术。在基因工程研究中,常将目的基因插入质粒载体中构成重组质粒,导入受体菌,然后分离和扩增转化子,并从转化子细胞中提取重组质粒。通过凝胶电泳,观察其限制性内切酶图谱;同时进行 DNA 杂交、测序等方法进行鉴定,从而可筛选到含目的基因的重组菌株。

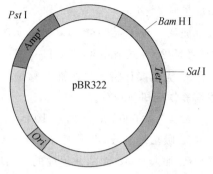

本实验利用 $CaCl_2$ 处理受体菌 *E. coli* DH5α,获得其感受态细胞。然后以质粒 pBR322(图 16-4-1)转化 *E. coli* DH5α 的感受态细胞,转化后的细胞培养在含一定浓度的氨苄青霉素的 LB 平板上。由于受体菌对氨苄青霉素敏感(Amp^s),故在上述平板上不能生长;而转化子中由于含有携带氨苄青霉素抗性基因(Amp^r)的 pBR322 质粒,故具有氨苄青霉素抗性,因而能在含有氨苄青霉素的 LB 平板上生长,即可初步确定为转化子。

图 16-6-1　质粒 pBR322 结构图

计算转化频率(transformation frequence)及转化效率(transformation efficiency)公式如下:

$$转化频率 = \frac{1\,mL\,转化子数}{1\,mL\,未接触\,DNA\,的菌体数} \times 100$$

$$转化效率 = \frac{转化子总数}{质粒\,DNA\,加入量}$$

【实验材料】

(一)菌种和质粒

(1)受体菌　*E. coli* DH5α。

(2)质粒 DNA　pBR 322。

(二)培养基　(见附录三)

(1)LB 固体培养基及 LB 液体培养基。

(2)含氨苄青霉素平板　将经高压蒸汽灭菌后的 LB 固体培养基立即置于 60 ℃左右水浴中保温,无菌操作加入氨苄青霉素储存液,使其终浓度为 100 $\mu g/mL$。迅速振荡混匀,倒入已灭菌平皿中,冷凝。

(三)试剂和溶液　(见附录四)

(1)氨苄青霉素贮备液(25 mg/mL)。

(2)0.1 mol/L $CaCl_2$ 溶液。

(3)含 15% 甘油的 0.1 mol/L $CaCl_2$ 溶液。

(四)仪器和其他物品

超净工作台,冷冻离心机,恒温摇床,恒温箱,恒温水浴等;移液器,移液管,灭菌的培养皿,Eppendorf 微量离心管,离心管等。

【实验内容】

(一)制备大肠杆菌感受态细胞

1. 从在 37 ℃培养 16～20 h 的 *E. coli* DH5α 平板上挑取一单菌落,接种到一支装有 5 mL

LB 培养基的试管中。置于 37 ℃摇床中,振荡培养过夜。

2. 取 0.5 mL 上述培养液,转接到一瓶装有 50 mL LB 培养基的 250 mL 锥形瓶中。37 ℃振荡培养 2～3 h。

注意 为了提高转化效率,培养液中的活菌数最好不高于 10^8 个/mL。因此在接种后,每隔 20～30 min 测定 OD_{600} 值一次。通常以 OD_{600} 达到 0.35 时,便可收获菌体。

3. 无菌操作将上述菌液转移到一个无菌、用冰预冷的聚丙烯离心管中,冰上放置 10 min,使培养物冷却至 0 ℃。

4. 4 ℃,4000 r/min 离心 10 min。

5. 吸出培养液,倒置离心管 1 min,使管中培养液流尽。

6. 加入 5 mL 无菌并预冷的 0.1 mol/L $CaCl_2$ 溶液于离心管中,振动离心管,使菌体均匀悬浮于 $CaCl_2$ 溶液中。冰上放置 15 min。

7. 4 ℃,4000 r/min 离心 10 min。

8. 吸出管中溶液,倒置离心管 1 min,使管中培养液流尽。

9. 加入 1 mL 无菌并预冷的 0.1 mol/L $CaCl_2$ 溶液于离心管中,振动离心管,使菌体重悬于 $CaCl_2$ 溶液中。

10. 用无菌移液管各吸取 200 μL 菌液,分别分装到 5 支无菌 1.5 mL 的 Eppendorf 管中,即制成了感受态细胞悬液。

注意

(1) 制备感受态细胞整个操作过程温度不得超过 4 ℃,否则将大大降低转化率。制备好的感受态细胞悬液,可置于 4 ℃冰箱中,12～24 h 内用于转化试验。

(2) 如果用无菌含 15% 甘油的 0.1 mol/L $CaCl_2$ 溶液制备的感受态细胞悬液,则可置于 −70 ℃冰箱中。一般可保存几个月至半年左右,仍可用于转化试验,但转化效率则略有下降。

转化时,从 −70 ℃冰箱中取出两管感受态细胞,把管握于手心,使管中细胞融化。然后把管置于冰浴中 10 min,备用。

(二) 转化反应及转化子的初步检出

1. 取 3 支无菌、用冰预冷的 1.5 mL 的 Eppendorf 微量离心管,按下表中要求加样。

表 16-6-1 转化实验中需加的各物质的量

	感受态细胞	质粒 DNA	0.1 mol/L $CaCl_2$
样品转化管	200 μL	2 μL	——
受体菌对照管	200 μL	——	——
质粒 DNA 对照管	——	2 μL	200 μL

注意 转化试验一般情况下质粒 DNA 体积不超过 10 μL,DNA 含量不超过 50 ng。如果是用重组质粒进行转化,则其含量可适当加大。

2. 将以上三管置于冰上 30 min。

3. 然后置于 42 ℃水浴保温 90 s,不要摇动。

4. 迅速将以上三管在冰浴放置 2 min。

5. 在每支管中各加入 $800\ \mu L$ LB 培养基,$37\ ℃$ 水浴保温 $45\ min$,使细胞复苏并使抗生素抗性基因进行表达。

6. 将上述三管中的培养液分别按十倍稀释法进行适当稀释。

7. 取适当稀释度的各管中培养液 $0.1\ mL$,分别接种至不含氨苄青霉素和含氨苄青霉素的 LB 平板上,并用无菌玻璃刮刀涂匀。

8. 将平板置于室温,待菌液完全被培养基吸收后,倒置平板,$37\ ℃$ 培养 $12\sim16\ h$。

注意　检查氨苄青霉素抗性时,平板培养时间不要超过 $20\ h$,因具有氨苄青霉素抗性的转化子可将 β-内酰胺酶分泌到培养基中,分解培养基中的氨苄青霉素。因此,如培养时间太长,平板上在转化子菌落周围就会长出对氨苄青霉素敏感的卫星菌落。

9. 实验结果的观察、记录及转化子的检出　观察各平板上是否长出菌落,记录各平板上所出现的菌落数。

用接种环挑取样品转化管稀释液在含氨苄青霉素 LB 平板上长出的单个菌落,接种至含氨苄青霉素的 LB 斜面上,$37\ ℃$ 培养 $24\ h$。此为转化子的初步检出。

【实验报告内容】

(1) 将转化实验结果记录在表 16-6-2 中。

表 16-6-2　各平板上菌落生长情况

	不含氨苄青霉素 LB 平板	含氨苄青霉素的 LB 平板
受体菌对照管		
质粒 DNA 对照管		
样品转化管		

(2) 请对受体菌对照管、质粒 DNA 对照管和样品转化管所出现的实验结果进行分析讨论。

(3) 根据实验结果计算转化频率及转化效率。

【思考题】

(1) 制备好的感受态细胞应存放在什么温度下? 可存放多长时间?

(2) 用于转化实验的质粒 DNA 处于什么状态(linear DNA,或 oc DNA,或 ccc DNA)时,其转化效率最高?

(3) 质粒 DNA 浓度与转化效率之间关系如何? 是否质粒 DNA 浓度越高,其转化效率越高?

(4) 如果你的受体菌对照管的稀释液在含有氨苄青霉素的 LB 平板上长出菌落,应如何解释? 并如何改进你的实验?

实验 16-7　大肠杆菌的电穿孔转化

【目的要求】

(1) 学习电穿孔转化的基本原理并了解其在分子生物学研究中的应用;

(2) 学习电穿孔转化方法。

【基本原理】

转化(Transformation)是细胞从外界环境中直接摄取裸露的 DNA 分子,并将外源 DNA 分子导入细胞内,外源 DNA 可稳定地存在于受体细胞中,从而使受体细胞获得新的遗传性状。转化是微生物遗传学、分子遗传学、基因工程等研究领域的一种基本实验技术。在自然条件下,能自发地出现感受态的细菌种类不多,其中有链球菌属、芽孢杆菌属、高温放线菌属、嗜血菌属、奈瑟氏球菌属、莫拉氏菌属、不动杆菌属、固氮菌属和假单胞菌属等。

对于基因工程中最常用的受体菌——大肠杆菌来说,细胞并不会自发地出现感受态。如果要将质粒载体转移到受体细菌中,需要诱导受体菌产生一种短暂的感受态(compenent cells)以摄取外源 DNA,这个过程称为人工转化(artificial Transformation)。只有经过一些特殊方法(如经电穿孔、$CaCl_2$ 和 RbCl)的处理后,使细胞膜的通透性发生了暂时性的改变,成为能允许外源 DNA 分子进入的感受态细胞。将经过转化后的细胞在选择培养基中培养,即可筛选出转化子(Transformant,即带有外源 DNA 分子的受体细胞)。实验 16-6 介绍的 $CaCl_2$ 转化法简便易行,且其转化效率完全可以满足一般实验的要求,是最常用的转化方法。但如果想获得更高的转化率(比如满足构建基因文库等的需要),通常使用电穿孔转化法。

电穿孔(electroporotion)转化最初用于将外源 DNA 导入真核细胞,现在也将其推广到转化大肠杆菌和其他一些不能产生感受态细胞的微生物。由于细菌细胞相对较小,因此与转化真核细胞时相比,大肠杆菌的电穿孔转化要求很高的电场强度(12.5~15 kV/cm)。为保证这一点,转化体系应该不超过 50 μL。电穿孔法的转化率比化学法高 10~20 倍,可达 $10^9/\mu g$ 质粒 DNA。其原理是以高电压(数千伏)在很短时间(微 s 时间)内脉冲电击细菌细胞,使细胞膜产生许多小孔,质粒 DNA 通过这些小孔进入菌体而实现转化。但有时也会使细胞受到严重损伤。针对不同的菌株,需要优化各种参数,如电场强度、脉冲时间、脉冲次数、电极与样品的距离以及感受态细胞数量和质粒的浓度等。更高的电压、更长的脉冲时间虽然可以提高转化效率,但同时也会导致细胞存活率降低,抵消了转化效率的提高。电穿孔法操作简单,制备电穿孔的感受态细菌也比制备化学感受态容易。

电穿孔过程　当细菌生长到对数中期后迅速冷却,离心,再用低盐缓冲液充分洗涤以降低细菌悬液中的离子强度。然后用 10% 甘油重悬细菌,使其浓度达到 10^{11} 细菌/mL,在干冰上速冻后,置于−70 ℃贮存。每小份细菌融解后即可用于转化,其有效期至少为 6 个月。电穿孔必须在低温下(0~4 ℃)进行,转化效率随温度上升而急剧下降,室温操作比低温下的转化效率降低百倍。电穿孔法需要电击仪,通过选择和控制各种电穿孔转化的参数,可获得最佳效果。

【实验材料】

(一) 菌种和质粒

大肠杆菌 *E. coli* DH5α,质粒 pUC18(或其他小于 15 kb 的大多数质粒)。

(二) 培养基

LB 液体培养基,含氨苄青霉素(终浓度为 100 μg/mL)LB 固体培养基和 2×YT 液体培养基等。

（三）试剂和溶液

10％甘油溶液等。

（四）仪器和其他物品

电击仪，电击杯，离心机等。

【实验内容】

（一）电转化感受态细胞的制备

1. 细胞培养

（1）从新鲜培养的斜面上挑取少量菌体，或用无菌微量移液器的吸头吸取少量 *E. coli* DH5α 的甘油保存液，转接到 10 mL LB 液体培养基中。37 ℃，220 r/min 振荡培养过夜（14～16 h）。

（2）第二天，将 10 mL 菌液转接到 1000 mL LB 液体培养基中。37 ℃，220 r/min 振荡培养 2～3 h。当菌液的 OD_{600} 达到 0.4 时，停止培养，迅速将培养瓶置于冰上。

2. 洗涤菌体

（1）菌液在冰上预冷 30 min 后，将菌液分装到 500 mL 预冷的离心管中。4 ℃，5000 r/min 离心 10 min。

（2）弃上清，离心管中加入少量冰冷重蒸水，完全悬浮菌体沉淀后，再将冰冷的水注满离心管。混匀后，4 ℃，5000 r/min 离心 10 min。再用冰冷重蒸水重新洗涤一次，弃上清。

（3）在离心管中加入少量冰冷 10％甘油（灭菌，预冷），重悬菌体，再加满冰冷的 10％甘油。混匀后，4 ℃，5000 r/min 离心 10 min，弃上清。

3. 分装及冻存感受态细胞

（1）分装感受态细胞　在每个离心管中加入 3 mL 10％的甘油，使沉淀悬浮后，将菌液以 50 μL/管分装于 1.5 mL 的离心管中。感受态细胞应该放置在冰上，并在 24 h 内用于转化。剩余的感受态细胞应予以冻存。

（2）冻存感受态细胞　向装有感受态细胞的离心管中加入等体积（100 μL）30％甘油溶液，轻弹混匀，在干冰或液氮中速冻后，置于 −70 ℃冰箱中保存。

（二）电穿孔转化

1. 电穿孔转化

（1）将质粒 pUC18 和电击杯一起置于冰上预冷。另外准备 950 μL 2×YT 液体培养基，置于 37 ℃恒温培养箱中。

（2）取新鲜制备或从 −70 ℃冰箱中取出的感受态细胞，后者需置于冰上解冻。

（3）取 1～2 μL 质粒 pUC18（10 pg～25 ng）加入到 50 μL 感受态细胞中，混匀后转入电击杯中。轻轻敲击电极杯，使混合物均匀进入电极杯的底部。

（4）打开电击仪，将电击杯放入电击仪中。

（5）调节电击仪使电脉冲为 25 μF，电压 2.5 kV，电阻 200 Ω，脉冲时间为 4～5 ms。

（6）电击结束后，快速取出电击杯并向电击杯中迅速加入 950 μL 的 2×YT 液体培养基，重悬细胞后，再转移到 10 mL 的无菌试管中。

（7）37 ℃，220 r/min 振荡培养 1 h。

2. 筛选转化子并计算转化率

（1）取 100 μL 培养液涂布于含氨苄青霉素的（终浓度为 100 μg/mL）LB 平板上，37 ℃ 过夜培养(12～16 h)。

(2) 次日观察转化子生长情况,并计算转化率。

注意

(1) 不要使用经过多次转接或储存于 4 ℃的培养菌,最好从－70 ℃或－20 ℃甘油保存的菌种中直接转接用于制备感受态细胞的菌液。

(2) 细胞生长以进入对数生长早期时为宜。细胞密度可通过测定培养液的 OD_{600} 来控制。处于对数生长早期的大肠杆菌 DH5α 菌株,其 OD_{600} 为 0.5,细胞密度在 $4×10^8$ 个/mL 左右,密度过高或不足均会影响转化效率。如果使用其他菌株,也应该使用处于对数生长早期的细菌,但培养液的光吸收值和细胞数情况会有所不同。

(3) 本实验所有步骤必须在无菌条件下进行。

(4) 整个操作过程中,细菌温度不得超过 4 ℃。

【实验报告内容】

计算电穿孔转化质粒 pUC18 的转化率。

【思考题】

(1) 转化率与转化效率有何不同?

(2) 为什么转化所用的受体菌一般是限制修饰系统缺陷的变异株?

实验 16-8　利用 α 互补筛选重组体菌株

【目的要求】

(1) 了解利用 α 互补筛选重组体菌株的原理;

(2) 学习利用 α 互补筛选重组体菌株的方法;

(3) 学习用 T 载体法制备重组质粒。

【基本原理】

筛选含重组质粒的重组体菌落常用的方法有:(1) 重组质粒 DNA 的限制酶切分析;(2) 菌落 DNA 的 PCR;(3) 菌落原位杂交;(4) 载体基因插入失活;(5) α 互补。

许多载体如 M13 噬菌体载体和 pUC 系列等质粒载体中含有 β-半乳糖苷酶基因(lac Z)的调控序列和该酶 N 端氨基酸(α-肽)的编码序列,并在这个编码区中插入了一个多克隆位点,但没有破坏其阅读框架,也不影响其正常功能。大肠杆菌 lac Z △M15 突变株(如 DH5α 和 JM 109 等菌株),其细胞中含有缺失 N 端编码序列的 β-半乳糖苷酶基因(编码 ω 片段),载体与宿主菌分别编码的肽段(α-肽与 ω 片段),都没有 β-半乳糖苷酶活性。但若将载体转化到大肠杆菌突变株细胞内,产生基因内互补,称为 α 互补,则可形成具活性的 β-半乳糖苷酶。由 α 互补产生的 Lac+ 细菌较易被识别,在 IPTG(异丙基硫代-β-D-半乳糖苷)的诱导下,具有活性的 β-半乳糖苷酶可将培养基中生色底物 X-gal(5-溴-4 氯-3-吲哚-β-D-半乳糖苷)水解成半乳糖和深蓝色底物(5-溴-4 氯-靛蓝),形成蓝色菌落。当外源 DNA 片段插入到载体的多克隆位点中,导致读码框架改变,表达的 α-肽失活,失去 α 互补能力。因此,在同样条件下,含重组质粒的重组体在生色诱导培养基上不能水解 X-gal,因而形成了白色菌落,由此可将含重组载体的菌落与含自身环化载体的菌落分开。

pGEM-T 载体可与由 Taq DNA 多聚酶扩增的 PCR 产物进行 DNA 重组。这种载体是通过 EcoR V 酶切载体 pGEM-5Zf(+),并在 3′ 末端加入胸苷酸(T)构建的。插入位点的 3′-T 突出端可提高 PCR 产物的连接效率,原因有两个:(1) 3′-T 突出端可以防止载体的自身环化;(2) 热稳定的 Taq DNA 聚合酶等,常以不依赖模板方式在扩增产物的 3′ 端加上一个脱氧腺苷酸(A)。这个 PCR 产物 3′ 端突出的 A 可与 pGEM-T 载体的 3′-T 相互配对,无论如何,一个碱基配对的黏性末端其连接效率也要高于平末端。

本实验用 T 载体法将外源 DNA(PCR 产物)与 pGEM-T 质粒载体进行体外连接,产生重组质粒,并转化到大肠杆菌 DH5α 的感受态细胞中。利用 α 互补,很容易将含重组质粒的重组体(白色菌落)从不含重组质粒的细菌(蓝色菌落)中筛选出来。

【实验材料】

(一) 菌种和样品

(1) *E. coli* DH5α 的感受态细胞。

(2) 外源 DNA　PCR 产物。

(3) 克隆载体　pGEM-T 载体(Promega)。

(二) 培养基

LB 固体培养基,2×YT 液体培养基,含氨苄青霉素,IPTG 和 X-gal 的 LB 固体培养基。见附录三。

(三) 试剂和溶液

T4 DNA 连接酶,X-gal 溶液,IPTG 溶液,限制性内切酶 SphI 和 PstI,10×高盐缓冲液(与限制性内切酶配套出售),10×上样缓冲液。见附录四。

(四) 仪器和其他物品

恒温摇床,水浴锅等。

【实验内容】

(一) PCR 片段和 pGEM-T 载体连接

在 0.5 mL 的无菌微量离心管中依次加入下列溶液,其后,于 4 ℃ 连接 12～14 h。

pGEM-T 载体	100 ng
PCR 片段	50 ng
2×连接酶缓冲液	5 μL
T4 DNA 连接酶(350 U/μL)	1 μL
加无菌重蒸水至	10 μL

(二) 转化

1. 将上述连接产物在冰上放置 5 min,然后全部加入到装有 200 μL DH5α 感受态细胞的无菌微量离心管中。用预冷的无菌微量移液器的吸头轻轻混匀,置于冰上 5 min。

2. 在 42 ℃水浴中热击 90 s(不要摇动)。

3. 迅速将离心管转移到冰上,放置 5 min。

4. 将转化细胞转移到 10 mL 无菌试管中,再向试管中加入平衡至 37 ℃的 800 μL 2×YT 液体培养基。150 r/min,37 ℃振荡培养 1 h。

(三) 重组体菌落的筛选

1. 将试管中的菌液转移到 1.5 mL 无菌离心管中,5000 r/min 离心 10 min,弃去 800 μL 上清,保留 200 μL 上清及菌体沉淀,充分混匀,制成菌悬液。

2. 将上述菌悬液涂到含氨苄青霉素、IPTG 和 X-gal 的 LB 平板上。

3. 在 37 ℃恒温培养箱中培养过夜,长出的白色菌落一般是重组子。

(四) 重组子的酶切鉴定

1. 挑取 6 个白色菌落,分别接种到 15 mL 含氨苄青霉素(终浓度 100 μg/mL)的 LB 液体培养基中。37 ℃振荡培养过夜。

2. 通过碱法分别提取上述 6 个转化子的质粒,具体方法参见实验 16-2。

3. 使用限制性内切酶 Sph I 和 Pst I 分别酶切上述 6 个转化子的质粒。在 6 个 0.5 mL 的无菌微量离心管中依次加入下列溶液,之后 37 ℃酶切 2～3 h。

各转化子的质粒	2 μg
10×高盐缓冲液(buffer H)	1.5 μL
Sph I (10 U/μL)	0.5 μL
Pst I (15 U/μL)	0.5 μL
加无菌重蒸水至	15 μL

4. 在各离心管中加入 10×上样缓冲液 1.5 μL,混合均匀后,取 5 μL 进行电泳鉴定。

5. 配制 1‰琼脂糖凝胶,将 6 个转化子质粒的酶切产物加入到 6 个胶孔中,并在另一个胶孔加入 5 μL λ/Hind Ⅲ＋EcoR I (0.1 μg/μL)的 DNA 分子量标准。电泳详细步骤参见实验 16-4。

6. 打开电泳仪开关,50 V 恒压电泳 2～3 h。

7. 如果转化子为正确的重组子,其质粒经 Sph I 和 Pst I 酶切后会将外源 PCR 片段从重组载体中切下,因此可观察到相应大小的酶切产物。

注意 如果外源 PCR 片段内有限制性内切酶 Sph I 和 Pst I 的识别位点,使用这两种酶做重组子的酶切鉴定会将外源 PCR 片段切断,产生更小的片段。此时可换用 pGEM-T 载体上多克隆位点中其他的限制性内切酶来做酶切鉴定。

【实验报告内容】

简述利用 α 互补筛选重组体菌株的原理以及基本实验过程。

【思考题】

为什么有的蓝色菌落也有可能包含插入片段?

实验 16-9　重组噬菌体的组装

【目的要求】

(1) 了解噬菌粒的特点；

(2) 了解重组噬菌体的组装原理及其在分子生物学中的应用；

(3) 学习重组噬菌体组装的方法。

【基本原理】

噬菌粒(phagemid)是含有经修饰的丝状噬菌体基因间隔区(IG)的质粒载体,此间隔区含噬菌体 DNA 复制起点及组装所必需的全部顺式作用序列。此外,噬菌粒还含有质粒复制起点和抗生素抗性标记与多克隆位点(可插入外源 DNA),因此,噬菌粒是兼有质粒和丝状噬菌体载体两者的特征。

辅助噬菌体(helper bacteriophages)如 M13KO7 是大肠杆菌 M13 噬菌体的衍生株,因其能帮助噬菌粒组装成重组噬菌体而得名。它具有如下特点：

(1) 含有质粒的复制起点,因此在宿主细胞内可像质粒一样复制。

(2) 基因组 DNA 含有噬菌体复制与组装所必须全部蛋白质的编码信息,可帮助噬菌粒以噬菌体的方式复制,产生单链 DNA 并组装成噬菌体颗粒。

(3) 基因Ⅱ中有一个错义突变,使其产物与自身间隔区(IG)的作用不如与野生型噬菌粒间隔区(IG)的作用有效,以确保子代噬菌体颗粒中来自噬菌粒的单链 DNA 能够占优势。

(4) 辅助噬菌体还带有一个卡那霉素抗性基因(kan^r),可作为抗性标记。

含噬菌粒的细菌被辅助噬菌体感染后,由辅助噬菌体的 PⅡ切开噬菌粒间隔区特定位点,启动了滚环复制,由此产生相应的单链 DNA(ssDNA),并利用辅助噬菌体提供的装配蛋白和外壳蛋白将其组装成重组噬菌体颗粒,形成有感染力的子代"假噬菌体"(见图 16-9-1)。噬菌粒产生的单链 DNA 可用于制备单链 DNA 探针、差异杂交和噬菌体表面展示等。

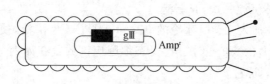

图 16-9-1　重组噬菌体结构示意图

本实验利用辅助噬菌体 M13KO7 感染含噬菌粒 pUC118 的 *E. coli* TG1,构建含有噬菌粒的重组噬菌体,并加以鉴定。

【实验材料】

(一) 菌种、噬菌粒和噬菌体

(1) 宿主菌 *E. coli* TG1。

(2) 噬菌粒 pUC118。

(3) 辅助噬菌体 M13KO7。

（二）培养基

含氨苄青霉素(终浓度为 $100~\mu g/mL$)的 LB 液体培养基,含氨苄青霉素和卡那霉素的 $2\times YT$ 液体培养基,M9 基础培养基。

（三）试剂和溶液

磷酸盐缓冲液(PBS 溶液,pH 7.0),2.5 mol/L NaCl 的 20% PEG 8000 溶液,0.1 mol/L $CaCl_2$ 溶液,氨苄青霉素溶液(100 mg/mL),卡那霉素溶液(50 mg/mL)。

（四）仪器和其他物品

恒温摇床,离心机等;(下列用品均需灭菌)离心管,移液管,微量移液器吸头,试管,锥形瓶等。

【实验内容】

（一）利用 M9 基础培养基筛选雄性大肠杆菌 TG1

1. 配制 M9 固体基础培养基,并趁热倒平板,冷却至室温。

2. 用接种环蘸取少量 *E. coli* TG1 在 M9 平板划线分离,37 ℃培养 48 h。在 M9 平板上可以正常生长的单菌落就是雄性的 *E. coli* TG1。

（二）制备 *E. coli* TG1 的感受态细胞

1. 挑取在 M9 平板上 *E. coli* TG1 的单菌落,接种到 10 mL LB 液体培养基中。37 ℃,220 r/min 振荡培养过夜。

2. 次日取 1 mL 的过夜培养物接种到 100 mL LB 液体培养基中,37 ℃,220 r/min 振荡培养 2~3 h。当菌液的 OD_{600} 达到 0.4 时,停止培养,迅速将培养瓶置于冰上。

3. 菌液在冰上预冷 15 min 后,将菌液分装到 2 支 50 mL 预冷的离心管中。4 ℃,5000 r/min 离心 10 min。

4. 弃上清,用 50 mL 冰冷的 0.1 mol/L $CaCl_2$ 溶液洗涤菌体沉淀。具体方法是先向离心管中加入少量冰冷的 0.1 mol/L $CaCl_2$ 溶液,待菌体沉淀完全悬浮后,再将剩余冰冷的 $CaCl_2$ 溶液注入离心管中。混匀后,4 ℃,5000 r/min 离心 10 min。再用 25 mL 冰冷的 0.1 mol/L $CaCl_2$ 溶液重新洗涤菌体沉淀一次,弃上清。

5. 在每个离心管中加入 1 mL 冰冷的 0.1 mol/L $CaCl_2$ 溶液,使沉淀悬浮后,将菌液以 100 μL/管分装于 1.5 mL 的离心管中。感受态细胞应该放置在冰上,并在 24 h 内用于转化。剩余的感受态细胞应予以冻存。

6. 在装有感受态细胞的离心管中加入 100 μL 30% 甘油溶液,轻弹混匀。在干冰或液氮中速冻后置于 -70 ℃冰箱中保存。

（三）用噬菌粒 pUC118 转化 *E. coli* TG1

1. 吸取 0.1 μL 噬菌粒 pUC118(0.1 μg/μL)加入到装有 100 μL *E. coli* TG1 感受态细胞的无菌微量离心管中,用预冷的无菌微量移液器的吸头轻轻混匀,置于冰上 5 min。

2. 在 42 ℃水浴中热击 90 s(不要摇动)。

3. 迅速将离心管转移到冰上,放置 5 min。

4. 将转化细胞转移到 10 mL 无菌试管中,再在试管中加入平衡至 37 ℃的 900 μL $2\times YT$ 液体培养基。37 ℃,200 r/min,振荡培养 1 h。

（四）转化子的筛选及扩增

1．重组体菌落的筛选

（1）将 100 μL 转化细胞涂布在含氨苄青霉素(终浓度为 100 μg/mL)的 LB 平板上。

（2）在 37 ℃恒温培养箱中培养过夜,挑取单菌落。这种具有氨苄青霉素抗性的单克隆就是转化子(含有噬菌粒 pUC118 的 *E. coli* TG1 细胞)。

2．转化子的扩增

（1）将转化子细胞接种到装有 2 mL 含氨苄青霉素(终浓度为 100 μg/mL)的 LB 液体培养基的试管中,37 ℃培养过夜。

（2）次日取 15 μL 菌液转接到装有 1.5 mL 含氨苄青霉素(终浓度为 100 μg/mL)的 LB 液体培养基的试管中,37 ℃,220 r/min 振荡培养 2～3 h。此时,*E. coli* TG1 细胞处于对数生长早期,OD$_{600}$约为 0.4 左右,细胞数大约为 4.8×10^8/mL。

（五）超感染——用辅助噬菌体感染含重组噬菌粒的大肠杆菌

1．将上述全部菌液转移到 1.5 mL 离心管中,加入效价为 9.6×10^9 pfu 的辅助噬菌体 M13KO7(实验要求 M13KO7 的效价与细菌个数的比例为 20∶1),以保证每个宿主细胞都有辅助噬菌体感染。

2．室温放置 15 min,此时辅助噬菌体已完成侵染。

3．5000 r/min 离心 10 min,弃尽上清,保留菌体沉淀。用少量含氨苄青霉素和卡那霉素的 2×YT 液体培养基悬浮菌体沉淀。

（六）扩增重组噬菌体

将上述菌体悬浮液转移到装有 30 mL 含氨苄青霉素和卡那霉素的 2×YT 液体培养基的 200 mL 锥形瓶中,30 ℃振荡培养过夜。

（七）纯化含噬菌粒的重组噬菌体

1．制备含重组噬菌体的上清液

将过夜培养液转移至 50 mL 的离心管中,5000 r/min 离心 10 min。弃沉淀,保留上清液。

2．纯化含噬菌粒的重组噬菌体

（1）将上清液转移到 50 mL 离心管中,加入 6 mL PEG/NaCl 溶液,振荡混匀,在冰上放置 15 min。

（2）12000 r/min 离心 10 min,弃上清,保留噬菌体沉淀。

（3）加入 3 mL 磷酸盐缓冲液(PBS)重悬噬菌体沉淀。

（4）加入 600 μL PEG/NaCl 溶液,振荡混匀,在冰上放置 15 min。

（5）12000 r/min 离心 10 min,弃上清,保留噬菌体沉淀。

（6）用 1 mL PBS 溶液悬浮噬菌体沉淀。

（7）冻存重组噬菌体　取 100 μL 上述噬菌体溶液,加入等体积(100 μL)30％甘油溶液,轻弹混匀。在干冰或液氮中速冻后,置于 -70 ℃冰箱中保存。

【实验报告内容】

简述重组噬菌体体内组装的原理以及基本实验过程。

【思考题】

（1）在超感染中,能否使用野生型 M13 噬菌体? 与辅助噬菌体相比,野生型 M13 噬菌体有何缺点？

（2）重组噬菌体的外壳蛋白中哪些是辅助噬菌体基因表达产物？哪些是噬菌粒的基因表达产物？重组噬菌体所包含的 DNA 是来自辅助噬菌体 DNA，还是来自噬菌粒 DNA？

实验 16-10　大肠杆菌 16 S rRNA 基因的扩增与克隆

【目的要求】

（1）了解 16 S rRNA 序列分析在系统细菌学中的重要意义；

（2）学习 16 S rRNA 基因的扩增与克隆方法。

【基本原理】

研究生物分类和进化是生物学中最古老和基本的研究领域之一。过去，研究微生物分类鉴定的经典方法主要是依靠观察微生物的细胞形态、生理生化反应、生活史、血清学反应和生态等表型特征，从而确定微生物间亲缘关系的远近。近年来，随着分子生物学的发展，特别是聚合酶链式反应和核酸序列分析的突破性进展和广泛应用，使微生物系统分类的基础发生了重大的变化并日趋完善。

核糖体 RNA（ribosomal RNA，rRNA）存在于所有微生物细胞中，它们具有重要的生理功能，并且在细胞中相对稳定，其中含有保守序列以及高突变序列。原核生物 rRNA 包括 5 S、16 S 和 23 S rRNA，真核生物 rRNA 包括 5 S、5.8 S、18 S 和 28 S rRNA。在研究生物分类和进化的领域中，以原核生物 16 S rRNA 和真核生物的 18 S rRN 应用最为广泛。从 20 世纪 70 年代初起，16 S rRNA 序列分析成为细菌分类的一个重要指标。1970 年，Woese 等人测定了 200 多种原核生物 16 S rRNA 和真核生物 18 S rRNA 的寡核苷酸序列，经过序列比较，不但搞清了原核生物和真核生物的许多系统进化问题，而且还以此为依据提出了生命体系的三界学说，并由此而引发了研究古细菌的热潮。

本实验主要步骤为：

（1）以 *E. coli* DH5α 的染色体 DNA 作为模板，并以其 16 S rDNA 两端保守序列作为引物，通过 PCR 扩增 16 S rRNA 基因的保守片段。

（2）将上述基因片段与 pGEM-T 载体进行体外连接，形成重组质粒。

（3）转化 *E. coli* DH5α，获得重组子。

（4）从重组子中提取重组质粒，并对 16 S rRNA 基因片段进行序列测定，从而获得 16 S rRNA 基因保守区段的序列。

【实验材料】

（一）菌种和质粒

E. coli DH5α。

pGEM-T 载体（Promega）。

（二）培养基

LB 液体培养基，2×YT 液体培养基，含氨苄青霉素，IPTG 和 X-gal 的 LB 固体培养基。

（三）试剂和溶液

（1）琼脂糖,dNTP,Taq DNA 聚合酶,T4 DNA 连接酶,X-gal 溶液,IPTG 溶液,限制性内切酶 Sph I 和 Pst I,10×高盐缓冲液(与限制性内切酶配套出售)10×上样缓冲液等。

（2）引物 I　5′—CATGGCTCAGATTGAACGCTG—3′。

（3）引物 II　5′—GAGGTGATCCAACCGCAGGT—3′。

（四）仪器和其他物品

PCR 仪,电泳仪,电泳槽,紫外检测仪,恒温培养箱等。

【实验内容】

（一）通过 PCR 扩增 16 s rRNA 基因片段

在 1 支 0.5 mL 无菌微量离心管中依次加入下列溶液:

10×Taq DNA 聚合酶反应缓冲液	5 μL
引物 I(50 μmol/L)	1 μL
引物 II(50 μmol/L)	1 μL
总 DNA(来源于 E. coli DH5α,200 ng/μL)	1 μL
Taq DNA 聚合酶(2.5 U/μL)	1 μL
dNTP(2.5 mmol/L)	4 μL
重蒸水	37 μL

94 ℃预变性 10 min。循环过程: 94 ℃变性 1 min,57 ℃退火 1 min,72 ℃延伸 2 min,共 30 个循环。

（二）检测,回收 PCR 产物

1. 琼脂糖凝胶电泳检测 PCR 产物

（1）在一个干净的锥形瓶中加入 40 mL 1×TAE 缓冲液,准确称量 0.4 g 琼脂糖,加热直到琼脂糖融化。在锥形瓶中加入 2 μL 10 mg/mL 溴化乙啶贮存液(溴化乙啶的终浓度为 0.5 μg/mL),混合均匀。趁热倒在插好梳子的胶板上,在室温中放置一段时间,待琼脂糖凝固。

（2）小心拔出梳子,不要破坏胶孔。将凝胶转移到电泳槽中。

（3）在电泳槽中加入一定量的 1×TAE 缓冲液,其体积以刚好没过琼脂糖凝胶为宜。

（4）吸取 5 μL PCR 产物,与 0.5 μL 10×上样缓冲液混合均匀,用微量移液器小心将样品加入到胶孔中,并在其相邻胶孔加入 5 μL λ/Hind III+EcoR I(0.1 μg/μL)的分子量标准物。

（5）打开电泳仪的电源开关,50 V 恒压电泳 2～3 h。

（6）将凝胶转移到紫外检测仪下,16 S rRNA 基因片段大小约为 1.5 kb。

2. 切胶回收 16 S rRNA 的基因片段

（1）配制 1%低熔点琼脂糖凝胶,将剩余 45 μL PCR 产物与 5 μL 10×上样缓冲液混合均匀,之后全部加入到一个大的胶孔中。

（2）4 ℃,50 V 恒压电泳 2～3 h。

（3）在暗室中用紫外检测仪观测凝胶,用无菌刀片切下所需条带,将切下的条带转移到干净的 1.5 mL 离心管中。

（4）准确称量凝胶的重量（因凝胶含量低,其密度以 1 g/mL 计算,可以通过加入琼脂糖凝胶前后离心管的重量差来估计凝胶的体积）,加入约 5 倍体积的 TE 缓冲液,盖好管盖,于 65 ℃ 保温 5 min,以融化凝胶。

（5）待凝胶液冷却到室温,加入等体积的 Tris 饱和酚（pH 8.0）,剧烈振荡混匀 20 s。20 ℃,10000 r/min 离心 10 min,回收水相。界面上白色物质即粉状的琼脂糖。

（6）使用等体积的酚：氯仿[Tris 饱和酚（pH 8.0）与氯仿等体积混合]抽提上清,剧烈振荡混匀。20 ℃,10000 r/min 离心 10 min,回收水相。

（7）再使用等体积的氯仿抽提上清,颠倒混匀。20 ℃,10000 r/min 离心 10 min,回收水相。

（8）将水相转移到一个新的 1.5 mL 离心管,加入 0.2 倍体积的 10 mol/L 乙酸铵和 2 倍体积的无水乙醇,混匀后在室温下放置 20 min。然后于 4 ℃,12000 r/min 离心 10 min,弃上清,打开管盖,晾干沉淀。将沉淀溶于一定量的无菌重蒸水备用。

（三）将 16 S rRNA 基因片段的 PCR 产物通过 pGEM-T 载体进行克隆

1. PCR 片段和 pGEM-T 载体连接

在 0.5 mL 的无菌微量离心管中依次加入下列溶液,4 ℃ 连接 12~14 h。

pGEM-T 载体	100 ng
PCR 产物	50 ng
2×连接酶缓冲液	5 μL
T4 DNA 连接酶（350 U/μL）	1 μL
加无菌重蒸水至	10 μL

2. 转化

（1）将上述连接产物在冰上放置 5 min,然后全部加入到装有 200 μL DH5α 感受态细胞的无菌微量离心管中。用预冷的无菌微量移液器的吸头轻轻混匀,置于冰上 5 min。

（2）在 42 ℃ 水浴中热击 90 s（不要摇动）。

（3）迅速将离心管转移到冰上,放置 5 min。

（4）将转化细胞转移到 10 mL 无菌试管中,再在试管中加入平衡至 37 ℃ 的 800 μL 2× YT 液体培养基。37 ℃,200 r/min 振荡培养 1 h。

3. 重组体菌落的筛选

（1）将试管中的菌液转移到 1.5 mL 无菌离心管中,5000 r/min 离心 10 min。弃去 800 μL 上清液,保留 200 μL 上清液及菌体沉淀,充分混匀,制成菌悬液。

（2）将上述菌悬液涂到含氨苄青霉素、IPTG 和 X-gal 的 LB 平板上。

（3）在 37 ℃ 恒温培养箱中培养过夜,白色菌落一般是重组子。

4. 重组子的酶切鉴定

（1）挑取 6 个白色菌落,分别接种到 15 mL 含氨苄青霉素（终浓度 100 μg/mL）的 LB 液体培养基中。37 ℃ 振荡培养过夜。

（2）通过碱法分别提取上述 6 个转化子的质粒，具体方法参见实验 16-2。

（3）使用限制性内切酶 Sph I 和 Pst I 分别酶切上述 6 个转化子的质粒。在 6 个 0.5 mL 的无菌微量离心管中依次加入下列溶液，37 ℃酶切 2～3 h。

各转化子的质粒	6 μL
10×高盐缓冲液（buffer H）	1.5 μL
Sph I（10 U/μL）	0.5 μL
Pst I（15 U/μL）	0.5 μL
加无菌重蒸水至	15 μL

（4）在上述各离心管中加入 10×上样缓冲液 1.5 μL，混合均匀后，取 5 μL 进行电泳鉴定。

（5）配制 1%琼脂糖凝胶，将 6 个转化子质粒的酶切产物加入到 6 个胶孔中，并在另一个胶孔加入 5 μL λ/Hind Ⅲ＋EcoR I（0.1 μg/μL）的 DNA 分子量标准物。

（6）打开电泳仪的电源开关，50 V 恒压电泳 2～3 h。

（7）将凝胶转移到紫外检测仪观察台上，打开紫外灯进行观察。如果转化子为正确的重组子，其质粒 Sph I 和 Pst I 的酶切会将 16 S rRNA 基因片段从载体中切下，因此可观察到 1.5 kb 左右的酶切产物。

（五）16 S rRNA 基因片段的序列测定

以重组子质粒 DNA 为模板，利用 T7、SP6 测序引物进行测序。由于 DNA 测序仪价格非常昂贵，测序步骤繁琐，技术要求较高，因此序列测定的工作通常可交给专业的测序公司完成。

注意

（1）溴化乙锭是强诱变剂，并具有中毒毒性，取用时必须戴手套，并避免污染实验仪器。

（2）配制琼脂糖凝胶时，可将溴化乙锭直接加到缓冲液和凝胶中。但要注意的是，凝胶中存在着这种嵌合染料会导致线状双链 DNA 的电泳迁移率降低近 15%。不过也可以在不加溴化乙锭的条件下进行电泳，电泳完成后再染色。将凝胶浸泡在含溴化乙锭（0.5 μg/mL）的蒸馏水中 30～45 min 即完成染色。

【实验报告内容】

简述通过 PCR 扩增 16 S rRNA 基因保守片段和利用 pGEM-T 载体克隆 16 S rRNA 基因保守片段的实验原理及过程。

【思考题】

（1）在实际生活中，PCR 技术可以应用于哪些方面？

（2）与传统的分类方法相比较，利用 16 S rRNA 保守区基因片段的序列进行原核生物的系统生物学研究有何优点？

附　　录

附录一　玻璃器皿及其他实验用具的洗涤

　　清洁的玻璃器皿是得到正确实验结果的重要条件之一。已用过的带有活菌污染的玻璃器皿，更不能随意堆放，以防杂菌传播污染环境。由于实验目的不同，对各种玻璃器皿的清洁程度要求也不一样。本节主要介绍新购置的玻璃器皿、一般常用玻璃器皿、带油污玻璃器皿和带菌玻璃器皿的处理和洗涤方法以及其他实验用具的洗涤方法等。

　　微生物学实验常用的玻璃器皿有试管、烧杯、锥形瓶、移液管、滴管、玻璃涂棒、培养皿、茄瓶或克氏瓶、盖片、载片等，在实验前均需洗涤清洁、灭菌或者晾干备用。

(一) 新购置的玻璃器皿的处理

　　新购置的玻璃器皿含有游离碱，一般应先在 2% 盐酸溶液中浸泡数小时后再用清水洗净；也可在洗衣粉水或洗涤灵稀释液中煮 30~60 min，取出用清水洗净；或先放热水中浸泡，用鬃刷蘸去污粉或洗衣粉刷洗，然后用热水刷洗，再用清水洗净。洗净后的试管倒置于试管筐内，锥形瓶倒置于洗涤架上，培养皿的皿盖和皿底分开，按顺序压着皿边倒扣排列在桌上或铁丝筐内。上述玻璃器皿可晾干，或放在干燥箱中烘干备用。

　　新购置载玻片和盖玻片时，要挑选无色、厚薄均匀适中、无云雾状或乳白色斑点的片子。先将其浸在 2% 盐酸酒精或洗涤灵稀释液或洗衣粉水中 1 h，再用自来水冲洗，最后用蒸馏水冲洗，放在载片洗涤架上或斜立试管架旁，晾干备用。或以软布擦干后，浸泡在 2% 盐酸的 95% 酒精载片玻璃缸中，用时取出在火焰上烧去酒精即可。

(二) 常用玻璃器皿的洗涤

　　常用的锥形瓶、培养皿、试管、烧杯、量筒、玻璃漏斗等器皿，洗涤时可用鬃刷蘸上洗涤灵或洗衣粉刷洗，然后用自来水冲洗干净，倒放在洗涤架上自然晾干，或放在 70~80 ℃ 干燥箱中烘干备用。移液管及滴管可用水冲洗后，插入 2% 盐酸溶液中浸泡数十分钟，取出后可将一根直径 6~7.5 mm 的橡皮管或塑料管连接在自来水笼头上或连接在蒸馏水瓶上，橡皮管或塑料管的另一端直接套接在移液管或滴管的上端，即安装橡皮头的一端，然后放水冲洗干净，再用蒸馏水冲洗 2~3 次。洗净后的移液管或滴管使顶端（细口端）朝上倒转斜立于金属灭菌盒内，放入 100 ℃ 干燥箱中烘干备用。

(三) 带油污玻璃器皿的处理

　　凡加过豆油、花生油、泡敌等消泡剂的锥形瓶或通气培养的大容量培养瓶，在未洗刷前，需尽量除去油污。可先将倒空的瓶子用 10% 的氢氧化钠（粗制品）浸泡 0.5 h 或放在 5% 苏打液（碳酸氢钠溶液）内煮两次，去掉油污，再用洗涤灵和热水刷洗。吸取过油的滴管，先放在 10% 氢氧化钠溶液中浸泡 0.5 h，去掉油污，再依上法清洗，烘干备用。

　　用矿物油封存过的斜面或液体石蜡油加盖的厌氧菌培养管或石油发酵用的锥形瓶，洗刷前要先在水中煮沸或高压蒸汽灭菌，然后浸泡在汽油里，使黏附于器皿壁上的矿物油溶解。倒出汽油后,放置片刻,待汽油自然挥发,最后按新购置的玻璃器皿处理方法进行洗刷。

凡带有凡士林的玻璃干燥器或反应瓶口的玻璃磨口塞,洗刷前要用酒精或丙酮浸泡过的棉花擦去油污。也可用油污清洗剂喷洒于油污垢上,待 2～5 min 后,用百洁布或干布擦净,再依上法清洗干净。

(四) 带菌玻璃器皿的处理

1. 带菌载片及盖片处理

已用过的带有活菌的载片或盖片,可先浸于 5％的石炭酸(或 2％来苏尔溶液或 0.25％的新洁尔灭溶液)中 1 h。然后用竹夹子将载片、盖片取出(不要用手取),依照新购置载片的清洗方法冲洗干净,再用软布擦干后放培养皿中备用。

2. 带菌移液管及滴管处理

吸过菌液的移液管或滴管,应立即投入 5％的石炭酸溶液(或 2％来苏尔溶液或 0.25％新洁尔灭溶液)的高筒玻璃标本缸内浸泡数小时或过夜(高筒玻璃标本缸底部应垫上玻璃棉,以防移液管及滴管顶端口损坏),再经 121 ℃高压蒸汽灭菌 20 min。取出后,用普通钢针或曲别针做成的小钩将移液管、滴管上端隔离用的棉花塞勾出,再依前法用自来水及蒸馏水冲洗洁净,晾干或烘干备用。若移液管用上述方法处理仍有污垢痕迹,可置 2％盐酸溶液的高筒玻璃标本缸内浸泡 1 h,之后再依上法清洗。

3. 其他带菌玻璃器皿的处理

培养过微生物的培养皿、试管、锥形瓶,因含有大量培养的微生物或污染有其他杂菌,应先经 121 ℃高压蒸汽灭菌 20 min,灭菌后取出,趁热倒出容器内的培养物。若为非致病性微生物的液体废弃物,灭菌后可流入下水道;培养致病性微生物的废弃物和有琼脂的废弃物,灭菌后也必须集中处理,切勿直接倒入下水道,以免污染水源和堵塞下水道。经过高压蒸汽灭菌的上述玻璃器皿,再用洗涤灵、热水刷洗干净,用自来水冲洗,以水在内壁均匀分布成一薄层而不出现水珠为油垢除尽的标准。

经过以上处理的玻璃器皿,可盛一般实验用的培养基和无菌水等。少数实验(如营养缺陷型菌株筛选、微生物遗传学实验等)对玻璃器皿清洁度要求较高,除用上述方法外,还应先在 2％ HCl 溶液中浸泡数 10 min,再用自来水冲洗、蒸馏水淋洗 2～3 次。有的尚需超纯水淋洗,然后烘干备用。

(五) 橡胶类物品(如橡皮瓶塞、吸管皮头等)

未污染物品先用自来水洗干净再用蒸馏水或去离子水涮洗 2～3 次,晾干后包装。污染的物品先用水煮沸 15～20 min,或 121 ℃高压蒸汽灭菌 20 min 后,再按上法处理。

(六) 金属器械(如解剖刀剪、不锈钢盘等)

未污染物品直接清洗,立即擦干。污染的物品先用 2％碳酸钠溶液煮沸,或 121 ℃高压蒸汽灭菌 20 min 后再清洗。金属刃器(包括注射针头)不宜干烤灭菌,更不能用火焰直接烧灼,以免金属钝化影响使用。

(七) 塑料及有机玻璃类器皿

未污染物品直接清洗,晾干后使用。污染的物品先浸泡在 2％盐酸溶液中过夜,取出除去污迹后用自来水冲洗,再以蒸馏水或去离子水涮洗 2～3 次,晾干。需灭菌者,可将晾干后的物品置无菌罩内,经紫外线近距离照射灭菌。

附录二　常用染液的配制

（一）普通染色法常用染液

1. 齐氏石炭酸复红染液

A 液：碱性复红		0.3 g
	95％乙醇	10 mL
B 液：石炭酸		5.0 g
	蒸馏水	95 mL

将 A、B 二液混合摇匀过滤。随用随配，以免变质。

2. 吕氏美蓝液

A 液：美蓝（甲烯蓝，次甲基蓝，亚甲蓝）含染料 90％		0.3 g
	95％乙醇	30 mL
B 液：KOH（0.01％质量比）		100 mL

将 A、B 二液混合摇匀使用。

3. 草酸铵结晶紫液

A 液：结晶紫（含染料 90％以上）		2.0 g
	95％乙醇	20 mL
B 液：草酸铵		0.8 g
	蒸馏水	80 mL

将 A、B 二液充分溶解后混合，静置 24 h，过滤使用。

（二）革兰氏染色液

1. 草酸铵结晶紫液　（配方同前）

2. 革氏碘液

碘	1 g
碘化钾	2 g
蒸馏水	300 mL

配制时，先将碘化钾溶于 5～10 mL 水中，再加入 1 g 碘，使其溶解后，加水至 300 mL。

3. 95％乙醇

4. 蕃红溶液

2.5％蕃红的乙醇溶液	10 mL

蒸馏水	100 mL

混合过滤。

（三）芽孢染色液

1. 孔雀绿染色液

孔雀绿	7.6 g
蒸馏水	100 mL

此为孔雀绿饱和水溶液。配制时尽量溶解，过滤使用。

2. 齐氏石炭酸复红染液　（配方同前）

（四）荚膜染色液（黑墨水染色法）

6％葡萄糖水溶液

绘图墨汁（或黑色素，或苯胺黑）

无水乙醇

结晶紫染液

（五）鞭毛染色液

1. 利夫森氏（Leifson）染色液

A 液：NaCl		1.5 g
	蒸馏水	100 mL
B 液：单宁酸（鞣酸）		3 g
	蒸馏水	100 mL
C 液：碱性复红		1.2 g
	95％乙醇	200 mL

使用前将 A、B、C、三种染液等量混合。分别保存的染液可在冰箱保存几个月，室温保存几周仍有效。但混合染液应立即使用。

2. 银染法

A 液：丹宁酸		5 g
	$FeCl_3$	1.5 g
	15％福尔马林	2.0 mL
	1％ NaOH	1.0 mL
	蒸馏水	100 mL
B 液：$AgNO_3$		2 g
	蒸馏水	100 mL

配制方法：硝酸银溶解后取出 10 mL 备用，向 90 mL 硝酸银溶液中滴加浓 NH_4OH 溶液，形成浓厚的沉淀，再继续滴加 NH_4OH 到刚溶解沉淀成为澄清溶液为止。再将备用的硝酸银慢慢滴入，出现薄雾，轻轻摇动后，薄雾状沉淀消失，再滴加硝酸银溶液，直到摇动后，仍呈现轻微而稳定的薄雾状沉淀为止。雾重，银盐沉淀，不宜使用。

（六）液泡染色液

0.1%中性红水溶液（用自来水配制）。

（七）脂肪粒染色液

0.5%苏丹黑液

二甲苯

0.5%蕃红水溶液

（八）肝糖粒染色液

碘	1 g
碘化钾	3 g
蒸馏水	100 mL

碘液：碘化钾 3 g 溶于 100 mL 蒸馏水中，加入 1 g 碘，完全溶解后备用（请盖紧瓶盖）。

（九）乳酸石炭酸棉蓝溶液

（用于观察霉菌形态）

石炭酸	20 g
乳酸（比重 1.2）	20 g
甘油（比重 1.25）	40 g
棉蓝	0.02 g
蒸馏水	20 mL

配制时先将石炭酸放入水中加热溶解，然后，慢慢加入乳酸及甘油，最后加入棉蓝。

附录三　常用培养基的配制

（一）细菌、放线菌、酵母菌、霉菌常用培养基

1. 肉膏蛋白胨培养基

牛肉膏	0.5 g
蛋白胨	1.0 g
NaCl	0.5 g
水	100 mL
pH 7.2	
121 ℃灭菌 20 min	

如配制固体培养基，需加琼脂 1.5%～2%；如配制半固体培养基，则加琼脂 0.7%～0.8%。

2. LB 培养基

胰化蛋白胨（bacto-tryptone）	1 g
酵母提取物（bacto-yeast extract）	0.5 g
NaCl	1 g
琼脂	1.5～2 g
水	100 mL
pH 7.0	
121 ℃灭菌 20 min	

3. 高氏合成 1 号培养基

可溶性淀粉	2.0 g
KNO_3	0.1 g
$K_2HPO_4 \cdot 3H_2O$	0.05 g
NaCl	0.05 g
$MgSO_4 \cdot 7H_2O$	0.05 g
$FeSO_4 \cdot 7H_2O$	0.001 g
琼脂	1.5～2 g
水	100 mL
pH 7.2～7.4	
121 ℃灭菌 20 min	

4. 麦芽汁培养基

新鲜麦芽汁（10～15 波林）	100 mL
琼脂	1.5～2 g
pH 6.4	
121 ℃灭菌 20 min	

5. 马铃薯葡萄糖培养基

20%马铃薯浸汁	100 mL
葡萄糖	2 g
琼脂	1.5~2 g
自然 pH	
121 ℃灭菌 20 min	

6. 豆芽汁葡萄糖培养基

10%豆芽浸汁	100 mL
葡萄糖	5 g
琼脂	1.5~2 g
自然 pH	
121 ℃灭菌 20 min	

7. 察氏(Czapack)培养基

蔗糖	3 g
NaNO$_3$	0.3 g
K$_2$HPO$_4$	0.1 g
KCl	0.05 g
MgSO$_4$ · 7H$_2$O	0.05 g
FeSO$_4$	0.001 g
琼脂	1.5~2 g
水	100 mL
自然 pH	
121 ℃灭菌 20 min	

8. 麦氏(McClary)培养基
（用于观察酵母子囊孢子）

葡萄糖	0.1 g
KCl	0.18 g
酵母汁	0.25 g
醋酸钠	0.82 g
琼脂	2.0 g
蒸馏水	100 mL
自然 pH	
112 ℃灭菌 15 min	

9. 马丁(Martin)培养基

葡萄糖	1 g

蛋白胨	0.5 g
KH$_2$PO$_4$ · 3H$_2$O	0.1 g
MgSO$_4$ · 7H$_2$O	0.05 g
孟加拉红(1 mg/mL)	0.33 mL
琼脂	1.5~2 g
水	100 mL
自然 pH	
112 ℃灭菌 20 min	

临用前再加入下列试剂：

2%去氧胆酸钠溶液(预先灭菌)	2 mL
链霉素溶液(10000 μg/mL)	0.33 mL

10. 伊红美蓝培养基(EMB)

乳糖	1 g
胰蛋白胨	0.5 g
NaCl	0.5 g
K$_2$HPO$_4$	0.2 g
2%伊红 Y 水溶液	2~3 mL
0.65%美蓝水溶液	1~1.5 mL
琼脂	2 g
蒸馏水	100 mL
pH 7.2	
115 ℃灭菌 20 min[①]	

配制时,先调 pH,再加入伊红和美蓝溶液。

---

① 乳糖在高温灭菌时易受破坏,故需在 115 ℃灭菌 20 min。

(二) 噬菌体分离、增殖培养基

牛肉膏	0.5 g
蛋白胨	1 g
酵母膏	0.3 g
葡萄糖	0.1 g
蒸馏水	100 mL
pH 7.2	
121 ℃灭菌 20 min	

配上层半固体培养基时,需加 0.8%琼脂;配下层固体培养基时,则需加 2%琼脂。

（三）微生物生理生化反应培养基

1. 淀粉培养基

蛋白胨	1 g
NaCl	0.5 g
牛肉膏	0.5 g
可溶性淀粉	0.2 g
琼脂	1.5～2 g
蒸馏水	100 mL
pH 7.2	

121 ℃灭菌 20 min

配制时，应先把淀粉用少量蒸馏水调成糊状，再加到融化好的培养基中。

2. 油脂培养基

蛋白胨	1 g
牛肉膏	0.5 g
NaCl	0.5 g
香油或花生油	1 g
中性红（1.6％水溶液）	≈0.1 mL
琼脂	1.5～2 g
蒸馏水	100 mL
pH 7.2	

121 ℃灭菌 20 min

配制时，注意：（1）不能使用变质油；（2）油和琼脂及水先加热；（3）调 pH 后，在加入中性红使培养基成红色为止；（4）分装培养基时，需不断搅拌，使油脂均匀分布于培养基中。

3. 明胶液化培养基

培养基成分与肉膏蛋白胨培养基相同[但凝固剂使用明胶（12％～18％）]。

112 ℃灭菌 30 min。

4. 石蕊牛乳培养基

（1）牛乳脱脂：用新鲜牛奶（注意在牛奶中不要掺水，否则会影响实验结果），反复加热，除去脂肪。每次加热 20～30 min，冷却后除去脂肪，在最后一次冷却后，用吸管从底层吸出牛奶，弃去上层脂肪。

（2）将脱脂牛乳的 pH 调至中性。

（3）用 1％～2％石蕊液①，将牛奶调至呈淡紫色偏蓝为止。

（4）将配好石蕊牛乳在 112 ℃灭菌 30 min。

---

① 石蕊液的配制：石蕊颗粒 80 g，40％乙醇300 mL。配制时，先把石蕊颗粒研碎，然后倒入有一半体积的 40％乙醇溶液中，加热 1 min，倒出上层清液；再加入另一半体积的 40％乙醇溶液中，再加热1 min，再倒出上层清液；将两部分溶液合并，并过滤。如果总体积不足 300 mL，可添加 40％乙醇，最后加入 0.1 mol/L HCl 溶液，搅拌，使溶液呈紫红色。

5. 糖或醇发酵培养基

蛋白胨	1 g
NaCl	0.5 g
葡萄糖（或其他种类的糖或醇）	1 g
蒸馏水	100 mL
pH 7.4	

112 ℃灭菌 30 min

配制时，将蛋白胨先加热溶解，调到要求pH 之后，加入溴甲酚紫溶液（1.6％水溶液）。待呈紫色，再加入葡萄糖（或其他糖），使之溶解，分装试管。最后将杜氏小管倒置放入试管中，灭菌待用。

6. 葡萄糖蛋白胨培养基
（用于 MR 和 VP 试验）

葡萄糖	0.5 g
蛋白胨	0.5 g
K_2HPO_4	0.5 g
蒸馏水	100 mL
pH 7.2～7.4	

112 ℃灭菌 30 min

配制时，依次将药品溶解，再调到要求的pH。过滤，分装于小试管中，灭菌待用。

作 VP 实验用的培养基，应注意蛋白胨的规格。

7. 柠檬酸盐培养基

柠檬酸钠	0.2 g
K_2HPO_4	0.05 g
NH_4NO_3	0.2 g
琼脂	1.5～2 g
蒸馏水	100 mL
1%溴麝香草酚蓝(酒精液)	1 mL
或 0.04%苯酚红	1 mL

115 ℃灭菌 20 min

配制时，除指示剂外，所有药品混合后加热溶解，调 pH 6.8～7.0。过滤，加指示剂，分装。灭菌后制成斜面。

8. 蛋白胨水培养基

蛋白胨	1 g
NaCl	0.5 g
蒸馏水	100 mL

pH 7.6

121 ℃灭菌 20 min

9. 柠檬酸铁铵半固体培养基
（用于 H_2S 试验）

蛋白胨	2 g
NaCl	0.5 g
柠檬酸铁铵	0.05 g
$Na_2S_2O_3 \cdot 5H_2O$(硫代硫酸钠)	0.05 g
琼脂	0.5～0.8 g
蒸馏水	100 mL

pH 7.2

121 ℃灭菌 20 min

10. 肉膏蛋白胨液体培养基
（用于产氨试验）

其培养基成分与肉膏蛋白胨培养基相同(不加琼脂)。

配制时，一定要预先检查蛋白胨的质量，即在试管中加入少量的蛋白胨和水，然后加入几滴奈氏试剂。如果无黄色沉淀，则可使用；

278

如出现黄色沉淀，表示游离氨太多，则不能使用。

11. 苯丙氨酸斜面

酵母膏	0.3 g
Na_2HPO_4	0.1 g
DL-苯丙氨酸[①]	0.2 g
NaCl	0.5 g
琼脂	1.5～2 g
蒸馏水	100 mL

pH 7.0

112 ℃灭菌 30 min

配制时，调到要求的 pH 后，分装于试管中。灭菌后，摆成斜面。

---

① 或 L-苯丙氨酸 0.1 g。

12. 尿素水解培养基

蛋白胨	0.1 g
NaCl	0.5 g
葡萄糖	0.1 g
KH_2PO_4	0.2 g
酚红	0.0012 g
蒸馏水	100 mL

112 ℃灭菌 20 min

配制时除酚红外，溶解上述成分，调节 pH 为 6.8～6.9。加入酚红指示剂，使培养基呈橙黄色或橘红色，分装于试管(每管预先加入 0.1 g 琼脂)，每管 5 mL。112 ℃灭菌 20 min。待培养基冷至 55 ℃左右，每管加入预先过滤 20% 尿素水溶液 0.5 mL(使培养基中终浓度为 2%)，摇匀后，立即摆成斜面。

13. 硝酸盐还原试验培养基

蛋白胨	1 g
NaCl	0.5 g
KNO_3	0.1～0.2 g
蒸馏水	100 mL

pH 7.4

121 ℃灭菌 20 min

配制时,硝酸钾需用分析纯的试剂,装培养基的器皿也需要特别洁净。

(四)化能自养微生物的分离、纯化培养基

1. 硝化细菌分离培养基

I液:	KNO_2	2.5 g
	$MgSO_4 \cdot 7H_2O$	1.4 g
	$FeSO_4 \cdot 7H_2O$	0.3 g
	蒸馏水	100 mL
II液:	KH_2PO_4	1.36 g
	蒸馏水	100 mL

配制时,I、II两液按9:1混合(pH 8.0~8.2),121 ℃灭菌 20 min。若分离氨氧化细菌,在 I 液中加入 11 g $(NH_4)_2SO_4$ 以代替 KNO_2。

为了增加硝化细菌分离效果,在 1000 mL 培养液中可添加 10 g 粉状 $CaCO_3$ 和 0.4 mL 微量元素溶液[①]。

硅胶平板的制备 取等体积的盐酸(HCl 比重 1.09)和硅酸钠(比重 1.10)溶液,徐徐加入,缓慢混合,均匀搅拌,分装于 100~200 mL 透析袋中。蒸馏水中透析 48 h,其间换蒸馏水 6~8 次。待透析袋内的硅酸钠溶液无色透明后,高压蒸汽灭菌或过滤除菌,贮存备用。

临用前,1 mL 无菌硝化细菌分离培养液加 10 mL 硅酸钠溶液,混匀,制成硅胶平板。

---

① 微量元素溶液

$MnCl_2 \cdot 4H_2O$	79 μg
$CuSO_4 \cdot 5H_2O$	67 μg
$ZnSO_4 \cdot 7H_2O$	70 μg
$Ca(NO_3)_2 \cdot 6H_2O$	55 μg
维生素 B_2	1 μg

2. 硝化细菌富集培养基

KNO_2	0.2 g
KH_2PO_4	0.07 g
$MgSO_4 \cdot 7H_2O$	0.05 g
$CaCl_2 \cdot 2H_2O$	0.05 g
蒸馏水	100 mL

pH 8.0(可用 5% Na_2CO_3 调节)
121 ℃灭菌 20 min(或水浴煮沸 30 min)

若分离氨氧化细菌,可用 0.5 g/100 mL $(NH_4)_2SO_4$ 代替 KNO_2。

3. 肉膏蛋白胨酵母膏培养基(BPY)
(检查硝化细菌纯度用)

牛肉膏	0.5 g
酵母膏	0.5 g
蛋白胨	1 g
NaCl	0.5 g
葡萄糖	0.5 g
蒸馏水	100 mL

pH 7.0
112 ℃灭菌 30 min

配固体培养基时,需加 1.5%~2%琼脂。

(五)光合细菌的分离、纯化培养基

1. 红螺菌科细菌分离培养基

NH_4Cl	0.1 g
$MgCl_2$	0.02 g
酵母膏	0.01 g
K_2HPO_4	0.05 g
NaCl	0.2 g
琼脂	2 g
蒸馏水	90 mL

121 ℃灭菌 20 min

灭菌后,无菌操作加入经过滤除菌的 0.5 g/5 mL $NaHCO_3$ 和 0.1 g 或 0.1 mL $Na_2S \cdot 9H_2O$(降低培养基的氧化还原值),最后再加入 5 mL 经过滤除菌的乙醇、戊醇或 4% 丙氨酸。用过滤除菌的 0.1 mol/L H_3PO_4 调 pH 至 7.0。

2. 紫色非硫细菌(红螺菌)富集培养基

NH_4Cl	0.1 g
$NaHCO_3$[①]	0.1 g
K_2HPO_4	0.02 g
CH_3COONa	0.1~0.5 g
$MgSO_4 \cdot 7H_2O$	0.02 g
NaCl	0.05~0.2 g
生长因子[②]	1 mL

蒸馏水	97 mL
微量元素溶液③	1 mL
pH 7.0	

① 5% $NaHCO_3$ 水溶液：过滤除菌，取 2 mL 加入无菌培养基中。

② 生长因子

维生素 B_1	0.001 mg
尼克丁酸	0.1 mg
对氨基苯甲酸	0.1 mg
生物素	0.001 mg

以上药品溶于蒸馏水中，定容至 10 mL，然后过滤除菌。

③ 微量元素溶液

$FeCl_3 \cdot 6H_2O$	5 mg
$CuSO_4 \cdot 5H_2O$	0.05 mg
H_3BO_4	1 mg
$MnCl_2 \cdot 4H_2O$	0.05 mg
$ZnSO_4 \cdot 7H_2O$	1 mg
$Co(NO_3)_2 \cdot 6H_2O$	0.5 mg

以上药品分别溶于蒸馏水中，并定容至 1000 mL。

除 ①、②、③ 外，各成分溶解后，121 ℃灭菌 20 min。然后分别加入 ①、②、③。

如加入 0.1%～0.3% 的蛋白胨，则能促进该菌生长。

(六) 含酚污水降解菌的分离、纯化培养基

1. 耐酚真菌培养基①

葡萄糖	2 g
酵母膏	0.5 g
马铃薯汁	20 mL
微量元素溶液②	10 mL
苯酚	75～100 mg
蒸馏水	70 mL
pH 5～6	
121 ℃灭菌 20 min	

① 固体培养基需加 2% 琼脂。

② 微量元素溶液（以下药品溶于 100 mL 水中）：

$MgSO_4 \cdot 7H_2O$	0.3 g
KH_2PO_4	0.3 g
$FeSO_4 \cdot 7H_2O$	0.005 g
$CaCl_2$	0.005 g

2. 耐酚细菌培养基

(1) 斜面固体培养基：肉膏蛋白胨固体培养基，每支斜面中加 0.4 mL 苯酚溶液（6 g/L）。

(2) 液体培养基：在一个 500 mL 锥形瓶中装 166.6 mL 的肉膏蛋白胨培养液，灭菌后加入 5 mL 苯酚溶液（26～35 mg/mL）。

3. 苯酚无机培养液

苯酚	75～100 mg
$MgSO_4 \cdot 7H_2O$	0.3 g
KH_2PO_4	0.3 g
蒸馏水	100 mL
pH 7.0～7.2	
121 ℃灭菌 20 min	

4. 碳源对照培养液 A

葡萄糖	75～100 mg
尿素	0.1 g
微量元素溶液①	10 mL
蒸馏水	90 mL
pH 7.0～7.2	
121 ℃灭菌 20 min	

① 同耐酚真菌培养基。

5. 苯酚培养液 B

苯酚	75～100 mg
尿素	0.1 g
微量元素溶液①	10 mL
蒸馏水	90 mL
pH 7.0～7.2	
121 ℃灭菌 20 min	

① 同耐酚真菌培养基。

(七) 厌氧菌培养基

1. 庖肉培养基

(1) 称新鲜牛腿肉 250 g，除去脂肪、肌膜

和肌腱,切成小块,搅碎牛肉,置中号铝锅内,加 500 mL 蒸馏水,置于冰箱过夜。

(2)次日上午由冰箱取出,将牛肉浸液煮沸0.5 h,并不停搅拌,以防沉淀。如蛋白质已凝固,立即停止蒸煮,补足水量。

(3)用4层纱布过滤至烧杯中,在滤液中加入1%蛋白胨、0.5%的氯化钠,搅拌,使之融化。用10%的 NaOH 调 pH 至 8.0,再用小火加热 10~20 min,并补足失水。调 pH 至 7.4,并用滤纸过滤,滤出牛肉渣,得到的滤液为牛肉汁。

(4)将牛肉渣装入试管中,每管约 2~3 g,然后加入牛肉汁 6 mL,121 ℃灭菌后备用。如当日不用,应以无菌操作加入灭菌的石蜡与凡士林(1:1)的混合物以隔绝氧气。

如制备固体培养基,需加入 2%琼脂;如制备半固体培养基,只需加 1%琼脂即可。分装试管,每管装 6 mL。121 ℃灭菌 20 min,备用。

2. 玉米醪培养基

玉米粉	0.5 g
蛋白胨	0.01 g
葡萄糖	0.1 g
蒸馏水	100 mL
自然 pH	

121 ℃煮沸 1 h,分装于试管中,每管深度约5 cm,塞上塞子。121 ℃灭菌 30 min。

3. 6.5%玉米醪培养基

玉米粉	6.5 g
蒸馏水	100 mL
自然 pH	

玉米粉与水混匀后,煮沸 10 min,呈糊状后分装于试管中,每管装 10 mL。121 ℃灭菌 30 min。

4. CaCO₃ 明胶麦芽汁培养基

CaCO$_3$	1 g
明胶	1 g
麦芽汁(6波美)	100 mL
蒸馏水	100 mL
琼脂	2 g
pH 6.8	

121 ℃灭菌 20 min

5. 中性红培养基

葡萄糖	4 g
胰蛋白胨	0.6 g
酵母膏	0.2 g
牛肉膏	0.2 g
醋酸铵	0.3 g
MgSO$_4$ · 7H$_2$O	0.02 g
中性红	0.02 g
KH$_2$PO$_4$	0.05 g
FeSO$_4$ · 7H$_2$O	0.001 g
琼脂	2 g
蒸馏水	100 mL
pH 6.2	

121 ℃灭菌 20 min

6. 两歧双歧杆菌 1.1852 培养基

大豆蛋白胨	0.5 g
胰胨	0.5 g
酵母提取物	1.0 g
葡萄糖	1 g
微量盐溶液①	4.0 mL
半胱氨酸盐酸盐	0.05 g
0.1%刃天青	0.1 mL
琼脂	2 g
蒸馏水	100 mL
pH 7.2	

121 ℃灭菌 20 min

① 微量盐溶液

CaCl$_2$	0.02 g
MgSO$_4$ · 7H$_2$O	0.04 g
K$_2$HPO$_4$	0.1 g

KH$_2$PO$_4$	0.1 g
Na$_2$HCO$_3$	1.0 g
NaCl	0.2 g
蒸馏水	100 mL

（八）氨基酸营养缺陷型的筛选培养基

1. 细菌完全培养基

葡萄糖	0.5 g
牛肉膏	0.3 g
酵母膏	0.3 g
蛋白胨	1 g
MgSO$_4$·7H$_2$O	0.2 g
蒸馏水	100 mL

pH 7.2

121 ℃灭菌 20 min

2. 细菌基本培养基

葡萄糖	0.5 g
(NH$_4$)$_2$SO$_4$	0.2 g
柠檬酸钠	0.1 g
MgSO$_4$·7H$_2$O	0.02 g
K$_2$HPO$_4$	0.4 g
KH$_2$PO$_4$	0.6 g
重蒸水	100 mL

pH 7.2

121 ℃灭菌 20 min

配固体培养基时需加 2% 洗涤处理过的琼脂（详见 p.289）。全部药品需用分析纯，使用的器皿需用蒸馏水或重蒸水冲洗 2～3 次。

3. 无氮基本培养基

在基本培养基中，不加(NH$_4$)$_2$SO$_4$ 和琼脂。

4. 二倍氮源基本培养基

在基本培养基中，加入二倍(NH$_4$)$_2$SO$_4$，不加琼脂。

5. 补充培养基（限制培养基）

（1）基本培养基加一定浓度的完全培养基

在液体基本培养基中，加入 0.1% 的完全培养基及 2% 琼脂。或含微量（0.01% 以下）蛋白胨的完全培养基。

（2）基本培养基加混合氨基酸溶液（表 A）①

在配制基本培养基时，将 20 种氨基酸分别依次缺少一种而使其中含有其他 19 种氨基酸，然后接入待测菌。在哪种培养基上不长菌，就是缺哪种氨基酸的营养缺陷型。

表 A　配制合成培养基时添加氨基酸浓度表

氨基酸 mg/L	细菌	放线菌	酵母菌	霉菌
赖氨酸	10	50	30	70
精氨酸	10	50	35	80
蛋氨酸	10	50	30	70
胱氨酸	50	50	100	120
亮氨酸	10	50	30	70
异亮氨酸	10	50	30	70
缬氨酸	10	50	25	60
酪氨酸	10	50	35	80
色氨酸	10	50	100	100
组氨酸	10	70	35	80
苏氨酸	20	50	50	60
谷氨酸	10	50	30	90
脯氨酸	10	50	25	60
门冬氨酸	10	50	30	70
丙氨酸	10	50	20	40
甘氨酸	10	50	15	40
丝氨酸	10	50	25	50
羟脯氨酸	10	50	30	50

① 若用 dl 型氨基酸，量应加倍；若用酪素水解物作混合氨基酸，应补加胱氨酸（50 mg/L）和色氨酸（10 mg/L）。

（3）基本培养基加混合维生素溶液（表 B）

在配制基本培养基时，将 9 种维生素分别依次缺少一种而使其中含有其他 8 种维生素，然后接入待测定菌。在哪种培养基上不长菌，就是缺哪种维生素的营养缺陷型。

表 B　配制合成培养基时添加维生素浓度表

维生素 mg/L	细菌	放线菌	酵母菌	霉菌
硫氨素（B₁）	0.001	3	0.2	0.5
核黄素（B₂）	0.5	4	0.2	1.0
吡哆醇（B₆）	0.1	2	0.2	0.5
泛酸	0.1	5	0.2	2.0
对氨基苯甲酸	0.1	1	0.2	0.1
肌醇	1	2	10	4
烟酰胺	0.1	1	0.2	1
胆碱	2	1	2.5	2
生物素	0.001	2	0.002	0.002

（4）基本培养基加混合核酸碱基溶液（表 C）[①~③]

配制基本培养基时，将 7 种核酸碱基分别依次缺少一种而使其中含有其他 6 种核酸碱基，然后接入待测定菌。在哪种培养基上不长菌，就是缺哪种核酸碱基的营养缺陷型。

表 C　配制合成培养基时添加核酸碱基浓度表

核酸碱基 mg/L	细菌	放线菌	酵母菌	霉菌
腺嘌呤	10	15	30	70
次黄嘌呤	10	15	30	80
黄嘌呤	10	15	30	70
鸟嘌呤	10	15	30	60
胸腺嘧啶	10	10	25	60
尿嘧啶	10	10	25	60
胞嘧啶	10	10	25	60

① 上述氨基酸维生素和核酸碱基均应磨细后分装成小管，放入干燥器中避光保存。临用时配成溶液，过滤除菌。

② RNA 水解液可代替核酸碱基溶液，可用于混合核酸碱基溶液。

③ RNA 水解液的配制：取 2 g RNA，加入 15 mL 1 mol/L NaOH；另取 2 g RNA，加入 15 mL 1 mol/L HCl。分别于 100 ℃水浴加热水解 20 min，将两种溶液混合，调 pH 为 6.0，过滤后调整体积为 40 mL。可用 RNA 水解液作为混合核酸碱基。如用水解干酪素作为混合氨基酸，则需添加胱氨酸 50 mg/L 和色氨酸 10 mg/L。

（九）细菌原生质体融合试验培养基

1. 酪蛋白培养基 （用于测蛋白酶活性）

Na₂HPO₄·12H₂O	0.13 g
KH₂PO₄	0.036 g
NaCl	0.01 g
ZnSO₄·7H₂O	0.002 g
CaCl₂·2H₂O	0.0002 g
酪素	0.4 g
酪素水解氨基酸	0.005 g
琼脂	1.5~2 g
蒸馏水	100 mL

pH 7.2

121 ℃灭菌 20 min

2. 完全培养基（CM）

蛋白胨	1 g
葡萄糖	1 g
酵母粉	0.5 g
牛肉膏	0.5 g
NaCl	0.5 g
蒸馏水	100 mL

pH 7.2

121 ℃灭菌 20 min

如需配制固体完全培养基时，则需在上述液体培养基中加入 2% 琼脂。

3. 基本培养基（MM）

葡萄糖	0.5 g
(NH₄)₂SO₄	0.2 g
柠檬酸钠	0.1 g
K₂HPO₄·3H₂O	1.4 g
KH₂PO₄	0.6 g
MgSO₄·7H₂O	0.02 g
蒸馏水	100 mL
纯化琼脂	2 g

pH 7.0

121 ℃灭菌 20 min

4. 高渗再生培养基(CMR)

蛋白胨	1 g
葡萄糖	0.5 g
酵母粉	0.5 g
牛肉膏	0.5 g
NaCl	0.5 g
蔗糖	0.5 mol/L
$MgCl_2$	20 mmol/L
蒸馏水	100 mL
纯化琼脂	2 g

pH 7.0

121 ℃灭菌 20 min

如配上层固体培养基,需在上述液体培养基中加入 0.6%琼脂。如需配底层固体培养基,则需加入 2%琼脂。

5. 补充基本培养基(SM)

在基本培养基(MM)中加入 20 μg/mL 腺嘌呤及 2%纯化琼脂。

115 ℃灭菌 20 min。

6. 再生补充基本培养基(SMR)

在补充基本培养基(SM)中加入 0.5 mol/L 蔗糖及 2%纯化琼脂。

115 ℃灭菌 20 min。

(十) 酵母原生质体融合试验培养基

(包括酵母单倍体原生质体融合及电场诱导酵母原生质体融合)

1. 完全培养基

葡萄糖	2 g
蛋白胨	2 g
酵母膏	1 g
蒸馏水	100 mL

pH 7.2

121 ℃灭菌 20 min

如需配成固体完全培养基时,则需在上述液体培养基中加入 2%琼脂。

2. 基本培养基

(1) 葡萄糖柠檬酸钠培养基

葡萄糖	0.5 g
$(NH_4)_2SO_4$	0.2 g
柠檬酸钠	0.1 g
$MgSO_4 \cdot 7H_2O$	0.02 g
K_2HPO_4	0.4 g
KH_2PO_4	0.6 g
纯化琼脂	2 g
蒸馏水	100 mL

pH 6.0

121 ℃灭菌 20 min

(2) YNB 培养基

葡萄糖	2 g
酵母氨基(YNB)[①]	0.67 mL
琼脂(经纯化处理)	2.0 g
蒸馏水	100 mL

pH 6.0

121 ℃灭菌 20 min

---

① YNB 培养基由以下 A、B、C 三种溶液混合而成:取 A 液 1 mL,B 液 1 mL,C 液 10 mL,无离子水 1000 mL, pH 6.5。

A 液—维生素混合液

V_{B1}	1000 mg
菸酸	400 mg
吡哆醇	400 mg
生物素	20 mg
泛酸钙	2000 mg
V_{B2}	200 mg
肌醇	10000 mg
对氨基苯甲酸	200 mg
无离子水	1000 mL

B 液—微量元素混合液

H_3BO_4	500 mg
$MnSO_4 \cdot 7H_2O$	200 mg
$ZnSO_4 \cdot 7H_2O$	400 mg
$CuSO_4 \cdot 5H_2O$	40 mg
$FeCl_3 \cdot 6H_2O$	100 mg
Na_3MnO_4	200 mg
无离子水	1000 mL

C 液—其他无机盐

KI	0.1 mg
$CaCl_2 \cdot 2H_2O$	0.1 g
K_2HPO_4	0.15 g
KH_2PO_4	0.85 g
$MgSO_4 \cdot 7H_2O$	0.5 g
NaCl	0.1 g
无离子水	1000 mL

3. 再生完全培养基

在固体完全培养基中加入 0.5 mol/L 蔗糖（或 0.8 mol/L 甘露醇，或 1 mol/L 山梨醇）。

4. 再生基本培养基

在基本培养基中加入 1 mol/L 山梨醇。

（十一）多黏菌素 E 发酵及杯碟法效价测定培养基

1. 麸皮培养基 （用于保存和活化菌种）

麸皮	3.5 g
琼脂	2.0 g
自来水	100 mL
自然 pH	

煮沸 0.5 h,用棉花或纱布过滤,分装试管。121 ℃灭菌 20 min。

2. 种子培养基

玉米淀粉①	1.5 g
花生饼粉	2.0 g
$(NH_4)_2SO_4$	0.8 g
NaCl	0.2 g
$CaCO_3$	0.5 g
麦芽糖	2.5 g
玉米浆	1.0 g
KH_2PO_4	0.03 g
$MgSO_4 \cdot 7H_2O$	0.01 g
萘乙酸	0.0008 g
自来水	80 mL
自然 pH	

每 250 mL 锥形瓶中分装 30 mL 培养液。121 ℃灭菌 20 min。

3. 发酵培养基

玉米淀粉①	5.0 g
玉米粉	3.5 g
$(NH_4)_2SO_4$	1.8 g
$CaCO_3$	0.95 g
自来水	80 mL
自然 pH	

每 500 mL 锥形瓶中分装 30 mL 培养液。121 ℃灭菌 20 min。

---

① 配制时玉米淀粉用少量冷水调成糊状,加热溶解;其他药品另一起加热溶解。然后两者混合,再煮沸片刻,立即分装。

4. 效价测定试验培养基

（1）上层培养基

蛋白胨	1 g
葡萄糖	0.25 g
牛肉膏	0.3 g
NaCl	2 g
K_2HPO_4	0.25 g
琼脂	1.6~1.8 g
蒸馏水	100 mL
pH 7.0~7.2	
121 ℃灭菌 20 min	

（2）下层培养基

琼脂	2 g
蒸馏水	100 mL

121 ℃灭菌 20 min

5. 大肠杆菌 A.1.542 保藏和活化培养基

蛋白胨	0.6 g
酵母膏	0.3 g
牛肉膏	0.15 g
琼脂	1.5～2 g
蒸馏水	100 mL

pH 7.2～7.4

121 ℃灭菌 20 min

（十二）酵母细胞固定化与酒精发酵培养基

1. YEPD(YPD)培养基

葡萄糖	2 g
胰蛋白胨	2 g
酵母提取物	1 g
蒸馏水	100 mL

pH 5.0～5.5

121 ℃灭菌 20 min

2. YG 培养基

酵母膏	0.15 g
葡萄糖	10 g
NH_4Cl	0.25 g
K_2HPO_4	0.55 g
$MgSO_4 \cdot 7H_2O$	0.025 g
NaCl	0.1 g
$CaCl_2$	0.001 g
柠檬酸	0.3 g
蒸馏水	100 mL

pH 5.0

121 ℃灭菌 20 min

（十三）水及食品卫生微生物检测培养基

1. 单倍乳糖蛋白胨培养基

（用于水的细菌学检测）

蛋白胨	1 g
牛肉膏	0.3 g
乳糖	0.5 g
NaCl	0.5 g
1.6％溴甲酚紫乙醇溶液	0.2 mL
蒸馏水	100 mL

pH 7.4

112 ℃灭菌 30 min

配制时先调 pH，再加入 1.6％溴甲酚紫乙醇溶液，混匀，分装于有倒置杜氏小管的试管中。

2. 三倍乳糖发酵培养基

除蒸馏水外，其他成分均需按 3 倍量配制。

3. 单料乳糖胆盐发酵培养基

（乳糖发酵培养基）

蛋白胨	2 g
猪胆盐（或牛、羊胆盐）	0.5 g
乳糖	1 g
0.04％溴甲酚紫水溶液	2.5 mL
蒸馏水	100 mL

pH 7.4

115 ℃灭菌 20 min

配制时，将蛋白胨及乳糖先溶于蒸馏水中，调节 pH 至 7.4，然后再加入 0.04％溴甲酚紫水溶液，均匀分装于试管中。每管各加一杜氏小管，再进行高压蒸汽灭菌。

4. 双料乳糖胆盐发酵培养基

除蒸馏水外，其他成分均需加倍量配制。

5. MU-Gal 液体培养基[①]

胰蛋白胨或胰酪胨	2.0 g
NaCl	0.50 g
无水 K_2HPO_4	0.275 g

无水 KH$_2$PO$_4$	0.275 g
月桂基硫酸钠	0.01 g
4-甲基伞酮-半乳糖苷(MU-Gal)（纯度不低于99%）	0.008 g
蒸馏水	100 mL

配制时，将各成分加热溶于蒸馏水中，以15%～20% NaOH 溶液调节 pH 至7.0～7.2，分装于 20 mm×150 mm 试管中，每管9 mL，115 ℃灭菌 10 min。待培养基冷却后，无菌操作在每管培养基中加入0.1 mL经无菌水稀释的500 μg/mL头孢磺啶液。或于 1000 mL 培养液中加1 mL经无菌水稀释的 5 mg/mL 头孢磺啶液，并以无菌操作分装试管中。

---

① 双料 MU-Gal 液体培养基中，除蒸馏水外，其他成分加倍。

6. Aliz-gal 琼脂培养基

胰蛋白胨或胰酪胨	2.0 g
NaCl	0.50 g
无水 K$_2$HPO$_4$	0.275 g
无水 KH$_2$PO$_4$	0.275 g
月桂基硫酸钠	0.01 g
茜素-半乳糖苷(Aliz-gal)（纯度不低于97%）	0.005 g
异丙基硫代半乳糖苷	0.003 g
硫酸铝钾	0.05 g
柠檬酸铁铵	0.05 g
琼脂	1.5 g
蒸馏水	100 mL

配制时，将各成分放入蒸馏水中，加热融化，用 15%～17% NaOH 调 pH 至7.0～7.2，分装于烧瓶。115 ℃灭菌 10 min。

7. 艾姆斯试验(Ames test)培养基

（1）上层培养基

NaCl	0.5 g
琼脂	0.6 g

蒸馏水	100 mL

上述各成分加热融化后，加入 10 mL 0.5 mmol/L L-组氨酸和 0.5 mmol/L d-生物素混合液（取前者 0.77 mg、后者 1.22 mg 溶于 10 mL 温热蒸馏水中），趁热混匀后定量加入小试管中，每管 2.5 mL。121 ℃灭菌20 min，作为上层培养基。

（2）下层培养基

① Vogel-Bonner 培养基 E

MgSO$_4$ · 7H$_2$O	0.2 g
柠檬酸(C$_6$H$_8$O$_7$ · H$_2$O)	2.0 g
K$_2$HPO$_4$	10.0 g
磷酸氢铵钠（NaNH$_4$HPO$_4$ · 4H$_2$O）	3.5 g
蒸馏水	200 mL

121 ℃灭菌 20 min

② 20%葡萄糖溶液

葡萄糖	20 g
蒸馏水	100 mL

112 ℃灭菌 30 min

③ 琼脂

琼脂	15 g
蒸馏水	700 mL

121 ℃灭菌 20 min

将①～③分开灭菌，冷却至 80 ℃左右，趁热混匀各组分。待温度降到 55 ℃时，倒入无菌平皿，每皿约 22 mL。水平放置，冷凝后作为下层平板基本培养基 。

（十四）分子微生物学基础实验培养基

1. 2×YT 培养基

胰蛋白胨(tryptone)	1.6 g
酵母提取物(yeast extract)	1.0 g
NaCl	0.5 g
蒸馏水	100 mL
pH 7.0	

121 ℃灭菌 20 min

2. M9 固体基础培养基

$Na_2HPO_4 \cdot 7H_2O$	1.28 g
KH_2PO_4	0.3 g
NaCl	0.5 g
NH_4Cl	0.1 g
葡萄糖	0.4 g
蒸馏水	100 mL
112 ℃灭菌 20 min	
$MgSO_4$(1 mol/L)①	0.2 mL
$CaCl_2$(1 mol/L)①	0.01 mL

---

① 分别配制 $MgSO_4$ 和 $CaCl_2$ 溶液,高压蒸汽灭菌。冷却,无菌操作加入到上述溶液中。

3. 含氨苄青霉素和卡那霉素的 2×YT 培养基

2×YT 培养基经高压蒸汽灭菌后,冷却至 60 ℃以下无菌操作。加入无菌过滤的氨苄青霉素溶液(浓度为 25 mg/mL)和卡那霉素溶液(浓度为 50 mg/mL),使其终浓度分别为 100 μg/mL 氨苄青霉素和 50 μg/mL 的卡那霉素。

4. 含氨苄青霉素的 LB 培养基

LB 培养基经高压蒸汽灭菌后,冷却至 60 ℃以下无菌操作加入无菌过滤的氨苄青霉素溶液(贮液浓度为 25 mg/mL),使其终浓度为每毫升培养液含 100 μg 氨苄青霉素。

5. 含氨苄青霉素、IPTG 和 X-gal 的 LB 固体培养基

LB 固体培养基经高压灭菌后,冷却至60 ℃以下,无菌操作加入无菌过滤的氨苄青霉素(浓度为 25 mg/mL),使其终浓度为 100 μg/mL,趁热倒入平板。待培养基冷却凝固后,将 40 μL 的 X-gal(20 mg/mL)溶液和 4 μL 的 IPTG(200 mg/mL)溶液涂到平板上,以节约价格昂贵的 X-gal (X-gal 与 IPTG 配方见附录四)。

(十五) 数种天然原料的化学成分

1. 100 g 黄豆芽所含成分

水分	77 g
蛋白质	11.5 g
脂肪	2.0 g
碳水化合物	7.0 g
粗纤维	1.0 g
灰分	1.4 g
钙	68 mg
磷	102 mg
铁	1.8 mg
胡萝卜素	0.03 mg
硫胺素(B_1)	0.17 mg
核黄素(B_2)	0.11 mg
尼克酸	0.8 mg
维生素 C	4 mg

2. 牛肉浸汁营养成分

以水浸泡瘦牛肉,置冰箱中过夜,煮沸后滤去肉渣,即成牛肉浸汁。所有浸出物(包括无机和有机物质)约占肌肉重量的 2%。

浸出物含有三大类物质:

(1) 含氮物质　包括肌酸、黄嘌呤、次黄嘌呤、尿酸、谷酰胺、肌肽和肉毒碱等。

(2) 非含氮物质　包括葡萄糖、磷酸己糖、乳酸、琥珀酸、脂肪、肌醇和无机盐等。

(3) B 族维生素　含有 8 种 B 族维生素,包括硫胺素、核黄素、泛酸、尼克酸、生物素、吡哆醇、叶酸和对氨基苯甲酸,可作为细菌生长因素之用。

3. 蛋白胨

蛋白胨是蛋白质经蛋白酶(常用胰蛋白酶或胃蛋白酶)酶解或经酸、碱水解后的中间产物,其中含大小不等的多肽和氨基酸等。各成分的比例依蛋白胨的牌号而不同,有的蛋白胨大部分是多肽,小肽和氨基酸较少;有的只含少量多肽,而小肽和氨基酸含量较多。所以,各种蛋白胨的营养价值不同,有的适于某种细菌的生长,有的则适于某种生化反应的产生(如吲哚试验的培养基中蛋白胨中必需含有精氨酸)。

蛋白胨在培养基中主要提供微生物所需要的氮源。由于它是两性化合物,所以也具有缓冲作用。

4. 琼脂

琼脂俗称洋菜,是从某些海藻中(石花菜或青丝菜等)提取制备的半乳糖聚合物的硫酸酯,另外含有灰分、氧化钙、氧化镁、氮等微量物质。根据其产品的透明度、胶冻强度、黏度、凝固水量等作为检验琼脂质量的指标。一般微生物不分解琼脂,加到培养基中仅起支持作用。固体培养基一般加 1.5%～2% 琼脂,半固体培养基加 0.5%～0.8% 琼脂。应特别注意,培养基 pH 在 4 以下灭菌后琼脂不凝固,加热到 98 ℃ 左右开始融化,而温度降至 45 ℃ 即凝固。

另外,微量物质可能会影响微生物生长,在进行精细实验时,应该先将琼脂中可能为细菌所利用的微量杂质洗去。

洗涤琼脂的两种方法

(1) 将 500 g 琼脂置于大玻璃缸内,加 5 L 蒸馏水和 500 mL 氯苯浸泡 24 h;然后滤去氯苯液和水,再用蒸馏水洗涤琼脂 3 次,用 95% 的酒精洗涤琼脂 1 次,用 95% 的酒精浸泡琼脂过夜;滤去酒精,再用水洗,最后把洗过的琼脂在纱布上展成薄层,晾干,备用。

(2) 将琼脂置于玻璃缸内,用流水洗涤,并浸泡 6～7 d。用奈氏试剂检查无铵离子存在时,再用纱布包起来,将水滤干,最后展成薄层,晾干,备用。

5. 明胶

明胶是由胶原用沸水水解而得,是一种蛋白质。明胶不溶于冷水,但可在冷水中膨胀变软。在沸水中完全溶解,冷却后成透明状半固体。

明胶可被许多细菌分解,高于 25 ℃ 即液化,所以不能替代琼脂作培养基的凝固剂,主要供鉴别细菌是否具液化明胶的能力。

附录四　常用试剂及溶液的配制

（一）常用酸碱指示剂

指示剂名称	pH 变色范围	颜色变化（从酸→碱）	指示剂溶液的组成	常用浓度
（1）甲酚红（酸范围）（cresol red，CR）	0.2～1.8	红色变黄色	0.1 g 指示剂，加 26.2 mL 0.01 mol/L NaOH，加蒸馏水至 250 mL。或 0.1 g 指示剂溶于 100 mL 90％乙醇中	0.04％
（2）麝香草酚蓝（酸范围）（百里酚蓝）（thymol blue，TB）	1.2～2.8	红色变黄色	0.1 g 指示剂，加 21.5 mL 0.01 mol/L NaOH，加蒸馏水至 250 mL。或 0.1 g 指示剂溶于 100 mL 20％乙醇中	0.04％
（3）溴酚蓝（bromophenol blue，BPB）	3.0～4.6	黄色变蓝色	0.1 g 指示剂，加 14.9 mL 0.01 mol/L NaOH，加蒸馏水至 250 mL。或 0.1 g 指示剂溶于 100 mL 20％乙醇中	0.04％
（4）甲基橙（methyl orange，MO）	3.1～4.4	红色变橙黄色	0.1 g 指示剂，加 3.0 mL 0.01 mol/L NaOH，加蒸馏水至 250 mL。或 0.1 g 指示剂溶于 100 mL 蒸馏水中	0.04％
（5）溴甲酚绿（溴甲酚蓝）（bromocresol green，BCG）	3.6～5.2	黄色变蓝色	0.1 g 指示剂，加 14.3 mL 0.01 mol/L NaOH，加蒸馏水至 250 mL	0.04％
（6）甲基红（methyl red，MR）	4.2～6.3	红色变黄色	0.1 g 指示剂，加 37.0 mL 0.01 mol/L NaOH，加蒸馏水至 250 mL。或 0.1 g 指示剂加 150 mL 95％乙醇，加蒸馏水至 250 mL	0.04％
（7）石蕊（石蕊精）（litmus，或 azolitmin）	5.0～8.0	红色变蓝色	0.5～1.0 g 指示剂溶于 100 mL 蒸馏水中	0.5％～1.0％
（8）溴甲酚紫（bromocresol purple，BCP）	5.2～6.8	黄色变紫色	0.1 g 指示剂，加 18.5 mL 0.01 mol/L NaOH，加蒸馏水至 250 mL	0.04％
（9）溴麝香草酚蓝（bromothymol blue，BTB）	6.0～7.6	黄色变蓝色	0.1 g 指示剂，加 16.0 mL 0.01 mol/L NaOH，加蒸馏水至 250 mL。或 0.1 g 指示剂溶于 100 mL 20％乙醇中	0.04％
（10）中性红（neutral red，NR）	6.8～8.0	红色变黄色	0.1 g 指示剂，加 70 mL 60％乙醇，加蒸馏水至 250 mL	0.04％
（11）酚红（phenol red，PR）	6.8～8.4	黄色变红色	0.1 g 指示剂，加 28.2 mL 0.01 mol/L NaOH，加蒸馏水至 500 mL	0.02％

指示剂名称	pH 变色范围	颜色变化 从酸→碱	指示剂溶液的组成	常用浓度
(12)麝香草酚蓝(碱范围) (百里酚蓝) (thymol blue,TB)	8.0~9.6	黄色变蓝色	0.1 g 指示剂,加 21.5 mL 0.01 mol/L NaOH,加蒸馏水至 250 mL	0.04%
(13)酚酞 (phenolphthalein)	8.2~10.0	无色变红色	1 g 指示剂溶于 100 mL 70%~90%乙醇中	1%
(14)麝香草酚酞(百里酚酞) (thymolphthalein,TP)	9.3~10.5	无色变蓝色	0.1 g 指示剂溶于 100 mL 90%乙醇中	0.1%
(15)茜素黄 R (alizarin yellow R,AYR)	10.1~12.0	黄色变红色	0.1 g 指示剂溶于 100 mL 蒸馏水中	0.1%

配制方法:按表中要求精确称取指示剂粉末,放在研钵中,分数次加入 0.01 mol/L NaOH 溶液,仔细研磨直至溶解,最后用蒸馏水稀释至 250 mL 或 500 mL。或直接用乙醇或蒸馏水溶解,定容至所需体积。

(二)常用抗生素溶液

抗生素名称	浓 度	溶液组成与配制方法
(1)链霉素溶液	10^4 U/mL	标准链霉素制品为 10^7 U/瓶。先准备好 100 mL 无菌水,在无菌条件下用无菌移液管吸取 0.5 mL 无菌水加入链霉素标准制品瓶中,待链霉素溶解后,取出加至另一无菌锥形瓶中。如上操作,反复用无菌水洗链霉素标准制品瓶 5 次。最后,将所剩余无菌水全部转移至链霉素溶液中,此溶液为 10^4 U/mL(用于选择性培养基的配制)。
	50 mg/mL	称取链霉素(医用粉剂)100 mg,溶于 2 mL 无菌蒸馏水中,临用时配制(用于细菌接合和基因顺序分析)。
(2)氨苄青霉素溶液	100 mg/mL	使用一定量经高压蒸汽灭菌的蒸馏水溶解市售的氨苄青霉素,使氨苄青霉素的浓度为 100 mg/mL,分装成小份,于 -20 ℃保存(用于重组噬菌体的组装)。
氨苄青霉素贮备液	25 μg/μL	在 1 个 50 mL 锥形瓶中加入 20 mL 蒸馏水,在瓶口外用封口膜包上,121 ℃灭菌 20 min。取 1 个内装 0.5 mg 医用氨苄青霉素干粉小瓶,无菌操作除去其橡皮瓶塞,并用滴管注入少量上述无菌水于小瓶中。充分振荡小瓶,使氨苄青霉素干粉完全溶于水中,然后将此溶液倒回到锥形瓶中,混匀,其氨苄青霉素浓度为 25 μg/μL。将此溶液分装于数个 1.5 mL 无菌小离心管中,置于 -20 ℃或 -70 ℃冰箱中保存,备用(用于大肠杆菌质粒 DNA 的转化)。

抗生素名称	浓　度	溶液组成与配制方法
(3) 多黏菌素 E 贮备液	10^4 U/mL	标准多黏菌素 E 制品为 1 mg 约有 18000 单位。精确称取多黏菌素 E 标准品 55.56 mg，用无菌 $\frac{1}{15}$ mol/L 磷酸缓冲液(pH 6.0)溶解，定容至 100 mL，即配制成 10^4 U/mL 的多黏菌素 E 标准母液，在 4 ℃下保存，备用(用于抗生素发酵)。
多黏菌素 E 标准液	600～1 400 U/mL	将 10^4 U/mL 多黏菌素 E 母液用无菌 1/15 mol/L 的磷酸缓冲液(pH 6.0)稀释成 600、800、1000、1200、1400 等 U/mL。过滤除菌，贮存于无菌试管或无菌锥形瓶中。最好临用前配制(用于抗生素发酵)。
(4) 利福平	25 mg/mL	称取利福平(医用粉剂)25 mg，先加少许甲醇溶解，再溶于 1 mL 无菌蒸馏水中，临用时配制。或临用前过滤除菌(用于细菌接合和基因顺序分析)。
(5) 土霉素溶液	8 mg/mL	称取土霉素(医用粉剂)8 mg，溶于 1 mL 无菌蒸馏水中，临用时配制(用于环境因素对微生物生长的影响)。
(6) 丝裂霉素 C 母液	0.3 mg/mL	称取 3 mg 丝裂霉素 C，溶于 10 mL 无菌蒸馏水中，制成 0.3 mg/mL 丝裂霉素 C 母液；诱导溶源性细菌释放噬菌体时，每 20 mL 细菌培养物中加 0.2 mL 丝裂霉素 C 母液，使其终浓度为 3 μg/mL(用于溶源性细菌的检查和鉴定)。
(7) 青霉素 G 溶液	10^4 U/mL	标准青霉素制品为 10^6 U/瓶。先准备好 100 mL 无菌水，在无菌条件下用无菌移液管吸取 0.5 mL 无菌水加入青霉素标准制品瓶中。待青霉素溶解后，取出加至另一无菌锥形瓶中。如上操作，反复用无菌水洗青霉素标准制品瓶 5 次。最后，将所剩余无菌水全部转移至青霉素溶液中，配制为浓度 10^4 U/mL 的溶液(用于营养缺陷型的筛选和鉴定)。
青霉素 G 溶液	25 U/mL	取上述 10^4 U/mL 青霉素 G 溶液 0.1 mL，用无菌水稀释至 40 mL(用于细菌原生质体融合)。
(8) 卡那霉素溶液	50 mg/mL	使用一定量经高压蒸汽灭菌的蒸馏水溶解市售的卡那霉素，使卡那霉素的浓度为 50 mg/mL，分装成小份，于 −20 ℃保存(用于重组噬菌体的组装)，备用。

(三) 实验用试剂、溶液的配制

1. 电镜制片溶液(实验 2-4，2-5)

(1) 0.3％聚乙烯甲醛溶液

称取 0.3 g 聚乙烯甲醛，溶于 100 mL 二氯乙烷中，贮存冰箱备用。最好临用前配制。

(2) 2％磷钨酸溶液

称取 0.2 g 磷钨酸(Na-TP，或 K-TP)，溶于 100 mL 重蒸馏水中，贮于冰箱备用。使用时用 1 mol/L NaOH 溶液将 pH 调至 6.4～7.0。

2. 配制菌悬液或洗涤菌体的溶液(实验 5-3)

(1) 0.85％生理盐水(用于配制菌悬液或洗涤菌体)

称取 0.85 g NaCl，逐渐加蒸馏水搅匀，使之溶解，最后定容至 100 mL 蒸馏水中。121 ℃

灭菌 20 min。

(2) 0.2%柠檬酸钠溶液(用于溶源性细菌的检查和鉴定)

| 柠檬酸钠($Na_3C_6H_3O_7 \cdot 11H_2O$) | 0.2 g |
| 蒸馏水 | 100 mL |

称取 0.2 g 柠檬酸钠,溶于蒸馏水中,定容至 100 mL。121 ℃灭菌 20 min,4 ℃冰箱贮存,备用。

3. 硝化细菌的富集、分离与纯化(实验 8-3)

二苯胺试剂(硝酸盐试剂)　称取 0.5 g 二苯胺,溶于 100 mL 浓硫酸中,再将此溶液倒入 20 mL 蒸馏水中。

4. 含酚污水降解菌的分离与纯化(实验 8-5)

(1) 苯酚溶液

A. 标准苯酚贮备液

精确称取精制苯酚 1.00 g 溶于无酚蒸馏水中,稀释定容至 1000 mL,浓度相当于 1 mg/mL,贮于棕色瓶中,放置冷暗处保存。因保存中酚的浓度易改变,故需用下述方法标定。

吸取 20.0 mL 标准苯酚贮备液于 250 mL 碘量瓶中,加无酚蒸馏水稀释至 100 mL。加 20.0 mL 0.1 mol/L 溴酸钾-溴化钾溶液及 7 mL 浓盐酸,混合均匀,10 min 后加入 1 g 碘化钾晶体,放置 5 min 后,用 0.1000 mol/L 硫代硫酸钠溶液滴定至浅黄色,加入 1% 淀粉指示剂 1 mL,滴定至溶液蓝色消失为止。同时做空白试验(即用无酚蒸馏水代替标准苯酚贮备液,其他相同),分别记录用量。

$$贮备液含酚量(mg/mL) = \frac{(V_1 - V_2)c}{V} \times 15.68$$

式中:V_1,V_2—滴定空白和标准苯酚贮备液时所用的硫代硫酸钠标准液量(mL);15.68—苯酚的物质的量浓度;c—$Na_2S_2O_3$ 标准液的物质的量浓度;V—标准苯酚贮备液量。

B. 标准苯酚使用液

吸取标准苯酚贮备液 10.00 mL,用无酚蒸馏水稀释定容至 1000 mL,则 1 mL = 0.01 mg 酚。再吸取此液 10.00 mL,用无酚蒸馏水定容至 100 mL,则 1 mL = 0.001 mg 酚。此溶液临用前配制。

(2) 无酚蒸馏水的制备方法

测酚所用的蒸馏水,必须不含酚和氯。在普通蒸馏水中,以 10~20 mg/L 的比例加入粉末状活性炭,充分摇匀后,用定性滤纸过滤即得。

(3) 2% 4-氨基安替比林溶液

称取 2 g 4-氨基安替比林,溶于无酚蒸馏水中,用无酚蒸馏水定容至 100 mL,贮存于棕色瓶中。此液只能保存 1 周,最好临用前配制。

(4) 20%氨性氯化铵溶液(pH 9.8)

称取 20 g 氯化铵(NH_4Cl,AR),溶解于浓氨水(NH_4OH)中,用浓氨水定容至 100 mL。此液 pH 9.8,贮存于具橡皮塞的瓶中,在冰箱内保存,备用。

(5) 0.1000 mol/L 硫代硫酸钠溶液

A. 配制

精确称取 24.8 g 硫代硫酸钠($Na_2S_2O_3 \cdot 5H_2O$,AR),溶解于煮沸后冷却的蒸馏水中,并定容至 1 000 mL。贮于棕色瓶中,用重铬酸钾标定。

B. 标定

① 准确称取 3 份已在 105 ℃干燥过的重铬酸钾($K_2Cr_2O_7$,基准试剂)0.10~0.15 g(每份重量应消耗 $Na_2S_2O_3 \cdot 5H_2O$ 溶液 20~30 mL),分别放入 250 mL 碘量瓶中,加入 20~30 mL 无酚蒸馏水使其溶解;再加入 1 g 固体碘化钾和 2 mol/L 盐酸溶液 15 mL,加塞;充分混合后,放置暗处 5 min,然后加入 100 mL 蒸馏水。

② 用 0.1000 mol/L 硫代硫酸钠溶液滴定,当溶液由棕色变为浅黄绿色后,加入 2 mL 1% 淀粉溶液,继续滴定至溶液刚刚转变为亮绿色为止。

③ 记录硫代硫酸钠溶液用量,用同样的方法进行其他两份溶液的滴定。

滴定的反应式为:

$$K_2Cr_2O_7 + 6I^- + 14H^+ \longrightarrow 2K^+ + 2Cr^{3+} + 3I_2 + 7H_2O$$

$$I_2 + 2S_2O_3^{2-} \longrightarrow 2I^- + S_4O_6^{2-}$$

$Na_2S_2O_3$ 溶液的物质的量浓度按下式计算:

$$c = \frac{m}{(K_2Cr_2O_7/6000)\,V}$$

式中:c—$Na_2S_2O_3$ 溶液的物质的量浓度;m—$K_2Cr_2O_7$ 的质量(g);V—滴定时所用 $Na_2S_2O_3$ 溶液体积(mL);$K_2Cr_2O_7/6000$—$K_2Cr_2O_7$ 的毫摩尔数。

(6)0.1000 mol/L 溴酸钾-溴化钾溶液

称取 2.784 g 干燥的溴酸钾($KBrO_3$,AR)及 10 g 溴化钾(KBr,AR)溶于无酚蒸馏水中,并定容至 1 000 mL。

(7)8% 铁氰化钾溶液

称取 8 g 铁氰化钾(AR),溶于无酚蒸馏水中,稀释定容至 100 mL,贮存于棕色瓶中。此液只能保存 1 周,临用前配制。

(8)1% 淀粉溶液

称取 1 g 可溶性淀粉,用少量水调成糊状,再用沸水冲稀至 100 mL。冷却后,加入 0.1 g 水杨酸或 0.4 g 氯化锌防腐。

5. 微生物的生理生化反应(实验 9-1~9-4)

(1)甲基红试验试剂(MR 试剂)

甲基红 0.1 g,95% 乙醇 300 mL,蒸馏水 200 mL。

(2)伏-普试验试剂(VP 试剂)

I 液:5% α-萘酚无水乙醇溶液。称取 5 g α-萘酚,用无水乙醇溶液定容至 100 mL。

II 液:40% KOH 溶液。称取 40 g KOH,用蒸馏水溶解,定容至 100 mL。

(3)淀粉水解试验试剂(碘液)

与革兰氏碘液配制法相同。

(4)吲哚试验试剂(欧-波试剂)

称取 2 g 对二甲基氨基苯甲醛,溶解于 190 mL 乙醇(95%)中,然后缓慢加入浓 HCl 40 mL。

(5)产氨试验试剂(奈氏试剂)

I 液:碘化钾 10.0 g,蒸馏水 100 mL,碘化汞 20.0 g。

II 液:氢氧化钾 20.0 g,蒸馏水 100 mL。

将 10 g 碘化钾溶于 50 mL 蒸馏水中。在此液中加碘化汞颗粒,待其溶解后,再加 KOH,并补足蒸馏水;最后,将澄清的液体倒入棕色瓶贮存。

(6) 硝酸盐还原试验试剂(格里斯试剂,或亚硝酸盐试剂)

Ⅰ液:对氨基苯磺酸 0.5 g,稀乙酸(10% 左右) 150 mL。

Ⅱ液:α-萘胺 0.1 g,蒸馏水 20 mL,稀乙酸(10% 左右) 150 mL。

(7) 过氧化氢酶试验试剂(3% ~ 10% H_2O_2 溶液)

过氧化氢溶液俗称双氧水,系无色无臭的水状液体,通常含 30% 的 H_2O_2。用无菌蒸馏水将其稀释成 10 倍或 3 倍的溶液即可(临用前配制)。

(8) 苯丙氨酸脱氨酶试验试剂(10% $FeCl_3$ 溶液)

称取 $FeCl_3 \cdot 6H_2O$ 10 g,溶于蒸馏水中,定容至 100 mL。

6. 硫酸二乙酯的诱变效应(实验 11-2)

(1) 2% 硫代硫酸钠($Na_2S_2O_3$)溶液

称取 2 g 硫代硫酸钠($Na_2S_2O_3 \cdot 5H_2O$),逐渐加蒸馏水搅匀使之溶解,定容至 100 mL。贮于棕色瓶中保存,备用。

(2) 1% 硫酸二乙酯(DES)溶液

取 4 mL 菌悬液至 250 mL 锥形瓶中,加 16 mL 无菌 0.1 mol/L pH 7.0 磷酸盐缓冲液,再加 0.2 mL 硫酸二乙酯(DES),即得 1% 的终溶液。30 ℃水浴保温,备用(临用前配制)。

7. 营养缺陷型的筛选和鉴定(实验 11-3)

(1) 0.5 mol/L 硫代硫酸钠溶液

称取 124 g 硫代硫酸钠($Na_2S_2O_3 \cdot 5H_2O$),溶于蒸馏水中,定容至 1000 mL。贮于棕色瓶中保存,备用。

(2) 亚硝基胍溶液(50 μg/mL,250 μg/mL 和 500 μg/mL)

称量 50 μg、250 μg 和 500 μg 亚硝基胍,分别置于无菌离心管中,各加入 2~3 滴甲酰胺或丙酮助溶,使亚硝基胍完全溶解。再加 0.2 mol/L pH 6.0 磷酸盐缓冲液至 1 mL,用黑纸包好,30 ℃水浴保温,备用(临用前配制)。

注意　亚硝基胍为超诱变剂和"三致物质",称量药品时需戴手套、口罩;称量纸用后灼烧;用安装橡皮头的移液管取样;接触玷染亚硝基胍的移液管、离心管、锥形瓶等玻璃器皿需浸泡于 0.5 mol/L 硫代硫酸钠溶液中,置通风处过夜,然后用水充分冲洗。

8. 原生质体融合(实验 11-6~11-8)

(1) 高渗缓冲液

① 0.1 mol/L 磷酸盐高渗缓冲液:在 0.1 mol/L 磷酸盐缓冲液(pH 6.0)中加入 0.8 mol/L 甘露醇。

② 0.2 mol/L 磷酸盐高渗缓冲液(PB 溶液):在 0.2 mol/L 磷酸盐缓冲液(pH 5.8)中加入 0.8 mol/L 山梨醇。

(2) 原生质体稳定液(SMM)

0.5 mol/L 蔗糖、20 mol/L $MgCl_2$、0.02 mol/L 顺丁烯二酸,调节 pH 至 6.5。

(3) 促融合剂

称取聚乙二醇(PEG-4000)40 g,溶解于 SMM 稳定液中,最后定容至 100 mL。

（4）0.3％β-巯基乙醇-0.1％EDTA 溶液

在 0.2 mol/L 磷酸盐高渗缓冲液（pH 5.8 的 PB 溶液）中加入 0.1％ EDTA 溶液，121 ℃灭菌 30 min。冷却至 60～70 ℃，再加入 0.3％ β-巯基乙醇。

（5）溶菌酶（2 mg/mL）

溶菌酶活力单位为 4000 U/g，称取溶菌酶 2 mg，溶解并定容于 1 mL SMM 溶液中，终浓度为 2 mg/mL，过滤除菌备用。临用前配制。

注意　Tris 的 pH 应确保为 8.0。若其 pH 低于 8.0，则溶菌酶不能有效工作。

（6）蜗牛酶（1％）

称取蜗牛酶 1 g，溶解并定容于 100 mL 0.2 mol/L 磷盐酸高渗缓冲液（pH 5.8 的 PB 溶液）中，即得 1％的终溶液，过滤除菌备用。临用前配制。

（7）脉冲液（PM）

山梨醇 1 mol/L、$CaCl_2$ 10 mmol/L、$MgCl_2$ 0.4 mmol/L，用电导率小于 $5×10^{-6}/(\Omega \cdot cm)$ 的去离子水配制，自然 pH。

9. 菌种保藏技术（实验 12-1～12-3）

（1）无菌液体石蜡

取分析纯液体石蜡油装入锥形瓶中，装量不超过锥形瓶总体积的 1/4，塞上棉塞，外包扎牛皮纸，121 ℃灭菌 30 min。连续灭菌 2 次，再置于 105～110 ℃干燥箱中烘烤 2 h，或在 40 ℃温箱中放置 2 周，除去石蜡油中的水分。经无菌检查后备用。

（2）无菌甘油

取丙三醇（亦称甘油，AR）装入锥形瓶中，装量不宜超过锥形瓶体积的 1/4，塞上棉塞，外包扎牛皮纸，121 ℃灭菌 30 min。取出后，置于 40 ℃恒温箱中 2 周，蒸发除去甘油中的水分。经无菌检查后备用。

（3）脱脂牛奶

将新鲜牛奶煮沸，冷却后除去表层油脂，反复操作 3～4 次，然后用脱脂棉过滤，最后 3 000 r/min 离心 15 min，再除去上层油脂。也可将煮沸牛奶放 0 ℃冰箱过夜，次日将漂浮于液面的脂肪除去，反复数次，直至油脂除尽。若用脱脂奶粉，可配制成 20％乳液。上述脱脂牛奶分装小锥形瓶中，塞上棉塞，外包扎牛皮纸，121 ℃灭菌 30 min。经无菌检查后备用。

10. 酶联免疫吸附分析法（实验 13-5）

（1）包被缓冲液（0.015 mol/L 碳酸盐-重碳酸盐缓冲液，pH 9.6）

称取碳酸钠（Na_2CO_3）1.59 g，碳酸氢钠（$NaHCO_3$）2.93 g，加蒸馏水溶解定容至 1 000 mL。另外可加入 0.02％NaN_3，4 ℃冰箱保存，不超过 2 周。

（2）洗涤缓冲液[0.01 mol/L 磷酸盐-NaCl 缓冲液（PBS，pH7.4）内含 0.05％ Tween20]

称取磷酸二氢钾（KH_2PO_4）0.24 g，磷酸氢二钠（Na_2HPO_4）1.44 g，氯化钠（NaCl）8.0 g，氯化钾（KCl）0.2 g，Tween 20 0.5 mL，用盐酸调节溶液的 pH 至 7.4，加蒸馏水定容至 1000 mL。再加入 0.2 g NaN_3，4 ℃冰箱保存，备用。

（3）封闭溶液

取上述洗涤缓冲液配制成 1％～2％的牛血清清蛋白（BSA）溶液。最好在临用前根据用量配制。因 BSA 较贵，也可用 0.5％～1.0％白明胶（gelatin）代替。

（4）底物溶液

先配制 0.1 mol/L 柠檬酸盐缓冲液（pH 4.0）：165.5 mL 0.1 mol/L 柠檬酸溶液与 34.5 mL 0.1 mol/L 柠檬酸三钠溶液混合。

（5）终止反应液

2 mol/L H_2SO_4。

11. 微生物发酵（实验 14-1,14-2）

（1）2,3-丁二醇试剂（2,3-butylene-glycol）（用于抗生素发酵）

	溶液名称	配制方法
Ⅰ液	5%α-萘酚无水乙醇溶液	见本附录中的伏-普试验试剂（p.294）
Ⅱ液	5%碳酸胍水溶液	称取 5 g 碳酸胍,用蒸馏水定容至 100 mL
Ⅲ液	40% KOH 溶液	见本附录中的伏-普试验试剂（p.294）

（2）10%$CaCl_2$ 溶液（用于酵母细胞固定化技术与酒精发酵）

称取无水 10 g $CaCl_2$,逐渐加蒸馏水搅匀溶解,定容至 100 mL。121 ℃灭菌 15 min,4 ℃冰箱保存,备用。

12. 牛乳卫生质量的检测（实验 15-4）

美蓝指示液（1∶250000）：称取美蓝 1 mg,溶于250 mL蒸馏水中。

13. 水中生化需氧量的测定（实验 15-5）

（1）硫代硫酸钠溶液

称取 6.2 g 硫代硫酸钠（$Na_2S_2O_3 \cdot 5H_2O$）溶于煮沸放冷的蒸馏水中,加入 0.2 g 碳酸钠,用蒸馏水稀释定容至 100 mL,贮于棕色瓶中。使用时以 0.02500 mol/L 重铬酸钾标准液标定。

标定方法如下：于 250 mL 锥形瓶中,加入蒸馏水 100 mL 和碘化钾 1 g,溶解后再加入 0.02500 mol/L重铬酸钾标准溶液 10.00 mL 和硫酸 5 mL（将浓硫酸 33.3 mL 缓慢倒入 116.7 mL 蒸馏水中）,混匀。暗处静置 5 min 后,用待标定的硫代硫酸钠溶液滴定至溶液呈淡黄色时,加入淀粉液 1 mL,继续滴定至蓝色刚好褪去为终点。按下式计算硫代硫酸钠溶液物质的量浓度：

$$c = \frac{10.00 \times 0.02500}{V}$$

式中：c—硫代硫酸钠溶液物质的量浓度（mol/L）；V—滴定时消耗该溶液的体积（mL）。

（2）氯化钙溶液

称取 27.5 g 无水氯化钙（$CaCl_2$）溶解于蒸馏水中,稀释至 1000 mL。

（3）硫酸镁溶液

称取 22.5 g 硫酸镁（$MgSO_4 \cdot 7H_2O$）溶解于蒸馏水中,稀释至 1000 mL。

（4）硫酸锰溶液

称取 480 g 硫酸锰（$MnSO_4 \cdot 4H_2O$）溶于蒸馏水中,用水稀释至 1000 mL。将此溶液加至酸化的碘化钾溶液中,遇淀粉不呈现蓝色。

（5）碱性碘化钾溶液

称取 150 g 碘化钾溶于 200 mL 蒸馏水中；另取 500 g 氢氧化钠溶解于 400 mL 蒸馏水中。待溶液冷却后,两液混匀,用蒸馏水稀释至 1000 mL。如有沉淀,则放置过夜后,取上清液,放入棕色瓶中,用橡皮塞塞紧,避光保存。此溶液酸化后,遇淀粉应不呈现蓝色。

（6）稀释水

在 20 L 玻璃瓶内加入 18 L 蒸馏水，通入清洁的空气进行曝气，使水中溶解氧饱和或接近饱和，即 20 ℃时水中溶解氧大于 8 mg/L。盖严，静置于 20 ℃恒温箱中一定时间，使其达到平衡。使用前每升水中加入上述氯化钙溶液、三氯化铁溶液、硫酸镁溶液和磷酸盐缓冲溶液各 1 mL，混匀。稀释水本身不得含有较多的有机物，规定其 BOD_5 不能超过 0.2 mg/L。

（7）0.02500 mol/L 重铬酸钾标准溶液

称取经 105 ℃烘干并冷却的重铬酸钾 1.2258 g 溶于蒸馏水中，移入 1000 mL 容量瓶中，加蒸馏水至刻度，摇匀。

（8）1% 淀粉溶液

配制方法见本附录中的 1% 淀粉溶液（p.294）。

（9）$FeCl_3$ 溶液

称取 $FeCl_3 \cdot 6H_2O$ 0.25 g，溶解于蒸馏水中，定容至 1000 mL。

14. 艾姆氏试验（实验 15-6）

（1）S-9 混合液制备法

用 Ames 试验检查化学诱变剂的效应时，有些物质不需酶激活，有些则要求有肝微粒体酶系激活，因此在体外进行试验时要求加入能激活酶的体系，此即 S-9 混合液的作用。S-9 混合液中有些成分极不稳定，应在使用前预先配好，低温贮存；在进行试验时按一定比例的各种成分混合后使用。每 50 mL S-9 混合液所含成分如下：

① 大鼠肝脏匀浆上清液：2.0 mL。

选成年雄性大鼠 3 只（体重 150～200 g），按每千克体重一次腹腔注射多氯联苯油 2.5 mL（用玉米油配成浓度为 200 mg/mL）。杀鼠前 12 h 禁食，注射后 5 天杀鼠。以下操作及使用器皿均按无菌操作要求在低温 0～4 ℃条件下进行。取出 3 只鼠的肝脏混合，在烧杯内称重；用 0.15 mol/L KCl 溶液洗 3 次，剪碎，每克湿重肝加 3 mL 0.15 mol/L KCl 溶液，制成匀浆，在 9000 g 离心 10 min；取上清液（内含酶系），分装在小试管内，每管 1～2 mL，经液氮速冻，于 -20 ℃冰箱保存，备用。

② 0.4 mol/L $MgCl_2$ 和 1.65 mol/L KCl 盐溶液：1.0 mL。称 $MgCl_2$ 3.8 g，KCl 12.3 g，加水至 100 mL。121 ℃灭菌 20 min。

③ 1 mol/L 葡萄糖-6-磷酸（G-6-P）：0.25 mL；0.1 mol/L 辅酶Ⅱ（NADP）：2.0 mL。过滤除菌。

④ 0.2 mol/L 磷酸缓冲液（pH 7.4）：25 mL。用 0.2 mol/L Na_2HPO_4 440 mL 加 0.2 mol/L NaH_2PO_4 H_2O 60 mL 配成 500 mL 溶液。121 ℃灭菌 20 min。

⑤ 无菌蒸馏水：19.7 mL。

注意　S-9 混合液应现用现配。在测定样品时取已融化并保温在 45 ℃的上层培养基，并依次加试验菌液 0.1 mL、S-9 混合液 0.5 mL，迅速搓匀，倾倒在已制好含底层培养基的平板上，混合均匀后晾凉，备测样用。

（2）10 μg/mL 4-硝基-邻苯二胺（4-nitro-o-phylene-diamine）（用于 Ames 试验阳性对照）

称取 4-硝基-邻苯二胺 100 μg，加少许 HCl 使其溶化，再加蒸馏水定容至 10 mL，即得 10 μg/mL 的终溶液，备用（使用前配制）。

注意　此药具毒性，操作时应注意个人安全防护，尽量减少接触药物的机会。阳性废弃物的处理,可参照放射性同位素废弃物处理方法进行。

15. 细菌 DNA 的制备(实验 16-1)

(1) 1‰SDS -0.1 mol/L NaCl-0.1 mol/L Tris-HCl(pH 9.0)

> 0.1 mol/L Tris-HCl(pH 9.0)
>
> 0.1 mol/L NaCl
>
> 1‰(m/v) SDS
>
> 用浓 HCl 调节至 pH 7.0

(2) 20×SSC 溶液

用 800 mL 蒸馏水溶解 175.3 g NaCl 和 88.2 g 柠檬酸钠,用几滴 14 mol/L HCl 调 pH 至 7.0,用蒸馏水定容至 1 L。分装后,121℃高压蒸汽灭菌 20 min。

该试剂的终浓度为 3.0 mol/L NaCl,0.3 mol/L 柠檬酸钠。

16. 细菌质粒 DNA 的制备(实验 16-2)

(1) TE 溶液(pH 8.0)

> 100 mmol/L Tris-HCl(pH 8.0)
>
> 10 mmol/L EDTA(pH 8.0)

分装后,121℃高压蒸汽灭菌 20 min,室温保存,备用。

(2) 碱裂解液 Ⅰ、Ⅱ、Ⅲ

① 碱裂解液 Ⅰ

> 50 mmol/L 葡萄糖
>
> 25 mmol/L Tris-HCl(pH 8.0)
>
> 10 mmol/L EDTA(pH 8.0)

可一次配制 100 mL,121℃高压蒸汽灭菌 20 min。置于 4℃冰箱保存,备用。

② 碱裂解液 Ⅱ

> 0.2 mol/L NaOH(用 10 mol/L NaOH 贮存液,临用前稀释)
>
> 1‰(m/v)SDS

溶液Ⅱ需现用现配,室温下使用。

③ 碱裂解液 Ⅲ

5 mol/L 乙酸钾	60 mL
冰醋酸	11.5 mL
H_2O	28.5 mL

所配成的溶液Ⅲ置于 4℃冰箱保存,备用。用时置于冰浴中。

(3) 0.5 mol/L EDTA(pH 8.0)溶液

称取 186.1 g 二水乙二胺四乙酸二钠(EDTA-Na·$2H_2O$)加到 800 mL 蒸馏水中,在磁力搅拌器上(或用玻棒)不断搅拌。用 NaOH(颗粒)调节溶液的 pH 至 8.0(约需 20 g 的颗粒 NaOH),加蒸馏水定容至 1 L。

注意　EDTA 二钠盐需加入 NaOH 将溶液的 pH 调至接近8.0时,才会完全溶解。

(4) 70‰乙醇

无水乙醇	70 mL
无菌重蒸水	30 mL

(5) 溶菌酶(10 mg/mL)

称取 10 mg 溶菌酶溶于 1 mL 10 mmol/L Tris-HCl(pH 8.0)的溶液中。临用前配制。

注意　Tris 的 pH 应确保为 8.0。若其 pH 低于 8.0,则溶菌酶不能有效工作。

(6) 无 DNA 酶的 RNA 酶(RNAse A)

将牛胰 RNA 酶溶于 10 mmol/L Tris-HCl(pH 7.5)、15 mmol/L NaCl 中,配成 10 mg/mL 的贮存液,100 ℃加热处理 15 min。缓慢冷却至室温后,分装成小份,于－20 ℃冰箱保存,备用。

17. 噬菌体 M13 单链及双链 DNA 的制备(实验 16-3)

(1) PEG/NaCl 溶液

$$20\%聚乙二醇(PEG)8000 (m/v)$$
$$2.5 \text{ mol/L NaCl}$$

(2) 3 mol/L 乙酸钠溶液(pH 5.2)

将 408.1 g 乙酸钠($CH_3COONa \cdot 3H_2O$)溶解于 900 mL 纯水(Mill-Q 水)中,用 2 mol/L 冰乙酸调节至 pH 5.2。加纯水,定容至 1000 mL。

18. DNA 的琼脂糖凝胶电泳(实验 16-4)

(1) 电泳缓冲液贮存液(5×TBE 缓冲液)

在 800 mL 蒸馏水中分别加入 54 g Tris 碱、27.5 g 硼酸、20 mL 0.5 mol/L EDTA(pH 8.0),充分搅拌使药品完全溶解,加蒸馏水至 1 L。121 ℃灭菌 10 min,冷却,于 4 ℃冰箱中保存,备用。

(2) 溴化乙啶染色贮存液(10 mg/mL)

在 10 mL 蒸馏水中加入 0.1 g 溴化乙啶,充分搅拌,以确保其完全溶解。将溶液转移至棕色瓶中,并用黑纸包裹容器,室温存放,备用。

注意　由于溴化乙啶是诱变剂,有毒,故在操作过程中必须戴上塑料防护面罩及乳胶手套或一次性塑料手套。

(3) 溴酚蓝-甘油溶液(0.25%溴酚蓝-30%甘油溶液)

分别配制 0.5%溴酚蓝水溶液和 60%甘油水溶液,然后各取 1 份 0.5%溴酚蓝溶液和 60%甘油,混合即成。

19. 聚合酶链式反应体外 DNA 扩增(实验 16-5)

10×扩增缓冲液:500 mmol/L KCl、100 mmol/L Tris-Cl(pH 8.3,室温下)、15 mmol/L $MgCl_2$,121 ℃高压蒸汽灭菌 10 min。分装后,于－20 ℃冰箱保存,备用。

20. 质粒 DNA 的转化(实验 16-6)

(1) pBR 322 溶液(20 ng/μL)

pBR 322 标准溶液为 0.5~1.0 μg/μL。取 pBR 322 标准液(1.0 μg/μL),用无菌蒸馏水稀释至 20 ng/μL。

(2) 0.1 mol/L $CaCl_2$ 溶液

将 1.1 g $CaCl_2$(AR)溶于 100 mL 重蒸水,121 ℃灭菌 20 min。4 ℃冰箱保存,备用。

(3) 酚/氯仿溶液

市售 Tris 饱和酚(pH 8.0)与氯仿等体积混合。

21. 大肠杆菌的电穿孔转化(实验 16-7)

(1) 20%甘油溶液

200 mL 甘油(AR)加到 800 mL 重蒸水中,混匀后,过滤除菌。

(2) 40%甘油溶液

400 mL 甘油(AR)加到 600 mL 重蒸水中,混匀后,过滤除菌。

22. 利用 α 互补筛选重组体菌株(实验 16-8)

(1) IPTG 溶液

称取 200 mg IPTG(异丙基-β-D-硫代半乳糖苷),溶于 1 mL 蒸馏水中。过滤除菌,分装成小份,于-20℃冰箱保存,备用。

(2) X-gal 溶液

称取 20 mgX-gal(5-溴-4-氯-3-吲哚-β-D-半乳糖苷),溶于 1 mL 二甲基甲酰胺。装有 X-gal 溶液的试管需用铝箔包装,避光保存。X-gal 溶液无需过滤除菌。

(3) 10×上样缓冲液

$$0.4\%溴酚蓝$$
$$66\%(m/v)蔗糖水溶液$$

(4) λ/HindⅢ+EcoRⅠ的 DNA 分子量标准物

先加入适量 TE(pH8.0)溶液,使 DNA 分子量标准物的浓度达到 0.1 μg/μL,再加入1/10体积的 10×上样缓冲液。

(5) 1×TAE 缓冲液

4.84 g Tris 碱,1.142 mL 冰乙酸,2 mL 0.5 mol/L EDTA(pH 8.0),加蒸馏水定容至 1000 mL。

(四) 实验用缓冲液的配制

1. Tris-HCl 缓冲液

(1) 1 mol/L Tris·HCl 溶液

称取 121.1 g Tris 碱加入 800 mL 蒸馏水中,溶解,加浓 HCl,调节溶液的 pH 至所需值。

所需 pH	所需浓 HCl 的体积
7.4	70 mL
7.5	60 mL
8.0	42 mL

应使溶液冷至室温后,才可调节其 pH(因 Tris 溶液的 pH 因温度而异)。加蒸馏水定容至 1 L,分装后,121℃高压蒸汽灭菌。

(2) 配制各种 pH 的 Tris 缓冲液

所需 pH(25℃)	所需 0.1 mol/L HCl 的体积
7.5	40.3 mL
7.6	38.5 mL
8.0	29.2 mL
8.3	19.9 mL
8.9	7.0 mL

例如,某一特定 pH 的 0.05 mL Tris 缓冲液的配制方法:取 50 mL 0.1 mol/L Tris 碱溶液

与上表所列的相应体积(mL)的 0.1 mol/L HCl 混合,加蒸馏水将体积调至 100 mL。

(3) 10 mol/L Tris-HCl 缓冲液(pH 7.5,pH 8.0)

取上述配制的 100 mmol/L Tris-HCl 溶液 50 mL 与表中所列用量的 100 mmol/L HCl 混匀后,加蒸馏水稀释至 100 mL,即为 10× 所需 pH 的 Tris-HCl 缓冲液贮备液。用时稀释 10 倍。

pH	Tris-HCl* (100 mmol/L)	HCl (100 mmol/L)	实　验
7.5	50 mL	40.3 mL	用于细菌 DNA 的制备,配制无 DNA 酶的核糖核酸酶
8.0	50 mL	29.2 mL	用于细菌质粒 DNA 的制备和噬菌体 M13 单链及双链 DNA 的制备,配制 TE 缓冲液

* Tris 溶液易从空气中吸收 CO_2,使用时注意将瓶盖严。

2. 磷酸盐缓冲液

(1) 0.1 mol/L 磷酸氢二钾-磷酸二氢钾缓冲液(pH 6.0,pH 7.0)

$M_r(K_2HPO_4)=174.18$。称取 17.4 g K_2HPO_4,溶解于蒸馏水中,定容至 1000 mL。

$M_r(KH_2PO_4)=136.09$。称取 13.6 g KH_2PO_4,溶解于蒸馏水中,定容至 1000 mL。

0.1 mol/L 磷酸氢二钾-磷酸二氢钾缓冲液

pH	K_2HPO_4 (0.1 mol/L)	KH_2PO_4 (0.1 mol/L)	实　验
6.0	13.2 mL	86.8 mL	用于细菌、酵母菌原生质体融合,配制高渗缓冲液
7.0	61.5 mL	38.5 mL	用于硫酸二乙酯对枯草芽孢杆菌产生蛋白酶诱变效应,配制硫酸二乙酯

(2) 0.2 mol/L 磷酸氢二钠-磷酸二氢钠缓冲液(pH 5.8,pH 6.0,pH 7.0,pH 7.2)

$M_r(Na_2HPO_4 \cdot 2H_2O)=178.05$。称取 35.61 g $Na_2HPO_4 \cdot 2H_2O$,溶解于蒸馏水中,定容至 1000 mL。

$M_r(NaH_2PO_4 \cdot H_2O)=138.01$。称取 27.6 g $NaH_2PO_4 \cdot H_2O$,溶解于蒸馏水中,定容至 1000 mL。

0.2 mol/L 磷酸氢二钠-磷酸二氢钠缓冲液

pH	Na_2HPO_4 (0.2 mol/L)	NaH_2PO_4 (0.2 mol/L)	实　验
5.8	8.0 mL	92.0 mL	用于电场诱导酵母菌原生质体融合,配制高渗缓冲液和酵母原生质体融合配制蜗牛酶
6.0	12.3 mL	87.7 mL	用于营养缺陷型的筛选、鉴定,配制亚硝基胍溶液和酶联免疫吸附分析配制缓冲液
7.0	61.0 mL	39.0 mL	用于大肠杆菌 λ 噬菌体局限转导
7.2	72.0 mL	28.0 mL	用于大肠杆菌 λ 噬菌体局限转导

(3) $\frac{1}{15}$ mol/L 磷酸缓冲液(pH 6.0)(用于抗生素发酵及杯碟法测定生物效价实验)

$$\frac{1}{15} \text{mol/L } Na_2HPO_4 : \frac{1}{15} \text{mol/L } KH_2PO_4 = 1 \text{ mL} : 9 \text{ mL}$$

① 先配制 $\frac{1}{15}$ mol/L Na$_2$HPO$_4$：M_r(Na$_2$HPO$_4$·2H$_2$O)＝178.05。配制 $\frac{1}{15}$ mol/L溶液,应称取 11.876 g Na$_2$HPO$_4$·2H$_2$O,用蒸馏水定容至 1000 mL。

② 再配制 $\frac{1}{15}$ mol/L KH$_2$PO$_4$：M_r(KH$_2$PO$_4$)＝136.09。$\frac{1}{15}$ mol/L 溶液,应称取 9.078 g KH$_2$PO$_4$,用蒸馏水定容至 1000 mL。

③ 最后按比例配制。

（4）磷酸盐缓冲液（用于食品中大肠菌群的快速检测,按 GB 4789.28-2003 中 3.22 规定进行）

① 储存液（pH7.2）：KH$_2$PO$_4$ 34 g,1 mol/L NaOH 溶液 175 mL,蒸馏水 825 mL。

制法：先将磷酸盐溶解于 500 mL 蒸馏水中,用 1 mol/L NaOH 溶液校正 pH 后,再用蒸馏水稀释至 1000 mL。

② 稀释液：取储存液 1.25 mL,用蒸馏水稀释定容至 1000 mL。分装每瓶 100 mL,或每管10 mL。121 ℃高压蒸汽灭菌 15 min。

（5）磷酸盐缓冲溶液（pH 7.2）（用于水中生化需氧量的测定）

称取 8.5 g KH$_2$PO$_4$,21.75 g K$_2$HPO$_4$,33.4 g Na$_2$HPO$_4$·7H$_2$O 和 1.7 g NH$_4$Cl,溶解于蒸馏水,定容至 1000 mL。

3. 0.05 mol/L 巴比妥缓冲液（pH 8.6） （用于琼脂双向扩散沉淀反应和对流免疫电泳实验）

称取 1.84 g 巴比妥酸,置于 56～60 ℃蒸馏水中溶化,然后加入 10.3 g 巴比妥钠,加蒸馏水定容至 1 000 mL,即为 0.05 mol/L pH 8.6 巴比妥缓冲液。

或按下法配制：将 1 g NaOH 溶于 50 mL 加热至沸的蒸馏水中,得到 0.5 mol/L NaOH 溶液。称取 5.52 g 巴比妥酸,溶解于上述 0.5 mol/L NaOH 溶液中,待其全部溶解后,冷却,用蒸馏水稀释定容至 500 mL,用 pH 计校正 pH 至 8.6。

4. 0.1 mol/L 柠檬酸盐缓冲液（pH 4.0） （用于酶联免疫吸附分析法）

165.5 mL 0.1 mol/L 柠檬酸溶液与 34.5 mL 0.1 mol/L 柠檬酸三钠溶液混合。

（五）酸碱溶液

1. 盐酸

（1）1 mol/L HCl（用于调节 pH 或标定用试剂）

用酸滴定管按下表量取浓盐酸配成所需浓度的盐酸,如配制 1 mol/L HCl,量取含量为38％的浓盐酸,然后,以蒸馏水稀释定容至 1000 mL,小心摇匀。

盐酸配制法

项　目	比重 1.19	比重 1.16
体积分数	38	32
加浓 HCl 量	82.5 mL	98.3 mL
加蒸馏水量	917.5 mL	901.7 mL

（2）0.100 mol/L HCl（用于调节 pH 或标定用试剂）

取浓 HCl（比重 1.19,AR）8.25 mL,加蒸馏水稀释定容至 1000 mL。此溶液约为0.1 mol/L,需进一步标定（若用恒沸盐酸配制,可不标定）。

取 3～5 g 无水碳酸钠（Na$_2$CO$_3$,AR）,平铺在直径约 5 cm 扁形称量瓶底部,110 ℃烘烤

2 h,置干燥器中冷却至室温。称取两份干燥的碳酸钠(每份重 0.13~0.15 g,精确称取小数点后四位),溶于约 50 mL 蒸馏水中,加甲基橙指示剂 2 滴,用待标定的盐酸溶液滴定至橙红色。按下式计算盐酸溶液的物质的量浓度。

$$c = \frac{m}{V \times 0.053}$$

式中:c—盐酸液的物质的量浓度;m—Na_2CO_3 的质量,以 g 计;V—滴定所消耗盐酸液体积(mL)。

两次滴定结果平均值作为盐酸溶液的物质的量浓度。若两次滴定结果误差超过 0.2%,需重新标定。

(3) 2% HCl 或 2%盐酸乙醇溶液(用于冷冻干燥保藏法)

比重 1.19 的浓盐酸溶液含 38%的 HCl,由此比例可计算出 2 g HCl 需多少体积浓盐酸(比重 1.19)。

100 g 浓盐酸溶液含有 38 g HCl,x g 浓盐酸溶液含有 2 g HCl,则

$$x = \frac{100 \text{ g} \times 2 \text{ g}}{38 \text{ g}} = 5.26 \text{ g}$$

将 5.26 g 浓盐酸重量折合为浓盐酸体积,即

$$V = \frac{5.26 \text{ g}}{1.19 \text{ g/mL}} \approx 4.42 \text{ mL}$$

用移液管取 4.4 mL 的浓盐酸(比重 1.19),然后以蒸馏水或 95%乙醇稀释定容至 100 mL,将溶液摇匀即可。同理,若用比重 1.16 的浓盐酸,则需取 5.4 mL 浓盐酸(比重 1.16),以蒸馏水或 95% 乙醇稀释定容至 100 mL。

2. 氢氧化钠

(1) 1 mol/L NaOH 溶液(用于调节 pH 或标定用试剂)

称取 40 g NaOH,溶于蒸馏水稀释定容至 1 000 mL。用 β-苯二钾酸氢钾进行标定。

(2) 10 mol/L、0.2 mol/L NaOH 溶液(用于细菌质粒 DNA 的制备)

称取 40 g 干燥的 NaOH,溶于蒸馏水稀释定容至 100 mL。临用前稀释至 0.2 mol/L NaOH 溶液。

(3) 10% NaOH 溶液(用于厌氧菌的培养)

称取 10 g 干燥的 NaOH,逐渐加入蒸馏水搅匀使之溶解,最后定容至 100 mL 蒸馏水中。

(4) 20%NaOH 溶液(用于厌氧菌的培养)

称取 20 g 干燥的 NaOH,逐渐加入蒸馏水搅匀使之溶解,最后定容至 100 mL 蒸馏水中。

附录五　常用化学消毒剂和杀菌剂

化学药剂根据其杀死或抑制微生物的效应可分为杀菌剂、消毒剂、防腐剂三类。凡杀死一切微生物及其孢子的药剂称杀菌剂,如杀灭物体表面、排泄物和环境中微生物的某些强氧化剂和重金属盐类等;只杀死感染性病原微生物的药剂称消毒剂,如常用于机体表面皮肤、黏膜、伤口等处的化学药剂;而只能抑制微生物的生长和繁殖的药剂称为防腐剂,如常用于食品、饮料和生物制品中的药剂。但消毒剂和防腐剂间界限不很严格,如高浓度的石炭酸(3%~5%)用于器皿表面消毒,而低浓度的石炭酸(0.5%)用于生物制品的防腐。化学药剂的效果与药剂浓

度、微生物种类及其所处环境、处理时间的长短均有关系。现将实验用消毒剂的配制与常用的化学杀菌剂、消毒剂的使用浓度和应用范围简介如下。

（一）实验用消毒剂配制

1. 84 消毒液

84 消毒液用于器皿和超静工作台面消毒。取 84 消毒液（0.5％）1 mL，加自来水或蒸馏水 200 mL 即可。

2. 新洁尔灭溶液

新洁尔灭溶液有 0.1％ 和 0.25％ 两种。0.1％ 用于器皿消毒，0.25％ 用于药物杀菌试验。

取 5％ 新洁尔灭原液，用蒸馏水按 1∶50 直接稀释成 0.1％ 新洁尔灭溶液；用蒸馏水按 1∶20 直接稀释成 0.25％ 新洁尔灭溶液。

3. 常用酒精溶液配制——乙醇稀释法

常用酒精溶液用于皮肤和器皿消毒，一般由 95％ 乙醇配制 75％ 乙醇。如果将两种浓度的乙醇配制成某种浓度乙醇溶液时，可用十字交叉法。

A：被稀释的乙醇浓度（％）

B：用来稀释 A 的乙醇浓度（％）（如用水时，$B=0$）

W：要求稀释成的乙醇浓度（％）

Y：（$A-W$）取 B 液所用体积

X：（$W-B$）取 A 液所用体积

或采用直接稀释法，如用工业或医用 95％ 乙醇配制成 75％ 乙醇，则可取 75 mL 95％ 乙醇加入 20 mL 蒸馏水。

4. 复方新诺明溶液

复方新诺明溶液用于药物杀菌试验。复方新诺明系抗代谢药物，每片含磺胺嘧啶 200 mg、甲氧苄嘧啶 80 mg、磺胺甲基异噁唑 200 mg。取医用片剂复方新诺明 1 片（480 mg），溶解于 2 mL 无菌蒸馏水中，并稀释至 30 mL。临用前配制。

5. 汞溴红

汞溴红，又名红汞，红溴汞。用于药物杀菌试验。称取 2 g 红汞，加少量无菌蒸馏水溶解，稀释至 100 mL。配成 2％ 的水溶液，即俗称的红药水。

6. 碘酊溶液

碘酊溶液俗称碘酒，用于药物杀菌试验。本药液含碘 2％，碘化钾 1.5％。称取 2 g 碘和 1.5 g 碘化钾，置于 100 mL 量杯中，加少量 50％ 乙醇。搅拌，待其溶解后，再用 50％ 乙醇稀释至 100 mL，即得碘酊溶液。

7. 福尔马林（甲醛）溶液

福尔马林溶液有 0.3％ 和 10％ 两种。0.3％ 用于免疫血清制备实验，10％ 用于浸泡绒毛尿囊膜。

称取 0.3 g 甲醛，溶解定容至 100 mL 0.85％ 生理盐水中。

称取 10 g 甲醛，溶解定容至 100 mL 蒸馏水中。

8. 硫柳汞溶液

1％ 硫柳汞溶液用于免疫血清保存防腐剂。

称取 1 g 硫柳汞,溶解定容至 100 mL 0.85％生理盐水。抗血清保存时,硫柳汞终浓度为 0.01％。

9. 石炭酸(苯酚)溶液

(1) 0.5％、2％和 5％石炭酸溶液

0.5％石炭酸溶液用于免疫血清保存防腐剂,2％石炭酸溶液用于细菌滤膜浸泡消毒,5％石炭酸溶液用于废弃物缸浸泡消毒。

石炭酸(苯酚)50 g,蒸馏水 1000 mL。配制时先将石炭酸在水浴锅内加热溶解,称取 50 g,用蒸馏水稀释定容至 1000 mL,即为 5％石炭酸溶液。取 5％石炭酸溶液 100 mL,加 150 mL 蒸馏水稀释,即为 2％。将 5％石炭酸溶液稀释 10 倍,即为 0.5％石炭酸溶液。

(2) 石炭酸系列溶液(用于石炭酸系数测定)

苯酚(石炭酸)为白色针状结晶,若已潮解或变为淡红色、深红色,应重新蒸馏后使用。先配制成 5％(1∶20)的石炭酸原液,再按下表配制系列稀释液。每种溶液取 5 mL,分别置于无菌试管中。

石炭酸系列稀释液配制

稀释倍数	原液 * /mL	加蒸馏水/mL	总量/mL
1∶50	2	3	5
1∶60	2	4	6
1∶70	2	5	7
1∶80	2	6	8
1∶90	2	7	9

* 原液为 1∶20。

10. 来苏尔溶液

(1) 2％～5％来苏尔溶液

来苏尔水是肥皂乳化甲酚的混合液。配制 2％的来苏尔溶液用于皮肤消毒,配制 3％～5％来苏尔溶液用来浸泡微生物实验的废弃物品。量取 5 mL 来苏尔水,用无菌蒸馏水稀释至 100 mL,即配成 5％(1∶20)的来苏尔原液。

(2) 来苏尔系列稀释液(用于石炭酸系数测定)

按(1)法配制 5％的来苏尔原液,再按下表配制系列稀释液。每种溶液取 5 mL,分别置于无菌试管中。

来苏尔系列稀释液配制

稀释倍数	原液 * /mL	加蒸馏水/mL	总量/mL
1∶150	1	6.5	7.5
1∶200	0.5	4.5	5.0
1∶250	0.5	5.725	6.225
1∶300	0.5	7.0	7.5
1∶500	0.25	6.25	6.5

* 原液为 1∶20。

（二）常用的化学杀菌剂和消毒剂

类　型	名　称	常用浓度	应　用　范　围
酚类	石炭酸	3%～5%	空气(喷雾)、地面、桌面和器皿消毒
	甲酚	2%～5%	空气(喷雾)、地面、桌面和器皿消毒
	来苏儿(2%煤酚皂)	2%～5%	浸泡用过的移液管等玻璃器皿、皮肤消毒
	六氯酚	2.5%～3%	皮肤消毒
	间苯二酚	1%～2%	木材、染料、合成橡胶中防腐剂或化妆品中角质层分离剂
	4-己基间苯二酚	—	驱肠虫药、咳嗽镇静剂、尿道消毒剂中有效成分
		5～50 mg/kg	食品抗氧化剂(虾、蔬菜保鲜)
	麝香草酚	0.02 g/kg	古文物纺织品熏蒸(真菌杀菌剂)
		0.06%	常用作牙龈、口腔黏膜炎症的漱口液或漱喉液
醇类	乙醇	70%～75%	皮肤和器皿消毒
	异丙醇	75%	皮肤和器皿消毒
	乙二醇	0.2%～2%	化妆品杀菌剂(0.2%)、洗涤剂杀菌剂(2%)
		0.2%～0.4%	空气消毒(熏蒸或喷雾)
酸类	乳酸	0.33～1 mol/L	空气消毒(熏蒸或喷雾)
	醋酸	3～5 mL/m³	空气消毒(熏蒸)
	苯甲酸	0.1%	食品真菌防腐剂
	山梨酸	0.1%	食品真菌防腐剂
	丙酸盐	0.32%	食品真菌防腐剂
碱类	石灰水	1%～3%	地面或粪便、畜舍消毒
氧化剂	高锰酸钾	0.1%～3%	玻璃器皿消毒
	过氧化氢	3%	清洗创伤、口腔黏膜消毒
	过氧乙酸	0.2%～0.5%	皮肤、塑料、玻璃器皿消毒
	臭氧	2 mg/L	饮用水消毒
烷化剂	甲醛(福尔马林)	0.5%～10%	使病毒失活(不影响抗原性)
		2～6 mL/m³	接种室、接种箱或玻璃器皿消毒
	戊二醛	2%	空气消毒(熏蒸或喷雾)、器皿消毒
	环氧乙烷	600 mg/L	不耐高温的器皿消毒
			古文物纺织品熏蒸(真菌杀菌剂)
卤素及 化合物	氯气	0.2～0.5 mg/L	饮用水和游泳池水消毒
	84 消毒液	0.5%	主要成分为次氯酸钠,用于器皿和橱具消毒
	氯胺	0.1%～2%	皮肤及伤口消毒
	二氯异氰尿酸钠	3%	空气消毒(喷雾)、排泄物灭菌
	漂白粉	0.2～0.4 mg/L	水体消毒
		10%～20%	排泄物消毒(排泄物:10%～20%漂白粉澄清液为1∶2)
	碘酒	2.5%	皮肤消毒或治疗甲状腺肿
	聚维酮碘	0.1%～1.0%	皮肤清洗、消毒
表面 活性剂	阴离子表面活性剂		
	新洁尔灭	1∶20 水溶液	用过的盖片、载片、器皿消毒及皮肤消毒
	杜灭芬	0.05%～0.1%	皮肤及伤口消毒或塑料、橡胶物品、棉织品消毒

类　型	名　称	常用浓度	应用范围
表面活性剂	阳离子表面活性剂 　季胺盐类	$0.05\%\sim0.1\%$	器皿、食品和奶制品设备消毒
金属盐	硝酸银	$0.1\%\sim1\%$	防治淋病、眼、咽喉和皮肤消毒
	汞溴红(红药水)	2%	体表及伤口消毒
	升汞	$0.05\%\sim0.1\%$	物体表面消毒
	柳硫汞	$0.01\%\sim0.1\%$	生物制品防腐
	硫酸铜	$0.1\%\sim0.5\%$	真菌、藻类抑菌剂

附录六　微生物学实验缩写词

A

a	annual	年
Amp	ampicillin	氨苄青霉素
ABTS	2,2′-azino-di (3-ethylbenzthiazoline sulfonate)	2,2′-连氨-双-(3-乙基苯并噻唑啉磺酸)
Ab	antibody	抗体
Ag	antigen	抗原
Arg	arginine	精氨酸
Ade	adenine	腺嘌呤
Aliz-gal	alizarin galactoside	茜素-半乳糖苷
AYR	alizarin yellow R	茜素黄 R

B

BCG	bromocresol green	溴甲酚绿
BCP	bromocresol purple	溴甲酚紫
BOD	biochemical oxygen demand, biological oxygen demand	生化需氧量
BPB	bromophenol blue	溴酚蓝
BTB	bromothymol blue	溴麝香草酚蓝,溴百里酚蓝

C

cccDNA	covalently closed circular DNA	共价闭环 DNA
cfu	colony forming unit	菌落形成单位
CIE	counter immunoelectrophoresis	对流免疫电泳
CM	complete medium	完全培养基
CPE	cytopathic effect	细胞病变效应,细胞病变作用
CR	cresol red	甲酚红

D

d	day	日(天)

dATP	deoxyadenosine triphosphate	脱氧腺苷三磷酸
dCTP	deoxycytidine triphosphate	脱氧胞苷三磷酸
dGTP	deoxyguanosine triphosphate	脱氧鸟苷三磷酸
dNTP	deoxyribonucleoside triphosphate	脱氧核苷三磷酸
dTTP	deoxythymidine triphosphate	脱氧胸苷三磷酸
λdgal		带有发酵半乳糖基因的 λ 缺陷噬菌体
DMSO	dimethyl sulfoxide	二甲亚枫
DES	diethyl sulfate	硫酸二乙酯

E

EB	ethidium bromide	溴化乙啶
EDTA	ethylene diaminetetraacetic acid	乙二胺四乙酸
EMB	eosin-methylene blue agar	伊红美蓝琼脂(培养基)
ELISA	enzyme-linked immunosorbent assays	酶联免疫吸附测定法
E. coli K12(λ)gal$^+$		携带发酵半乳糖基因的大肠杆菌 K12(λ)溶源菌
E. coli K12 gal$^-$		不发酵半乳糖的大肠杆菌 K12 菌株 (非溶源菌)

G

G$^+$菌	Gram-positive bacteria	革兰氏阳性细菌
G$^-$菌	Gram-negative bacteria	革兰氏阴性细菌
Gal	galactose	半乳糖

H

h	hour	小时
His	histidine	组氨酸
HRP	horseradish peroxidase	辣根过氧化物酶
HIV	human immunodeficiency virus	人免疫缺陷病毒,人免疫缺损病毒

I

IG	intergenic region	基因间隔区
IPTG	isopropylthio-β-D-galactoside	异丙基硫代-β-D-半乳糖苷
Ile	isoleucine	异亮氨酸
Ig	immunoglobulin	免疫球蛋白

K

Kan	kanamycin	卡那霉素

L

LB medium	Luria Bertani medium	LB 培养基
Leu	leucine	亮氨酸
Lac	lactose	乳糖

M

Met	methionine	甲硫氨酸,蛋氨酸

min	minute	分钟
MR	methyl red	甲基红
MR test	methyl red test	甲基红试验
MO	methyl orange	甲基橙
MM	minimum medium	基本培养基
MPN	most probable number	(大肠菌群)最可能数,最大概率数

N

NA	numerical aperture	数值口径,又称开口率
NR	neutral red	中性红
MU-Gal	4-methyl-umbelliferyl-β-D-galactoside	甲基伞形酮 β-D-半乳糖苷
NTG	nitrosoguanidine	亚硝基胍

O

ocDNA	open circular DNA	开环 DNA
OD	optical density	消光系数,光密度
OPD	o-phenylenediamine	邻苯二胺

P

PB	phenobarbital	苯巴比妥
PB	phosphate buffer	磷酸(盐)缓冲液
PBS	phosphate-buffered saline	磷酸缓冲盐溶液
P. C.	phenol coefficient	石炭酸系数
pfu	plaque forming unit	噬斑形成单位
PGM	potato glucose medium	马铃薯葡萄糖培养基
PR	phenol red	酚红
Pro	proline	脯氨酸
PEG	polyethylene glycol	聚乙二醇
PCR	polymerase chain reaction	聚合酶链(式)反应

R

Rif^r	rifampicin(rifampin)resistance	利福平抗性
RF DNA	replicative form DNA	复制型 DNA
rfa	replication factor A	复制因子 A
RNAase,RNase	ribonuclease	核糖核酸酶,RNA 酶
rRNA	ribosommal RNA	核糖体 RNA

S

s	second	秒
SDS	sodium dodecyl sulfate	十二烷基硫酸钠
SEM	scanning electron microscope	扫描电(子显微)镜
SSC	standard saline citrate	标准柠檬酸盐溶液
SM	supplemental medium	补充培养基
SMM	protoplast stability solution	原生质体稳定液
Str^r	streptomycin resistance	链霉素抗性

ssDNA	single-stranded DNA	单链 DNA

T

TB	thymol blue	麝香草酚蓝（百里酚蓝）
TBE buffer	Tris-Cl, borate, EDTA buffer	Tris-Cl,硼酸,EDTA 缓冲液,TBE 缓冲液
TE buffer	Tris-Cl EDTA buffer	TE 缓冲液
TEM	transmission electron microscope	透视电镜
Trp	tryptophane	色氨酸
Thi	thiamine	硫胺素（维生素 B1）
T6^r	bacteriophage T6 resistance	噬菌体 T6 抗性
TMB	3,3′, 5,5′-tetramethyl benzidine	3,3′,5,5′-四甲基联苯胺
Tris	tris(hydroxymethyl)aminomethane	三（羟甲基）氨基甲烷
T-A	thymine-adenosine	胸腺嘧啶-腺嘌呤

U

UHTS	ultrahigh temperature strilization	超高温灭菌法
Ura	uracil	尿嘧啶
UV	ultraviolet	紫外线

V

Val	valine	缬氨酸
VP test	Voges-Proskauer test	伏-普（VP）试验

X

Xyl	xylose	木糖
X-gal	5-bromo-4-chloro-3-indolyl-β-D-galactoside	5-溴-4-氯-3-吲哚-β-D-半乳糖苷

Y

YEPD(YPD)medium	yeast /peptone /dextrose	酵母提取物/蛋白胨/葡萄糖（培养基）
YG	yeast glucose medium	酵母葡萄糖培养基
YNB	yeast nitrogen base	含氮酵母碱基,酵母氮源

附录七　教学常用菌种学名

（一）细菌 bacteria

醋杆菌属 *Acetobacter*

粘乳产碱杆菌 *Alcaligenes viscolactis*

古细菌纲 *Archaebacteria*（*Archaeobacteria*）

巨大芽孢杆菌 *Bacillus megaterium*

胶质芽孢杆菌（钾细菌）*Bacillus mucilaginosus*

多黏芽孢杆菌 *Bacillus polymyxa*

枯草芽孢杆菌 *Bacillus subtilis*

枯草芽孢杆菌 1.398 *Bacillus subtilis* 1.398

枯草芽孢杆菌 7658 *Bacillus subtilis* 7658

枯草芽孢杆菌 TT2 *Bacillus subtilis* TT2

枯草芽孢杆菌 T4412 *Bacillus subtilis* T4412

苏云金芽孢杆菌 *Bacillus thuringiensis*

百日咳杆菌 *Bacterium tussis convulsivae*

两歧双歧杆菌 *Bifidobacterium bifidum*

短杆菌属 *Brevibacterium*

绿菌属 *Chlorobium*

绿屈挠菌属 *Chloroflexus*

柠檬酸杆菌属 *Citrobacter*

丙酮丁醇梭菌 *Clostridium acetobutylicum*

肠杆菌科 *Enterobacteriaceae*

肠杆菌属 *Enterobacter*

产气肠杆菌 *Enterobacter arogenes*

埃希氏菌属 *Escherichia*

大肠埃希氏菌，大肠杆菌 *Escherichia coli*

大肠杆菌 A1.543 *Escherichia coli* A1.543

大肠杆菌 B 株 *Escherichia coli* B

大肠杆菌 DH5α 株 *Escherichia coli* DH5α

大肠杆菌 TG1 *Escherichia coli* TG1

大肠杆菌K12Fgal⁺ *Escherichia coli* K12Fgal⁺

大肠杆菌K12Sgal⁻ *Escherichia coli* K12Sgal⁻

氢单胞菌 *Hydrogenomonas* sp.

草分枝杆菌 *Mycobacterium phlei*

硝化杆菌属 *Nitrobacter*

硝化球菌属 *Nitrococcus*

硝化刺菌属 *Nitrospina*

亚硝化球菌属 *Nitrosococcus*

亚硝化螺菌属 *Nitrsospira*

普通变形杆菌 *Proteus vulgaris*

铜绿假单胞菌 *Pseudomonas aeruginosa*

红螺菌属 *Rhodospirillum*

红微菌属 *Rhodomicrobium*

红假单胞菌属 *Rhodopseudomonas*

鼠伤寒沙门氏菌 *Salmonella typhimurium*

鼠伤寒沙门氏菌 TA98 株 *Salmonella typhimurium* TA98

八叠球菌属 *Sarcina*

黏质沙雷氏菌 *Serratia macescens*

志贺氏菌属 *Shigella*

金黄色葡萄球菌 *Staphylococcus aureus*

溶血性链球菌 *Streptococcus hemolyticus*

肺炎球菌 *Streptococcus pnuemoniae*

发酵单胞菌 *Zymomonas* sp.

（二）放线菌 actinomyces

地中海诺卡氏菌 *Nocardia mediterranean*

灰色链霉菌 *Streptomyces griseus*

淡紫灰链霉菌 *Streptomyces lavendulae*

（三）酵母菌 yeast

白色假丝酵母 *Candida albicans*

热带假丝酵母 *Candida tropicalis*

深红酵母 *Rhodotorula rubra*

酿酒酵母 *Saccharomyces cerevisiae*

卡尔斯伯酵母 *Saccharomyces carlsbergensis*

掷胞酵母 *Sporobolomyces roseus*

（四）霉菌 mold（或丝状真菌 filamentous fungi）

黄曲霉 *Aspergillus flavus*

黑曲霉 *Aspergillus niger*

白地霉 *Geotrichum candidum*

藤仓赤霉 *Gibberella fujikuroi*

紫红曲霉 *Monascus purpureus*

五通桥毛霉 *Mucor wutungkiao*

产黄青霉 *Penicillium chrysogenum*

黑根霉（匍匐根霉）*Rhizopus stolonifer*

绿色木霉 *Trichoderma viride*

（五）病毒 virus

大肠杆菌噬菌体 M13　*E. coli* phage M13

大肠杆菌噬菌体 T4　*E. coli* phage T4

大肠杆菌噬菌体 λ　*E. coli* phageλ

短杆菌 T6-13 噬菌体 530　Brevibacterium T6-13 phage 530

多黏芽孢杆菌 19 噬菌体 19-1　*Bacillus polymyxa* 19 phage 19-1

痘病毒　Poxvirus

牛痘病毒　Poxvirus bovis

烟草花叶病毒　Tobaco mosaic virus（TMV）

附录八　常用英汉微生物学实验词汇

a

achromatic aplanatic condenser　平场消色差聚光器

achromatic condenser　消色差聚光器

acid curd　酸凝固，酸凝胨乳

acid-fast stain　抗酸染色

acid production　产酸

Actinomyces　放线菌属

aeration　通气

aerial mycelium 气生菌丝

aerobes 需氧菌

aerobic culture 需氧培养

aerobic fermentation 需氧性发酵

aerosol disinfectant 空气消毒剂

aerotolerent 耐氧的

aerotolerant anaerobes 耐氧菌

agar 琼脂,洋菜

agar diffusion method 琼脂扩散法

agarose gel electrophoresis 琼脂糖凝胶电泳

agglutinin 凝集素

agglutination 凝集反应

agglutinogen 凝集原

alcoholic fermentation 乙醇发酵,酒精发酵

alizarin 茜素

alizarin-galactoside,Aliz-gal 茜素-半乳糖苷

alkaline production 产碱

Ames test 艾姆斯试验

ammonium oxalate crystal violet solution 草酸铵结晶紫溶液

ammonia production test 产氨试验

ammonia oxidizing bacteria,nitrifyers 亚硝化细菌

amylase 淀粉酶

anaerobes 厌氧菌

anaerobic 厌氧的

anaerobic culture 厌氧培养

anaerobic fermentation 厌氧性发酵

anaerobic jar 厌氧培养罐,厌氧罐

annealing 退火

annular diaphragm 环状光阑

antibiotics 抗生素

antibiotic fermentation 抗生素发酵

antibody,Ab 抗体

antigen,Ag 抗原

antimetabolite 抗代谢物

antisepsis 防腐作用

antiseptics 防腐剂

antiserum 抗血清

Archaebacteria(Archaeobacteria) 古细菌纲

arm 镜臂

arthrospore 节孢子

artificial transformation 人工转化

asbestos filter 石棉板滤器

Ascomycetes 子囊菌纲

ascocarp 子囊果

ascospore 子囊孢子

ascus 子囊

aseptic technique 无菌(操作)技术

asexual propagation,asexual reproduction 无性繁殖,无性生殖

asexual spore 无性孢子

autoclave 高压(蒸汽)灭菌器

autoclaving, high pressure steam sterilization 高压蒸汽灭菌法

auto-pipet(te) aid 自动移液管

autotroph 自养营养型,自养营养生物

auxanography 生长谱法

auxotroph, nutritional mutant 营养缺陷型

b

bacillus 杆菌

back mutation 回复突变

bacteria classification 细菌分类

bactria determination, bacteria identification 细菌鉴定

bacteriocide 杀菌剂

bacteriostatic agent, bacteriostats 抑菌剂

bacteriovirus(bacteriophage) 细菌病毒(噬菌体)

bacto tryptone 胰蛋白胨

bacto yeast extract 酵母提取物

balance 天平

ballistospore 掷孢子

basal medium 底层培养基,基础培养基

base 底(镜)座

basic dye 碱性染料

basic fuchsin 碱性复红

Basidiomycetes 担子菌纲

basidiospore 担孢子

batch fermentation, batchwise 分批发酵法

beaker 烧杯

beef broth 牛肉汁

beef extract 牛肉膏

beef extract peptone medium 肉膏蛋白胨培养基

Bergey's Manual of Determinative Bacteriology

伯杰氏鉴定细菌学手册

Bergey's Manual of Systematic Bacteriology　伯杰氏系统细菌学手册

biological factors　生物因素

binocular microscope　双筒显微镜

bioreactor　生物反应器

breeding　育种

breeding by hybridization（或 crossing）　杂交育种

breeding by induced mutation　诱变育种

bright field microscope　光学显微镜（亮视野显微镜）

bright field microscopy　亮视野显微技术

bromocresol green　溴甲酚绿

bromocresol purple　溴甲酚紫

bromogeramineum　新洁尔灭

bromophenol blue　溴酚蓝

bromothymol blue　溴麝香草酚蓝（溴百里酚蓝）

broth transfer　液体接种

bud　芽,芽体

budding　芽殖

2,3-butanediol(butylene glycol) fermentation test　2,3-丁二醇发酵试验

butyric acid fermentation　丁酸发酵

c

capsule　荚膜

capsule stain　荚膜染色

carbohydrate fermentation test　糖发酵试验

carbon source　碳源

carcinogen　致癌剂

catalase　过氧化氢酶,接触酶

cedar oil　香柏油

cell culture　细胞培养

cell division　细胞分裂

cell membrane　细胞膜

cell wall　细胞壁

centrifuge　离心,离心机

centrifuge tube　离心机管

chemical factors　化学因素

chemical mutagen　化学诱变剂

chemotroph　化能营养型,化能营养生物

chick embryo culture　鸡胚培养

chlamydia　衣原体

chlamydospore　厚壁(垣)孢子

chromosome　染色体

chromosome DNA　染色体 DNA

citrate permease　柠檬酸盐渗透酶

citrate test　柠檬酸盐试验

class　纲

coagulant agent　凝固剂

coagulation of litmus milk test　石蕊牛乳凝固试验

coarse adjustment　粗调节器

coliform group　大肠菌群

colloidine filter　火棉胶滤器

colony　菌落

colony characteristics　菌落特征

colony counter　菌落计数器

colony-forming unit,cfu　菌落形成单位

colony selection　挑选菌落

columella　中轴,囊轴

competence　感受态

complement fixation reaction　补体结合反应

complete medium　完全培养基

concave mirror　凹面镜

condenser　聚光器

conidiophore　分生孢子梗

conidium（a 复）　分生孢子

conjugant　合子

conjugation　接合

contamination　污染

continous autoclaving　连续高压灭菌法

continous fermentation　连续发酵

continuous streak method　速续划线法

cotton plug　棉塞

counter immuno-electrophoresis　对流免疫电泳

counter stain　复染

cover glass　盖玻片

covered cultures by liquid paraffin method　液体石蜡封藏法

crystal violet　结晶紫

culture　培养

culture medium　培养基

cuvette　测量小杯

cylinder　量筒

cystein desulfurase test　半胱氨酸脱硫酶试验

cytochrome oxidase　细胞色素氧化酶

cytopathic effect　细胞病变效应

Czapek's medium　察氏培养基

d

dark repair　暗修复

darkfield condenser　暗视野聚光器

darkfield microscope　暗视野显微镜

darkfield microscopy　暗视野显微技术

decline phase　衰亡期

decolorizing agent　脱色剂

deep agar medium　深层洋菜培养基

deep fluid culture　深层液体培养

defective phage　缺陷性噬菌体

denaturation　变性

diaphragm　光阑

diatomite filter　硅藻土滤器

diethyl sulfate,DES　硫酸二乙酯

differential medium　鉴别培养基

diffusion in agar precipitation reaction　琼脂扩散沉淀反应

dilution plate method　稀释平板分离法

dilution method for disinfectant evalution　消毒剂评价的稀释法

diplococcus　双球菌

diploid　双倍体

direct count method　直接计数法

disinfectant　消毒剂

disinfection　消毒作用

DNA repair enzyme　DNA 修复酶

DNAase free RNAase　无 DNA 酶的 RNA 酶

domain　域

donor cell　给体细胞

double agar diffusion　琼脂双向扩散

double layer medium　双层培养基

double strength lactose broth　双倍乳糖发酵液

down stream processing　下游工程

dropper　滴管

drop culture method　悬滴培养法

dry heat sterilization　干热灭菌

Durham's fermentation tube　杜(汉)氏发酵管

e

Ehrlich's reagent for indole production　欧氏试剂测吲哚产生

electric field inductiveness　电场诱导

electron beam　电子束

electron megnetic field　电磁场

electron microscope　电子显微镜

electrophorises apparatus　电泳仪

electroporotion　电穿孔

endospore,spore　内生孢子,芽孢

energy source　能源

enrichment culture technique　加富(富集)培养技术

enriched medium　加富(富集)培养基

entrapping method　包埋法

environmental factors　环境因素

enzyme-linked immunosorbent essay,ELISA　酶联免疫吸附分析法

eosin methylene blue medium,EMB　伊红美蓝培养基

Erlenmeyer's flask, flask　锥形瓶,三角瓶

ethanol fermentation　乙醇(酒精)发酵

ethidium bromide　溴化乙啶

eucaryote(eukaryote)　真核生物

evaluation　评估

exponential phase　指数(对数)期

extension　延伸

eyepiece (或 ocular lens)　目镜

f

F factor, fertility factor　F 因子

facultative aerobes　兼性需氧菌

family　科

fermentation　发酵

fermenter (或 fermentor,fermentation tank)　发酵罐

ferric ammoniumcitrate semisolid medium　柠檬酸铁铵半固体培养基

filter　滤器

filter disk　滤板

filter membrane　滤膜

filtration　过滤（除菌）

fimbrium（ae 复），pilus（i 复）　菌毛，纤毛，伞毛

fission　裂殖

fixation　固定

flagellar staining　鞭毛染色

flagellum（a 复）　鞭毛

forceps　镊子

formalin　甲醛

formvar membrane　聚乙烯甲醛膜（或芳华膜）

fractional sterilization，tydallization　间歇灭菌

framework　支架，构架

fumigation　熏蒸消毒法

fungus（i 复）　真菌

funnel　漏斗

fusant　融合子

g

galactosidase　半乳糖苷酶

galactoside　半乳糖苷

gametangium（a）　配子囊

gas pak　产气袋

gas vacuole　气泡

Gause's No. 1 synthetic medium　高氏一号合成培养基

gel diffusion　凝胶扩散

gelatinase　明胶酶

gelatine　明胶

gelatine liquefaction（hydrolysis）medium　明胶液化（水解）培养基

gelatine liquefaction test　明胶液化试验

gene　基因

generation time，G　代时，世代时间

genetic engineering　基因工程

genetic recombination　基因重组

genus　属

glucan　葡聚糖

glucose peptone medium　葡萄糖蛋白胨培养基

gradient plate method　梯度平板法

Gram stain　革兰氏染色

Gram-negative bacteria，G$^-$　革兰氏阴性细胞

Gram-positive bacteria，G$^+$　革兰氏阳性细胞

Gram's iodine solution　革兰氏碘液

Griess reagent（nitrous acid reagent）　格里斯试剂（亚硝酸盐试剂）

growth curve　生长曲线

growth factor　生长因子

h

haemocytometer　血球计数器

haploid　单倍体

hapten(e)　半抗原

helper bacteriophage　辅助噬菌体

heredity　遗传

heterocaryon　异核体

heterotroph　异养营养型，异养营养生物

high frequency recombination strain（Hfr）　高频重组菌株

high power lens（high power objective）　高倍（物）镜

high pressure steam sterilization　高压蒸汽灭菌

hot air oven sterilization　干热灭菌法

hydrogen peoxidase　过氧化物酶

hydrogen sulfide production test　硫化氢产生试验

hydrolysis of lipid test　油脂水解试验

hydrolysis of starch test　淀粉水解试验

hypertonic medium　高渗培养基

hypha（ae 复）　菌丝

i

identification of microorganisms　微生物鉴定

immobilization technique　固定化技术

immobilized by absorption　吸附固定法

immobilized by cross-linkage　交联固定法

immobilized by inclusion　包埋固定法

immobilized enzyme　固定化酶

immobilized microbial cell　固定化微生物细胞

immune serum　免疫血清

immunodiffusion　免疫扩散

immunoreaction　免疫反应

incineration，flaming　灼烧灭菌法

incubater　恒温箱

indicator　指示剂

indole test　吲哚试验

inductive lysis　诱发裂解

injection　注射

inoculating chamber　接种箱

inoculating loop　接种环

inoculating wire（或 needle）　接种针

inoculation　接种

inoculation on agar plate　平板接种

inoculation on agar slant　斜面接种

inoculation to chorioallantoic membrane　鸡胚尿囊膜接种

integration　整合

intramuscular injection　肌肉注射

intravenous injection　静脉注射

ion exchange column　离子交换柱

ionizing radiation　电离辐射

isolation　分离

isolation of pure culture　纯种分离,纯培养分离

k

kingdom　界

l

lactophenol(cotton blue) solution　乳酸石炭酸（棉蓝）溶液

lactose fermentation test　乳糖发酵试验

lag phase　延迟(停滞)期

lawn　菌苔

layer plating method　夹层培养法

Leifson's flagella stain　利夫森氏鞭毛染色

lesion method　（病毒）枯斑法

lethality rate　致死率

life cycle　生活周期

lipase　脂肪酶

lipid medium　油脂培养基

liquid medium　液体培养基

liquid nitrogen cryopreservation　液氮超低温冷冻保藏

liquid state fermentation　液态发酵

lithotroph　无机营养型,无机营养生物

litmus　石蕊

litmus milk medium　石蕊牛乳培养基

Loffler's methylene blue　吕氏美蓝液

low power lens (low power objective)　低倍(物)镜

Luria Bertani medium　LB 培养基

Lux meter，Lux　照度计

lyophilization preservation，freeze drying　冷冻干燥保藏,冻干保藏

lysogen，lysogenic bacteria　溶源体,溶源菌

lysogenic phage　溶源噬菌体

lysozyme　溶菌酶

m

malachite green　孔雀绿

malt extract medium　麦芽汁培养基

mannan　甘露聚糖

Martin's medium　马丁氏培养基

mating　交配,接合

mechanical stage　机械镜台(载物台)

membrane filter　滤膜滤器

metachromatic granule　异染(颗)粒

methyl red（MR）reagent　甲基红（MR）试剂

methyl red（MR）test　甲基红（MR）试验

4-methyl-umbelliferone　4-甲基伞形酮

methyl-umbelliferyl-β-D-galactoside，MU-Gal　甲基伞形酮-β-D 半乳糖苷

methylene blue　美蓝

methylene blue reductase test　美蓝还原酶试验

metulae　梗基

microaerophiles　微需氧菌

micrometer　测微尺

micrometry（microcopic measurement tednique）　测微技术

microscopy　显微技术

mimivirus　巨病毒

minimum medium，MM　基本培养基

moist heat sterilization　湿热灭菌法

mold　霉菌

molecular microbiology　分子微生物学

monoocular microscope　单筒显微镜

monoploid　单倍体

mordant　媒染剂

morphology　形态学

most probable number，MPN　（大肠菌群）最可能数,最大概率数

motility　运动能力

multiple tube method　多管发酵法

mutagen　诱变剂

mutagenesis　诱(发突)变,突变发生

mutation 突变

mutation rate 突变率

mycelium（a 复） 菌丝体

mycolic acid 分枝菌酸

mycoplasma 支原体

myxolayer 黏液层

n

natural medium, complex medium 天然培养基

negative staining 负染色法

nephelometer 浊度计

nephelometry 比浊法,浊度测定法

Nessler's reagent 奈氏试剂(氨试剂)

neutral red 中性红

nigrosin, india ink 黑色素,苯胺黑

nitratase 硝酸还原酶

nitrate reductase test 硝酸还原酶试验

nitrification 硝化作用

nitrifier, nitrifying bacteria 硝化细菌

nirit-oxidizing bactria 亚硝酸氧化细菌

nitrogen source 氮源

nitro-phenylene-diamine 硝基苯二胺

nitrosification 亚硝化作用

nitrosoguanidine（NTG） 亚硝基胍

nomenclature 命名

nonseptate hypha(ae 复) 无隔菌丝

normal pressure sterilization 常压灭菌法

nuclear body 核质

nucleoid 拟核

nucleus 细胞核

numerical aperture（NA） 数值口径

o

objective（objective lens） 物镜

obligate aerobes 专性需氧菌

ocular micrometer 目镜测微尺

oidium(a 复), oidiospore 粉孢子,裂生孢子

oil immersion lens（objective） 油浸物镜(油镜)

optical density（OD） 光密度

optical meter 光电比色计

optimum temperature 最适温度

order 目

organotroph 有机营养型,有机营养生物

oscillator 振荡器

osmotic pressure 渗透压

Oxford cup 牛津杯

oxidase test 氧化酶试验

p

parasexal hybridization 准性杂交

parasporal crystal 伴胞晶体

parent strain 亲株

Pasteurization 巴氏(巴斯德)消毒法

peptidoglycan 肽聚糖

peptone 蛋白胨

peptone water medium 蛋白胨水培养基

peptonization of milk test 牛乳胨化试验

peroxidase 过氧化物酶

pH meter pH 计

phagemid 噬菌粒

phase contrast microscope 相差显微镜,相衬显微镜

phase plate 相板

phase ring（annular ring） 相环,环状光阑

phenetic 表型的

phenol coefficient 石炭酸系数

phenol red, phenolsulfonphthalein 酚红

phenolphthalein 酚酞

phenotype 表型

phenylalanine deaminase test 苯丙氨酸脱氨酶试验

photoautotroph 光能自养生物

photoelectric colorimeter, spectrophotometer 光电比色计

photolithoautotroph 光能无机营养生物

photoorganotroph 光能有机营养生物

photoreactivation 光复活

photosynthetic bacteria 光合(作用)细菌

phylogenetic 系统发育的

phylogeny 系统发育

phylum 门

physical factors 物理因素

physical mutagen 物理诱变剂

physiological and biochemical tests 生理生化试验

pipette 移液管

plant virus 植物病毒

plaque 噬菌斑(空斑)

plaque-forming unit,pfu　噬斑形成单位

plasmid　质粒

plasmid DNA　质粒 DNA

plate　平板

plate count method　平板计数法

polyethylene glycol,PEG　聚乙二醇

polymerase chain reaction,PCR　聚合酶链式反应

polymorphism　多形态

polymyxin E　多黏菌素 E

poly-β-hydroxybutyrate　聚-β-羟基丁酸

potato glucose medium,PGM　马铃薯葡萄糖培养基

pour plate method　倾注平板法

procaryote,prokaryote　原核生物

production of ammonia test　产氨试验

production of hydrogen sulfide test　产 H_2S 试验

propagation　繁殖

propionic acid fermentation　丙酸发酵

protoplasm　原生质

protoplast　原生质体

protoplast fusion　原生质体融合

protoplast regeneration　原生质体再生

protoplast stability solution　原生质体稳定液

prototroph　原养型,原养型生物

pseudomycelium　假菌丝

pure culture　纯培养

purple nonsulfur bacteria　紫色非硫细菌

purple sulfur bacteria　紫色硫细菌

pyrogallic acid　焦性没食子酸

q

quadrate section streak method　四分区划线法

r

reagent　试剂

receptor, recipient cell　受体细胞

recombinant　重组子

recombinant DNA technology　重组 DNA 技术

recombination　重组

reduction of nitrate test　硝酸盐还原试验

refragerator　冰箱

refrative index　折光系数

regeneration　再生

renaturation　复性

rennet curd　凝乳酶凝固

replica plating　影印培养法

replication form DNA,RF　复制型 DNA

reproduction by budding　(出)芽(生)殖

reproduction by conjugation　接合生殖

reproduction by fission　(分)裂(生)殖

resolving power (resolution)　分辨力

reverse（或 back）mutation　回复突变

revolving nosepiece　物镜转换器

rhizoid　假根

ribosomal RNA,rRNA　核糖体 RNA

rickettsia　立克次氏体

rose bengel solution　孟加拉红(玫瑰红)溶液

routine slant transplantation method　常规斜面定期移植法

s

safranin　番红花红染液(番红,沙黄,藏红花)

sand and soil preservation　沙土管保藏

Sarcina　八叠球菌属

scanning electron microscope,SEM　扫描电子显微镜

scraper　刮刀

screening method　筛选方法

seeding tank　种子罐

selective medium　选择性培养基

semisolid agar medium　半固体琼脂培养基

semisolid stab agar preservation　半固体穿刺保藏

semisynthetic medium　半合成培养基

septate hypha　有隔菌丝

septum（a 复）　横隔,隔膜

serological reaction　血清反应

serum(a 复)　血清

sexual hybridization　有性杂交

sexual reproduction　有性生殖

shake culture　振荡培养

shaker　摇床

shallow pan culture　浅盘培养

silica gel　硅胶

simple staining　简单染色法

single strength lactose broth　单倍乳糖发酵液

slant　斜面

slant transplantation preservation　斜面传代保藏

slide　载片

smear preparation　制涂片

sodium citrate medium　柠檬酸钠培养基

sodium phosphotungstic acid　磷钨酸钠

solid medium　固体培养基

solid state fermentation　固态发酵

soybean sprout extract medium　豆芽汁培养基

specialized transduction, restricted transduction
　局限性转导

species　种

spectrophotometer　分光光度计

spontaneous back mutation　自发回复突变

spontaneous lysis　自发裂解

sporangiophore　孢囊柄

sporangiospore　孢囊孢子

spore　芽孢

spore staining　芽孢染孢法

sporophore　孢子丝

stab culture　穿刺培养

stab inoculation　穿刺接种

stab technique　穿刺技术

stage　镜台

stage micrometer（objective micrometer）　镜台
　测微尺

stalk　孢子柄

starch hydrolysis test　淀粉水解试验

starch medium　淀粉培养基

stationary culture　静止培养

stationary phase　稳定期

sterigma(-mata 复)　小梗

sterilization　灭菌

stock culture preservation　菌种保藏

stolon　匍匐枝

storage cultures containing glycerol　含甘油培养
　物保藏

streak plate method　平板划线法

subcutaneous injection　皮下注射

substrate mycelium　基内菌丝

sugar fermentation medium　糖发酵培养基

sugar or alcohol fermentation test　糖或醇发酵试验

sulfate reducing bacteria　硫酸盐还原细菌

super clean bench　超净工作台

superoxide dismutase　超氧化物歧化酶

supplemental medium, SM　补充培养基

supplemental basal medium for regeneration,
　SMR　再生补充基本培养基

survival rate　存活率

synthetic medium　合成培养基

systematic bacteriology　系统细菌学

t

taxonomy of microbiology　微生物分类学

temperate phage　温和噬菌体

test tube　试管

thermometer　温度计

thymidine dimmer　胸腺嘧啶二聚体

tissue culture　组织培养

titer, titre　效价(抗生素,噬菌体)

top medium　上(顶)层培养基

top vesicle　顶囊

total count of bacteria　细菌总数

transducing phage　转导噬菌体

transductant　转导子

transduction　转导

transfection　转染

transformant　转化子

transformation　转化

transformation efficiency　转化效率

transformation frequency　转化频率

transmission electron microscope, TEM　透射电
　子显微镜

transmitance　透光度

triocular microscope　三筒显微镜

triple strength lactose broth　三倍乳糖发酵液

triploid　三倍体

trytophanase　色氨酸酶

tube　镜筒

tube and plate method　管碟法

turbidimetry　比浊法

turbidity estimation by spectrophotometer　光电

比浊法

type culture collection center　典型培养物收集中心（菌种保藏中心）

u

ultrahigh temperature continuous sterilization　连续超高温灭菌

ultramicroscopic structure　超微结构

ultrathine sectioning　超薄切片法

ultraviolet lamp　紫外线灯

ultraviolet radiation　紫外线辐射

ultraviolet ray　紫外线

urea hydrolysis test　尿素水解试验

urease　脲酶

v

vacum gas displacement method　真空换气法

vacum pump　真空泵

vacuole　液泡

vegetative mycelium(a 复)　营养菌丝,基内菌丝

vegetative propagation　无性繁殖

viable count　活菌计数

virulent phage　烈性噬菌体

vital staining　活体染色

Voges Proskauer reagent　伏-普二氏试剂（VP 试剂）

Voges Proskauer test　伏-普二氏试验（VP 实验）

w

water bath　水浴锅

weighting method　重量法

wild type　野生型

Winogradsky column　维诺格拉德斯基圆柱体装置

y

yeast　酵母菌

yeast extract　酵母提取物

yeast peptone dextrose medium, YPD 或 YEPD　酵母蛋白胨葡萄糖培养基

z

Ziehl's carbolfuchsin　齐氏石炭酸复红液

zoogloea　菌胶团

zygomycetes　接合菌纲

zygophore　接合子梗

zygospore　接合孢子

zygote　接合子

附录九　细菌鉴定及检索

（一）细菌分类概况

　　微生物菌种鉴定(identification of microorganisms)是微生物分类学(Taxonomy of microorganisms)的一个相对独立而关系又非常密切的部分。人们在进行微生物工作时,往往要求知道工作菌株的名称。例如医院的临床工作者为了能作针对性治疗就必须知道病菌的名称,医药工作者发掘了一株性能良好的抗生素菌株后,也必然要了解该菌的名称。微生物菌种鉴定的任务就是要求能在较短时间内根据自己菌株的各项特征与适当的鉴定手册所列各种菌的特征相对照,从而检索到相适应的名称。各类微生物的特征不一,因而各有不同的鉴定系统,而鉴定系统是根据分类的原则制定出来的。分类系统一般有两种体系,一是根据个体的表型特征将生物组织在一起的称表型(phenetic)系统,另一种是根据可能的进化关系组织在一起的称系统发育(phylogenetic)系统。分类时经常按照生物相似的程度或亲缘关系的远近而划分成不同等级。以上行顺序分别是：种（species）、属（genus）、科（family）、目（order）、纲（class）、门（phylum）、界（kingdom）。种是分类的基本单位,一个原核生物的种是若干菌株的集合,这批菌株有许多共同稳定的特征,并与其他类菌株有显著的差异。每个种都有一个学名,常用拉丁文命名,并按双名法原则命名,如大肠埃希氏菌的学名是 *Escherichia coli*,其中第一个字是属名,埃希氏菌属,它的第一个字母应当是大写,第二个字是加词,是大肠的意思。金黄色葡萄球菌的学名是 *Streptococcus aureus*,第一个字是葡萄球菌属,第二个字是金黄色

的意思。菌种名称在出版刊物上应当用斜体表示。

关于细菌分类系统,在 20 世纪的 20～60 年代就有不少细菌学家进行过细菌全面分类研究工作,并根据各人自己的观点提出不同的分类系统。1923 年以美国宾州大学细菌学家伯杰教授(David H. Bergey)为首,由美国细菌学家协会发起编写,出版了能鉴定细菌种的手册,名为《伯杰氏鉴定细菌学手册》(Brgey's Manual of Determinative Bacteriology),第 1 版,以下简称《手册》。第 1 版问世后逐渐扩大编辑范围,增添新的内容,陆续在 1925、1930、1934、1948、1957、1974 年出第 2～7 版。1984～1989 年出的第 8 版共有 4 卷,并改名为《伯杰氏系统细菌学手册》(Bergey's Manual of Systematic Bacteriology)第 1 版,以下简称《系统手册》。这是因为以往细菌鉴定主要以细菌的表型特征为主,包括细菌形态、革兰氏染色反应、运动性、有无芽孢、对氧的需求、产能方式等特征,不能代表真实的亲缘发育关系;而《系统手册》第 1 版内除上述表型特征外,也利用了细菌细胞的化学结构、用计算机进行的数值分类、从遗传角度进行 DNA 的 G+C 含量测定以及若干尚不完全的以核糖核酸 16s rRNA 对种群关系研究的资料,使细菌分类从表型系统过渡到能体现亲缘关系的系统发育系统。《系统手册》第 1 版问世以后,由于细胞学、遗传学等学科的渗透,加上有关 DNA、rRNA 和蛋白质序列分析等大量研究成果的应用,使得《系统手册》的第 2 版,共 5 卷,又从 2001 年起陆续发行。第 2 版的内容有着实质性变化,完全是按核糖体 RNA 测序得出的关于系统发育分类资料进行编排。各级分类地位以表型特征为基础,全面应用核酸资料予以决定性的判断,因而更趋于自然体系。在第 2 版中,将原核生物分为古细菌和真细菌 2 个界、18 门、27 纲、73 目、186 科、870 余属和 4900 余种。此外,1994 年在第 8 版的基础上,将其中细菌属以上的分类鉴定资料作了适当修改和补充后,分作 35 组细菌类群,书中除对细菌各属的表型特征作了说明外,并对种的鉴定用图表的形式表示,对鉴定工作很有帮助。而且书中提供大量应用方面的材料,所以很受读者欢迎。第 9 版仍保留原来《伯杰氏鉴定细菌学手册》的名称。

总之,伯杰氏分类系统经过数十年不断地修订和补充,是国际上的细菌学家们普遍接受和采用的权威著作。此外,在 1981 由 Stanier 等编写的《原核生物》第 1 版时,伯杰手册第 8 版尚未发行,在介绍原核生物方面起了作用。在 1991 由 Balow 编的《原核生物》第 2 版中对原核生物种和更高的分类单元也是按系统发育的次序编排的。国内习惯常用中国科学院细菌分类组编《一般细菌常用鉴定方法》(科学出版社,1978)。由于细菌系统学和鉴定方法发展迅速,该书内容已不够使用,东秀珠、蔡妙英编著的《常见细菌系统鉴定手册》(科学出版社,2001)中介绍了细菌分类的最新进展的情况,并包括了近年发现的新细菌种群和新的鉴定方法。本书分为两大部分:第一部分是细菌鉴定的检索系统,其中有常见细菌属的描述,各章节仍按细菌种群的表型特征编排,不涉及系统发育系统,有检索表或检索图,因而非常实用。共分 10 章介绍,分别是:光合细菌,产芽孢细菌,好氧或兼性厌氧革兰氏阴性发酵杆菌,好氧或兼性厌氧革兰氏阴性非发酵杆菌,厌氧的革兰氏阴性球菌,厌氧的革兰氏阴性杆菌和弯曲杆菌,好氧或兼性厌氧革兰氏阳性球菌,好氧或兼性厌氧革兰氏阳性杆菌,厌氧的革兰氏阳性杆菌和球菌,古菌。第二部分是常用的鉴定方法,共 7 章,分别是:基本方法,形态特征鉴定,培养及生理特征测定,生化特征测定,核酸特征测定,数值分类,多相分类、编码鉴定和自动化鉴定,菌种保藏。

(二) 细菌鉴定步骤

细菌鉴定的步骤可按下列程序进行:

(1) 根据目的和对象,选用合适的分类系统和工作用的检索表或图;

（2）鉴定的菌株必须绝对纯洁；

（3）仔细阅读检索需要的内容，选择鉴定时需用的各项试验方法；

（4）按照正确的操作方法进行各项试验的观察和 测试，详细记录各项结果并逐项与检索表的内容查照。

如果按检索表逐条检索对照下去，范围将逐步缩小，直到最后可以查到细菌的属或种名。

检索表一般按二义分枝方法编排，有时检索特征也可用简图表示。例如：我们从温血动物肠道分离出一个菌株，经过培养纯化后希望通过鉴定能知道该株的属和种的名称。我们以《常见细菌系统鉴定手册》书中的检索表和检索图为依据，进行了系列的观察和生理生化特征等测定的试验后，得知该菌是异养营养型，中温菌，显微镜下为革兰氏阴性，不生芽孢、杆菌，周生鞭毛、能运动或不运动，氧化酶阴性，苯丙氨酸脱氨酶阴性，赖氨酸脱羧酶阳性，DNA 酶阴性，在三糖铁培养基中不产 H_2S，能发酵葡萄糖、乳糖等产酸产气，MR 试验阳性，VP 试验阴性，不利用柠檬酸盐，不利用阿东醇，不利用纤维二糖。我们首先在常见菌类群检索总图中将其检出，应为发酵杆菌类群（见图附九-1）：

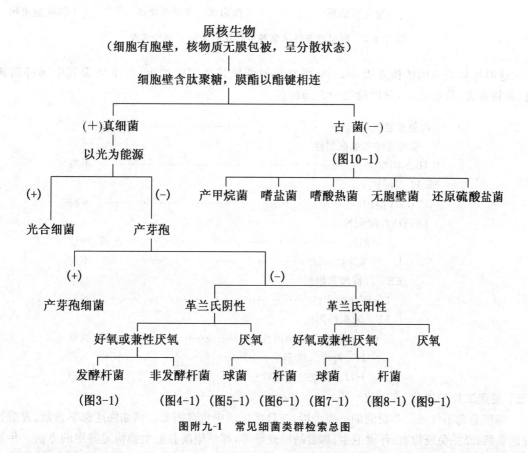

图附九-1　常见细菌类群检索总图

根据观察此菌形态结果，应属发酵杆菌。再从该书的第 3 章好氧或兼性厌氧发酵型革兰氏阴性杆菌中的检索图 3-1 中查出，应属肠杆菌科（见图附九-2）：

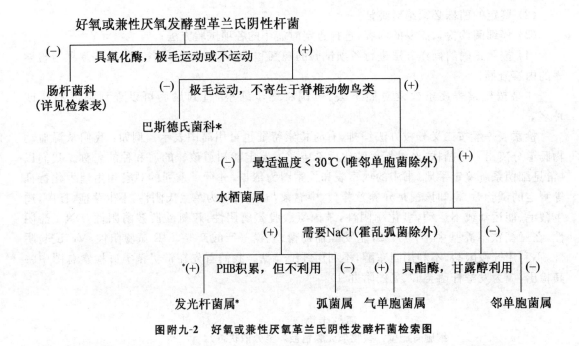

图附九-2　好氧或兼性厌氧革兰氏阴性发酵杆菌检索图

这时再从该书内的检索表 3-2 中,按照我们所做其他测定结果,逐步检索其中肠杆菌科属、种检索表,依次查对,最后检出为大肠杆菌。

```
    A  苯丙氨酸脱氨酶阳性 ……………………………………… 不符,继续查
   AA  苯丙氨酸脱氨酶阴性
    B H₂S 阳性 …………………………………………………… 不符
   BB H₂S 阴性
     C DNA 酶阳性 …………………………………………… 不符
    CC DNA 酶阴性
      D  乳糖阳性 ……………………………………………… 相符,继续
      E  柠檬酸盐阳性 ………………………………………… 不符
     EE  柠檬酸盐阴性
       F  阿东醇阳性 ………………………………………… 不符
      FF  阿东醇阴性
        G  赖氨酸脱羧酶阳性 ……………………………… 相符,继续
        H  纤维二糖阳性 …………………………………… 不符
       HH  纤维二糖阴性………………… 大肠埃希氏菌(*E.coli*)
```

(三)鉴定工作快速化、自动化

细菌鉴定不仅是科学研究的必要手段,在日常生活中也常需要。例如临床医学诊断、发酵过程的监测、海关免疫检查、环境卫生、和食品检查等等,都希望能有微生物快速鉴定的方法。传统分类鉴定需要测定项目繁多,不能满足需求,近年来在快速测定和自动化鉴定已有很大发展。

1. 数值(编码)鉴定

根据鉴定对象采用一定数目试验(试验卡),利用微生物多项试验卡上有多个分隔小管,每管含不同微生物生理生化反应特征而设计的培养基、试剂、酶反应的底物等,经冷冻干燥或不

干燥脱水制成。试验时加入一定量菌液,培养一定时间,根据各管反应情况判定结果。用此结果以数字方式编码,并与数据库的数据对照,得出鉴定结果,可得到属种名称。此种快速简便的检索系统在国内外均已有商品出售,如法国生物-默里埃公司的 API/ATB 系统,Enterotube系统等,国内也有类似产品出售。

2. 计算机自动鉴定系统

(1) 从分类层次特征开始检索

本系统可包括细菌在整个生物界地位开始,从包括的各类群展开,可检索类群、亚群、科、属,最后到种。

(2) 从试验步骤开始

根据计算机屏幕显示的试验过程,按试验项目结果,一步一步选择结果,直至最后完成,得到种的名称。

(3) 从数据库中检索

用户可根据自己填写的检索条件在计算机上进行查询。使用者根据已知的正确试验结果进行选择,计算机将按要求找到一系列符合条件的菌株。如使用者输入条件愈多,选出的结果越少,范围越窄,正确度就越高。

(4) 快速鉴定代码

本系统可以通过 INTERNET 网络,调出菌种的快速鉴定代码,通过代码可找到最好的鉴定过程。

附录十　《基础微生物学实验》提纲
(按64学时估计)

序　号	实 验 名 称	在教材中位置	学　时
1	普通光学显微镜的使用	2-1*	4
2	细菌的菌落特征、个体形态结构观察和染色技术	3-1,3-2	4
3	放线菌菌落特征和个体形态结构观察	3-3	4
4	酵母菌的形态和结构观察及测微技术	4-1	4
5	霉菌的形态和结构观察	4-2	4
6	噬菌体的分离与纯化	5-1	4
7	培养基配制	6-1,6-2,6-3	4
8	高压蒸汽灭菌与干热灭菌	7-1,7-2	4
9	微生物的分离、纯化及培养	8-1,8-2	4
10	微生物的生理生化反应	9-1,9-2,9-3,9-4	8
11	细菌生长曲线的测定	10-2,10-4	4
12	环境对微生物生长的影响	10-5,10-6	4
13	紫外线对枯草芽孢杆菌产淀粉酶的诱变效应	11-1	4
14	凝集反应和琼脂双向扩散沉淀反应	13-2,13-3	4
15	菌种保藏	15-1	4

* 2-1表示第2章实验1。

主要参考书目

1. 中华人民共和国国家标准.食品卫生微生物学检验,GB/T4789.1-4789.3,4789.33-4789.35.北京:中国标准出版社,2004

2. 中华人民共和国国家标准.食品卫生微生物学检验大肠菌群的快速检测,GB/T4789.32-2002.北京:中国标准出版社,2002

3. 中华人民共和国农业行业标准.无公害食品:生鲜牛乳 NY6045-2001,巴氏杀菌乳 NY5140-2002,灭菌乳 NY5141-2002.北京:中国标准出版社,2002

4. 中国科学院微生物研究所细菌分类组.一般细菌常用鉴定方法.北京:科学出版社,1978

5. 王家玲.环境微生物学实验.北京:高等教育出版社,1988

6. 北京大学生物系微生物学教学小组.微生物学实验指导.北京:人民教育出版社,1964

7. 北京大学生物系遗传学教研室.遗传学实验方法和技术.北京:高等教育出版社,1987

8. 白毓谦等.微生物学实验技术.济南:山东大学出版社,1987

9. 东秀珠,蔡妙英.常见细菌系统鉴定手册.北京:科学出版社,2001

10. 孙宝盛,单金林.环境分析监测理论与技术.北京:化学工业出版社,2004

11. 沈萍.微生物学.北京:高等教育出版社,2000

12. 沈萍,范秀容,李广武.微生物学实验(第三版).北京:高等教育出版社,1999

13. 杜连祥.工业微生物学实验技术.天津:天津科学技术出版社,1983

14. 何杰.安全饮用水保障技术.北京:中国建筑工业出版社,2006

15. 岑沛霖,蔡谨.工业微生物学.北京:化学工业出版社,2001

16. 贾士儒.生物工艺与工程实验技术.北京:中国轻工业出版社,2002

17. 李建政.环境工程微生物学.北京:化学工业出版社,2004

18. 肖琳等.环境微生物学实验技术.北京:中国环境科学出版社,2004

19. 吴乃虎.基因工程原理.北京:科学出版社,2001

20. 邹福强等.基因操作技术.广州:广东科技出版社,1987

21. 周德庆.微生物学教程(第二版).北京:高等教育出版社,2002

22. 周先碗,胡晓倩.生物化学仪器分析与实验技术.北京:化学工业出版社,2003

23. 林清华.免疫学实验.武昌:武汉大学出版社,1999

24. 张龙翔,张庭芳,李令媛.生化实验方法和技术(第二版).北京:高等教育出版社,1997

25. 张纪忠.微生物分类学.上海:复旦大学出版社,1990

26. 赵斌,何绍江.微生物学实验.北京:科学出版社,2002

27. 郑士民,钱新民.自养微生物.北京:科学出版社,1983

28. 钱存柔等.微生物学实验.北京:北京大学出版社,1985

29. 钱存柔,黄仪秀.微生物学实验教程.北京:北京大学出版社,1999

30. 祖若夫,胡宝龙,周德庆.微生物学实验教程.上海:复旦大学出版社 1993

31. 黄秀梨.微生物学实验指导.北京:高等教育出版社,德国:斯普林格出版社,1999

32. Benson H J. Microbiological Applications, Laboratoray Manual in General Microbiology (Short Version, 8th ed.). New York: McGraw-Hill, Higher Education, 2002

33. Cappuccino J G, Sherman N. Microbiology: A laboratory Manual (5th ed.). California: Benjamin/Cummings Science Publishing, 1999

34. Harley J P, Prescott L M. Laboratory Exercises in Microbiology (5th ed.). New York: McGraw-Hill Company, 2002

35. Johnson T R, Case C L. Laboratory Experiments in Microbiology (3rd ed.). Person Benjamin/Cummings, 2007

36. Kleyn J, Bicknell M. Microbiology Experiments: A Health Science Perspective (3rd ed.). New York: McGraw-Hill Companies, 2001

37. Madigan M T, *et al*. Brock Biology of Microorganisms (9th ed.). New York: Prentice-Hall, Inc., 2000

38. Pierce B E, Leboffe M J. Exercises for the Microbiology Laboratory. Englewood: Morton Publishing Company, 1999

39. Sambrook J, Rusell D W. Molecular Cloning: A Laboratory Manul (3rd ed.). Cold Spring harbor Press, 2001

40. Totora G J, *et al*. Microbiology: An Introduction (3rd ed.). California: The Benjamin/Cummings, 1989